无人机系统研究与应用丛书

无人机系统设计与开发

主　编　张小林
副主编　张剑锋　胡永红
　　　　马　震　王　亮

U0382139

西北工业大学出版社

西　安

【内容简介】 本书基于无人机系统设计和无人机专业人才培养的需求,采用系统工程思想,将基础理论和工程实践相结合,按设计开发流程,系统性地介绍了固定翼无人机系统工作原理及设计开发过程,对无人机系统设计开发具有较强的指导意义。全书共 11 章,分别介绍了无人机系统发展历程及相关基本概念,固定翼无人机系统总体、分系统及关键部件的功能、组成与相关基础理论知识及其设计方法。

本书可作为无人机系统从业者的设计工具、高等院校专业课程教材,也可供无人机应用人员及其爱好者阅读参考。

图书在版编目(CIP)数据

无人机系统设计与开发 / 张小林主编. — 西安 :
西北工业大学出版社,2021.8
ISBN 978 - 7 - 5612 - 7937 - 3

Ⅰ. ①无… Ⅱ. ①张… Ⅲ. ①无人驾驶飞机-系统设计 Ⅳ. ①V279

中国版本图书馆 CIP 数据核字(2021)第 182140 号

WURENJI XITONG SHEJI YU KAIFA
无 人 机 系 统 设 计 与 开 发

责任编辑:张 潼 朱晓娟 胡莉巾		策划编辑:杨 军	
责任校对:张 潼 朱晓娟 胡莉巾		装帧设计:李 飞	

出版发行:西北工业大学出版社
通信地址:西安市友谊西路 127 号　　邮编:710072
电　　话:(029)88491757,88493844
网　　址:www.nwpup.com
印 刷 者:陕西奇彩印务有限责任公司
开　　本:787 mm×1 092 mm　　1/16
印　　张:21
字　　数:551 千字
版　　次:2021 年 8 月第 1 版　　2021 年 8 月第 1 次印刷
定　　价:66.00 元

如有印装问题请与出版社联系调换

《无人机系统设计与开发》
编写组成员

主　编：张小林

副主编：张剑锋　胡永红　马　震　王　亮

编写人员（按姓氏笔画）：

<table>
<tr><td>王　芳</td><td>王　栋</td><td>王　鹏</td><td>王　薇</td></tr>
<tr><td>车海威</td><td>田雪涛</td><td>刘慧霞</td><td>孙林峰</td></tr>
<tr><td>杜　娟</td><td>李厚春</td><td>杨少锋</td><td>汪平平</td></tr>
<tr><td>张　晨</td><td>张学平</td><td>胡应东</td><td>侯泊江</td></tr>
<tr><td>莫　隽</td><td>贾彩娟</td><td>郭华昌</td><td>唐　瑭</td></tr>
<tr><td>龚军锋</td><td>曾　芳</td><td>潘计辉</td><td></td></tr>
</table>

前　　言

作为高新技术成果发展起来的新型高科技信息化设备,无人机系统以其机上操控无人化、持久力、高效性、任务灵活等特点及其独特应用模式,在世界军事领域得到了高度关注。特别是近年在一些反恐及局部战争中的成功应用,更加引起各国高度重视和前所未有的热情投入。无人机系统在军事领域应用的不断成熟和相关基础技术的高速发展,促使无人机系统在民用领域也得到了广泛应用。在国家创新发展战略的推动下,我国无人机产业得到了突破式发展,无人机产业从应用、服务领域延伸到研发、制造等技术领域,新的产业链正在形成并趋于完善,无人机产业在服务国防、推动国民经济建设中成为更重要的角色。

有人机组成和功能划分清晰,有相关法规和标准规定或定义,设计流程和方法成熟,有设计手册、设计指南和丰富的设计经验支撑。无人机系统具有机上无人操控的特点,无人机平台、地面控制设备和数据链等基本组成系统代替了飞行员完成观察、飞行操控、任务执行等工作,因此无人机系统在尺寸、重量、过载、隐身、持续留空、安全等级要求等方面无须考虑空勤人员因素,设计和制造与有人机有诸多不同。基于无人机系统特点及产业发展现状,涌现出许多无人机系统设计的相关书籍,而涉及无人机系统的工程化设计、开发与实现内容较少,因此笔者特编此书,以满足无人机系统研发人员、相关专业师生、无人机爱好者等各类读者的不同需要。

编写本书贯彻学术作风规范严谨、论述风格深入浅出的指导思想,在内容选取和编排上注重科学性、系统性、实用性、创新性和通俗性,注重理论与工程、经典与经验、通用知识与个人思考、传统与创新相互融合的创作思路,从设计者的视角,以相关标准和规范为依据,以工程化设计及开发为目标,结合研发实践,阐述了固定翼无人机系统设计与开发的主要环节及实现方法。

本书着眼于工程设计,从方案到工程研制阶段,按照设计与开发流程,详细介绍了固定翼无人机系统的设计与开发,主要对系统总体、飞机平台、动力装置、飞控与导航、航空电子与电气、数据链、地面指挥控制等设计过程中涉及的相关理论和基础知识进行系统性梳理和介绍,系统讲解了各部分功能、指标体系及其组成,详细论述了功能与性能指标实现涉及的计算、仿真、建模、硬件设计、软件设计、产品选型等方法,给出了无人机系统可靠性系统工程应用方法及无人机系统试验验证方法。由于任务载荷涉及领域广泛,本书只介绍无人机集成设计时需要关注的事项。

全书由张小林主编,负责全书规划、内容确定、相关章节编写和统稿。

本书在编写过程中,吴建军、孙智伟、郁新华、闵荣、党英、杜令龙、李召召、侯磊、贺若非、刘宏娟、李青原、李丽锦、周志广、赵远鹏、田云鹏等也做出了贡献,在此表示衷心感谢。

由于无人机系统技术处于高速发展期,新技术新方法不断涌现,以及笔者的认识、经验及表述也有局限和不足,对于本书中不足之处,敬请批评指正。

编　者

2021 年 1 月

目　　录

第1章 绪　论

1.1　无人机系统发展概述

无人机系统自 20 世纪初出现以来,伴随着高新技术发展,成为新型高科技信息化设备,并以其机上操控无人化、持久力强、高效性、任务灵活等特点及独特应用模式,在军事及其他领域得到了关注及广泛应用。

无人机系统最初是作为一种武器开发的,例如 1917 年美国海军的"空中鱼雷",1918 年美国陆军的"臭虫",以及英国陆军始于 1914 年的"空中目标",都是为了执行轰炸任务。

20 世纪二三十年代,以美国和英国为代表的国家,纷纷转向无人靶机的研制,例如美国陆军的"OQ-19"无人靶机、美国海军的"柯蒂斯 N2C-2"无人靶机,英国皇家海军"费尔雷蜂后"无人靶机等。这一时期无人机技术的重要进步是采用了无线电控制的方法。

20 世纪四五十年代,惯性导航和无线电控制结合使用于无人机,美国使用数千架"RP4"无人机作为靶机用于炮手的训练。德国的"蜂鸣-V1"巡航导弹型无人机,成为无人攻击机的典型代表。50 年代中期,美国将"RP-71"靶机改制成战场监视无人机,成为第一种实用的无人侦察机。但是限于当时技术和开发成本的问题,加之获取的情报信息处理过程过于复杂,各国研制的无人侦察机都没有重大突破。

20 世纪六七十年代,随着任务载荷的发展,无人机在靶机、武器投射、雷达诱饵、情报搜集等方面的能力取得了进一步的提升。越南战争中,美军"火蜂"-147D 无人侦察机,先后出动几千架次,获取了大量的侦察情报。

20 世纪八九十年代,无人机系统得到了空前发展,以色列的中空长航时战术侦察无人机"搜索者"、美国和以色列联合研制的中近程侦察无人机"先锋"和中程侦察无人机"猎人"、美国的战术侦察无人机"影子"200、美国的中空长航时无人机"捕食者"以及高空长航时无人机"全球鹰"都是这个时期的杰出代表,在实战中均有亮相。

在 1982 年的中东贝卡谷地作战中,以色列使用"猛犬"无人机和"侦察兵"无人机释放诱饵和电子侦察。在科索沃战争中,利用"先锋"无人机和"猎人"无人机在云层下长时间持续侦察,获取连续、清晰的侦察情报,总计飞行超过 4 000 h,有效弥补了卫星侦察能力的短板。在海湾战争中,美军"先锋"无人机完成昼夜侦察、目标校射、战斗毁伤评估等任务,飞行达到 500 余架次,累计近 2 000 h。

进入 21 世纪,在信息化战争牵引下,新型作战对无人机系统超长续航、快速突防、高生存力等多方面提出了更高的需求,临近空间、超声速、新材料、新能源、仿生学、智能化、微电子、网络通信等技术最新研究成果在无人机系统研发中不断得到实际应用,无人机系统性能快速提高,自动化、智能化、多用途无人机相继问世,并形成长航时无人机、无人作战飞机和微型无人机三大研发热点,无人机系统已经从单一的侦察、保障、警戒向集成、多用途作战发展,逐步渗透到现代信息化战争的各个方面。

在近几年的一些局部冲突和作战中，"捕食者""全球鹰""死神"等多种无人机已经作为主力军，实现了纵深侦察、通信中继、电子诱饵、火力打击、定点清除等联合协同作战，不仅完美呈现了无人机的战场优势，也验证了无人机在未来作战拥有更大空间的可能。

军用无人机系统应用的不断成熟，以及相关基础技术的高速发展，促使无人机系统在民用领域应用更加多样化，人们对民用无人机系统认识愈加深刻，越来越多的国家也把无人机的发展置于重要地位。

美国、以色列、欧盟、俄罗斯、日本、韩国等国家已将无人机应用于民用领域，"全球鹰""捕食者""影子""赫尔姆斯""苍鹭"等具有影响力的军用无人机在环境监视、农业植保、森林防护、海上搜救、环境监视、灾害评估及科考等方面成功应用。同时相关管理机构或合作组织颁布了一系列无人机应用的法规和标准，加快了民用无人机融入现有航空体系的进程，为无人机并入国家空域，广泛应用于民用领域奠定了基础。

中国第一架无人机于 1958 年试飞成功，开创了我国无人机事业的先河，早期产品主要应用在无人机靶机、航空摄影、物理探矿、灾情监视等领域。近几年，无人机应用需求非常广泛，高、中、低空各种类型无人机全面发展，国家相继出台了一系列无人机产业发展的法律法规及标准，无人机研发呈现技术创新、多方参与、产品多样的蓬勃态势，无人机产业化进入高速发展时代，受到越来越多的关注。

1.2　无人机系统发展趋势

1.2.1　军用无人机作战应用发展

随着现代作战信息化、体系化、精准化程度的不断提高，无人机在战场被频频使用，并以其特有的作战方式和作战效能在战争中发挥了十分重要的作用，世界各国又一次掀起了无人机热潮。临近空间无人机、空天无人机、无人作战飞机等各类无人机的发展将进一步扩展作战能力和范围，无人机将以多样化作战方式，成为未来战场的重要力量。

1. 集群化、多样化协同作战程度更高

现代战争必然是空、天、海、网立体化模式，是常规战、电子战、信息战、心理战等多种形式的组合，对指挥控制、侦察打击、电子对抗、空运与投放、测绘与气象等同步保障要求更高，必然形成多兵种、多机型、多任务联合协同的集群作战模式，以体现出现代战争高效的作战效能。例如无人机集群将侦察和打击综合，有效缩短了杀伤链，实现即察即打，发挥突袭作用，提高了对时敏目标的打击时效，极大提升了传统作战的打击效果。无人机与有人机混合编队，组成作战机群，整个编队具备侦察预警、防卫、游弋、打击和突防等多种能力。便携式单兵无人机大量装备战斗分队，成为复杂地形中靠前侦察的主要力量。对地打击无人机与新型信息化作战平台构成立体突抗的主体，成为对地火力支援的最直接力量。舰载无人机将部分替代有人飞机，完成遂行侦察、警戒、驱离等任务，与无人作战舰船协同，成为未来智能化无敌舰队。

2. 信息化、智能化精准作战程度更高

近年来，虽然无人机系统在功能、性能上有大幅度提升，由于受到技术等方面的限制，无人机系统并不能完全代替人去完成某些特殊任务，一方面仍然需要对获得的信息进行快速处理，提供给操作人员决策。另一方面需要更高的智能化水平,代替人员决策。在复杂作战环境下,无人机可实时传回的信息量巨大,依靠人的处理、判断和决策几乎不可能保证及时性、客观性和准确性,这就需要无人机系统在不确定的环境中仅依靠自身的设备,对自身状态、环境及作战对方态势的感知、分析,最大限度地理解人的意图,并能够根据以往的历史数据,做出最优的反应,实现对任务的动态规划、规避等,完成所规定的任务,而不需要人工干预。智能化不仅可降低飞行员劳动强度,降低对数据链的传输要求,也能提高无人机的生存力和精准作战效能。

3. 高端化、微型化特殊环境下隐蔽程度更高

在国际环境日趋复杂化和多元化的条件下,在材料技术、计算机技术、通信技术、微电子技术、控制技术等快速发展支撑下,无人机系统不仅向着飞行更高、更远、更快、更持久发展,而且微型无人机发展也成为特殊战线完成特殊任务的利器。无论是哪种用途,不易被发现或发现后快速突防等能力都是无人机执行任务或生存的首要前提。

1.2.2　民用无人机行业应用发展

民用无人机已广泛应用于农林植保、测绘、消防、气象干预、警用安防、管线巡检、物流运输等领域,随着各领域技术的进步及智能时代的到来,民用无人机的需求和应用前景十分广阔,必将得到高速发展。

1. 民用无人机应用领域更广泛

2010 年之前,受限于技术、价格等因素,民用无人机市场规模小,增长速度较为缓慢,应用领域基本仅限于灾害救援、地图测绘等。但在 2010 年之后,市场需求持续增加、产业链逐渐完善、硬件成本下降、入行门槛降低等因素,推动了工业级无人机快速发展,无人机市场规模迅速扩张、产业蓬勃发展,各领域潜在需求快速释放,在工业、农业、医学和交通等各个领域发展应用空间巨大。

2. 民用无人机适用性更强

由于受各方面因素影响,民用无人机性能大多还存在留空时间短、环境适应性弱、状态稳定性差、使用维护复杂等不足,导致其使用成本上升,不能适应应用发展需要。民用无人机的发展要加强在留空时间、环境适应性、自主性和可靠性等方面的提升力度,研发出综合化程度更高、系列化程度更高、价格更加低廉、用户体验更好、符合市场发展趋势的产品,充分发挥无人机的优势,深化无人机在民用领域的应用。

3. 市场化程度更高

随着消费者需求多样化,以研发定制为主的产品提供方式已不能适应民用市场快速响应需求,也很难降低产品成本。无人机行业逐步实现全产业链的资源整合,优势互补,在行业内形成各种优势产品和服务系列,用户根据需要在市场选择合适的无人机产品、飞行服务和末端信息处理服务等,进行不同组合,满足个性化需求。

1.2.3　工程技术发展

无人机要支撑未来的使用需求,需要发展以下关键技术。

(1)飞机设计技术:大机动/高气动效率/高隐身的气动布局综合设计技术、变体/变结构无人机设计技术、仿生/微型无人机设计技术。

(2)新型动力技术:太阳能、燃料电池、蓄电池、光电、核推进系统。

（3）控制导航技术：自主控制技术、集群控制技术、协同控制技术、特殊布局控制技术、精确制导技术、经济快速定位技术、感知与规避技术、快速动态航路重规划技术、突发环境下的应对技术。

（4）数据链通信技术：抗干扰技术、安全与加密技术、网络化通信技术、高速/宽带/可靠一体化综合设计技术。

（5）指挥控制技术：交互与联合操作技术、多单元信息共享技术。

1.3　无人机系统分类

无人机系统按功能、性能、运行和监管的不同有不同的分类方法，军用无人机和民用无人机也有不同的分类方法，民用无人机分类参照相关标准。以下列举几种军用无人机常用的分类。

1.无人机系统按起飞重量分类

无人机系统按起飞重量可分为微小型无人机（起飞重量小于 5 kg）、小型无人机（起飞重量为 5 ～50 kg）、中小型无人机（起飞重量为 50 ～500 kg）、中大型无人机（起飞重量超过 500 kg）。

2.无人机系统按实用升限分类

无人机系统按照实用升限可分为超低空无人机（实用升限 100 m 以下）、低空无人机（实用升限 100～1 000 m）、中空无人机（实用升限 1 000 ～7 000 m）、高空无人机（实用升限 7 000～20 000 m）、临近空间无人机（实用升限 20 000～100 000 m）。

3.无人机系统按控制半径分类

无人机系统按控制半径可分为超近程无人机（活动半径在 50 km 以内）、近程无人机（活动半径在 50～200 km 之间）、中程无人机（活动半径在 200～800 km 之间）、远程无人机（活动半径大于 800 km）。

4.无人机系统按平台构型分类

无人机系统按照平台构型可分为固定翼无人机、无人直升机、多旋翼无人机、其他无人机（含伞翼、扑翼、倾转旋翼、混合构型等）。

5.无人机系统按起飞降落方式分类

无人机系统按起飞方式可分为滑跑起飞、垂直起飞、弹射、手抛、车载发射、空中投放等；按降落方式可分为滑跑着陆、垂直降落，伞降回收、天钩/撞网拦阻回收等。

1.4　无人机系统定义和特点

1.4.1　无人机系统定义

无人机是一种由动力驱动、重于空气、机上无人驾驶的航空器，包括固定翼无人机、无人直升机、多旋翼无人机和其他构型无人机等。

无人机系统是以无人机为主体，配有相关的分系统，能完成特定任务的一组设备。

无人机系统应具有机上无须搭载操作人员、自带动力、一次性使用或可回收重复使用、自动飞行或进行远程引导飞行、携带有效载荷的属性。

1.4.2 无人机系统特点

与有人机相比,无人机有以下特点。

(1)不搭载操作人员,不会因事故或其他原因造成空勤人员伤亡或被控制。

(2)安全等级要求相对较低,设计和制造成本较低,价格相对较低;使用、维护、训练等环节相对容易,费用较低。

(3)不会发生机上人员的疲劳感、紧张感和由此产生的莽撞冒失行为,可长时间持续留空,有效工作。

(4)不考虑人的因素,可以在尺寸、重量、过载、隐身等方面进一步提升。

(5)任务设备易于更换,灵活多样。

(6)完成高危、污染、危险等易对人造成伤害的威胁性任务。

1.5 无人机系统组成

无人机系统通常由无人机、任务载荷、数据链、指挥控制站(地面站)、保障与维修系统等组成。

1.5.1 无人机

无人机是无人机系统中的空中部分,其主要功能是承载任务载荷到达作业地点。无人机包括无人机平台、动力系统、飞行控制系统和航空电子系统等。任务载荷和数据链机载设备虽然被安装在无人机上,但由于它们的通用性和独立性,习惯上将它们定义为独立系统。

固定翼无人机平台,完成无人机的起飞(发射)、飞行、降落(回收),装载机载设备。动力系统提供无人机飞行动力。航空电子、电气系统也可统称为航电系统,包括机载除数据链和任务载荷以外的所有电子电气设备,获取飞行状态和机上设备状态,与飞控系统一起实现无人机按给定状态、给定轨迹飞行功能,负责无人机供电和配电,管理协调机载各子系统的工作。

1.5.2 指挥控制站

指挥控制站也称地面站,是无人机系统的地面指挥控制中心,通过数据链实现机载与地面的联系,实现对无人机指令生成、任务规划、意外或故障时干预等,实现无人机飞行状态、飞行航迹、战场态势、工作场景的显示、监控和告警等。

1.5.3 数据链

数据链系统是无人机系统中连接无人机和地面站的信息桥梁,包括机载设备和地面设备,主要完成向无人机传送遥控指令,向地面传送无人机和任务载荷的状态和任务数据,以及无人机自主定位的方位角和距离的测量等功能。

1.5.4 任务载荷

无人机系统任务载荷指直接完成任务所需的一种或多种设备及辅助设备组合,可以是单独的机载设备,也可以是机载设备和地面设备的组合。无人机所要承担的作业任务种类的多样化决定了任务载荷的多样性。

1.5.5 保障与维修系统

无人机系统的保障与维修是保障无人机完成任务,确保无人机作业效能发挥的重要环节,保障与维修系统也是无人机系统的重要组成分系统,与无人机的其他分系统共同构成完整的无人机系统。

无人机保障与维修系统的内容涵盖很广,它包括保障无人机系统圆满完成任务所需的系统展开、指挥调度、综合检测、场区保障、气象保障、后勤保障、通信保障、转场运输以及无人机系统的人员培训和作业使用训练等内容。

1.6 无人机系统设计与开发程序及方法

一个全新的无人机系统研制,需要经过一系列复杂的程序和步骤,从可行性研究和项目立项,提出技术要求,到设计、试制、生产、试飞验证、鉴定、交付并投入使用,需要进行大量的科学研究、分析计算、工程设计和试验验证工作。

无人机系统设计与开发也采用系统工程方法,是一种含产品、人和过程且满足用户需求的全寿命周期综合平衡解决方案的跨学科方法,是涉及设计、制造、试验、培训、使用、保障、退役处理相关内容的技术活动综合机制,由技术过程和技术管理过程组成。

无人机系统设计与开发一般可分为论证阶段、方案阶段、工程研制阶段、鉴定或定型阶段、生产阶段、交付阶段等,通过需求分析、技术要求确定、体系结构设计、分系统与设备实现、系统集成、验证等活动,完成产品从功能基线、分配基线,到产品基线的转化。

参 考 文 献

[1] 《世界无人系统大全》编写组,世界无人系统大全[M].北京:航空工业出版社,2015.
[2] RICHARD K B,STEPHEN B H,DOUGLAS M M, et al. 无人机系统导论[M].沈林成,吴利荣,牛轶峰,等译.北京:国防工业出版社,2014.
[3] 中国航空综合技术研究所,易瓦特科技有限公司,深圳一电科技有限公司,等.甲无人驾驶航空器系统分类及分级:GB/T 35018—2018[S].北京:中国标准出版社,2018.
[4] 《国防科技名词大典》总编委会.国防科技名词大典 航空[M].北京:航空工业出版社,兵器工业出版社,原子能出版社,2002.
[5] REG A.无人机系统设计开发与应用[M].陈自力,董海瑞,江涛,译.北京:国防工业出版社,2013.

第2章 无人机系统总体设计

无人机系统总体设计是无人机系统设计开发过程中的重要环节,是对系统架构和顶层的设计,需要用系统工程的方法,综合权衡并全面协调,经反复迭代完成。

总体设计的主要任务是在充分理解产品要求的前提下,完成系统需求分析、指标体系构建、体系结构定义、组成配置确定、指标分析分解、成本分析、周期估计等工作,形成系统、分系统任务书及初步方案。

本章以无人机系统为例主要介绍无人机系统总体设计需要确定的内容和解决的问题,各分系统具体设计在后续相关章节中详细介绍,其中可靠性等特性设计将在第10章介绍。

2.1 需求分析

无人机系统需求分析的输入,是订购方或用户提供的研制要求或合同,它不仅是无人机系统设计和开发的依据,也是订购方或用户最后验收产品的依据。研制要求或合同只是订购方或用户从使用者的角度提出对产品的要求,关注点往往在功能和性能需求,其他方面的很多问题不在他们的考虑范围之内,一般不直接作为设计输入。需求分析就是将用户要求转换成设计与开发要求的过程。

需求分析先从设计者的角度全面分析、理解订购方或用户提出的使命或用途、具体任务或作用、功能与性能要求等,结合现有技术发展和生产制造水平,通过分析评估、技术路线细化及工程分解,完成任务或用途描述、功能定义,最后形成研制任务书或技术要求,作为无人机系统设计与开发的输入。

2.1.1 产品具体任务或作用描述

产品具体任务或作用描述就是从产品使命或用途的大背景中,清晰、准确地分离出产品具体的任务或工作,要清楚描述出产品应用场景,产品要解决何种问题、起到什么作用;明确产品的使用特点,在工作中需要突出的最大优势。

例如某型军用无人机系统的作战任务为执行远程、高空、广域、持久的情报、监视与侦察任务,其反映的应用场景较为具体,即飞得远、飞得高、飞得久,解决远程目标信息持续实时获取问题,为指挥机构提供决策依据。某民用无人机系统的任务为在突发事件处理中提供不间断通信,通过分析,该无人机系统需要具有灵活、机动的起降模式,续航时间长,具有全天候工作能力,稳定可靠的通信能力等。

2.1.2 功能定义

在明确了产品用途和作用后,就要定义产品功能。产品功能是为了实现产品具体任务或作用,在产品全生命周期应该具备的各项具体能力的集合,既包括完成产品具体任务或作用必须具有的能力,也包括使用和维护的能力。功能定义一般要定义解决方案的约束条件,定义典型的任务剖面,详细说明无人机系统的主要功能、性能和质量要求,识别无人机系统和使用人员的相互关系,明确使用环境条件的定性、定量要求。

功能定义需注意以下几点。

1. 功能要覆盖全生命周期

功能定义既要考虑完成产品用途,即能用,还要考虑在寿命周期内使用方便、可靠、易修、安全、经济等,即好用、耐用、用得起。

2. 关注产品使用环境

功能定义时要清楚知道产品使用环境,包括地理、气象、电磁和战场等环境因素。

3. 功能要科学合理

功能定义必须围绕产品使命或用途,在适用、实用的前提下,有适当的扩展或延伸,切忌片面追求功能多而全,华而不实。

4. 功能要能够实现

功能定义必须在现有技术支持下能够实现,或者通过技术攻关可以实现,也可以通过和用户沟通,用替代、解析等方法间接实现,切忌因各种原因提出的不切实际无法实现的功能。

2.2 指 标 体 系

2.2.1 指标体系的构成

无人机系统指标体系是一组能够完整描述无人机系统的属性的集合,它包括使用要求和技术指标。使用要求包括功能、组成、使用方式、使用环境、使用条件和使用流程等;技术指标包括特征性指标和通用性指标,特征指标是指产品自身所具有的属性,例如最大起飞重量、续航时间等,通用性指标指所有产品都应具有的属性,例如可靠性、维修性等。

固定翼无人机系统一般包含以下几大类指标。

1. 功能

通过在无人机平台上装载不同的载荷,实现不同行业的不同任务。功能可以包含使命或用途、具体任务或作用,以及所需要的具体功能。

2. 组成

描述无人机系统组成及各部分功能简介,包括空中部分、地面部分,可用文字或图形表示。

3. 技术指标

固定翼无人机系统技术指标见表 2-1。

表 2-1　固定翼无人机系统技术指标

指标类别	指 标	备 注
几何尺寸	全机长	固定翼无人机的几何尺寸是体现无人机体量的参数
	翼展	
	机高	

续表

指标类别	指　标	备　注
重量	最大起飞重量	无人机起飞时所能容许的最大重量,为空机重量、燃油重量和任务载荷重量之和
	载荷重量	执行任务所需的所有任务设备及辅助设备的重量总和
	燃油重量	分为满油量(机内油箱满载时的燃油重量)、非可用燃油量(不能用于飞行的残余燃油)和任务燃油量(根据执行规定任务所需的油量)
	空机重量	不包括任务设备及燃油的重量
	任务起飞重量	包括任务载重、任务所需燃油重量和空机重量
速度	最大平飞速度	在一定飞行高度,无人机所能达到的最大定常水平飞行速度
	最小平飞速度	在给定外形和飞行高度下,能维持定常水平飞行的最低速度。该指标越小,无人机起飞、着陆及盘旋性能越好
	巡航速度	飞行过程中,无人机为完成一定任务选定的能长时间飞行的定常速度或在单位距离消耗能源最少的速度
高度	实用升限	无人机在规定构型、重量及发动机工作状态下等速爬升,爬升率大于某一给定值时所对应的最大平飞高度
	安全飞行高度	避免无人机与地面障碍物相撞的最低飞行高度
航程/航时	续航时间	无人机在不进行能源补充的情况下,耗尽动力能源所能持续飞行的时间
	最大航程	无人机装满能源飞行的最长距离
机动飞行性能	最小转弯半径	无人机正常盘旋时所能达到的航迹的最小曲率半径。最小转弯半径越小,机动性越好
	最大爬升率	无人机在标准大气条件下,以定常速度爬升时单位时间内增加的最大高度
距离	控制半径	无人机通过数据链实现机载与地面实时传输测控和任务信息的最大距离
飞行平稳度	俯仰角平稳度	
	倾斜角平稳度	
	偏航角平稳度	
	高度平稳度	
导航与定位	飞机定位精度	
	导航精度	
展开与撤收时间	展开时间	无人机从到达起飞地点到起飞之间的时间
	撤收时间	无人机从着陆到撤离现场的时间
	再次起飞最小间隔时间	无人机从着陆到再次起飞的时间

续表

指标类别	指 标	备 注
通用质量特性	温度	
	湿热	
	盐雾	
	淋雨	
	低气压	
	冲击	
	振动	
	加速度	
	霉菌	
	运输	
	电磁兼容性	
	可靠性	
	维修性	
	保障性	
	测试性	
	安全性	

2.2.2 构建系统指标体系原则

构建无人机系统指标体系的过程,实际就是把功能要求转化成对具体产品的描述过程。在这个过程中,产品的组成、结构、总体思想、技术路线和实现途径等都基本形成,可以进入方案论证和方案设计阶段。

构建无人机系统指标体系,一是确定必须具有的功能,二是确定合理的参数及指标,一般应注意以下几点。

(1)功能完善、合理,基于实用,适当先进。功能首先要满足要求便于使用,在此基础上兼顾未来发展需要及技术先进性。

(2)指标科学、合理,技术可行,可以考核。指标不仅要满足要求,还要考虑当下技术及工艺等可以实现,有测试及考核实施方法。

(3)指标之间协调,体系闭合,总体最优。指标不仅要和功能协调,指标之间也要协调,不能相差太大,更不能相互矛盾,整个指标体系不应该留有不可控的环节或参数,整体性能达到最优。

2.3　无人机系统体系结构

2.3.1　无人机系统体系结构

无人机系统是由机上和地面若干设备、硬件、软件、信息等组成的集合体,它们之间的连接关系有机械关系、电气关系、逻辑关系等,这些连接关系的实现方式直接决定了无人机系统可靠、高效、自主、便捷工作的能力。

无人机系统体系结构指在被定义的条件下,选择合适的网络,保持各子系统之间最佳连接关系。无人机体系结构包括无人机机载设备之间、无人机与地面设备、无人机与无人机、地面设备与地面设备、系统与系统、群与群的连接,包括拓扑结构、通信协议、接口形式和共享策略等。

随着智能化需求的提高及多无人机系统以集群、协同等方式联合工作的出现,无人机系统内部、系统与系统之间、群与群之间的各种联系更加复杂,信息交互种类更加多样,数据量更加庞大,因此体系结构成为系统总体设计中重要环节之一。

2.3.2　无人机机载体系结构

无人机机载体系结构指无人机平台航空电子设备、数据链机载设备、任务载荷之间的电气和逻辑连接关系,可采用点对点连接、总线连接、分布式层次化混合网络等方式。原则上连接方式、总线类型根据无人机机载设备的数量、关键程度、安全等级、关联设备间数据量、刷新率、速率等进行选择,也可将设备分类、分组,关键设备之间的连接可设置余度,飞控设备的优先级可设置为最高。

2.3.3　无人机与地面设备

无人机与地面设备的架构主要指无人机与地面站、无人机与地面其他作战或任务单元之间的连接,包括上行遥控、下行遥测、任务数据传输和其他类型信息等。根据任务类型、使用环境等特点,可以选用视距无线电数据链通信、超视距数据链(中继)、卫星通信、5G 通信和其他公网或专网通信等。原则上要考虑频段可用性、信道安全性、抗干扰性及与其他作业或任务单元的兼容性等。

2.3.4　无人机与无人机组网

无人机与无人机组网主要应用在多机集群或协同工作中,可根据集群或协同的无人机数目、任务特点、任务分配模式等选用自主组网、单点通信及其他通信方式,在满足数据传输带宽前提下有快速、灵活组网能力、抗干扰能力和稳定性。

2.3.5　地面设备与地面设备间的关系

无人机系统中地面可能不止一个系统,这些系统之间与其他作业单元、任务单元、指挥中心、航管中心等都需要信息交互,它们之间的结构也和系统任务的完成密切相关,这些方式大多由用户根据应用行业的相关规定或使用现状决定,总体设计时也应予以重视。

系统体系结构确定应注意以下几点。

(1)优先采用用户规定或行业应用的方式。

(2)原则上采用通用、成熟、符合相关规定的方式,使用新技术体系时需要进行完整的地面验证。

(3)禁止使用违反国家相关规定或受其他影响较大的方式。

2.4 总体设计

2.4.1 系统组成及配置

无人机系统机上没有操控人员,工作方式灵活、多样,需要其他地面系统或设备共同完成。确定系统组成的首要任务就是根据产品要求,细化全生命周期任务剖面,明确界定典型任务剖面中必须配置和可选择的系统和设备,作为系统组成及配置的雏形。需要说明的是,这些组成和配置,是从宏观和功能上定义的,并不完全代表具体的某个设备。通过后续设计工作,逐渐细化到具体物理单元,并不断补充、删除和调整。

系统组成及配置应注意以下几点。

(1)最小化:满足系统要求的前提下,组成与配置越简单越好,需要的必须配置,可有可无的一定不配置,避免无意义的重复配置。

(2)可扩展化:在确定系统组成与配置时,适当考虑系统或设备的扩展能力,当系统功能有一定程度增加时,仍能满足要求。

2.4.2 功能分配及分解

在有人机上,无论是军用还是民用,其分系统功能都有相关标准规定,是清晰、明确的。在无人机系统中,不仅无人机自身千变万化,而且其任务也千差万别,因此,需要明确把功能分配至不同的系统或设备,或者把一个功能分解至几个系统或设备。

功能分配及分解应注意以下几点。

(1)界面清晰:分系统或设备功能明确,界面清晰,输入/输出关系简洁。

(2)功能完整:分系统或设备功能覆盖系统全生命周期所有功能,避免遗漏。

(3)耦合最小:一项功能最好分配在一个分系统或设备中,如果必须在两个或两个以上分系统或设备中,它们之间的信息传递尽量少,时序尽量简单。

2.4.3 指标分析、分解及误差分配

无人机系统指标体系中既有关于飞机、飞行控制(简称"飞控")等机载系统的,也有关于数据传输、定位导航、任务处理等机载和地面系统联合完成的,还有关于指挥控制、任务装订、使用维护等地面系统的,需要对各项指标仔细分析,除了对由单一系统或设备实现的明确外,更重要的是要将由几个系统或设备共同实现的指标分解,落实到每个部分,还需要将规定的误差分配到相关分系统或设备,以使系统综合误差满足系统要求。

指标分析、分解及误差分配应注意以下几点。

(1)准确性:指标分析、分解要逻辑清晰,符合相关理论支持。

（2）可行性：指标分析特别是分解要充分考虑可实现性，需要有技术支撑和前期经验，综合考虑实现的难度、周期、经费。

（3）灵活性：对于技术新、难度大、实现复杂、成熟度低的，指标和误差分配时可适当放宽要求。

2.4.4　无人机平台设计

固定翼无人机总体方案设计中，对于无人机平台，主要确定飞机气动布局形式、总体参数、总体结构和起降方式等。

1.气动布局形式的选择

固定翼无人机机翼、尾翼的平面形状、几何尺寸及其与机身的相对位置等因素，决定了无人机不同的气动布局形式。其布局形式主要有常规布局、鸭式布局、无尾布局（含飞翼布局）、特殊布局（串列翼布局、盒式翼布局、升力体布局等）等，这些气动布局都有各自的特殊性和优缺点。不同的气动布局外形决定了无人机机动性不同，飞行性能特点不同，而且对无人机任务载荷的安装方式和工作状态要求不同，对无人机任务执行效果甚至生存力影响不同。

固定翼无人机气动布局的选择，需综合考虑无人机基本性能要求、任务载荷及任务特点、工作环境特点和使用环境特点，例如隐身能力、快速突防能力、持久续航能力、灵活方便起降能力等，选择对完成任务最有利的形式。

2.总体参数的选择与估算

飞机总体方案首轮近似设计中，需要确定的总体参数包括飞机起飞总重、机翼几何参数和动力装置特性参数等，主要反映无人机在重量、尺寸、能量上的规模。

（1）无人机起飞总重包括有效载荷重量、燃油重量和空机重量。空机重量包含结构、发动机、起落架、通用设备和航空电子设备等部分。

（2）机翼几何参数包括机翼面积、机翼展弦比、机翼梢根比和机翼前缘后掠角等。

（3）动力装置特征参数包括发动机功率或推力、发动机的耗油、电池容量、充放电特性等。

在确定无人机任务载荷重量、航程、航时、速度、高度及其他性能后，开始估算无人机总体参数。总体参数最初可依据已有无人机统计的参数间的关系和以往的设计经验，通过查阅手册或借鉴已有的性能相近的无人机获得两个最基本的组合参数，即功率/重量比（或推重比）及翼载荷。结合起飞重量等参数，估算出机翼面积、机翼展弦比、发动机推力或功率等。

这个过程是一个反复修正、更改的迭代过程，可通过工具软件等其他手段进行计算、仿真、验证和优化。

3.起降方式

固定翼无人机起降方式有多种，常见的起飞或发射方式有滑跑、火箭助推、弹射、手抛、车载发射、空中投放等，降落或回收方式有滑跑、天钩和撞网等，各种方式有各自特点，选用时主要依据用户要求及使用环境，可以选用单一起降方式，也可以选用多种方式组合，以满足不同起降场地、气象条件要求及机动性、重复性工作要求。

2.4.5　动力系统

在确定无人机平台主要参数后，动力系统需要选择发动机类型，确定安装位置。如果是电动或其他能源无人机，需要选择用作动力的电池或其他动力源。

发动机选取主要依据无人机飞行速度、耗油率、重量、体积、和成本等因素,应关注发动机高度特性、转速特性和推力/功率特性、操纵特性、使用条件(高度、温度、速度)限制、功率提取状态下对发动机性能的影响、安装数据、可靠性等。

电动无人机要关注用作动力的电池容量、充放电特性、抗过载能力、工作环境限制等。

不同气动布局形式的无人机都有常规发动机安装位置,可根据无人机任务载荷和任务特点调整。

2.4.6 飞控系统

无人机飞控系统主要功能是产生控制指令,实现稳定、准确、可靠的飞行,包括飞行姿态稳定、航向稳定、高度稳定、自主飞行与起降策略生成与控制、应急飞行处理等。

固定翼无人机飞控系统总体设计包括功能设计和构型设计。

功能设计根据总体布局草图,明确可用于飞行操纵使用的操纵面,例如升降舵、副翼、方向舵、襟翼、扰流片、减速板、鸭翼等,了解其位置、尺寸及偏度范围。收集、整理气动力设计要求及相关数据,例如气动数据、铰链力矩、载荷、刚度及质量分布要求、操纵面偏转角与偏转角速率要求等,确定飞控系统功能和权限、安全性要求、应急方案。

构型设计是对实现飞控系统功能的顶层规划,确定飞控系统各通道控制律结构和控制律初步方案、航迹控制律结构和控制律初步方案、飞控系统的组成、配置和容错结构要求、飞行管理与导航初步策略、初步软件需求等。

固定翼无人机飞控系统设计时关注飞行平稳度、飞行及起降航迹精度等,以满足要求为目标,不需要过于追求太全、太新、太精。

用于实现飞控系统工作的设备、部件及其软件由航空电子设备完成,将在第6章中介绍。

2.4.7 航空电子系统

按目前固定翼无人机系统组成定义,除数据链及任务载荷以外的所有机载电子设备都属于无人机航空电子系统,包括用于完成无人机飞行控制、飞行管理、导航、供电及其他所有功能的机载电气设备。

在无人机总体设计中,可根据无人机系统功能及其他分系统功能要求,确定航空电子系统体系结构、组成及配置、容错结构,初步确定各部件或设备主要性能及接口、软件需求等,确定机载供电体制及品质、电源配置及配电管理方案等。

1.航空电子系统体系结构

无人机航空电子系统体系结构一般包括离散式系统、总线式分布网络系统、基于核心处理机的分布式混合总线系统。

确定无人机航空电子系统体系结构时应注意以下几点。

(1)扩展性:体系结构的选择要充分考虑总线类型、接口、带宽、速度、带载能力和传输距离等特性,满足要求的前提下留有余量,易于实现技术和产品能力提升。

(2)标准化:处理机、总线、接口、软件要符合相应标准、规范。

(3)简约性:在完成功能的前提下,连接关系、接口协议越简单越好,可靠、经济。

2.航空电子系统组成和配置

无人机航空电子系统一般由飞行控制与管理计算机、各类传感器、伺服系统、供电系统、机上其他功能设备等组成。

（1）飞控与管理计算机可以是单台计算机，独立完成飞控、飞管、导航及机上其他所有航电设备的控制和管理，也可由几台计算机分工共同完成。

（2）传感器主要包括反映飞机姿态和运动的传感器（例如姿态传感器、速率传感器、高度传感器、航向传感器和航姿单元等）及导航设备（惯性导航设备、卫星导航设备和其他导航设备等），也包括测量机上其他状态的各类传感器（例如温度传感器、液位传感器和流量传感器等）。

（3）伺服系统主要有用于驱动副翼、襟翼、升降舵、方向舵等操纵面的舵机，也包括用于起落架收放、舱门开关、任务设备升降等的驱动机构。

（4）供电系统主要包括电源（电源产生、电源变换）、配电设备（电源管理、保护、传输等），主要有发电机、稳压电源、电池、汇流条、电缆、接触器和保护器等。

（5）机上其他功能设备指航行灯、环控设备、起降设备和空管设备等。

航空电子系统无固定配置，根据系统要求在保证飞机飞行安全及作业任务圆满完成的前提下可进行适当裁剪。

确定无人机航空电子系统配置时，应注意需要配置的必须配置，可配可不配的坚决不配的最小化原则，以及必须和系统要求协调一致的协调性原则。

3.机载供电及配电

机载供电系统一般由主电源、辅助电源及应急电源组成，配电及管理设备一般由汇流条、接触器、保护器等组成。

机载供电主电源可以是传统的交流供电或直流供电，也可以是其他新能源，例如太阳能电池、燃料电池等。供电主电源可分为单机供电或多机供电、高压或低压供电，中小型无人机由于受到重量、体积的限制，用电设备也较为集中，且电源负载多为低压直流电子设备，类型要求单一，因此，多采用单机低压供电体制。主电源可以直接供给用电设备，也可通过电源变换器处理后供给用电设备。这种供电体制本身结构简单、设备少、重量轻，技术也较成熟。

辅助电源一般作为主电源备份，可以与主电源相同，也可采用技术和实现都不相同的方式。

应急电源在主电源和辅助电源都不工作时，为保证无人机安全提供电源，主要为飞控、导航、起降设备供电，一般选用电池作为应急电源。

确定无人机机载供电系统方案时应注意以下几方面。

（1）供电系统配置最简化：根据机载用电设备的具体情况，选择合适的供电方式、配置、汇流条形式等，必要时可不配置辅助电源、电源管理器等。

（2）供电品质实用化：供电品质以满足用电设备要求及全机电磁兼容要求为目标，不一味追求高品质。

（3）配电及管理合理化：根据用电设备对无人机安全影响的重要程度进行汇流条设计、用电设备分类、通断管理策略制定等，不一味追求大而全。

4.航空电子系统容错设计

容错是指在系统中当一个或多个关键部件出现故障时，系统采取相应措施，维持其规定功能，或在可接受的性能指标变化下，继续稳定可靠运行的能力。航空电子系统容错设计的目的是满足飞行安全要求，满足任务可靠性要求，提高飞机生存能力，改善系统维修性。余度设计是无人机航电系统容错设计最常用的方法之一，即配置多套相互独立的设备或系统完成相同的工作,以满足系统容错要求。

容错设计的基本任务是确定容错能力准则、容错结构设计及余度管理设计。余度设计要满足系统和部件的容错要求、故障覆盖率要求、误切率要求、切换飞行品质要求、表决面尽可能少要求、重构要最大化要求。

航空电子系统工程研制中的关键技术主要有容错技术、小型微型化技术、电磁兼容技术等。

2.4.8 数据链

数据链系统总体指标取决于无人机系统的作用距离、飞行高度、信息传输与误码率要求和使用环境等。作用距离一般指无人机系统在无线电通视条件下无人机的最大飞行距离,作用距离决定了无线电数据链测控距离与链路通信方式,即采用视距通信还是中继通信。飞行高度是无人机的安全飞行高度,它决定了数据链机载收、发天线的高度,也影响着数据链信道环境与信道电平。信息传输与误码率要求是对数据链传输能力提出的要求;使用环境决定了数据链抗干扰性及保密要求,也是数据链传输能力指标之一,信息传输要求与使用环境共同确定了数据链传输带宽要求。

在明确无线电数据链的作用距离、传输带宽、天线高度后,通过相关计算、仿真、分析等手段,即可确定数据链通信方式,进行发射与接收链路的指标分配,进一步完成频段、频率与调制方式的选择,发射功率、接收灵敏度与跟踪定位精度的确定,信号场强、信号场强衰减以及天线性能的计算等。

2.4.9 指挥控制站

指挥控制站(地面站)依据其功能和规模可以是车载、舰载、机载等形式,也可以是便携式,甚至是手持式。总体设计时根据无人机系统功能、使用要求及使用环境,确定地面站形式、组成、配置、与系统内和系统外的通信及联络方式,初步确定站内各功能模块划分及操作席位布局、照明与环境调节设备安装、供电及运输等保障设备,确定地面站软件需求和各模块功能界定等。

2.4.10 任务载荷

任务载荷是无人机系统完成规定任务的直接设备,总体设计时根据无人机系统功能、系统特点、使用要求及使用环境,初步确定任务载荷组成、配置、工作方式,初步确定主要性能参数,并通过相关计算、仿真、分析等手段,评估是否能达到系统要求,再对无人机平台提出要求,包括安装位置、安装方式、与其他机载设备接口等。

在无人机系统总体设计时,从任务需求的角度出发,选择适当的任务载荷,以完成特定任务。任务载荷选择一般可采用三种方法,第一种是将已有成熟任务载荷搭载在成熟的无人机平台上,双方只进行局部的适应性改造,即可满足要求,完成规定任务。第二种是任务载荷搭载和无人机平台只有一方是成熟的,另一方需全新设计或进行局部的适应性改造,即可满足要求,完成规定任务。第三种是无人机平台和任务载荷都需要全新设计。无论选择哪种方法,总体设计时,都需要从功能、性能、机械接口、电气接口等方面分析,并注意指标协调、闭合、完整。

参 考 文 献

[1] 《飞机设计手册》总编委会.飞机设计手册4　军用飞机总体设计[M].北京:航空工业出版社,2005.

[2] 《飞机设计手册》总编委会.飞机设计手册5　民用飞机总体设计[M].北京:航空工业出版社,2005.

[3] 祝小平.无人机设计手册 [M].北京:国防工业出版社,2007.

[4] 符长青,曹兵,李睿堃.无人机系统设计[M].北京:清华大学出版社,2019.

[5] 中国人民解放军总装备部.无人驾驶航空器系统通用要求:GJB 5433—2005[S].北京:总装备部军标出版社发行部,2005.

第3章 无人机平台

3.1 无人机平台概述

无人机平台总体设计主要是确定无人机方案和各主要分系统方案,包括优化设计无人机布局形式与总体设计参数,选定动力装置、起降方式、控制与导航方式、无线电测控与信息传输(数据链)体制,选择任务设备和维修保障体制等。

为了保证无人机平台总体方案设计合理可行,在进行无人机平台方案设计时应遵照以下原则:

(1)可行性原则:充分满足使用部门提出的战术技术指标和使用要求,与我国的经济基础和技术基础相适应,有一定的技术储备,工程上能够实施;

(2)先进性原则:具有较高的技术起点和一定的创新内容,技术性能达到先进水平,且有一定的拓宽发展潜力;

(3)经济性原则:尽量降低从研制、制造到使用的全寿命周期费用,提高标准化、通用化、模块化、系列化程度,获得较高的效费比;

(4)综合优化原则:采用系统工程方法,从技术性能、经费、进度等方面,对多种总体方案进行全面的分析和综合比较,提出优选方案。

3.2 无人机平台的设计流程与设计任务

目前,国内无人机型号研制通常划分为方案论证阶段、初步设计阶段、详细设计阶段、设计定型阶段和生产定型阶段,也可根据用户要求简化或整合。本节主要针对中小型固定翼无人机平台展开论述。

无人机平台设计从收集分析用户需求开始,通过初步论证和概念设计,明确用户需求以及工程研制可行性,经过首轮迭代规范用户需求,进入初步方案设计,形成初步达到用户需求框定的飞机总体布局,再细化得到带有一系列参数的比较清晰的总体布局定义,以及一系列载荷、强度、结构等方面的计算结果,作为总体布局的附加参数。经过2~3轮迭代后,无人机平台方案设计形成以下结果。

(1)总体布局;

(2)几何尺寸;

(3)气动总体设计和机翼的主要参数;

(4)推力需求设计和发动机选型;

(5)总体性能;

(6)飞行剖面;

（7）主要系统的初步概念设计；

（8）机体结构布局设计；

（9）三面图；

（10）重心定位和重量设计；

（11）操纵系统设计；

（12）载荷估算；

（13）飞行包线设计；

（14）总体布置图；

（15）直接使用成本和经济性分析。

其中固定翼无人机平台方案设计的主要任务是确定如下飞机总体参数。

（1）起飞总重 W_0；

（2）最大升力系数 $C_{L\max}$；

（3）零升阻力系数 C_{D0}；

（4）推重比 T/W；

（5）翼载 W/S。

3.3　无人机平台的总体设计

3.3.1　无人机平台布局和动力类型的选择

1. 无人机平台布局

在无人机设计之初，应先选择其总体形式。完全用解析的方法来选择飞机的形式并不现实，因为飞机总体布局形式的选择除了要考虑气动布局，还应考虑以下几个方面。

（1）有效装载的布局形式；

（2）起落装置（起落架）的形式；

（3）选择工艺分离面和使用分离面；

（4）合理布置动力装置；

（5）燃油重心、装载重心和空机重心布置在同一纵向位置上；

（6）连接主要部件时应使部件干扰阻力最小。

常见的几种无人机布局形式如下。

（1）常规布局。常规布局目前在飞机中应用十分普遍，并且是其他布局的对照标准。这种布局的主要特点如下。

1）飞机的质心在机翼升力中心前面，由水平安定面上的向下载荷平衡，保证水平方向上的空气动力学速度和姿态的稳定；

2）垂直尾翼保证航向方向的稳定；

3）机翼上反角保证了横滚方向的稳定；

4）机身后部安装尾翼，拥有较长的机身空间。

这类布局通常用在高空长航时和中空长航时无人机上，便于携带大量设备和燃料。

（2）双尾撑布局。双尾撑布局与常规布局类似，最主要的差别在于尾翼的安装形式。双尾撑布局在中程和近程无人机中比较常见,其最大的优点是发动机后置,解放了机身头部的空间,方便了任务载荷的安装和使用,同时也对发动机和螺旋桨起到一定的保护作用。另外,这种布局还具有空气动力学方面的优点,发动机和螺旋桨在飞机重心之后并接近重心,减小了飞机在俯仰和偏航方向上的惯性矩;螺旋桨接近尾翼,提高了气流的动压,使升降舵和方向舵操控效能提高;纵向惯量小,提高了飞机对俯仰和偏航控制的响应敏捷性。

(3)鸭式布局。鸭式布局飞机在机翼前面安装有水平安定面,飞机的重心位于机翼之前,依靠前舵面产生的向上升力保持平衡,实现飞机水平方向的气动稳定。

采用鸭翼布局能带来以下好处:

1)鸭翼的最大配平升力系数比常规布局飞机大得多。

2)通过合理安排鸭翼/机翼的相对位置,可以获得更好的配平升阻比。设计鸭式布局的一个注意点是鸭翼必须在机翼失速前失速。

鸭式布局的缺点在于方向稳定性不容易获得,这是由于飞机的重心越靠后,尾翼的杠杆作用就越不明显。为了延长尾翼力臂,多数鸭式布局飞机采用后掠机翼,翼尖安装垂尾。

鸭翼(或前翼)翼梢的涡流会对机翼翼展外向的气流造成上洗,而对机翼翼展内向的气流造成下洗。这会使机翼的诱导阻力特性变得很差,同时也会增加翼根处的弯矩。可以采取以下措施来解决这一问题。

1)将鸭翼布置得尽可能靠前,并使其在机翼的下方。

2)在相同的翼展站位上,使机翼的弯度和扭转角与鸭翼的相反。

(4)串列翼布局。串列翼布局是鸭翼布局的延伸。其前翼面产生差不多和后翼面一样多的升力。在理论上讲,串列翼的主要好处是可减小约1/2的升致阻力。升致阻力或诱导阻力是所产生升力的平方的函数。如果飞机的重量平均地分布在两个机翼上,每个机翼上所产生的诱导阻力就只有单独机翼所产生的诱导阻力的1/4,因此,两个机翼的诱导阻力之和只有单独机翼的1/2。

实际上由于两个机翼之间的相互干扰是得不到这样的理论结果的。首先,第二个机翼处在第一个机翼的下洗流中,其迎角、速度阻滞、湍流等都影响了第二个机翼的效率。其次,为了保证纵向静稳定性,后翼不能发挥出最大升力。为了最大限度地提高串列翼的设计效率,无论在水平方向还是垂直方向,都需要将两个机翼分开得尽量远。

(5)无尾布局。由于无尾飞机没有前翼和平尾,其飞机的纵向操纵和配平仅靠机翼后缘的升降舵来实现。一架稳定的无尾飞机,其机翼必须弯曲和扭转,进而降低了机翼的效率。无尾布局飞机机翼为后掠式,翼尖的迎角比内侧翼面的迎角要小,以此实现纵向零升力矩及失速特性的设计。后掠式机翼增加了航向稳定性,但尾翼在偏航轴上的效率较低,升降舵在俯仰轴上的效率较低。通常该布局的纵向静稳定性及航向静稳定性小于常规布局飞机。

(6)三角翼布局。三角翼布局飞机通常具有强硬的机体,其展弦比小,阵风影响小。其缺点主要是升力分布不均衡、展长小、诱导阻力大。

随着无人机技术日新月异的发展,无人机的布局形式在不断创新与发展,每种布局形式都有其优缺点,在设计时应根据无人机的设计要求,遵照全面综合的原则,选择最有利的构型。

对于无人机设计者,借鉴历史经验是十分重要的,查阅 *Jane's All the World's Aircraft*,可获得各类飞行器布局的更详细的信息。

2.动力类型的选择

动力(发动机)的选择是进行无人机总体方案设计的一个重要环节。由于飞机的类型、用途和性能指标各不相同,对发动机的要求差别很大,选择发动机时要考虑的侧重点也很不相同。另外,选择发动机时还必须考虑到实际的技术、经济等方面的客观条件。

在飞机总体方案设计的初始阶段,第一步是要根据给定的飞机设计要求中所规定的飞行速度和飞行高度,确定发动机的基本类型。各类发动机的推力和耗油率特性分别如图 3-1 和图 3-2 所示。

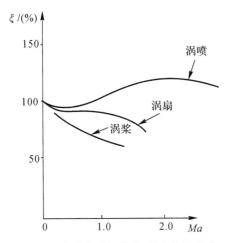

图 3-1　各类发动机推力-速度特性曲线

注:百分比表示不同类型发动机在不同飞行速度下的推力相对于 0 飞行速度下的推力比值。

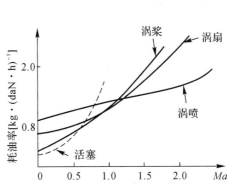

图 3-2　各类发动机耗油率-速度特性曲线

对一次性使用的靶机、自杀式无人机、导弹的动力装置,主要要求其推重比高,抗过载和抗进口气流畸变能力强,而寿命可以短(1～2 h);对无人战斗机动力装置,主要要求其工作包线宽,加减速性能好,巡航耗油率[≤0.8 kg/(daN·h)](1 daN＝10 N)低,隐身性能好;对长航时无人机,尤其是高空长航时无人机的发动机,则要求其耗油率[≤0.6 kg/(daN·h)]低,寿命(≥3 000 h)长,飞行范围广,高空特性好;小型低空无人侦察机的发动机功率小,但要求其质量小,加工成本低。

一般来说,选择无人机发动机的依据可以概括如下。

(1)推力(或功率)的速度特性和高度特性良好。选用发动机首先就是要保证在飞机的全部飞行速度和飞行高度范围内都具有足够的推力或功率。因此,不仅要求发动机的地面静推力或功率足够大,还需要具有良好的速度特性和高度特性,这一条是必须满足的要求。

飞机正常飞行马赫数 $Ma<0.6$ 时,以螺旋桨驱动的推进效率较高。当 $Ma>0.6$ 时,宜采用涡喷、涡扇或桨扇发动机。

(2)耗油率低。发动机耗油率的高低直接影响到飞机的使用经济性。在所设计飞机载油量相同的情况下,还会影响到飞机的航程和续航时间,因此要求发动机的耗油率应尽量低。

一般来说,在飞行马赫数 $Ma<0.5$ 时,活塞式发动机的燃油消耗率最低,涡轮螺旋桨发动机的燃油消耗率较高。在整个速度范围,涡喷发动机燃油消耗率最高。$Ma>0.5$ 时,涡扇发动机或桨扇发动机耗油率最低。由于活塞式发动机使用汽油,桨扇发动机使用煤油,故桨扇发动机从燃油消耗上更经济。

（3）要求发动机的自身重量轻。发动机的重量是飞机固定重量的主要组成部分，一般占有较大的比例。因此，选用自身重量比较轻的发动机可以明显地减轻飞机的结构重量，从而也可以改善和提高飞机的飞行性能。

相对来说，涡桨发动机轻于活塞发动机，但涡桨发动机功率不能做得太小。涡扇发动机和桨扇发动机相应比涡喷发动机重量要轻。

（4）发动机的外廓几何尺寸小。从飞机设计的要求出发，发动机的结构应该紧凑，其外形几何尺寸应尽量小，尤其是发动机的迎风面积越小越好，可以降低发动机装上飞机后所引起的外部气动阻力。

以同功率相比，一般涡桨发动机比活塞发动机相对尺寸要小，短舱阻力要低；以同推力相比，涡扇发动机和桨扇发动机的风扇、桨扇尺寸相对较大，与涡喷发动机相比，直径显得较大，但前者长度较短。

（5）发动机成本低。活塞发动机每马力的成本是所有动力装置中最低的。涡桨发动机的成本相对于活塞发动机较高。涡喷发动机、涡扇发动机、桨扇发动机取决于性能，成本相对高一些。

（6）安全可靠，故障率低。很明显，一旦发动机出现故障，飞机的安全就会受到严重威胁。因此，要求发动机的工作必须在各种飞行状态下都是稳定和可靠的。

（7）工作寿命长。发动机总的使用寿命和翻修寿命越长越好。

（8）使用维护方便。如果发动机使用维护、监控和检查都很方便，可以有效缩短飞机在两次飞行之间的准备时间，提高飞机的出勤率。

（9）环境情况。噪声、振动和污染组成的环境情况，涡桨发动机相对比活塞发动机噪声低、振动影响少，涡扇发动机比桨扇、涡喷发动机噪声影响要低。污染方面，喷气推进的比螺旋桨驱动的要大。

以上列举的基本要求并不是全部，这些要求一般也并不是孤立的，它们之间具有一定的内在联系，有些要求之间还存在着矛盾。所以，如果仅单项去考虑，往往很难说明问题，因此就需要用一些能够进行定量分析，并具有一定可比性的相对参数来对发动机进行评比和选择。通常情况下，最主要的相对参数有以下几个。

（1）推重比（或功率重量比）。对喷气发动机而言，推重比是指发动机的推力与其自身重量的比值，即表示发动机单位自重所能产生推力的大小。对于活塞式发动机，则是其单位自重所能提供的功率。

（2）单位迎面推力。对于喷气发动机，即发动机的推力与其最大迎风面积之比，代表发动机每单位迎风面积所产生推力的大小。显然，当其他的性能相同或相近时，应该选用推重比和单位迎面推力较大的发动机。

一般选择发动机型号需关注以下几点。

（1）详细地掌握所选发动机系列型号的技术资料，即要求仔细分析发动机各系列的技术说明书、安装手册、使用手册、安装图样和技术要求等资料。

（2）与发动机厂商和有关单位进行密切协调。

（3）选择超过两个以上的基本型发动机型号作为飞机初始设计选用发动机的选择对象，并对所选发动机做全面的比较。

（4）分析所选择的发动机型号的安装形式、安装尺寸和安装技术要求，以及有关其他系统（如短舱和反推力装置等方面）的形式、相对尺寸和技术要求。

（5）了解所选择的发动机型号的故障发生率、停车率、起动情况等可靠性指标和安全性资料。

（6）了解所选择的发动机型号的零部件、随机工具、技术资料等方面的供应情况。

（7）根据飞机的设计技术要求，必须考虑到技术先进性、经济性、可靠性，使所选择的发动机型号既能符合飞机设计要求，又能对国内的航空工业有所促进。

（8）从贸易等方面详细考虑，确保能正常供应。

3.3.2　概念构思与概念草图

概念构思的形成是基于熟知同类用途的飞机布局形式，了解不同布局的利弊和特点，了解相关参考飞机的数据（包含部件的尺寸和重量，可能用的发动机），了解气动、结构、飞控系统、隐身技术等相关领域的最新水平。对各专业基本知识的全面了解，加上创新的思想以及美学的观点，最后用概念草图来体现出概念构思。

如图 3-3 所示，一份好的概念性草图应包括机翼与尾翼的大致几何形状、机身形状以及主要组成部分（例如发动机、有效装载、

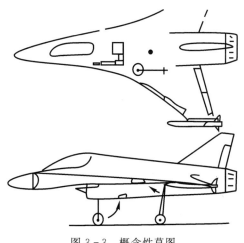

图 3-3　概念性草图

起落架与燃油箱等）在机内的布置。画出多个候选方案，需要在可能的情况下对多个方案都进行分析优化。

把概念性草图和过去的设计进行对比，可以估计其气动力特性和重量系数。利用这些估算，通过所谓"确定参数"的过程获得完成设计任务所需的总重和燃料重量的第一次近似值。如果设计与先前的类似，对于初步确定参数而言，可能不再需要概念性草图。

3.3.3　无人机初步重量估算

概念设计阶段无人机重量评估方法主要为经验方法，相关参数数据均是从已有飞机的相关资料和设计人员的经验中统计得到的，然后通过研究飞机各个参数之间的关系，人员凭借经验知识和判断来确定新飞机的各项参数。该方法具有效率高、复杂程度低、精确程度略微粗糙的特点。另外，基于统计学的经验方法，各种类型的飞机机身重量都有相应的经验公式，而且这些公式早已被编写到多个飞机总体设计的软件（如 AAA，ACSYNT 等）中。国外很多著名飞机设计者（如 Eger，Raymer，Howe，Torenbeek，Jenkinson 等）都详细描述了经验公式的计算方法。尽管经验公式法有精度不高及适用范围狭窄等诸多缺点，但仍然以其快速、简便的特点广泛应用于飞机的概念设计阶段。

考虑到无人机的规模、类型等差别较大，下文中给出的同类飞机参考值仅作为迭代设计的起始参考值。

1.起飞重量

无人机起飞总重 W_0 的确定是一项非常重要的工作,它直接决定了无人机的类型,以及由 W_0 决定的许多设计参考数据,同时还影响无人机的全生命周期成本、环境适应性及操作便利性等。

无人机起飞总重包括空机重量、燃油重量、载荷重量。而空机重量包括结构重量、发动机重量、航电设备重量、起降装置等其他子系统重量等。

其中空机重量 W_e 与起飞总重 W_0 之比为空机重量系数,按统计规律估算空机重量系数在 0.3～0.7 之间变化,并随飞机总重增加而递减。表 3 - 1 给出了不同类型飞机的空机重量系数估算公式。

表 3 - 1　相对于 W_0 的空机重量系数

$W_e/W_0 = AW_0^C$	A	C	$W_e/W_0 = AW_0^C$	A	C
滑翔机-不带动力	0.86	−0.05	农用飞机	0.74	−0.03
滑翔机-带动力	0.91	−0.05	双涡轮螺桨飞机	0.96	−0.05
自制飞机-金属/木材	1.19	−0.09	喷气教练机	1.59	−0.10
自制飞机-复合材料	0.99	−0.09	喷气战斗机	2.34	−0.13
通用飞机-单发	2.36	−0.18	军用货机/轰炸机	0.93	−0.07
通用飞机-双发	1.51	−0.10	喷气运输机	1.02	−0.06

表 3 - 1 主要针对传统铝合金飞机,现今复合材料在无人机上已大量应用,根据复合材料的应用程度,空机重量系数可在上述计算基础上乘以 0.85～0.9 的修正系数。

燃油重量与起飞总重之比为燃油重量系数,燃油重量系数的估算主要通过飞机续航性能、发动机燃油消耗率、飞机气动特性来进行。采用燃油系数法的主要优点在于作为一级近似,认为所需的燃油与飞机重量成正比,燃油系数近似与飞机重量无关。常规飞机的结构、动力装置、燃油的相对重量见表 3 - 2。

表 3 - 2　常规飞机的结构、动力装置、燃油的相对重量

飞机种类		结构相对重量	动力装置相对重量	燃油相对重量
亚声速干线飞机	轻型	0.30～0.32	0.12～0.14	0.18～0.22
	中型	0.28～0.30	0.10～0.12	0.26～0.30
	重型	0.25～0.27	0.08～0.10	0.35～0.40
超声速飞机		0.20～0.24	0.08～0.10	0.45～0.52
地方航线的多用途飞机		0.29～0.31	0.14～0.16	0.12～0.18
运动飞机及特技飞行飞机		0.32～0.34	0.26～0.30	0.10～0.15
农业飞机及专业飞机		0.24～0.30	0.12～0.15	0.18～0.20
轻型水上飞机		0.34～0.38	0.12～0.15	0.10～0.20
动力滑翔飞机		0.48～0.52	0.08～0.10	0.08～0.12

续表

飞机种类		结构相对重量	动力装置相对重量	燃油相对重量
歼击机		0.28～0.32	0.18～0.22	0.25～0.30
轰炸机	轻型	0.26～0.28	0.10～0.12	0.35～0.40
	中型	0.22～0.24	0.08～0.10	0.45～0.50
	重型	0.18～0.20	0.06～0.08	0.55～0.60
军用运输机及货机	轻型	0.30～0.32	0.12～0.14	0.20～0.25
	中型	0.26～0.28	0.10～0.12	0.25～0.30
	重型	0.28～0.32	0.08～0.10	0.30～0.35

结构重量与起飞总重之比为结构重量系数,发动机重量与起飞总重之比为发动机重量系数,航电重量与起飞总重之比为航电重量系数,起降装置等其他子系统重量与起飞总重之比为其他子系统重量系数。在得到空机重量后需要进行重量分配,以判定重量分配的合理性,如存在明显差距,需进行起飞总重调整。

发动机重量系数的确定除了参考已有飞机经验数据外,还可参考飞机马力重量比或推重比确定。对于两冲程活塞发动机而言,发动机功率重量比约为 1 hp/lb(1 hp=0.746 kN,1 lb=0.454 kg,1 hp/lb≈1.643 N/g);四冲程活塞发动机功率重量比约为 0.5 hp/lb。对于喷气发动机的重量,可参考近似发动机通过比例系数换算得到发动机的重量。

现有各种飞机设计教材给出了常规飞机的结构、动力装置、燃油的相对重量,可供无人机设计迭代的初估值参考,参见表 3-2。

2. 燃油重量的确定

燃油重量主要通过飞机续航性能、发动机燃油消耗率、飞机气动特性来进行估算。

螺旋桨飞机的航程 R 计算公式为

$$R = \frac{\eta_{pr}}{c} \frac{V_\infty}{V_\infty} \frac{L}{D} \ln \frac{W_0}{W_e} \tag{3-1}$$

式中:η_{pr} —— 螺旋桨效率;

　　V_∞ —— 飞行速度;

　　L/D —— 升阻比;

　　c —— 耗油率;

　　W_0 —— 满油重量;

　　W_e —— 空机重量。

式(3-1)表明螺旋桨飞机要获得最大航程,需要满足:

(1)在气动的最大升阻比点 C_L/C_D 飞行;

(2)巡航时匹配的螺旋桨效率要高;

(3)所选发动机的巡航耗油率要尽量低;

(4)总体设计尽量提高飞机的燃油重量系数。

其中喷气飞机的航程计算公式为

$$R = \frac{2}{c} \sqrt{\frac{2}{\rho_\infty S}} \frac{C_L^{\frac{1}{2}}}{C_D} (W_0^{\frac{1}{2}} - W_e^{\frac{1}{2}}) \qquad (3-2)$$

式中：C_L—— 升力系数；

　C_D—— 阻力系数。

式(3-2)表明，喷气飞机要获得最大航程需要满足：

(1) 在气动的最大 $C_L^{1/2}/C_D$ 点飞行；

(2) 所选发动机巡航时单位推力耗油率要尽量低；

(3) 巡航高度要高，此时密度 ρ_∞ 小；

(4) 携带尽量多的燃油。

螺旋桨飞机的续航时间计算公式为

$$E = \frac{\eta_{pr}}{c} \sqrt{2\rho_\infty S} \frac{C_L^{\frac{3}{2}}}{C_D} (W_e^{-\frac{1}{2}} - W_0^{-\frac{1}{2}}) \qquad (3-3)$$

式(3-3)表明，螺旋桨飞机要获得最大航时需要满足：

(1) 在气动的最大续航因子点 $C_L^{3/2}/C_D$ 飞行；

(2) 巡航时匹配的螺旋桨效率要高；

(3) 所选发动机的巡航耗油率要尽量低；

(4) 携带尽量多的燃油；

(5) 巡航高度要尽量低，此时 ρ_∞ 大。

喷气式飞机的续航时间计算公式为：

$$E = \frac{1}{c_t} \frac{L}{D} \ln \frac{W_0}{W_e} \qquad (3-4)$$

式(3-4)表明，喷气式飞机要获得最大航时需要满足：

(1) 在气动的最大升阻比点 C_L/C_D 飞行；

(2) 所选发动机巡航时单位推力耗油率要尽量低；

(3) 总体设计尽量提高飞机的燃油重量系数。

通过式(3-1)～式(3-4)可知，依据无人机的战技指标要求可计算出燃油重量。螺旋桨效率可参考相关设计经验给出，一般对小型无人机螺旋桨效率取 $0.6 \sim 0.65$，大型螺旋桨无人机螺旋桨效率取 $0.7 \sim 0.8$。

3.3.4　气动特性计算分析

气动特性计算分析是无人机气动设计的重要工作，即通过对全机气动特性进行详细的计算分析得到飞机的基本气动数据。气动特性计算分析可分为工程估算方法和数值计算方法两类。气动估算方法精度较低、不需要循环迭代，可以根据一些已知的飞机几何外形数据，利用简单的气动估算公式快速得到飞机的基本气动数据用于指导方案设计。气动估算方法可选用的主要参考资料有《航空气动力手册》《飞机设计手册第6册　气动设计》《飞机气动布局设计》等。数值计算方法精度较高，但计算时间长，一般用于详细设计阶段的校核计算或试飞中遇到的某些气动特性现象的分析。

1. 确定零升阻力系数

机翼上的阻力有许多种，根据阻力的起因以及是否与升力有关，可以把阻力分为零升阻力

（与升力无紧密联系的阻力）和诱导阻力（与升力密切相关的阻力）。其中零升阻力包括摩擦阻力和压差阻力。一架精心设计的飞机在亚声速巡航时的零升阻力大部分为蒙皮摩擦阻力，再加上小部分的分离压差阻力。对于不同类型的飞机，分离压差阻力都占蒙皮摩擦阻力的一定百分比，由此引出当量蒙皮摩擦因数（C_{fe}）的概念，它包括蒙皮摩擦阻力和分离阻力。用当量蒙皮摩擦因数法估算零升阻力的公式为

$$C_{D0} = C_{fe} \frac{S_{浸湿}}{S_{参考}} \tag{3-5}$$

式中：$S_{浸湿}$——飞机浸湿面积，即飞机总的外露表面积，可以看作是把飞机浸入水中会变湿的那部分表面积；

　　　$S_{参考}$——飞机参考面积。

式中的当量蒙皮摩擦因数 C_{fe} 可通过部件的当地 Re 进行计算：

$$C_{fe} = \frac{0.074}{Re^{0.2}} \tag{3-6}$$

也可通过图 3-4 进行查询。

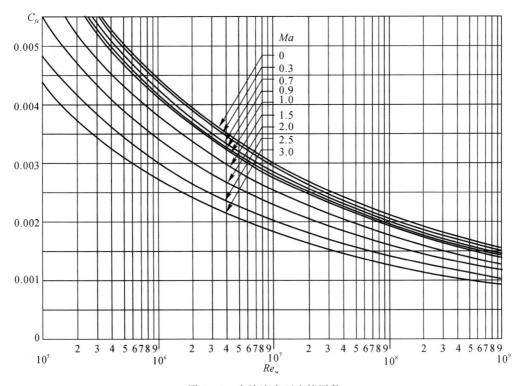

图 3-4　全湍流表面摩擦因数

　　要估算阻力必须计算浸湿面积，因为它对摩擦阻力影响最大。现今基于 CATIA 软件强大的建模功能，可快速建立无人机三维模型，计算不同部件的浸湿面积。在计算获得不同部件的零升阻力后，经过相加得到总的零升阻力。考虑各种干扰阻力一般对该值放大 5%。

　　以上基于浸湿面积的零阻计算主要针对精心设计的干净构型，即不存在大的分离压差阻力。若部件的形状比较复杂，存在明显的压差及分离阻力，可参考相关文献给出的形状因子进行零阻的放大。对于一些特殊或典型部件也可进行单独部件的阻力计算流体动力学计算。

对于中小型战术无人机而言,通常起降装置(如滑撬减震器、起落架等)是不收起的,这一点对零升阻力的影响比较严重。根据以往经验,滑撬减震器阻力系数增量为 $0.013\sim0.02$;起落架阻力系数增量为 $0.015\sim0.025$;其他较大部件(如蘑菇天线等)需单独计算阻力。

2. 极曲线

亚声速时,设极曲线为抛物线,则飞机的阻力系数为

$$C_D = C_{D0} + KC_L^2 \qquad (3-7)$$

式中:$K=1/(\pi Ae)$—— 诱导阻力因子;

$\qquad$ A—— 机翼展弦比;

$\qquad$ e—— 奥斯瓦尔德(Oswald)效率因子。

根据经典机翼理论,具有椭圆升力分布的三维机翼的诱导阻力系数等于升力系数的二次方除以展弦比与 π 的乘积。由于非椭圆升力分布及流动分离引起的额外阻力,可通过奥斯瓦尔德效率因子予以考虑。实践中也要考虑机翼平面参数、机身阻力、翼身干扰、配平阻力等因素,实际奥斯瓦尔德效率因子比理论机翼的值要小。典型的奥斯瓦尔德效率因子 e 在 $0.65\sim0.72$ 之间。

3. 气动效率

升阻比 L/D 是所设计方案总气动效率的量度。在亚声速状态下,升阻比 L/D 直接取决于两个设计因素 —— 机翼翼展和浸湿面积。下面给出了一个计算最大升阻比的公式,可用于升阻比 $(L/D)_{max}$ 的估算。

$$\left(\frac{L}{D}\right)_{max} = \left(\frac{C_L}{C_D}\right)_{max} = \sqrt{\frac{1}{4C_{D0}K}} \qquad (3-8)$$

此时,诱导阻力等于零升阻力:

$$C_{D0} = KC_L^2 \qquad (3-9)$$

升力系数:

$$C_L = \sqrt{\frac{C_{D0}}{K}} \qquad (3-10)$$

对螺旋桨动力无人机,人们更关心续航因子这个气动参数,下面给出了一个计算最大续航因子的公式,可用于最大续航因子 $(C_L^{3/2}/C_D)_{max}$ 的估算。

$$\left(\frac{C_L^{3/2}}{C_D}\right)_{max} = \frac{1}{4}\left(\frac{3}{KC_{D0}^{1/3}}\right)^{\frac{3}{4}} \qquad (3-11)$$

此时,诱导阻力等于 3 倍零升阻力:

$$C_{D0} = \frac{1}{3}KC_L^2 \qquad (3-12)$$

升力系数:

$$C_L = \sqrt{3C_{D0}/K} \qquad (3-13)$$

人们进行无人机设计时,总是希望在设计点附近具有比较高的气动效率,因此通过以上公式可以给出最大升阻比的升力系数以及最大续航因子的升力系数作为气动设计的参考。

3.3.5 推重比和翼载估算

推重比 (T/W) 和翼载 (W/S) 是影响飞机飞行性能的两个最重要的参数,这些参数的优化

是初始设计布局完成后所要进行的主要工作。然而,在初始设计布局之前要进行基本可信的翼载和推重比估算,否则优化后的飞机可能与初始布局的飞机相差很远,必须重新设计。

1. 推重比(功重比)

T/W 直接影响飞机的性能。一架飞机的 T/W 越高,加速就越快,爬升也就越迅速,能够达到的最大速度也越大,转弯角速度也越大。另外,发动机越大,执行全部任务的油耗也越多,从而使完成设计任务的飞机的起飞总重增加。

T/W 不是一个常数。在飞行过程中,随着燃油消耗,飞机重量在减小。另外,发动机的推力也随高度和速度在变化。每当设计师们提到飞机的推重比时,通常指的是在海平面静止状态(零速度)和标准大气压条件下,而且是在设计起飞重量和最大油门状态下的推重比。

在确定参数的过程中,应该注意避免混淆起飞推重比和其他条件下的推重比。如果所需的推重比是在其他条件下得到的,必将它折算到起飞条件下的推重比,以便于选择发动机。例如,在设计过程中得到了巡航状态的推重比(T/W)巡航,就可以用下式进行折算:

$$\left(\frac{T}{W}\right)_{起飞} = \left(\frac{T}{W}\right)_{巡航} \left(\frac{W_{巡航}}{W_{起飞}}\right) \left(\frac{T_{起飞}}{T_{巡航}}\right) \tag{3-14}$$

如果可能的话,起飞与巡航条件下的推力比值,应该从实际发动机数据中得到,否则可采用类似发动机的数据,或者某些其他来源的数据。

无人机 T/W 可参考运输机的典型装机 T/W 统计估算值 0.25。另外,T/W 与最大速度密切相关,可参照同类规模、类型无人机的最大速度与 T/W 来确定 T/W 统计估算值。

对于主要是按巡航效率设计的无人机,可按巡航条件下升力等于重力、发动机可用推力与估算的飞机阻力相当来选择巡航推重比,然后换算为起飞推重比。巡航效率的计算可依据航程或航时要求根据估算升阻特性(C_{D0}, K)确定。具体确定方法如下:

喷气式飞机航程最优:

$$C_L = \sqrt{\frac{C_{D0}}{3K}} \tag{3-15}$$

$$C_D = C_{D0} + KC_L^2 \tag{3-16}$$

$$\frac{T}{W} = \frac{D}{L} = \frac{C_D}{C_L} = \frac{4}{3}\sqrt{3KC_{D0}} \tag{3-17}$$

喷气式飞机航时最优:

$$C_L = \sqrt{\frac{C_{D0}}{K}} \tag{3-18}$$

$$C_D = C_{D0} + KC_L^2 \tag{3-19}$$

$$\frac{T}{W} = \frac{D}{L} = \frac{C_D}{C_L} = 2\sqrt{KC_{D0}} \tag{3-20}$$

推重比这一术语是对于喷气式飞机而言的,对于螺旋桨飞机同类术语称为功重比,也称马力重量比(H_p/W)。

H_p/W 与最大速度密切相关,可参照同类规模、类型无人机的最大速度与 H_p/W 确定 H_p/W 统计估算值。

对于螺旋桨飞机,依据巡航效率确定功重比方法如下:

$$\frac{H_p}{W} = \frac{DV}{\eta L} \tag{3-21}$$

其中的飞行速度依据巡航翼载和巡航高度给出,巡航升阻比的确定如下。

螺旋桨飞机航程最优:

$$C_L = \sqrt{\frac{C_{D0}}{K}} \tag{3-22}$$

$$C_D = C_{D0} + KC_L^2 \tag{3-23}$$

$$\frac{D}{L} = \frac{C_D}{C_L} = 2\sqrt{KC_{D0}} \tag{3-24}$$

螺旋桨飞机航时最优:

$$C_L = \sqrt{\frac{C_{D0}}{K}} \tag{3-25}$$

$$C_D = C_{D0} + KC_L^2 \tag{3-26}$$

$$\frac{D}{L} = \frac{C_D}{C_L} = 2\sqrt{KC_{D0}} \tag{3-27}$$

2. 翼载的选取

翼载值是用飞机重量除以飞机的参考机翼面积(不仅是外露机翼面积)求得的。就像推重比那样,翼载通常是指飞时的翼载,但也可以指其他飞行条件下的翼载。翼载对确定飞机起飞总重有很大影响。如果翼载减小,机翼就要变大。这虽然可改善性能,但机翼面积增大会引起附加的阻力和空机重量,导致起飞总重增加。

翼载是决定飞机性能和机动性的主要参数,在选择翼载时必须与气动特性阻力、升力及升阻比等同时考虑。气动特性不同,各种气动布局形式或不同的机翼平面形状需要的机翼面积也不同,尾翼面积也会受到机翼面积的影响。因此飞机的气动布局形式与机翼参数是影响选择合适翼载的主要因素,如无尾、鸭式及有尾飞机等。翼载决定了设计升力系数,并通过对浸湿面积和翼展的影响而影响阻力。翼载影响失速速度、爬升率、起飞着陆距离以及盘旋性能。下面给出不同性能要求所确定的翼载。

(1) 根据失速速度确定翼载。飞机的失速是影响飞机安全的主要因素。失速速度直接由翼载和最大升力系数确定。飞机水平飞行时,升力等于飞机的重量。在失速速度下水平飞行时,飞机处于最大的升力系数状态。

$$W/S = \frac{1}{2}\rho V_s^2 C_{Lmax} \tag{3-28}$$

式中: V_s —— 失速速度。

(2) 根据起飞距离确定翼载。起飞滑跑距离是指机轮离地前经过的实际距离,正常起飞的离地速度是失速速度的1.1倍。起飞升力系数 C_L 是起飞时的实际升力系数,而不是在起飞条件下用于失速计算的最大升力系数,飞机大约在1.1倍失速速度下起飞,所以起飞升力系数等于最大升力系数除以1.21。翼载和推重比两者对起飞距离都有影响。假定推重比已确定,可用下面计算为达到某个要求的起飞距离而需要的翼载。

对于喷气式飞机:

$$W/S = \frac{S_g}{1.21} g\rho_\infty C_{Lmax}(T/W) \tag{3-29}$$

对于螺旋桨飞机,基于 $T = h_p/V_\infty, \dot{V}_\infty = 0.7V_{LO}, V_{LO} = 1.1V_s$ 设定通过式(3-29)计算翼载。

(3) 根据航程确定翼载。对于喷气式飞机:

Breguet 航程方程为

$$R = \frac{V_\infty}{c_t} \frac{L}{D} \ln \frac{W_0}{W_1} \tag{3-30}$$

以 $V_\infty(L/D)$ 最大时的状态飞行,航程最大,由于此时

$$V_\infty \left(\frac{L}{D}\right) = \sqrt{\frac{2W}{\rho_\infty S C_L}} \frac{C_L}{C_D} = \sqrt{\frac{2W}{\rho_\infty S}} \frac{C_L^{\frac{1}{2}}}{C_D} \tag{3-31}$$

气动设计点:

$$\left(\frac{C_L^{1/2}}{C_D}\right)_{\max} = \frac{3}{4} \left(\frac{1}{3KC_{D0}^3}\right)^{1/4} \tag{3-32}$$

此时,零升阻力等于 3 倍诱导阻力:

$$C_{D0} = 3KC_L^2 \tag{3-33}$$

升力系数:

$$C_L = \sqrt{\frac{C_{D0}}{3K}} \tag{3-34}$$

喷气式飞机最大航程翼载:

$$W/S = \frac{1}{2}\rho V^2 \sqrt{\frac{C_{D0}}{3K}} \tag{3-35}$$

对于螺旋桨飞机:

Breguet 航程方程

$$R = \frac{\eta_{\mathrm{pr}}}{c} \frac{L}{D} \ln \frac{W_0}{W_{\mathrm{e}}} \tag{3-36}$$

以 L/D 最大时的状态飞行,航程最大,由于此时气动设计点为

$$\left(\frac{C_L}{C_D}\right)_{\max} = \sqrt{\frac{1}{4C_{D0}K}} \tag{3-37}$$

此时,诱导阻力等于零升阻力:

$$C_{D0} = KC_L^2 \tag{3-38}$$

升力系数:

$$C_L = \sqrt{\frac{C_{D0}}{K}} \tag{3-39}$$

螺旋桨飞机最大航程翼载:

$$W/S = \frac{1}{2}\rho V^2 \sqrt{\frac{C_{D0}}{K}} \tag{3-40}$$

(4) 根据续航时间确定翼载。对于喷气式飞机:

由 Breguet 航程方程得到

$$E = \frac{1}{c_t} \frac{L}{D} \ln \frac{W_0}{W_{\mathrm{e}}} \tag{3-41}$$

以 L/D 最大时的状态飞行,续航时间最大,由于此时气动设计点:

$$\left(\frac{C_L}{C_D}\right)_{\max} = \sqrt{\frac{1}{4C_{D0}K}} \tag{3-42}$$

此时,零升阻力等于诱导阻力:

$$C_{D0} = KC_L^2 \qquad (3-43)$$

升力系数：

$$C_L = \sqrt{\frac{C_{D0}}{K}} \qquad (3-44)$$

喷气式飞机最大续航时间翼载：

$$W/S = \frac{1}{2}\rho V^2 \sqrt{\frac{C_{D0}}{K}} \qquad (3-45)$$

对于螺旋桨飞机：

由 Breguet 航程方程得到

$$E = \frac{\eta_{pr}}{c}\sqrt{2\,\rho_\infty S}\,\frac{C_L^{\frac{3}{2}}}{C_D}(W_e^{-\frac{1}{2}} - W_0^{-\frac{1}{2}}) \qquad (3-46)$$

以续航因子 $C_L^{3/2}/C_D$ 最大时的状态飞行，续航时间最大，此时气动设计点为

$$\left(\frac{C_L^{3/2}}{C_D}\right)_{max} = \frac{1}{4}\left(\frac{3}{KC_{D0}^{1/3}}\right)^{\frac{3}{4}} \qquad (3-47)$$

诱导阻力等于 3 倍零升阻力：

$$C_{D0} = \frac{1}{3}KC_L^2 \qquad (3-48)$$

升力系数

$$C_L = \sqrt{\frac{3C_{D0}}{K}} \qquad (3-49)$$

螺旋桨飞机最大航程翼载：

$$W/S = \frac{1}{2}\rho V^2 \sqrt{\frac{3C_{D0}}{K}} \qquad (3-50)$$

根据无人机的不同性能要求可以求出几个翼载，选取其中的最小值作为无人机的翼载，以保证机翼对所有飞行条件都足够大。低的翼载总是使无人机的重量和成本增加，如果一个非常低的翼载仅是由某一个要求决定的，就需要重新考虑该翼载的设计前提。同样，如果通过气动最优决定的翼载远小于同类无人机的翼载，则需要放弃该值，选用同类无人机的近似值。发动机的推力决定着无人机可以选择的推重比。推重比与翼载共同影响无人机的性能。在设计中当推重比与翼载的要求不能同时满足时，只能放弃推重比而保证翼载的要求。

3.3.6 无人机的内部布置与重心

1. 内部布置

无人机内部装载的布置项目很多，主要包括：动力装置和燃油系统（油箱、导管及主要附件）的布置，主要设备舱、电子电气设备、雷达及主要天线的布置，起落架及其他结构性装载的布置，液压系统、操纵系统的布置。等等。

无人机内部装载的布置，首先考虑装载物所需要的工作条件、技术要求与使用维护要求。其次是要避免突破飞机的气动外形，并留有足够的结构高度，便于合理地进行结构布置。在可能的工况下，应按类别将装载物相对集中，使结构能综合利用，并使电缆、导管连接最短，以便减轻重量。同时还要考虑满足飞机重心位置的要求。在方法上，先从安排主要的装载入手，然

后再逐步协调,直到把全部装载和各个系统安排妥当。

　　无人机动力装置的布置是在发动机的类型和数目已经选定,发动机的外廓尺寸及其主要附件的位置和尺寸、发动机的质量和质心位置、推力轴线、安装接头的形式及位置等数据已基本确定,进气道及尾喷管的形式和基本参数也已经初步确定的情况下开始进行的,其任务是具体安排发动机、进气道和尾喷管在无人机上的位置。保证在各种飞行状态下,发动机都能正常工作。

　　进行无人机动力装置的布置时,在保证与其他部分互不干扰、相互协调的前提下,还必须考虑尽可能减少无人机的总阻力和降低发动机的推力损失。

　　为了使发动机能正常工作,并且保证发动机周围的部件或结构不致过热,应采取发动机及尾喷管的冷却和隔热措施,通常是布置导风罩,从进气道或机身外部引入冷却空气,并安排隔热层。动力装置的布置,应便于发动机拆装和维护。

　　燃油系统的布置,包括对油箱、油泵、油池、油管、加油口、放油口及通气口的安排和布置,重点是油箱的布置。

　　油箱的布置,首先要充分利用机翼和机身的内部空间,保证有足够的燃油容积,或者尽量扩大机内的载油量。其次应该让各油箱的组合质心位置与飞机的质心靠近或重合,燃油系统应能够自动调节燃油的消耗顺序,控制因燃油消耗所引起的飞机质心的变化范围。

　　在起落架的形式和基本参数选定后,需要对起落架进行具体的布置,并与飞机机体主结构的布置相协调。在布置起落架时,需要确定起落架支点和转轴在承力结构中的安装位置和起落架机轮收入机体中的舱室位置,这两方面的任务是相互影响的。

　　2. 重心

　　无人机总体布置的重要任务之一是调整和确定无人机质心的位置,使其满足静稳定性和操纵性要求,这个过程称为飞机质心的定位。

　　进行无人机质心的定位,即根据无人机各部分结构及装载的质量及其在无人机上的位置,近似计算出飞机质心的位置,然后与无人机焦点的位置做比较,如不能满足要求,进行调整后再重新计算。

　　在无人机初步方案设计阶段,对各部件、各系统的质量和质心计算是比较困难的。将这些质量和质心求出来以后,进一步计算全机的质心就比较容易了。其原理很简单,用静力矩平衡解析法即可求出。但为了能把质心调整到所需要的位置,往往需要进行多次、反复的计算,计算的工作量比较大。

　　用于计算的坐标系的原点可以取在机身头部最前的端点,这样可以使所有载重的坐标均为正值,也可以把坐标原点取机翼根弦的前缘点,位于坐标原点之前的载重坐标为负值。一般取无人机设计水平基准线(通常即机身轴线)为 Ox 轴,如图 3-5 所示。

　　坐标轴选定后,对无人机各组成部分相对坐标原点的静力矩进行计算,得出每一组成部分的静力矩 $(mgx)_i$ 及 $(mgy)_i$,然后将各部分静力矩的总和除以全机的质量即得到无人机质心的坐标,计算公式为

$$x_G = \frac{\sum (mgx)_i}{\sum G_i}, \quad y_G = \frac{\sum (mgy)_i}{\sum G_i} \tag{3-51}$$

　　前已提到,无人机质心的位置是相对于平均气动弦而言的,而且一般都用其与平均气动弦

之比的百分数来表示,所以用公式求出无人机质心的位置需要按下式来换算:

$$x_G = \frac{x_G - x_c}{b_A} \times 100\%$$ （3-52）

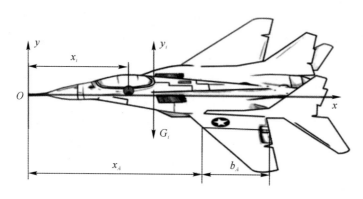

图 3-5　无人机重心定位坐标

3.4　固定翼无人机的气动力设计

　　无人机的外形及气动布局形式变化要比构成它的主要部件多很多,通过典型气动部件的组合并解决其部件组合带来的相互干扰是进行无人机气动力设计的基本途径,与现代飞行器强调的气动综合设计技术并不矛盾。构成不同气动布局的典型气动部件(包括翼型、机翼、尾翼、操纵面、机身等)是共同的,它们之间的差别要比气动布局之间的差别小。通过典型气动部件设计并考虑相互干扰因素得到的无人机全机气动特性理论设计结果需要通过全机 CFD 的设计迭代,有条件的话进一步通过全机风洞试验进行设计结果的迭代及最终结果确认。

　　本节将主要篇幅放在实践中经常遇到的气动部件的气动设计上,对与气动布局相关的典型气动部件相互干扰进行简要描述,并对与气动设计密切相关的性能评估及风洞试验进行阐述。

3.4.1　机翼的气动力设计

　　机翼是飞机产生升力的主要部件,机翼设计对飞机性能起着决定性作用。机翼及其翼型的设计是空气动力设计技术中的核心技术,对机翼及其翼型在飞机设计中实际应用思想、应用条件及应用方法的理解和掌握程度,决定了无人机空气动力设计技术的水平。

　　机翼的气动力设计主要包括机翼展弦比、尖削比、环量分布等设计考虑与选择。具体而言是,要根据气动力设计目标确定机翼的几何外形,包括平面形状(展弦比、根梢比、后掠角)、翼型(厚度、弯度)、扭转及上反角等。典型的部件气动干扰包括机身与机翼的气动干扰、发动机短舱与机翼的气动干扰等。

　　在设计无人机的机翼时,可以由机翼类型、安装位置、平面形状、剖面扭转程度、翼型的组合、操纵面的形式及增升装置的正确选择来满足无人机的总体要求。具体而言,在与其他气动部件进行组合后,机翼的设计结果应满足以下要求:

　　(1)在由升力确定的无人机各典型飞行阶段(起飞、着陆、巡航、机动等)有尽可能大的升力；

（2）尽可能小的气动阻力；

（3）好的纵向、横侧向操纵性及稳定性。

机翼的绕流流动带有空间性质，当有升力时，在机翼上部产生低压区，机翼下部产生高压区，在翼尖处，气流从下部翻向上部。机翼展弦比的减小，增强了翼尖绕流的作用。如果小展弦比机翼有很大后掠角，则从机翼下部向上部的绕流有可能沿前缘进行。

对于给定的飞行状态，我们一般称为设计点，机翼的诱导阻力取决于机翼形状。为了降低诱导阻力，选择最佳的机翼平面形状，首先是展弦比，其次是梢根比，还包括机翼扭转等。

对于最大速度状态，必须保证无人机阻力最小，最大速度飞行时迎角小。此时机翼阻力主要由摩擦阻力构成。对于相对厚度小的机翼，其压差阻力基本可以忽略。为实现机翼最小摩擦阻力，可通过选择边界层层流段尽可能大的翼型，而且要保证机翼的最大光滑度，即减小机翼制造的粗糙度和波纹度。当无人机最大速度达到机翼的临界飞行速度时，机翼上出现超声速区，并产生波阻。波阻会随着速度的进一步提高而迅速增大，当达到压差阻力和摩擦阻力之和的 10 倍时，此时的速度称为临界马赫数。为改善此时机翼的气动特性，通常需要延缓激波失速的出现，即提高临界马赫数。推迟波阻的出现并减少其值的主要方法为利用斜置效应和减小机翼相对厚度。要使激波失速明显推迟，机翼后掠角不应小于 $25°\sim30°$。

机翼设计的几何参数确定是就参考机翼而言，参考机翼是假想的，它的前、后缘通过机身延伸到飞机中心线。因此，参考机翼面积应包括插入机身里面的那部分。在无人机方案设计中，所需要的参考机翼面积（S）只有在起飞总重确定以后才能确定。参考机翼的形状由其展弦比、尖削比和后掠角确定。下面对机翼设计的几何参数进行阐述。

（1）平均气动弦。翼型在亚声速流中的俯仰力矩数据通常相对于 1/4 弦点给出。翼型绕该点的俯仰力矩随着迎角的变化基本为一常数（气动中心）。类似地，对于整个梯形机翼，基于平均气动弦的概念也定义了这样一个点。

完整机翼的气动中心在和单独翼型的气动中心大致相同的百分比位置。亚声速飞机气动中心位于 25% 平均气动弦点处，超声速飞机气动中心位于 40% 平均气动弦点处。一般地，将全机重心、全机的气动中心位置都放在平均气动弦的百分比位置给出，平均气动弦也是全机纵向气动设计的参考尺寸，该概念对稳定性的计算分析也很重要。具体机翼平均气动弦的确定方法比较成熟，可参考有关教科书。

（2）展弦比。展弦比定义为展长的平方除以翼面积：

$$A = \frac{l^2}{S} \tag{3-53}$$

大展弦比机翼和具有同样机翼面积的小展弦比机翼相比，其翼尖离开得更远。因此，大展弦比机翼受翼尖涡的影响量比小展弦比机翼要小，同时翼尖涡强度减弱。因翼尖效应引起的升力损失和阻力增加，大展弦比机翼就不像具有同样翼面积的小展弦比机翼那样大。

一架飞机的最大升阻比值近似随展弦比的平方根增加而增加（当翼面积和 $\frac{S_{浸湿}}{S_{参考}}$ 保持为常数时），机翼重量也以大约相同的因子随展弦比的增加而增加。

改变展弦比的另一个效果是失速迎角的变化。由于翼尖处的有效迎角减小，小展弦比机翼要比大展弦比机翼在更高的迎角下失速。

由图 3-6 可以看出,机翼升力线斜率随展弦比 A 值增大而增加。展弦比小于 2 的机翼,明显地较早出现非线性。随机翼展弦比增大,机翼的最大升力系数增加,但失速迎角却在减小。

对于大展弦比,在较大迎角时,容易出现翼尖先分离,这会使机翼提早失速,升力减小,而且,在机翼有一定后掠角的情况下,翼尖部分离重心后边较远,使飞机可能会产生上仰趋势。对大展弦比机翼常采取措施避免翼尖先分离。

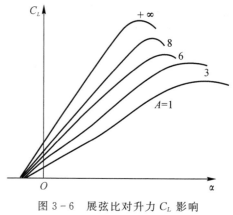

图 3-6 展弦比对升力 C_L 影响
注:α 为迎角。

总之,随着展弦比增大,升力线斜率增大,最大升力值也增大,升致阻力减小,升阻比增大,这些气动特性会提高飞机的各方面性能。特别是对强调巡航性能的飞机,速度较低,升力系数较大,这时升致阻力在总阻力中占主导作用,所以,常选用大展弦比,提高巡航性能。增大展弦比还可以改善飞机的上升性能,提高静升限,所以高空侦察机的机翼也常选用大展弦比。

从图 3-6 还可看出,小展弦比机翼的失速迎角比大展弦比机翼的大。正是利用这一点,为了保证适当的操纵性,需要把尾翼的失速推迟到机翼失速以后很久才出现,所以尾翼的展弦比应比机翼的小。而对鸭翼来说,却需要选取比机翼更大的展弦比,保证鸭翼先于机翼失速,使其在机翼之前失速,飞机能避免机翼失速。

(3)后掠角。最初,机翼后掠角出现的主要目的是用于减缓跨声速及超声速流的不利影响。而后,为平衡飞机机身布置必须使得机翼在确定的位置穿过机身结构而需要机翼后掠,为配平重心,通过机翼后掠使气动中心移动到足够后的位置。此外,在飞机有隐身的需要时,机翼后掠也是常采用的方法之一。

机翼后掠可以改善稳定性。一个后掠机翼具有自然的上反效应。机翼后掠角和展弦比综合在一起,对单独机翼的上仰特性有很大影响。

由图 3-7 可以看出,机翼后掠角的选择不应大于最小需要值,这是因为,在迎角增加到一定程度,后掠翼首先在翼尖分离,可导致俯仰力矩的剧烈变化,并随展弦比增大更加严重,这就是后掠翼的"上仰"现象。具有这种特性的机翼,在接近失速迎角时,飞机会突然而又不可控制地增加迎角,使飞机继续上仰,直到失速,完全失去控制。"上仰"现象是由于机翼的后掠角与展弦比组合不合理造成的,只要减小后掠角或减小展弦比,使之组合合理,"上仰"自然就会消除。

(4)梢根比。梢根比的突出作用是影响机翼的展向升力分布,升力沿展向为椭圆分布时诱导阻力最小。在相同的展弦比下,矩形翼的诱导阻力会比椭圆形机翼大 7% 左右。当梢根比为 0.45 时,其升力沿展向分布非常接近理想的椭圆升力分布,这时其诱导阻力仅比理想的椭圆形机翼高不到 1%。梢根比对诱导阻力的影响远不如展弦比大,一般来说,大部分低速机翼的梢根比为 0.4~0.5,大部分后掠翼的梢根比为 0.2~0.3。图 3-8 给出了梢根比对展向升力分布的影响。

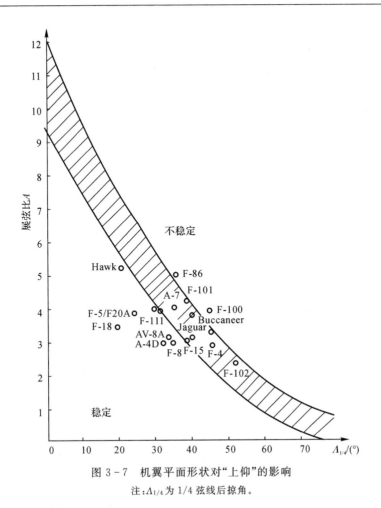

图 3-7　机翼平面形状对"上仰"的影响

注：$\Lambda_{1/4}$ 为 1/4 弦线后掠角。

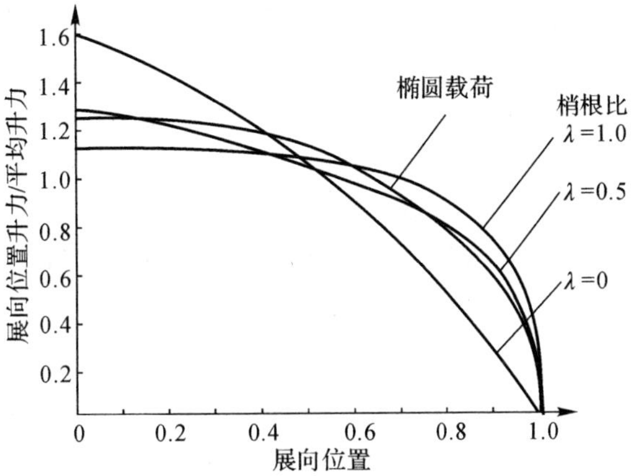

图 3-8　梢根比对展向升力分布的影响

　　梢根比减小会提高机翼的抗弯扭刚度。对给定的机翼面积和展弦比，展长为确定的，这时梢根比减小，则根弦长度增加；若相对厚度不变，则根弦剖面的绝对厚度增大，从而提高翼根的弯扭刚度。与此同时,由于梢根比减小,半翼展的压心内移,由升力产生的对根部的弯矩也相应减小。因此,若取同样的刚度,则随梢根比减小其机翼重量可减轻。

对小型无人机,梢根比的实际下限是由翼尖处的结构高度决定的,应为副翼和操纵元件提供所需的空间。

(5)扭转。机翼扭转是为了防止翼尖失速,并改善其升力分布,使之近似地达到椭圆形升力分布,一般机翼扭转角在 $0°\sim5°$ 之间。

"几何扭转"是翼型安装角的实际变化,它通常相对于翼根翼型计算。如果一个机翼的翼尖翼型相对于翼根翼型为负角度(低头),称其为"外洗"。"气动扭转"是指机翼某一剖面的零升迎角与翼根剖面的零升迎角之间的夹角。机翼的总气动扭转效果等于机翼的几何扭转加气动扭转。

当机翼用扭转改变其升力分布时,展向某一剖面位置的升力变化,与新剖面迎角和原剖面迎角之比值成正比。因此,扭转对升力分布的影响取决于机翼原来的迎角,也就是取决于机翼飞行时的升力系数。任何通过扭转使机翼升力分布成为最佳的期望,都只能在某一升力系数下是正确的,而在其他升力系数下,扭转机翼并不能得到最佳扭转的全部好处。在设计升力系数下,为产生好的升力分布需要较大的扭转,在其他升力系数下,该机翼特性将变得更坏。所以,一般来说,3°的扭转即可提供足够的失速特性。

(6)安装角。机翼安装角是机翼相对于机身的偏角,通常定义为机翼根弦与机身轴线间的夹角。机翼安装角的选取原则是为了使某种条件下的阻力达到最小,一般指巡航状态。具体条件是:机翼在选定的设计状态所对应的迎角时,机身处在最小阻力的迎角下。机翼安装角的确定一般通过 CFD 详细计算分析或风洞试验确定,一般来说,初步设计机翼安装角大约取 2°。

(7)上反角。机翼上反角(Γ)是当翼梢相对翼根往上翘时,机翼基准面与无人机对称面的垂线之间的夹角,负的上反角称下反角。

为使无人机有合适的横航向稳定性,且不出现"蹬舵反倾",保持一定的横向静稳定性值,需要有上或下反角。一般平直翼用上反角,后掠翼用下反角。上、下反角的选择还取决于机翼在机身的上、下位置。一般高置机翼上反效应强,要用下反角,低置机翼则需用上反角。粗略地,10°后掠角可提供大约 1°的上反角。

(8)机翼的垂直位置。根据机翼相对于机身安装的高低位置可分为上单翼、中单翼、下单翼。上单翼的主要好处是实际无人机使用过程中,翼尖不容易触地,同时,翼下具备挂载空间。上单翼的另一个好处是机翼在机身上部穿过,机身的内部安装空间有利。对于机身大致为圆弧形的飞机,不用整流情况下中单翼布局的阻力最小,为了使圆弧机身所产生的干扰阻力可以接受,上单翼和下单翼布局就必须整流。

3.4.2 尾翼及操纵面设计

无人机的基本气动特性是由机翼和机身决定的,而飞机的操纵性和稳定性是依靠尾翼——垂直尾翼(垂尾)及水平尾翼(平尾)来保证的。在一定程度上,稳定性和操纵性的要求是互相矛盾的,稳定性是无人机保持给定状态的能力,而操纵性是无人机改变飞行状态的能力。尾翼平面形状设计的考虑与机翼相似,尾翼布置和设计的主要任务是协调稳定性和操纵性的矛盾要求。

尾翼是个小的机翼,前述关于机翼的讨论大部分适用于尾翼。尾翼用于配平、保持稳定性和获得操纵性。尾翼仅使用其升力潜力的一部分,在飞行中无论何时尾翼都不应接近其最大升力,也就是紧靠其失速迎角。

配平是指尾翼产生一个升力,该升力因有尾力臂而产生绕重心的力矩,平衡由无人机产生的某些力矩。对于平尾,配平主要是指平衡机翼产生的力矩,一般具有 $2°\sim3°$ 的负安装角。对于垂尾产生配平力矩的情况主要发生在单发失效状态下。

尾翼还是获得稳定性的关键,通过尾翼的调整可使全机焦点前后移动,以获得与全机重心合适的间距(无量纲化参数为纵向静稳定裕度)。尾翼的另一个作用是操纵。尾翼尺寸的选择,必须保证在所有严重状态下具有足够的操纵效能。操纵效能除了取决于尾翼本身的总尺寸以外,还取决于其可动翼面的大小和类型。

在尾翼气动设计时,要注意以下基本原则:

(1)尾翼应能提供足以平衡无尾总气动力和力矩的最大气动力,以保证在任何飞行条件下都能达到静平衡状态。

(2)要在无人机使用重心范围内,在各个无人机重量,保证与飞行包线相一致的稳定性和操纵性。

(3)尾翼的操纵效率应使飞机有满意的失速特性,当无人机无意中超过临界迎角时,仍能有足够的操纵效能。

(4)在巡航时配平阻力不超过总阻力的 10%,对长航程无人机,配平阻力一般不超过总阻力的 5%。

(5)垂尾能在足够大的侧滑角下仍不失效。

尾翼气动设计的主要任务是增加尾翼效率,选择尾容量、翼型相对厚度与尾翼的平面形状参数。

尾翼的布置形式主要有常规式、T 型尾、V 型尾、倒 V 型尾、Y 型、双垂尾、双尾撑等。

水平尾翼效率与很多因素有关,平尾的位置,特别是相对机身和垂尾的高低位置对平尾效率有很大影响,原则上其位置要避开翼身组合体强的洗流区。梢根比对平尾气动效率影响很小,一般从结构重量考虑,选择小的梢根比可降低结构重量,但过小的梢根比会不利于平尾失速特性,对低平尾布局,过小的梢根比会使平尾受到机身很大的屏蔽,一般取中等的梢根比是合适的。展弦比直接影响平尾的升力线斜率,增加展弦比可提高平尾的气动效率,减少所需的平尾面积,并可降低巡航配平阻力,特别是高平尾布局,但过大的展弦比会降低平尾失速迎角,增加平尾重量,一般平尾展弦比要小于机翼。

垂尾的布置形式、平尾和垂尾的相对位置等对垂尾效率有很大影响。机身和平尾对垂尾都有端板效应。

表 3-3 给出了选择尾翼展弦比、根梢比的参考值。

表 3-3　尾翼展弦比、根梢比的参考值

	平　尾		垂　尾	
	展弦比	根梢比	展弦比	根梢比
战斗机	3～4	0.2～0.4	0.6～1.4	0.2～0.4
滑翔机	6～10	0.3～0.5	1.5～2.0	0.4～0.6

续表

	平　尾		垂　尾	
	展弦比	根梢比	展弦比	根梢比
其他	3～5	0.3～0.6	1.3～2.0	0.3～0.6
T 型尾翼	—	—	0.7～1.2	0.6～1.0

平尾的前缘后掠角通常比机翼的后掠角大 5°左右,使尾翼在机翼之后失速,并使平尾临界 Ma 高于机翼。一般平尾后掠角的选择可使左右升降舵的铰链轴保持直线。

垂尾后掠角的选择通常在 35°～55°之间。对于高速飞机,垂尾后掠角的主要目的是用于保证垂尾的临界 Ma 高于机翼的临界 Ma。低速无人机在不存在其他要求的状态下,一般后掠角大于 20°。

精确的尾翼翼面平面形状,在设计过程的初始阶段实际上并不关键。尾翼几何参数在后面的设计分析中还可修改。对于方案设计,基于以往的经验和类似的设计确定的尾翼形状就可接受。

尾翼效率与尾翼面积和尾翼力臂的乘积成正比。这个乘积的单位是体积,这就导致了用于对尾翼尺寸进行初步估算的"尾容量系数"。

垂尾尾容量系数:

$$C_{VT} = \frac{L_{VT}S_{VT}}{b_w S_w} \qquad (3-54)$$

平尾尾容量系数:

$$C_{HT} = \frac{L_{HT}S_{HT}}{b_a S_w} \qquad (3-55)$$

式中:L_{VT}——垂尾尾力臂;

　　　L_{HT}——平尾尾力臂;

　　　S_{VT}——垂尾面积;

　　　S_{HT}——平尾面积;

　　　S_w——参考面积(理论机翼面积);

　　　b_w——横航向参考长度(机翼展长);

　　　b_a——纵向参考长度(理论机翼平均气动弦长)。

注意:尾力臂 L 的计算通常近似为从尾翼 1/4 弦线(即平均气动弦)到机翼 1/4 弦线的距离。垂尾面积为外露面积,如采用双垂尾,则垂尾面积为两者之和。平尾面积类似机翼,量取到飞机对称面。而鸭翼则采用外露面积计算。典型尾容量系数见表 3-4。

表 3-4　典型尾容量系数

	典型值			典型值	
	平尾 C_{HT}	垂尾 C_{VT}		平尾 C_{HT}	垂尾 C_{VT}
滑翔机	0.50	0.02	双发涡桨飞机	0.90	0.08
自制飞机	0.50	0.04	喷气教练机	0.70	0.06

续表

	典型值			典型值	
	平尾 C_{HT}	垂尾 C_{VT}		平尾 C_{HT}	垂尾 C_{VT}
通用航空飞机(单发)	0.70	0.04	喷气战斗机	0.40	0.07
通用航空飞机(双发)	0.80	0.07	军用运输机/轰炸机	1.00	0.08
农用机	0.50	0.04	喷气运输机	1.00	0.09

要计算尾翼尺寸,必须估算尾力臂。尾力臂的估算可采用机身长度的百分比进行。对于螺旋桨发动机安装在机头的无人机,尾力臂约为机身长度的 60%;对于发动机安装在机翼上的飞机,尾力臂为机身长度的 50%~55%;对于发动机安装在机身后部的飞机,尾力臂为机身长度的 45%~50%;滑翔机的尾力臂约为机身长度的 65%;对于全动尾翼,尾容量系数可减小 10%~15%。对于 T 型尾翼,垂尾尾容量系数由于端板效应可减小约 5%,平尾尾容量系数由于所处气流不受干扰可减小约 5%;H 型平尾尾容量系数可减小约 5%。

无人机操纵面用来保证飞机对三个轴的平衡与操纵,满足飞机平衡与机动性要求。主要操纵面有副翼(滚转)、升降舵(俯仰)和方向舵(偏航)。操纵面设计的步骤,通常,首先是对参考机种操纵面统计分析,做初步的形式选择,然后作分析、计算和相关的风洞试验。

副翼相对(机翼)的面积一般为 $\bar{S}_a = \dfrac{S_a}{S_w} = 0.05 \sim 0.07$;

副翼的相对展长 $\bar{b}_a = \dfrac{b_a}{b_w} = 0.3 \sim 0.4$;

副翼的相对弦长 $\bar{c}_a = \dfrac{c_a}{c_w} = 0.15 \sim 0.25$;

副翼展向位置 $0.5b_w \sim 0.9b_w$;

副翼的偏角范围一般为后缘上偏 20°~25°,后缘下偏 15°~20°。

方向舵和升降舵一般从机身边上伸展到翼尖或尾翼翼展的 90%。方向舵和升降舵的弦长为尾翼弦长的 25%~50%。

气动设计的主要目的是寻求优化升阻特性满足性能要求的外形。而要满足飞行操纵特性要求,先要关注水平尾翼、垂直尾翼和操纵面。对于这些部件的尺寸,根据性能要求尾翼和操纵面应尽可能小,而根据飞行操纵要求操纵面应足够大,相互存在矛盾,所以需要在性能和飞行操纵之间达成一种平衡。

3.4.3　翼型的设计与选择

翼型按使用的速度范围,可分为低速翼型、亚声速翼型、跨声速翼型和超声速翼型,应根据飞机和使用速度范围来选用相应的翼型。对于大展弦比机翼,机翼表面的大部分面积上的气动特性接近二维流动,三维流动效应只在翼根和翼尖部分,因此,翼型的气动特性将决定整个机翼的气动特性。所以,翼型的选择对大展弦比机翼设计是十分重要的。

1.翼型的基本概念

翼型是由中弧线(或弯度线)和基本厚度翼型叠加而成的,涉及的基本概念包括中弧线、前缘、后缘、弦线、弦长、最大弯度、最大弯度位置、最大厚度、最大厚度位置、前缘半径和后缘角等，具体定义参见有关文献。这些基本参数都对翼型的气动特性构成影响。

已知的公开翼型一般是按翼型族划分的，无人机常用的翼型族主要包括 NACA 四位数字系列翼型、NACA6A 族翼型、Eppler(E)翼型族、Selig(S)翼型族、Selig - Donovan(SD)翼型族、Hepperle(MH)翼型族、Somers - Maughmer(SM)翼型族、Wortmann(FX)翼型族、Martin 翼型族等。不同于有人机，无人机(主要指中小型战术无人机、高空长航时无人机等)翼型更强调低雷诺数气动特性。

(1)NACA 四位数字翼型。它不是低阻翼型，但其阻力随升力的增长是相当缓慢的。有弯度的翼型，它的最大升力系数也是相当高的，失速特性也比较平缓。实际使用比较多的是中弧线为 NACA24 和 NACA44 系列。

(2)NACA6A 族翼型。NACA6A 族翼型最初是用于高速飞行，提高临界马赫数。但鉴于其综合性能较优，也适用于低速飞机。从升力角度看，由于 NACA6A 族翼型前缘半径较小，所以它的最大升力系数一般不如四五位数字翼型，但对较厚的带弯度的翼型，它们之间的差别很小。6 族翼型主要特点是能在一个有限的升力系数范围内，形成"阻力下陷"，使其最小阻力远比 NACA 四位数字翼型的小，特别是在非设计条件下也有比较满意的气动特性，所以 NACA6A 族翼型应用较为广泛。

(3)翼型的失速。翼型的失速性能是指它在 C_{Lmax} 附近的性能。迎角即使不大，由于气流有黏性，接近后缘处的边界层多少都存在分离，但这一点点分离对翼型的性能影响不大。但在 C_{Lmax} 附近，上翼面的气流就存在很严重的分离，其分离区从后缘向前蔓延，可以伸展到前半个翼型上，导致翼型的升力系数随迎角增加反而减小。

一般较厚的翼型(相对厚度大于 12%)，后缘分离的发展是比较缓慢的，流谱的变化是连续的。随着迎角的增大，起初在后缘附近出现了分离，迎角继续增大，分离区随之逐渐向前扩展。当分离还不严重时，随着迎角的增大，C_L 还能有所增大，只是同样的 $\Delta\alpha$ 所产生的相应的 ΔC_L 越来越小。升力曲线的斜率逐渐减小，C_L 对 α 的曲线离开直线越来越远。α 大到一定数值之后，C_L 最终达到最大值 C_{Lmax}，这个 α 称为失速迎角或临界迎角。再继续增大 α，C_L 反而要下降。这种厚翼型，过了临界迎角之后，C_L 随 α 上升而下降的过程也是连续缓慢的。这种翼型的特性对于无人机是好的，不致因迎角拉的过大而突然失事。

对于薄翼型而言，由于前缘半径小，当迎角不很大时，因为吸力峰下游逆压梯度过大，发生层流边界层分离。这种分离，等到流动变成湍流之后，又会重新附着在翼面上，形成一个分离气泡。前缘分离气泡分长气泡和短气泡，其中长气泡分离特性类似后缘分离，在失速前后，C_L 曲线是连续变化的。短气泡分离特性为在短气泡破裂前，对气动特性影响不大，当迎角大过临界迎角后，短气泡突然破裂，翼型的 C_L 达到最大值后陡然下降。

2.翼型的设计

根据无人机的设计巡航条件，可确定其基本翼型的设计条件为：

设计升力系数：
$$C_{L2D} = (1.1 \sim 1.2)C_{L3D}/\cos^2\Lambda_{1/4} \qquad (3-56)$$

式中:2D,3D—— 翼型和机翼(顺航向)的设计参数；

$\Lambda_{1/4}$ —— 机翼 1/4 弦线后掠角。

设计 Re：翼根弦长 Re、翼尖弦长 Re、平均气动弦长 Re。

翼型的设计是一个比较复杂的综合过程,其目标不单单是在给定的设计点(雷诺数、设计升力系数)降低阻力、提高气动效率,现代翼型设计还必须综合考虑以下因素:

(1)在无人机的整个使用范围内,翼型必须具有良好的巡航性能;

(2)多点优化技术,不仅考虑提高巡航点效率,还关心非设计点的性能;

(3)失速特性和缓;

(4)低的零升力矩系数;

(5)后缘有足够的厚度易于工程制造;

(6)厚度分布保证足够的结构空间和内部容积;

(7)不存在层流翼型的污染问题,对制造公差及灰尘、雨雪沾染不敏感。

目前,主流的翼型设计分析软件为 Xfoil 和 MSES。MSES 是由 MIT 的 Mark Drela 教授开发的用于二维多段翼型气动力分析及外形优化设计的软件,其多段翼型分析计算结果具有很高的准确度,尤其是在黏性流动的计算方面。其核心是采用在流线型网格上进行欧拉方程与可压缩附面层方程耦合求解,按附面层位移厚度逐次修改流线形状,即修改流线网格。附面层转捩准则是基于奥尔-桑默弗尔德方程计算的 e^N 准则,能够进行基于目标压力分布的反设计及多目标的优化设计。

由于不规则的载荷分布形式、起降装置的安装以及动力装置和机体结构的相互干扰等,实际无人机往往存在较大的寄生阻力。这类无人机在长航飞行时所需要的升力系数一般较大。由于高续航因子对高升力的需求,及高的型阻系数对高升力的需求与低 Re 的气动特性变化,低 Re 高升力翼型的设计对大多数中小型无人机及高空长航时无人机而言是一个重要的技术点。设法使飞行器尽量处在航时因子 $\dfrac{C_L^{3/2}}{C_D}$ 较高的高升力系数状态(或较低的需用功率状态)飞行,甚至当飞行器的型阻增加时,还能在更高的升力系数,即靠近最大升力系数附近,以更低的速度、更小的发动机功率飞行,以实现最长的留空时间。

3. 翼型的选择

翼型的选择是指对现有的翼型进行选择,以满足飞机设计要求。对于低速飞机选择翼型,要求升阻比大,最大升力系数高,最小阻力系数低,低阻范围宽,失速过程缓和。

(1)适当增加翼型弯度是提高翼型的升力系数和增大最大升力系数的有效手段,常用的弯度为 2%～6%,尤以 4% 为常见。适当前移最大弯度位置也可以提高翼型最大升力系数,并在正常的相对厚度时为前缘失速形式。最大弯度进一步靠后,最大升力系数降低,但可得到较为和缓的失速特性。对称翼型的最大升力系数值远不如有弯度的翼型,但它的速度特性比较好。

(2)增大对称翼型的最大升力系数主要是通过增大前缘半径,加厚翼型头部来实现。翼型头部形状是确定大迎角下气流分离流动,从而也是最大升力值的极重要的几何参数。其薄翼型头部半径对最大升力系数没有影响,但中等厚度翼型的最大升力系数随头部半径的增大增加很多。适当增大翼型前缘半径还会提高翼型的升力线斜率。

(3)适当增加翼型的相对厚度,可使最大升力系数增大,对常规的标准 NACA 翼型一般相对厚度在 12%～15% 时达到最高的最大升力系数。有的特殊翼型,相对厚度在 17% 时得到最高的最大升力系数。

(4)翼型的零升力矩是由翼型的弯度和弯度分布决定的,对称翼型的零升力矩为零,零升力矩太大会增加配平阻力。

（5）对低速和亚声速飞机，最小阻力主要来自摩擦阻力，因此常选择小弯度翼型或层流翼型来减小最小阻力。

（6）低速飞机可以在相对厚度为 $12\%\sim18\%$ 之间选择，亚声速飞机可在相对厚度为 $10\%\sim15\%$ 之间选择。

（7）翼型厚度从翼根到翼尖都是变化的，根部翼型比尖部翼型厚，使机翼有足够的空间和刚度。

翼型的选择和机翼与尾翼的气动布局是相互关联的过程，一方面可以通过翼型本身的特性或通过机翼和尾翼外形来满足给定的要求，另一方面选择不同翼型在很大程度上又取决于无人机必须完成的任务所需的机翼和尾翼的外形。根据无人机在需要的速度和迎角范围内完成它的基本飞行状态，来构成它的气动布局，选定各个部件包括升力面、操纵面和翼型的形状和尺寸。例如由于流动条件的不同，结果对平直翼适用的翼型对后掠翼则不适用。在机翼的副翼所在翼段应采用能保证副翼效率并具有合适的铰链力矩变化的翼型。对其他安定面与操纵面的翼型选择具有相同的考虑。为保证常规布局大展弦比机翼无人机的飞行安全，可以采用沿翼展变化的一组翼型，翼尖翼型的最大升力系数要比翼根大。

大多数无人机公司及项目，基于时间、成本及本身技术能力的原因，会直接选择现有的公开翼型。目前较为全面的网上公开的翼型库为美国伊利诺伊大学翼型数据库。较有实力的无人机公司一般会沿用自有的非公开的高性能翼型，甚至出于无人机性能提升、减小重量或其他需求自主开发新的高性能翼型。

3.4.4 机身气动力设计

机身是无人机最复杂的部件之一，装载有效载荷、设备、动力装置和燃料，并把飞机的重要部件联成一个整体，包括机翼、尾翼、起落架和发动机，机身主要参数的确定应该和无人机其他部件的参数计算同时进行。机身气动设计的主要关注点在于阻力，机身对升力的贡献是次要的。机身是全机零阻产生的主要部件，接近全机零阻的 50%。

无人机的机身气动力设计与有人机机身的设计有很大的不同，需要经常面对气动性能与结构简易性、工艺性的权衡，根据无人机的使用特点，要有不同的侧重。对于追求高飞行性能、强调重复使用的无人机，机身结构简易性与工艺性让位于气动特性，力求机身具有光滑的外形。对于低成本、消耗性及特殊使用要求的无人机，气动特性让位于结构简易性与工艺性，允许机身存在折角等不规则外形。

实际无人机机身根据布局及装载特点其外形千变万化，包括非圆截面机身，均可以简化类比成具有较大的长细比的旋成体。其气动设计可简化为三部分，包括机头、中段和尾部。机身的气动特性不仅取决于它的外形参数，也与来流流动条件和状态有关。例如机身的气流流动与机翼、平尾布置在机身何处，发动机的进气、排气口位于什么地方等有关系。一般机身的气动设计要求包括保证有小的阻力，与机翼、尾翼的不利干扰减到最小以及保证在确定的条件下使发动机的进气损失最小，具体而言包括翼身整流（含机翼、机身及鼓包等的外形整流以及翼身融合设计）、进气道与机身综合设计、后机身与尾喷管综合设计、活塞发动机舱与机身融合设计等。

对机身的布置方案，应考虑到所有设计要求并正确地选择机身头部和尾部的外形、机身横截面的形状。圆形的机身横截面是有利的，它能在截面积一定时保证最小的周长，或者在容积一定时表面积最小,因而摩擦阻力也最小。机身应该是具有平滑收缩的头部和尾部的轴对称旋转体。头部的特点是其外廓线的曲率大得多,这和头部的长细比较小和尖锐度较小有关(流线形形状是有利的)。机身尾部外廓线比较直,长细比较大,使其尽可能不因气流分离而增大后体底部阻力。如果尾部外廓线的曲率过大,并产生正的压力梯度,就有可能产生气流分离。

机身长细比是机身长度与其最大直径之比。如果机身横截面不是圆,则要根据横截面面积计算出其当量直径。理论上,当机身内部容积一定,长细比为 3.0 左右时机身阻力最小,大多数飞机机身的长细比介于 3.0~14 之间。

3.4.5　其他部件气动力设计

1. 冷却风道

按发动机的冷却方式区分,航空活塞式发动机可分为风冷式发动机和液冷式发动机。风冷式发动机直接利用迎面气流来冷却气缸,液冷式发动机则利用循环流动的冷却液来冷却气缸,把吸收的热量耗散到周围环境中。

风冷系统利用空气作为介质,在发动机气缸和气缸盖表面增加散热片来加大散热面积,用风扇或飞行器自身的速度来加强通风、强化冷却效果,以保证发动机在合适的温度范围内工作。

发动机气缸和气缸盖的材料采用传热较好的铸造铝合金,为了改善散热效果,在气缸和气缸盖表面设计许多均匀排列的散热片,以增大散热面积,利用飞行器飞行时产生的高速气流来加强通风、强化冷却效果。

在中小型无人飞行器上,发动机功率较小,因此可以取消风扇结构,仅利用飞行器自身的速度就能充分冷却;对于大型无人飞行器,发动机功率较大,产生的热量较多,可安装功率较大的风扇以强化发动机的冷却效果。为了有效地利用空气流和保证各缸冷却均匀,可以在发动机外部设计导流罩。

2. 进气道

进气道的气动设计主要分为内流设计和外流设计,但两者存在相互的影响。内流设计的主要目的是满足发动机的正常工作,包括保证供应发动机所需要的的空气流量,实现总压恢复系数最大、出口流场均匀、畸变小、气流品质良好。外流设计的主要目的在于与无人机的机体布置相协调,使外部阻力尽量减小。

3. 天线

无人机的天线气动设计首先要考虑的因素包括使无人机具有良好的气动外形,其次需要考虑天线外形带来的气动载荷对天线的影响。对于无人机机载卫星通信天线,由于尺寸较大,采用与机身的融合设计,一般放置于机身上前部,天线后部与机身过渡平缓,保证在无人机各个飞行状态下不出现气流分离。对于小型带伺服天线,先考虑与机身融合设计,若融合设计代价较大,考虑与机身分离的天线整流罩设计方案。此时气动设计的主要着眼点为减阻设计。对于杆状、鞭状天线一般设计成刀型,既要考虑整流,也要考虑气动载荷的非定常作用,避免结构振动发散。

4. 翼梢小翼

翼梢小翼既弯曲又扭转,在翼尖处的旋涡在翼梢小翼上产生一个升力,它有一个向前的分量。这个向前的升力分量减小了总的机翼阻力。一个设计适当的翼梢小翼,所提供的有效展长增量可以达到将翼梢小翼的高度加到翼展上带来的展长增量的两倍。当翼尖涡很强时,翼梢小翼能提供最大的好处,因此在小展弦比机翼上使用翼梢小翼比在已经很有效的大展弦比机翼上使用可以看到更多的优点。

5.起落架、滑撬等的气动力设计考虑

起落架的气动设计分为可收放和固定两类。对于可收放起落架主要考虑起落架收于机身或机翼内部后形成的局部整流外形设计,避免气动流场干扰、气流分离等对全机其他气动部件的影响。对于固定式起落架,由于飞行全程阻力均存在,会严重影响无人机的航程和航时,因此减阻是主要的气动设计考虑。

无人机滑撬的气动设计考虑类似于起落架。外形的设计需要考虑滑撬工作环境,采用结构本身外形整流与整流罩相结合的方式。由于滑撬相比于起落架构形更为简单,还需要考虑气动载荷对可收放滑撬收放动作的影响。

3.4.6 性能评估

无人机的飞行性能是衡量一架无人机好坏的重要指标之一。无人机的基本飞行性能包括平飞性能、爬升性能、下滑性能、续航性能、起飞着陆性能和机动性能等。无人机的性能参数取决于无人机的重量、气动特性和动力装置所能提供的推力(功率)。对于给定的布局的无人机,其气动特性由迎角、侧滑角、速度(马赫数)和雷诺数决定。发动机的动力特性由高度、飞行速度和发动机的工作状态决定。研究无人机飞行性能时,常将无人机作为一可控质心运动处理。可控是指无人机的飞行轨迹是可以人为改变的,而轨迹的变化则取决于作用在飞机上的外力。

无人机飞行品质主要讨论无人机的稳定性和操纵性问题。通常将稳定性问题分为静稳定性与动稳定性两种。物体受扰后自动出现稳定力矩,使之具有回到原平衡状态的趋势,称物体是静稳定的。扰动运动过程中出现阻尼力矩,最终使物体回到原平衡状态,称物体是动稳定的。无人机的操纵性是指飞机在操纵升降舵、方向舵和副翼下改变其飞行状态的能力,包括俯仰操纵性、方向操纵性和横向操纵性。无人机的操作性通常分为静操纵性和动操纵性。静操纵性只分析无人机从一个平衡状态到另一个新的平衡状态时所需舵偏角的问题。动操纵性分析无人机从一个飞行状态改变到另一个飞行状态的过渡过程的操纵问题,包括反应快慢、时间长短等。一般可根据无人机的规模和重量裁剪有人机的飞行品质规范,包括23部通用飞机及25部运输机。

1.续航性能

无人机的续航性能包括航程和航时两个方面。它涉及无人机能够飞得多远、多久。对于军机而言,航程远表明无人机的活动范围大,远程作战能力强,可以直接威胁敌人的纵深后方。航时久表明飞机留空时间长,既便于空中机动,又能减少出动架次。因此续航性能是无人机重要战术技术性能。

航程 R 是指飞机沿给定方向,在标准大气压和无风情况下,耗尽其可用燃油量所飞过的水平距离。航时 E 是指飞机沿给定方向,在标准大气压和无风情况下,耗尽其可用燃油量所持续飞行的时间。无人机沿预定航线飞行,一般包括上升、巡航和下降三个阶段。总航程和航时为三段的航程和航时之和。上升段和下降段的航程航时通常只占总航程航时的10%左右,巡航段所占的航时航程最长,是飞行耗油的主要阶段。

对装备螺旋桨动力的无人机,航程 R 可按下式估算:

$$R = \frac{\eta_{pr}}{c} \frac{C_L}{C_D} \ln \frac{W_0}{W_e} \tag{3-57}$$

式中：η_{pr}—— 螺旋桨效率；

$\quad c$—— 平均耗油率；

$\quad W_0$—— 满油重量；

$\quad W_1$—— 空油重量；

$\quad \dfrac{C_L}{C_D}$—— 升阻比。

由式(3-57)可知对螺旋桨无人机而言，要想获得最大航程需要飞行参数选择如下：

(1) 飞行升阻比尽可能大；

(2) 螺旋桨尽可能效率高；

(3) 尽可能低的发动机耗油率；

(4) 携带更多的燃油。

对装备螺旋桨动力的无人机，航时 E 可按下式估算：

$$E = \frac{\eta_{pr}}{c} \sqrt{2 \rho_\infty S} \frac{C_L^{\frac{3}{2}}}{C_D} (W_1^{-\frac{1}{2}} - W_0^{-\frac{1}{2}}) \tag{3-58}$$

由式(3-58)可知对螺旋桨无人机而言，要想获得最大航时需要飞行参数选择如下：

(1) 飞行 $C_L^{\frac{3}{2}}/C_D$ 尽可能大；

(2) 螺旋桨尽可能效率高；

(3) 尽可能低的发动机耗油率；

(4) 携带更多的燃油；

(5) 飞行高度低，因为空气密度 ρ_∞ 大。

2. 静升限

理论静升限是指无人机以特定的重量和给定发动机工作状态保持等速直线平飞的最大高度，即最大爬升率为零时的飞行高度。实用静升限是指无人机以特定的重量和给定发动机工作状态做等速直线平飞时，还具有最大爬升率为 5 m/s 或 0.5 m/s 时的飞行高度。5 m/s 为超声速飞机的取值，0.5 m/s 为亚声速飞机的取值。

对于静升限以下的任意高度，如果有剩余推力或剩余功率，无人机无法定常平飞，此时如果高度不变，飞机会加速至 V_{max}，否则飞机会爬升。

无人机做定常爬升飞行，无人机的飞行轨迹在铅锤平面内为一条直线。由运动方程得到：

$$\gamma_{max} = \sin^{-1} \left(\frac{\Delta P_{max}}{G} \right) \tag{3-59}$$

$$V_{ymax} = \frac{\Delta N_{max}}{G} \tag{3-60}$$

式中：γ_{max}—— 最陡爬升角；

$\quad \Delta P_{max}$—— 最大剩余推力，最陡爬升角对应的速度为最陡上升速度；

$\quad V_{ymax}$—— 最大爬升率；

$\quad \Delta N_{max}$—— 最大剩余功率，最大爬升率对应的速度称为快升速度。

一般情况下，快升速度稍大于最陡上升速度。

3. 最大平飞速度

最大平飞速度 V_{max} 是指飞机在某一高度满油门条件下保持平飞能达到的最大速度。最大平飞速度由各高度下,平飞可用推力曲线与平飞需用推力曲线的右侧交点来确定。当 $V > V_{max}$ 时,可用推力小于平飞需用推力,飞机将下降;当 $V < V_{max}$ 时,可用推力大于平飞需用推力,无人机将上升,此时可以通过减小油门降低可用推力使之等于平飞需用推力,实现平飞。最大平飞速度为

$$V_{max} = \sqrt{\frac{2P_{ky}}{C_D \rho S}} \qquad (3-61)$$

式中:C_D—— 阻力系数;

ρ—— 空气密度;

S—— 机翼面积。

4. 起飞性能

无人机从起飞线开始滑跑到离开地面,并上升到一定安全高度的运动过程,称为起飞。从跑道上开始滑跑到飞机离地所经过的距离称为起飞滑跑距离。在刹车释放点,作用在无人机上的力只有重量和推力。刹车释放后,在推力的作用下,无人机沿跑道加速,升力和阻力都开始增加,并且在地面滑跑过程中继续增加直至无人机达到离地速度。无人机的起飞性能主要受起飞高度、起飞重量和襟翼配置的影响。

(1)起飞高度对起飞性能的影响。起飞高度的影响有两个方面:起飞高度影响空气密度,起飞高度增高时空气密度降低,为使无人机离地,升力等于无人机质量则需要更大的速度,使得滑跑距离增加。另外,空气密度影响发动机的推力。空气密度越大,发动机产生的推力越大,反之亦然。高度越高,大气温度越高,水蒸气含量越高,空气密度越低。在起飞质量和起飞襟翼配置相同状态下,起飞高度越高,空气密度越小,发动机输出推力越小,使得滑跑加速度减小,起飞滑跑距离增加,对已知跑道状况下则降低了场长限制的最大起飞重量。

(2)起飞重量对起飞性能的影响。起飞过程无人机加速,机翼产生的升力逐渐增加,直至升力足以平衡无人机的重量。起飞速度与无人机重量的平方根成正比,无人机重量增加 20%,会导致起飞速度增加 10%。无人机总量越大,升力能够平衡重量时所需的起飞距离会越长。对于大功率无人机,重量增加 20%,起飞距离大概增加 44%;对于小功率无人机,其加速度较低,重量增加 20%,起飞距离大概增加 60%。

在实际飞行中,无人机的最大起飞重量受很多因素影响,如无人机结构强度限制、场道条件限制、爬升梯度限制、越障限制、轮胎速度限制、刹车能量限制等。以上每个因素均会确定一个限制重量(如跑道限制重量、爬升限制重量、越障限制重量等),为确保飞行安全实际运行时对最大起飞重量起决定性限制作用的应是各种限制重量中的最小值。

(3)襟翼配置对起飞性能的影响。偏转襟翼可以增加升力,缩短起飞距离。但应注意的是,襟翼偏转增加升力的同时,阻力亦会增加,因此不同的无人机会有不同的最佳襟翼配置,以使得升力的增量最大,阻力的增量最小。

5. 下滑性能

下滑是指发动机无推力(或关闭发动机)或接近无推力时飞行器所做的一种可操纵的、降低高度而速度近似不变的飞行动作。下滑实际上是无动力的重于空气的飞行器利用重力及风力做的下降过程。

对于滑翔机而言依靠自身重力的分量获得前进的动力,对于无人机而言是指无动力下滑,即无人机轨迹向下下滑角度不大的近似等速直线飞行。当无人机失去动力时,希望无人机在空中滑翔时间越长越好,以此有更多的时间来寻找合适的降落场地,或有更多的时间来重新起动发动机。若要无人机在空中滑翔的时间相对较长,则需要无人机的高度损失率最小。无人机在高度损失率最小的速度下飞行,可以保持最长的滑翔时间。无人机的滑翔比为单位高度损失下的滑翔距离。

下滑角的大小取决于升阻比,升阻比越大,下滑角越小;当无人机以有利速度下滑时,升阻比最大,下滑角最小。

6. 稳定性与操纵性

无人机稳定性与操纵性之间存在一定的排斥关系。如果无人机稳定性很好,则无人机抵抗飞行状态变化的力和力矩会很大,无人机对操纵的响应就会很慢,无人机的操纵性会较差。反之,如果无人机的稳定性变弱,无人机对操纵的响应就会变得灵敏,操纵性较好。

(1) 纵向静稳定性。无人机是否具有纵向静稳定性,仅仅取决于全机质心与焦点之间的相互位置。在全机焦点位于质心之后,$\overline{X}_F > \overline{X}_G$ 时,$C_{mCL} < 0$,$C_{ma} < 0$,即飞机静稳定;

在全机焦点位于质心之前,$\overline{X}_F < \overline{X}_G$ 时,$C_{mCL} > 0$,$C_{ma} > 0$,即飞机静不稳定;

当全机焦点与质心重合,$\overline{X}_F = \overline{X}_G$ 时,$C_{mCL} = 0$,$C_{ma} = 0$,即飞机中立稳定。

(2) 纵向动稳定性。无人机的动稳定性是研究无人机受扰后运动的整个过程。研究无人机纵向扰动运动的结果表明,通常具有静稳定性的无人机,其纵向扰动运动的各个运动参数(速度、迎角、俯仰角)随时间变化的规律可由两组振动运动 —— 短周期振动运动和长周期振动运动来描述。对应大值复根的是周期短、衰减快的运动,称为短周期模态;对应小值复根的是周期长、衰减慢的运动,称为长周期模态。

(3) 纵向操纵性。无人机的纵向操纵性又称为无人机的俯仰操纵性,是指无人机偏转升降舵后无人机绕横轴转动而改变其迎角等飞行状态的特性。

1) 直线飞行中改变迎角的操纵。在飞行中,通过控制升降舵向下或向上的偏转来改变无人机的迎角。当升降舵上偏时,平尾上会产生向下的附加升力,打破原有俯仰平衡,使无人机抬头。由于迎角增加,具有稳定性的无人机会产生使无人机低头的稳定力矩。此外,无人机抬头过程中,平尾还会产生使无人机低头的阻尼力矩,减小抬头俯仰角速度。开始时,由于抬头操纵力矩大于低头稳定力矩和低头阻尼力矩之和,所以抬头俯仰角速度有所增加,迎角迅速增加。但随着迎角的增加,低头稳定力矩和低头阻尼力矩增加,以至抬头操纵力矩小于低头稳定力矩和低头阻尼力矩之和,抬头俯仰角速度减小,但无人机仍在抬头,迎角缓慢增加。在迎角增至某一值后,抬头俯仰角速度减至零,低头阻尼力矩消失,这时稳定力矩与操纵力矩相等,无人机停止转动,并保持较大迎角飞行。飞行中每一个升降舵偏角对应一个迎角,升降舵上偏角越大,对应的迎角也越大,升降舵下偏角越大,对应的迎角越小。

2) 曲线飞行中改变迎角的操纵。在垂直平面内曲线飞行中改变相同迎角所需要的操纵力矩大小与直线飞行时有所不同。在等速曲线运动中,当升降舵上偏角增大时,会产生附加的抬头操纵力矩,使无人机迎角增大。由于迎角增加,会产生附加的低头稳定力矩;同时由于无人机抬头绕横轴转动,会产生向下的阻尼力矩,当抬头操纵力矩等于低头稳定力矩和低头阻尼力矩之和时,无人机在新的较大迎角下飞行。曲线飞行中由升降舵偏转产生的俯仰操纵力矩不仅要克服附加的稳定力矩还要平衡阻尼力矩,这就导致在相同操纵力矩下,曲线飞行中迎角改变量比直线飞行中迎角改变量要小。

（4）横航向静稳定性。无人机在平衡状态下受到非对称瞬时干扰,产生小量的滚转角 $\Delta\varphi$ ＜0时,升力与重力的合力作用使无人机左侧滑 $\Delta\beta$＜0,无人机产生的滚转力矩为正,即产生右滚转力矩。在此滚转力矩的作用下,无人机具有减小 $\Delta\varphi$ 的趋势,此时称无人机具有横向静稳定性。

$C_{n\beta}$＞0 航向静稳定;$C_{l\beta}$＞0 横向静不稳定;

$C_{n\beta}$＜0 航向静不稳定;$C_{l\beta}$＜0 横向静稳定;

$C_{n\beta}$＝0 航向中立稳定;$C_{l\beta}$＝0 横向中立稳定。

（5）横航向动稳定性。横航向动稳定性主要研究无人机受横航向扰动,扰动消失后无人机运动的整个过程,以判断无人机是否能自动地回到原来的平衡状态。无人机受横航向扰动后的运动过程一般有以下 3 种运动模态:滚转模态对应大的负实根,是一种衰减快的非周期运动模态。荷兰滚模态对应一对共轭复根,是一种飘摆运动,其飞行轨迹为 S 形。螺旋模态对应一实根,其飞行轨迹为无人机作盘旋下降运动,盘旋半径越来越小,高度不断下降。螺旋模态发展很慢,即使不稳定也有足够的时间去纠正。

（6）横航向操纵性。无人机横航向操纵性是指操纵方向舵和副翼改变无人机的飞行状态的特性。

1）无人机的方向操纵性（无滚转）。无人机的方向舵操纵性是指操纵方向舵后,无人机绕立轴偏转而改变其侧滑角等飞行状态的特性。飞行中通过操纵方向舵改变侧滑角的基本原理与操纵升降舵改变飞行迎角的原理相似。当操纵方向舵向右偏转时,垂尾上产生向左的附加气动力,它对无人机重心产生的力矩打破了原有的方向平衡,使无人机机头向右偏转。机头右偏,产生左侧滑,由左侧滑引起的方向稳定力矩有使无人机机头左偏的趋势。开始时,由于操纵力矩大于方向稳定力矩,无人机机头继续右偏。随着侧滑角的增加,方向稳定力矩增加,当方向稳定力矩和操纵力矩相等时,无人机稳定在一个新的、较大的侧滑角上。

2）无人机的横向操纵性（无侧滑）。无人机的横向操纵性是指操纵副翼后,无人机绕纵轴转动而改变其滚转角速度、滚转角等飞行状态的特性。飞行中不带侧滑的横向操纵基本原理为:当无人机右侧副翼上偏,左侧副翼下偏时,上偏一侧机翼上的升力减小,下偏一侧机翼上的升力增加,两侧升力的差值会打破原有的横向平衡,使无人机开始向右滚转。向右滚转过程中会产生滚转阻尼力矩,阻止无人机滚转。由于滚转中无人机无侧滑,因此没有横向稳定力矩,滚转角速度的变化只取决于横向操纵力矩和滚转阻尼力矩。开始时,横向操纵力矩大于滚转阻尼力矩,滚转角速度逐渐增大,随着滚转角速度的增加,滚转阻尼力矩逐渐增大,当横向操纵力矩等于滚转阻尼力矩时,飞机保持一定的滚转角速度。

3.4.7　风洞试验

由于理论计算不能很好地反映出真实的情况,尤其是在飞行包线边界附近,所以有必要进行风洞试验。对一些小型常规布局无人机,由于技术水平、难度、成本等原因,考虑到 CFD 的发展水平完全能够满足设计需求,通常不进行风洞试验。但对于一些大型无人机、新概念、新布局无人机,出于降低技术风险的目的,都需要进行风洞试验。试验的目的主要是验证无人机气动设计的正确性及为飞行性能计算、操稳特性分析、飞行控制律设计、飞行仿真、发射仿真、飞行数据分析提供准确可靠的气动数据库。无人机型号设计过程中的风洞试验可分为选型试验、定型试验、专项特种试验(投放试验、抛伞试验等)。在相当长的时期内,风洞试验将与CFD技术相互结合、相互补充、相互促进,共同为无人机设计提供优良的气动布局、空气动力学特性数据。

风洞试验的主要工作步骤包括编写试验任务书、设计与制造风洞试验模型、进行风洞吹风试验、撰写试验分析报告、风洞试验数据的应用。以下我们以常见的风洞常规测力试验简述风洞试验的主要内容。

风洞试验任务书的主要内容包括试验的目的、试验内容、试验条件(模型构型、姿态角、操纵面偏度、速度或速压等)、需测量的参数、测试精度的要求、试验次数、试验周期、试验结果提供形式等内容。根据给定的无人机总体参数和设计指标,制定风洞试验任务书。

风洞试验模型的设计首先需要考虑试验风洞的选择、模型的支撑方式等大前提。选择的风洞其流场品质应满足《低速风洞和高速风洞流场品质要求》(GJB 1179—1991)的要求,其测力精度应满足《高速风洞和低速风洞测力实验精度指标》(GJB 1061—1991)的要求,并综合评估风洞的质量保证、试验效率及试验费用。

根据选定的风洞,无人机设计厂家与风洞共同协调模型的支撑方式、天平的选取、模型比例的确定(一般常规试验低速风洞中模型展长与风洞宽度之比≤70%,$\alpha=0°$模型截面积与试验段截面积之比≤1%)。

模型的设计与制造使用的规范包括《低速风洞飞机模型设计规范》(GJB 180—1986)、《高速风速模型设计规范》(GJB 569—1988)。模型设计还应执行国家标准及行业标准所做的一些有关规定,即制图规定、公差与配合的规定、形位公差的有关规定、普通螺纹的规定、表面粗糙度的规定等。模型制造完毕,应提供模型设计说明书、模型强度校核报告、模型型面参数检测报告及模型的合格证。

风洞试验由风洞试验部门承担,但设计部门必须参加,实施现场监督、分析及处理有关技术问题,试验结束后应由试验部门提供正式试验报告,但设计部门应根据试验目的及时完成试验分析报告供有关专业使用。全部试验结果输入气动力数据库。由于试验受限于模型加工、试验条件等,在模型相似参数及 Re 等方面需要进行数据修正。常规测力试验应提供的主要气动数据包括纵向基本气动特性、横航向基本气动特性、操纵导数等。

通过计算与风洞试验整理出完备的气动数据供其他专业使用,一般无人机纵向气动特性数据包括无动力纵向基本特性数据、动力影响纵向基本特性数据、升降舵操纵导数、纵向动导数和升降舵铰链力矩系数等。

动力影响纵向基本特性数据:基于目前试验技术条件,螺旋桨动力影响试验主要模拟拉力系数及前进比,提供不同拉力系数下的纵向基本特性数据及升降舵舵面效率曲线。喷气飞机的动力影响主要是进排气对全机气动特性的影响。

无人机横航向气动特性数据包括无动力横航向基本特性数据、动力影响横航向基本特性数据、方向舵及副翼操纵导数、横航向动导数和方向舵及副翼铰链力矩系数等。

典型风洞试验流程如下:

(1)风洞的前期准备;

(2)模型的检验;

（3）模型的安装；

（4）模型支架的调整；

（5）风洞试验的运行；

（6）模型状态的调整；

（7）模型的拆装；

（8）风洞试验完成后的处理工作。

典型风洞试验任务书包括以下内容：

（1）确定试验目标；

（2）选择试验风洞；

（3）确定试验模型比例；

（4）确定模型支撑方式；

（5）确定试验采用的设备；

（6）确定试验科目。

根据试验任务书中的试验科目制定详细的试验大纲,典型风洞试验大纲包括：

（1）基本纵向试验大纲；

（2）基本横航向试验大纲；

（3）重复性试验大纲；

（4）舵效试验大纲,包含副翼、升降舵、方向舵；

（5）地效风洞试验大纲,包含基本纵向、基本横航向、舵效（副翼、升降舵、方向舵）。

风洞模型设计技术要求主要内容包括：

（1）试验模型的组成；

（2）试验模型参数,包含模型比例、模型几何参数、模型载荷；

（3）模型设计加工要求,包含模型支撑方式、模型设计规范、制造基准,模型材质、强度、刚度、精度、表面粗糙度要求；

（4）模型的装箱与运输要求；

（5）模型的检验与验收；

（6）成果形式及进度要求。

3.5　无人机结构强度设计

与有人机设计一样,无人机的结构设计工作贯穿从方案到定型各个阶段,每个阶段完成后都要通过相应级别的评审方能进入下一阶段。各个阶段要完成的主要工作、需要提交的内容如图 3-9 所示。综合考虑成本及试验技术条件的限制,无人机在结构设计过程中疲劳、损伤容限试验等内容可适当删减,但相关的分析计算必须包括在其中。在结构设计过程中,满足基本的强度、刚度要求的同时,还必须满足维修性要求、适航性要求、合理选材要求、工艺性要求、低成本要求、重量要求、抗腐蚀要求等,需要经过大量的数据分析和试验验证,逐步迭代修正、折中取舍才能在满足上述要求的同时最大限度地设计出高结构效率的结构。

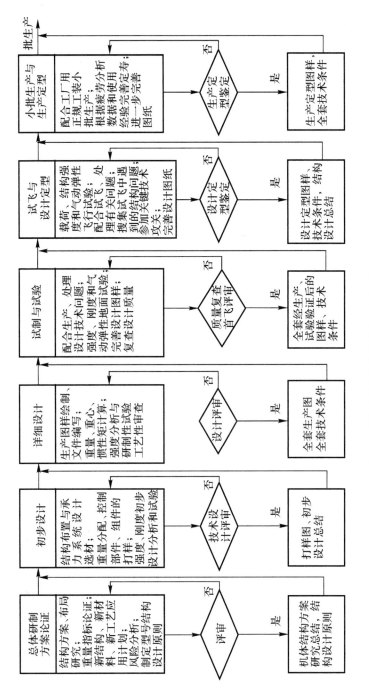

图3-9　新机研制中结构设计的一般过程

在方案设计和初步设计阶段,一旦确定了无人机外形之后,结构布局设计就可以初步展开。由于缺乏对主承力构件布置的具体分析,往往都是根据设计经验初步给出一轮结构布局及尺寸数据,然后根据现有无人机构型的载荷水平初步估算其强度,再根据强度数据(全机静强度数据、稳定性分析数据及全机气动弹性分析数据)及载荷分布情况反馈出新一轮的结构截面构型和尺寸,甚至是结构布局的适当调整,反复迭代最终给出相对较为合理的结构主要受力构件的截面形状和具体尺寸。一旦完成初步结构布局设计,便可以进行详细设计和分析。在详细设计阶段,多是对截面尺寸的细化和分析以及关键接头的强度校核修正,关键连接部位的稳定性分析等。本章节将按照载荷计算、强度校核、机体结构设计、设备安装设计及强度设计专项试验的顺序介绍各部分设计的关注点及需要注意的事项。

3.5.1 无人机载荷计算

目前,国内外在无人机设计领域尚没有专门的强度规范,因此,在借鉴有人机强度规范的基础上,结合无人机的特点进行裁剪或修正,是确定无人机飞行载荷的主要途径。确定无人机外载荷的方法主要有两种:一种是严重载荷法;一种是机动载荷模拟法。图 3-10 和图 3-11 分别给出了严重载荷法和机动载荷模拟法确定飞行载荷的基本途径。严重载荷法是按已规定好的受载情况对无人机各部件进行载荷计算,规定了各部件的"受载情况"的半经验公式,虽带有较大的经验性,但需要的原始数据较少,所需计算的情况也较少。机动载荷模拟法按飞机整体各部件同时受载进行载荷计算,对飞机运动状态的描述和物理概念比较清楚和明确,从求解飞机运动方程出发求出飞机各部件所受的载荷,让人容易理解和接受,但需要的原始数据较多,所需计算的情况也比较多。一般来说,利用严重载荷法研究无人机的飞行载荷设计与计算问题更切实可行,后续内容主要针对严重载荷法进行介绍。在详细设计过程中,人力、物力、资金和时间允许的情况下可根据《军用飞机强度和刚度规范》等利用机动载荷模拟法确定飞行载荷工况,筛选各部件严重载荷工况来进行强度校核,或者对严重载荷法进行适当的补充和修正。

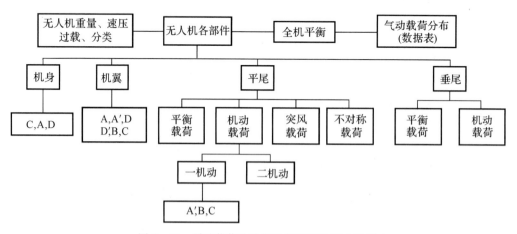

图 3-10 严重载荷法确定飞行载荷的基本途径

注:图中 A,A',D,D',B,C 为机翼的基本受载情况,各工况下尾翼、机身载荷情况在 3.5.1 节简要介绍。

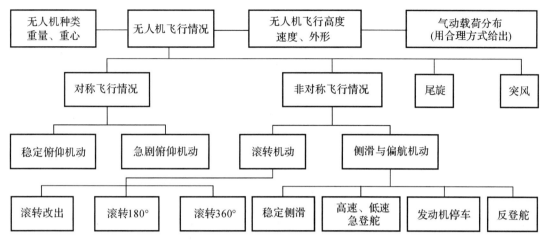

图 3-11　机动载荷模拟法确定飞行载荷的基本途径

1. 基本概念

无人机载荷计算时需要重点关注的要素包括以下几点：

(1) 使用载荷与设计载荷。无人机在使用中各个构件可能遇到的最大载荷称为使用载荷，使用载荷乘以安全系数即为设计载荷。通常情况下，设计计算中若未注明均为使用载荷。

(2) 安全系数。安全系数 f 可以定义为

$$f = \frac{P^{sj}}{P^{sy}} \tag{3-62}$$

式中：P^{sj}—— 设计载荷；

$\quad\ P^{sy}$—— 使用载荷。

从安全系数较为经典的意义来看，安全系数 f 取为 1.5，考虑了以下因素：

1) 在使用载荷下结构不发生永久变形。为保证在使用载荷下结构不发生永久变形，安全系数必须不小于材料强度极限与材料屈服极限的比值，即不小于 σ_b/σ_s。一般常用金属航空材料的 σ_b/σ_s 均在 1.3 ~ 1.5 之间，故安全系数 f 取为 1.5 满足上述要求。

2) 无人机在使用中超出使用载荷的可能性。

3) 生产工艺误差，材料的分散性。

一般来讲，考虑了以上因素，在无人机设计中将安全系数 f 取为 1.5 能够较好地满足无人机设计的需要。在一些特殊要求的情况下也可对安全系数进行适当的增大或降低，但这需要总师系统根据实际要求进行综合权衡。

(3) 重量。从无人机外载荷设计的观点来看，无人机的重量可分为起飞强度计算重量 G_{qf}、飞行强度计算重量 G_{fx} 和回收强度计算重量 G_{hs}。确定无人机的强度计算重量归结为合理的扣除燃油，并考虑重量与质心对强度的不利组合。通常情况下，起飞强度计算重量取为满油、满载状态，飞行强度计算重量取为半油状态，而回收强度计算重量应从无人机飞行强度计算重量中扣除无人机的大部分燃油重量。因无人机装载情况单一，燃油消耗对质心的影响不大，因此在无人机强度计算重量中一般可以不考虑质心位置变动的影响。

(4) 速压。考虑到无人机在飞行中所受外载荷的大小及分布和飞行中的品质问题，需要对无人机进行速压和马赫数限制。无人机的飞行速度较低，以中小型无人机为例，飞行速度不

超过 150 m/s,因此对无人机的飞行速度只做速压限制。使用限制速压 q_{max} 按照无人机在限制高度上发动机额定工作状态所能达到的最大平飞速度确定,这主要是考虑到对于二、三类无人机(对机动飞行要求不高),主要飞行在 7～12 km 的高度以下,在此高度以下保证很大的飞行速度是不必要的。对于大多数中小型无人机而言,飞行高度 $H \leqslant 8\ 000$ m,因此使用限制速压 q_{max} 是按照无人机在发动机额定工作状态所能达到的最大平飞速压 $q_{ed.max}$ 确定,显然使用限制速压 q_{max} 失去了它本来的意义。考虑到大多数中小型无人机使用不带增压的活塞式发动机定距螺旋桨作为动力系统,无人机在发动机额定工作状态所能达到的最大平飞速压 $q_{ed.max}$ 在一般在海平面获得,即:

$$q_{max} = q_{ed.max} = \frac{1}{2}\rho_o V_{max.d}^2 \qquad (3-63)$$

式中:$V_{max.d}$——飞机在海平面和发动机额定工作状态所能达到的最大平飞当量速度。

无人机的强度限制速压 $q_{max.max}$ 可按下式确定:

$$q_{max.max} = k q_{max} \qquad (3-64)$$

式中,k 值可取为 2.25。

无人机的强度限制速压 $q_{max.max}$ 也可按无人机连续下滑的条件计算确定,按连续下滑条件计算确定的强度限制速压 $q_{max.max}$ 不得小于按式(3-64)确定的值。

(5)过载及过载包线。目前,无人机多用于侦察、通信、攻击等用途,这类飞机大都对机动飞行要求不高,因此大多数无人机可纳入二、三类无人机。无人机使用过载的取法与有人机类似,可参照《飞机强度规范(试用本)》中相关章节进行计算,本章节仅对典型的机动过载包线和突风过载包线简要介绍。

无人机飞行的强度极限可用 $V-n$ 包线图表示,如图 3-12 所示为典型的机动过载 $V-n$ 包线图。每一类型的无人机均有其专用的 $V-n$ 图以及规定的失速速度 V_s 和失速过载 n_s,图中横轴表示空速(V),纵轴表示过载(n)。无人机强度受到四个因素的影响:①飞机总重量;②飞机构型;③对称载荷;④可适用的飞行高度。这四个因素中任意一个发生变化,都会使使用极限发生很大变化。图中所示的极限速度是无人机的设计参数,如果无人机的飞行速度超过极限速度,则可能遭到:①临界突风;②破坏性颤振;③副翼反效;④机翼或操纵面变形扩大;⑤临界压缩性效应,如稳定性和操纵性问题等情况。

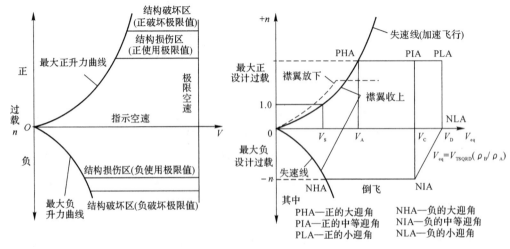

图 3-12 典型的机动过载 $V-n$ 曲线

突风过载包线如图 3-13 所示,图中的失速线的构成方法与机动飞行 $V-n$ 包线图中失速线的构成方法相同;突风包线是按照式(3-63)从点($n=1.0,V=0$)向各个方向散射的(注意:设计突风强度是随着速度的增加而减小,因此,飞机应根据实际情况进行飞行,也就是说,当湍流强度增加时飞机应降低飞行速度。)

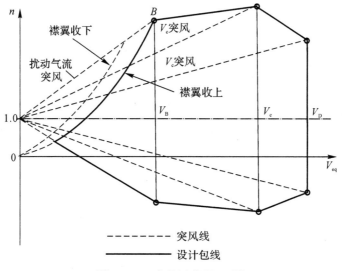

图 3-13　突风过载 $V-n$ 图

在一般情况下,飞机的垂直突风过载可写成:

$$n = 1 \pm \frac{1}{2} k C_y^\alpha \rho V W \frac{S}{G} \tag{3-65}$$

对于二、三类无人机,最大使用过载取最大使用机动过载与最大使用突风过载中的最大值,最小使用过载取最小使用机动过载与最小使用突风过载中的最小值。

2.机翼载荷

(1) 机翼的受载情况。对二、三类无人机,机翼的基本受载情况包括 A,A′,D,D′,B,C 六种。其中 B,C 情况都有副翼的偏转。具体各工况中 n^{sy},C_y,q 和安全系数的取法参见《飞机强度规范(试用本)》相关规定,此处不再赘述。

情况 A 是大迎角、最大升力系数、最大过载的曲线飞行。它可能发生在飞机的急跃升,俯冲拉平、下滑退出等机动中,以及平飞时受到上升气流的作用。对情况 A 规定:

$$C_y = C_{ymax}, \quad n^{sy} = n^{sy}_{max} \tag{3-66}$$

情况 A′ 是小迎角、最大过载、最大速压下的曲线飞行。它可能发生在无人机的俯冲拉平、下滑退出等机动中,以及平飞时受到上升气流的作用。对情况 A′ 规定:

$$n^{sy} = n^{sy}_{max}, \quad q = q_{max.max} \tag{3-67}$$

情况 D 是大负迎角、最大负升力系数、最大负过载的曲线飞行。它可能发生在无人机急剧转入俯冲,俯冲受到水平暴风和平飞碰到下降气流时。对情况 D 规定:

$$C_y = C_{ymin}, \quad n^{sy} = n^{sy}_{min} \tag{3-68}$$

情况 D′ 是小负迎角、最大负过载的曲线飞行。对情况 D′ 规定:

$$n^{sy} = n^{sy}_{min}, \quad q = q_{max.max} \tag{3-69}$$

情况 B 是副翼偏转的曲线飞行。对情况 B 规定：

$$n^{sy} = 0.5n^{sy}_{max}, \quad q = q_{max.max} \tag{3-70}$$

情况 C 是飞机在偏转副翼情况下的曲线飞行，对情况 C 规定：

$$n^{sy} = 0, \quad q = q_{max.max} \tag{3-71}$$

情况 L 是飞机在偏转副翼情况下的曲线飞行，对情况 L 规定：

$$n^{sy} = 0.6n^{sy}_{max}, \quad q = q_{max} \tag{3-72}$$

从机翼强度的观点来看，各受载情况其实质是机翼弯矩和扭矩的不同组合。

在机翼的受载情况中，A,A′的总载荷相同，一般说来在 A′情况下由于机身的干扰，机翼展向压心靠外，故其机翼根部弯矩较 A 大。D,D′也存在类似问题，并且在 A,A′中受拉的构件在 D,D′中受压。对于具有薄蒙皮的梁式机翼，在 $C_{mo} < 0$ 的情况下，受载情况 A′在很大程度上决定了机翼中承弯结构的尺寸，而受载情况 D′在很大程度上决定了承扭的机翼蒙皮厚度。同时对于所有类型的飞机，在 A,A′和 B 情况时，还应考虑机翼的不对称载荷，作为补充受载情况。

（2）机翼载荷计算。在方案设计阶段，无人机通常按照《飞机强度规范（试用本）》对机体载荷进行估算，详细设计阶段则根据不同工况的升力系数、飞行速度等利用气动计算软件给出详细的载荷分布。需要注意的是，有些构型飞机机翼的后掠角和展弦比已超出了《飞机强度规范（试用本）》给出的典型尺寸范围，因此不再适用该规范中给出的典型环量分布表，但是可以由气动组根据现有无人机给出合理的环量分布表进行估算。

机翼展向载荷的简单估算通常是根据升力线理论的环量分布计算适当修正得出的，各个肋站位的载荷值可根据环量分布表进行插值。

有人机强度规范有关沿机翼弦向的气动载荷分布的曲线是由翼剖面理论计算并根据经验简化得出的，适用于相对厚度在 12% 左右的平凸翼型。而在无人机设计中，很少运用规范中的这些曲线计算机翼的弦向载荷分布，大家更为关心沿机翼展向压力中心线的确定，可能有以下一些原因：

1）规范给出机翼弦向的气动载荷分布不够准确，因为目前无人机机翼使用的翼型与规范适用的翼型，可能有较大差距；

2）无人机的 $q_{max.max}$ 不高，并且在无人机机翼结构设计中大量使用夹层结构，机翼蒙皮承受局部气动载荷的能力较高；

3）决定了沿机翼展向的压力中心线后，就能很好地计算机翼整体扭转强度和刚度；

4）确定沿机翼展向压力中心线较计算弦向载荷分布工作量少得多。

按副翼偏转和不偏转情况给出了沿机翼展向压力中心线的确定方法。

在副翼不偏转的机翼，所有剖面的压力中心位置按下式确定：

$$\frac{X_{yax}}{b} = \left| \frac{dC_m}{dC_y} \right| - \frac{C_{mo}}{C_{y.qm}} \tag{3-73}$$

在副翼偏转的机翼，所有剖面的压力中心位置按下式确定：

$$\frac{X_{yax}}{b} = \left| \frac{dC_m}{dC_y} \right| - \frac{C_{mo} + \Delta C_{mo}}{C_{y.qm}} \tag{3-74}$$

其中 $\Delta C_{mo} = \frac{d\Delta C_{mo}}{d\delta}\delta_{ya.tr.yx}$，$\delta_{ya.tr.yx} = \frac{12l^2}{V_{max.max}l_{fy}}\omega_x\overline{\delta_\omega}$。

在计算机翼的惯性力时,可以认为机翼的连续质量分布与平面机翼的环量分布 Γ_{pm} 形式相同。

3.尾翼载荷

(1)水平尾翼载荷。

1)水平尾翼的平衡载荷与机动载荷。平尾的平衡载荷是指无人机在俯仰角加速度为零的情况下飞行时保证无人机静力平衡所需的平尾载荷。

$$P_{ph} = \frac{m_{z.uu.pw}qSb_A}{L_{pw}} \tag{3-75}$$

需要注意的是,上述公式中 $m_{z.uu.pw}$ 为在无人机俯仰角加速度为零的条件下,无人机的翼身组合体对飞机的重心产生无尾力矩系数。

将失速迎角范围内的无尾力矩系数 $m_{z.uu.pw}$ 表达为 C_y 的线性函数,平尾平衡载荷可写为

$$P_{ph} = \left(m_{zo.uu.pw} + m_{z.y.uu.pw}^{C_y}\frac{nG/S}{q}\right)\frac{qSb_A}{L_{pw}} = m_{zo.uu.pw}qS\frac{b_A}{L_{pw}} + m_{z.y.uu.pw}^{C_y}n\frac{Sb_A}{S_{pw}L_{pw}}\frac{G}{S}S_{pw} \tag{3-76}$$

从上式(3-76)可以看出作用在平尾上的平衡载荷由两部分组成,其中一部分取决于速压的大小,另一部分则取决于过载大小。

平尾的机动载荷是指飞机具有俯仰角加速度时平尾上的载荷,平尾的机动载荷包括在所考虑情况下,对应于俯仰角加速度为零时的平衡载荷与使飞机产生俯仰角加速度的附加载荷,即:

$$P_{jd} = P_{ph} \pm \Delta P_{jd} \tag{3-77}$$

通过确定无人机的俯仰角加速度,ΔP_{jd} 可写成如下形式:

$$\Delta P_{jd} = -\frac{1}{L_{pw}}m_z^{\delta_z}\Delta\delta_z qSb_A = -\frac{G}{S}K_{jd}\Delta n_{wen}\frac{Sb_A}{L_{pw}} = \left(K_{jd}\frac{\Delta n_{wen}}{n_{max}}\frac{Sb_A}{S_{pw}L_{pw}}\right)n_{max}\frac{G}{S}S_{pw} = Kn_{max}\frac{G}{S}S_{pw} \tag{3-78}$$

在图3-14中点 Ⅰ 相应于机动开始时舵面向上偏转的瞬间,点 Ⅲ 相应于在无人机最大过载时舵面突然回中,点 Ⅱ 相应于在无人机最大过载时的舵面位置。从这个示例图可以看出,点 Ⅰ 和点 Ⅲ 对应于平尾的机动载荷。而点 Ⅱ 是平尾的平衡载荷,因为此时的 $\Delta P_{jd}=0$,当然这是一种特殊情况,只有在某个舵偏大小和适当的回舵时刻才会出现。从平尾强度的观点来看,图中的这些特征点都很有意义,因为在这些情况下平尾载荷的分布各有特点。对应于这些分布给出了简化的分布形式,如图 3-14(c)所示。

对应于点 Ⅱ,相当于平尾的平衡载荷,其分布特点是,水平安定面的载荷与升降舵的载荷方向相反,使得水平安定面的载荷大于整个尾翼的载荷。升降舵的载荷通过升降舵在水平安定面上的悬挂点传给水平安定面,连同水平安定面自身的载荷,使得水平安定面承受很大的扭转。

对应于点 Ⅰ 和点 Ⅲ,可以看出机动载荷有两种可能的分布情况,对应于点 Ⅲ 是平尾的前压心位置。

要求在 A,A′,D,D′,B,C 情况下计算平尾的平衡载荷,这些载荷是平尾安定面的受扭情况,同时也是后机身的严重载荷情况。

将平尾机动载荷分为一机动载荷和二机动载荷。在一机动载荷中,一般认为其平衡载荷

较大,计算公式为

$$P_{jd}^{sy} = P_{ph}^{sy} \pm \Delta P_{jd}^{sy} = \frac{m_{z.uu.pw}qSb_A}{L_{pw}} \pm Kn_{max}^{sy}\frac{G}{S}S_{pw} \qquad (3-79)$$

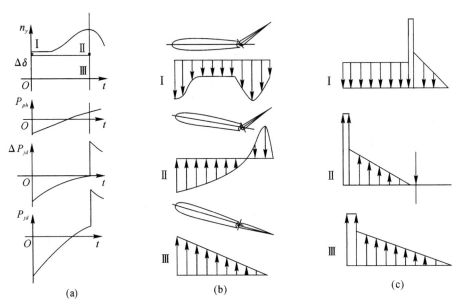

图 3-14 无人机对称机动时平尾载荷变化的示意图

在二机动载荷中,平衡载荷较小,而附加载荷很大,即无人机角加速度很大,是一种急剧的机动,此时平衡载荷部分可略去,故机动载荷的计算公式为

$$P_{jd}^{sy} = \pm \Delta P_{jd}^{sy} = \pm Kn_{max}^{sy}\frac{G}{S}S_{pw} \qquad (3-80)$$

此时的 K 值较一机动载荷时大。

要求在 A' 情况下计算一机动载荷,并且在 A' 情况下机动载荷的附加部分只取正值。对于二机动载荷则认为是一个独立的计算情况。

机动载荷一方面是平尾的严重载荷情况,同时也是后机身的严重载荷情况。

一机动载荷和二机动载荷除了平衡载荷大小不同外,在全机的平衡中平衡的方法也不同。一机动载荷通过无人机质心的惯性力与惯性力矩平衡,二机动载荷对 z 轴的力矩仍然是通过惯性力矩平衡,但力的平衡则是通过假设机翼的升力与二机动载荷大小相等方向相反来实现。

2) 水平尾翼的突风载荷。水平尾翼的突风载荷增量可表达为

$$\Delta P_{tf} = \frac{1}{2}\rho_o V_d W_d S_{pw}C_{y.pw}^{\alpha}(1-\varepsilon^{\alpha})k_{pw}k_{q.pw} \qquad (3-81)$$

在下列假设条件下给出了 k_{pw} 的计算公式:无人机视为刚体;忽略无人机的长度,认为全机同时进入突风;不考虑非定常气动力,认为迎角的建立与升力的产生不存在滞后;无人机进入突风后产生平动与转动;突风为阶跃突风。

$$k_{pw} = (1 + e^{\frac{\pi\zeta}{\eta}}) \qquad (3-82)$$

在 $k_{q.pw} \approx 0.95, \varepsilon^{\alpha} \approx \frac{1}{3}, e^{\frac{\pi\zeta}{\eta}} \approx 0.25, \rho_o \approx \frac{1}{8}$ 的条件下,可得水平尾翼突风载荷增量的表

达式:

$$\Delta P_{tf}=0.05C_{y.pw}^{a}V_{d}W_{d}S_{pw} \tag{3-83}$$

按式(3-83)计算的水平尾翼突风载荷增量是偏于保守的,因为 k_{pw} 的计算是按阶跃突风并考虑了迎角的过调。

在计算水平尾翼突风载荷增量时,使用与计算无人机质心突风载荷增量相同的突风模型更具合理性,故建议按下式计算水平尾翼突风载荷增量:

$$\Delta P_{tf}=\frac{1}{2}\rho_{o}v_{d}W_{d}S_{pw}C_{y.pw}^{a}(1-\varepsilon^{a})k_{pw}k_{q.pw} \tag{3-84}$$

其中 $k_{pw}=ak$,k 可取为 1.1,k 为梯形突风的质心突风缓和因子,即:

$$k=(1-\mathrm{e}^{-\frac{60}{G/S}})\Big/\frac{60}{G/S} \tag{3-85}$$

(2)垂直尾翼载荷。

1)垂直尾翼的阻尼载荷与机动载荷。垂直尾翼的阻尼载荷是 $\dfrac{\mathrm{d}\omega_{y}}{\mathrm{d}t}=0$ 时作用在垂尾上的载荷,其作用与水平尾翼的平衡载荷相似,它的大小由 $\dfrac{\mathrm{d}\omega_{y}}{\mathrm{d}t}=0$ 时飞机的侧滑角确定。

垂直尾翼的机动载荷是指无人机做无倾斜水平机动,急剧偏转方向舵至最大舵偏位置,然后保持一段时间,当侧滑角达到最大时,舵面瞬时回中时飞机垂尾上作用的载荷。此时垂尾上的机动载荷包括由侧滑角确定的平衡载荷和由 $\dfrac{\mathrm{d}\omega_{y}}{\mathrm{d}t}$ 确定的附加载荷:

$$P_{jd}=\pm(P_{cw.ph}+\Delta P_{jd})=m_{y.uu.cw}^{\beta}\beta q\frac{Sl}{L_{cw}}+\frac{1}{L_{pw}}I_{y}\frac{\mathrm{d}\omega_{y}}{\mathrm{d}t} \tag{3-86}$$

通过分析无人机在水平面内的无倾斜的机动,对于小速压的飞机给出了一个计算垂尾机动载荷的简化公式:

$$P_{jd}=\pm0.37q_{\max}S_{cw} \tag{3-87}$$

对式(3-87)可以这样理解,即当无人机在最大侧滑角时突然回舵,如果出现了侧滑角的发散,则此时垂尾机动载荷受垂尾最大侧力系数 $C_{z.cw.\max}$ 的限制,当然突然回舵的急剧程度也会影响垂尾机动载荷的大小。因此公式中的 0.37 可以认为是由垂尾最大侧力系数 $C_{z.cw.\max}$ 和回舵的急剧程度确定的一个经验数据。

规定垂尾阻尼载荷为垂尾机动载荷的一半。

图 3-15 给出了一个无人机做无倾斜水平机动时垂尾载荷变化的示例。

本章节给出的垂尾机动载荷对应于图中的 Ⅲ 点,但从载荷分布的情形来看,Ⅰ 点与 Ⅲ 点对应的机动载荷都是很有意义的,因此要求对于机动载荷要考虑 Ⅰ,Ⅲ 两种分布。

图中的 Ⅱ 点是与最大侧滑角对应的一个平衡载荷,它的分布形式与阻尼载荷一致,这样的分布往往成为垂尾安定面的受扭计算情况。

2)垂直尾翼的突风载荷。垂直尾翼的突风载荷可表达为

$$\Delta P_{tf}=\frac{1}{2}\rho_{o}V_{d}W_{d}S_{cw}C_{z.cw}^{\beta}k_{cw}k_{q.cw} \tag{3-88}$$

k_{cw} 的计算公式所使用的假设条件同水平尾翼的突风载荷。

建立飞机进入突风后考虑平动与转动的运动方程,考虑侧滑角的过调,依据无人机进入突

风的初始条件,假设 $k_{cw}=2$,在 $k_{q.cw}\approx 0.95,\rho_o\approx\frac{1}{8}$ 的条件下,可得垂直尾翼突风载荷的表达式:

$$\Delta P_{tf}=0.12C_{z.cw}^{\beta}V_dW_dS_{cw} \qquad (3-89)$$

另外一种方法计算垂直尾翼突风载荷时,使用的也是阶跃突风但并没有考虑侧滑角的过调,计算公式如下:

$$\Delta P_{tf}=\frac{1}{2}\rho_oV_dW_dS_{cw}C_{z.cw}^{\beta}k_{cw}k_{q.pw} \qquad (3-90)$$

其中 $k_{cw}=1$。

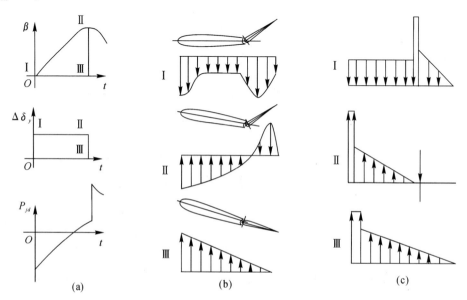

图 3-15　无人机作无倾斜水平机动时垂尾载荷变化的示例

4.机身载荷

无人机飞行速度相对较低,机身载荷计算不考虑机身分布气动力的作用,仅考虑机翼、尾翼、动力装置、起落装置传给机身的集中力。在飞行中这些载荷通过自身结构及其内部装载物的惯性力和力矩达到平衡,因此讨论机身的载荷实质就是研究飞机的平衡,通过无人机的平衡条件确定了机身的惯性力,也就确定了机身的外载荷。

3.5.2　强度计算与校核

静强度是无人机结构设计首先要解决的最基本的强度问题。除了用工程梁理论估算无人机主结构的强度外,现在的设计人员更多地借助有限元分析软件进行机翼、机身、尾翼的强度校核。虽然有限元分析软件的精度更高,却对设计人员的综合分析能力和模型等效要求更高,不合理的设计等效、边界条件等可能会使计算出来的结果与实际相差甚远。详细设计阶段,全机或者主受力面的静强度校核基本都已迭代完成,对发现的静强度不足或者薄弱环节已进行相应的补强和修正。这时设计人员更多的精力放在细节连接设计和关键连接接头的校核上。这时就需要从整体模型中提取细节连接所在部位的受载情况给出局部模型的边界条件(比如约束、载荷等)进行具体连接部位的强度校核。考虑到现代无人机大量的采用复合材料层压结构和夹层结构,且金属材料和耳片形式连接接头的强度校核比较成熟,可参考其他相关书籍,此处仅针对复合材料及其连接强度校核展开介绍。

1. 复合材料结构强度校核

无人机结构中复合材料蒙皮和梁肋腹板一般关注其剪切强度和壁板的稳定性,对壁板的稳定性校核对象一般为梁肋及长桁相交出的自然网格,选取所有机翼机身壁板单元的最大压应力应变、剪切应力应变及单元力,校核其总体稳定性、单向轴压稳定性、剪切稳定性、压剪复合稳定性;机翼壁板上的复合材料受压长桁整个横剖面上的应力分布是均匀的,但是当桁条发生局部屈曲后其横剖面的某些稳定区域的应力可能高于屈曲应力,随时可能发生分层、纤维断裂和基体破坏,因此复合材料长桁需要校核其压损破坏强度;对蜂窝夹层或者泡沫夹芯的复合材料壁板还需补充校核面板的剪切皱曲、受压皱曲和压剪复合皱曲,以及蜂窝隔间的剪切皱曲、受压皱曲和压剪复合皱曲;梁缘条和肋缘条更多的关注其拉压强度和压损稳定性,梁腹板和肋腹板校核其剪切强度和剪切稳定性,对有立柱、角片形式的腹板还需校核其顶压载荷下组合截面的压损破坏或欧拉失稳;具体校核过程及公式可参考《复合材料连接手册》《复合材料结构稳定性分析指南》《结构稳定性设计手册》等。

对复合材料壁板上的承力口盖需要校核以下内容:

(1)口盖与口框连接螺栓的拉压强度和剪切强度;

(2)口盖承受剪力的剪切强度及剪切稳定性;

(3)口盖承受面内拉压力的拉压强度和拉压稳定性;

(4)口框承受面内拉压力的拉压强度;

(5)口盖与口框连接螺栓螺杆与口盖的挤压强度;

(6)口盖与口框连接螺栓螺杆与口框的挤压强度;

(7)梁肋结构腹板上的开口需要校核其剪切强度及剪切稳定性。

2. 复合材料连接强度校核

梁肋或框与蒙皮之间的连接需要校核以下内容:

(1)连接紧固件的剪切强度;

(2)缘条连接孔的挤压强度;

(3)蒙皮连接孔的挤压强度。

梁肋腹板与支柱之间的连接需要校核以下内容:

(1)连接紧固件的剪切强度;

(2)支柱连接孔的挤压强度;

(3)梁肋腹板连接孔的挤压强度。

3. 重要连接接头强度校核

(1)连接接头耳片的挤压强度、拉断强度;

(2)耳片处紧固件的剪切强度和弯曲强度;

(3)接头连接区根据钉载分配校核紧固件的剪切强度、金属材料连接孔的挤压强度、复合材料连接孔的挤压强度。

上述内容仅为复合材料结构及其连接的基本校核内容,属于飞机结构静强度的范畴。在无人机的全寿命过程中,还需综合考虑其固有振动特性、气动弹性、动强度、热强度等等。目前为止考虑成本和现有技术条件的限制仅对某些关键部件和部位进行损伤容限、耐久性和疲劳设计。

3.5.3 机体结构设计

无人机的机体结构通常包括机身、机翼、尾翼和发动机舱几大部件,本章节仅介绍机体结构设计的主要内容及注意事项。

1. 结构设计的依据及设计准则

无人机结构设计的主要依据如下。

(1)使用方提出的飞机战术-技术指标或使用-技术要求;

(2)无人机三面图、三维理论外形及有关的气动要求;

(3)飞机总体布置图和有关要求;

(4)重量总指标、各部件重量分配和有关要求;

(5)对飞行架次和日历寿命的要求;

(6)载荷和使用环境条件;

(7)维修性要求,系统展开时间要求;

(8)生产条件和工艺性要求;

(9)其他有关设计准则、规范和标准。

2. 机身结构设计

与有人机相比,无人机机身的使命相对简单,主要满足任务装载和设备安装的基本要求,因此也更加大胆地采用大规模复合材料制件的壁板、梁和框板,仅在起落架舱和发动机舱等必要的地方使用金属隔框,并在关键连接部位采用金属连接件和传力件。特别是对中小型无人机,机身多采用夹层壳式结构,复合材料制件骨架装配也大量的使用二次胶接或者共固化工艺,大大降低了装配、制造的难度和工作量。在舱门、口盖等开敞性区域,充分考虑检查通路和防水要求,紧固件和暴露在外的关键接头充分考虑防腐要求,采取必要的保护措施。

(1)梁的布置。如图 3-16 所示,无人机通常不会在机身侧面设置大的开口,而是在机身侧面截面尺寸较大的位置设置上下两个纵贯机身的梁,如果采用火箭发射还会在火箭锥座安装位置布置两个与其长度相当的短梁传递局部附加载荷。在起落架舱及任务设备舱的大开口区域也会布置一组薄壁组合梁,用于加强开口刚度并传递由于开口引起的附加载荷。若开口尺寸接近上下梁的位置,则借助上下梁来传递局部附加载荷,仅加强口框周边。通常这些梁在沿开口上下边缘的延伸长度与开口的宽度相当,形状多采用 Ω 形结构(内形填充泡沫增加其刚度,避免加压压塌)或 Z 形、L 形结构,在梁的两端收缩成零力端。

(2)框的布置。

1)普通框布置。普通框是机身横向骨架的主要构件,通常情况下在机身的等剖面段等距布置,但在机头和翼身连接区、起落架舱、油箱舱和回收伞舱等也会根据实际需要调整其站位。无人机普通框多为表面加贴碳布、玻璃布的航空层板或者带翻边的复合材料框,其截面尺寸主要取决于框的结构刚度不会引起机身的总体失稳,因此在无设备安装的位置会大面积使用蜂窝夹层或者泡沫夹芯结构提高其稳定性。框周边与机身壁板胶接或者通过角片连接,注意框槽不要留的过宽,否则黏结用胶量难以控制。但是,框上梁通过的位置可适当留宽,因为梁的纵向尺寸长,在热压罐加压完成后位置和尺寸会有偏差,如果按照三维理论数模只留 0.5～1 mm 的间隙在实际装配过程中就会因干涉修锉造成不必要的工作量,甚至影响整个框的刚度。

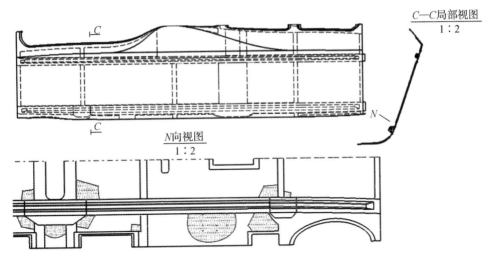

图 3-16　机身壁板及梁布置示意图

2)加强框布置。机身加强框是根据总体布局、传力要求和使用要求进行布置的。

不管是上单翼、下单翼还是中央翼盒的形式,机身与机翼梁相对应的位置都应布置加强框。此处机身加强框通常设计成机加框或者在复材框上设置金属扩散件,利用接头形式,直接与机翼前后梁缘条、腹板的加强件连接,机翼载荷直接通过连接螺栓传给机身框。

对于火箭发射伞降回收的无人机,通常在滑橇连接位置特别是减震器连接处也要设置加强框,而起落架形式的无人机一般将前起落架收于机身前段下部的前起落架舱内。其固定形式为:前起落架缓冲支柱上部三角支架的两端通过销轴与起落架舱设置的接头相连,与其他构件一起传递前起落架在起飞着陆时各个方向载荷,此处也应设置加强框,有纵向及横向加筋通过接头或连接件将载荷转换到机身梁上。而布置在机身或机翼上的主起落架的缓冲支柱则直接或者通过销轴与机身加强框侧面和底部的接头相连,或者与机翼加强肋、起落架梁连接。这种设计受力直接,传力路线最短。

中小型无人机上多安装活塞式发动机和涡轮螺旋桨式发动机,大型无人机也会采用喷气式发动机。活塞式发动机和涡轮螺旋桨式发动机这类发动机通常设计发动机安装架安装在后机身或者前机身的加强框上,或者直接安装在机身的加强框上。此框的载荷主要为发动机自重,发动机的推力载荷则通过安装框上的扩散件及机身纵向构件传到机身的梁上(见图3-17),因此发动机安装框更多地起到防火墙的作用,一般使用铝合金材料机加制造。在应用成熟的情况下也可以使用复合材料制件喷涂耐高温材料来替代。

3.机翼结构设计

机翼作为无人机的主要升力面,设计的优劣很大程度上决定着飞机的承载能力及其他性能的好坏。在机翼结构设计的过程中,要给出合理的结构分区和结构形式,经过多轮设计方案的比较和强度刚度、静气弹分析迭代才能完成。因此,也要求结构设计人员具有一定的强度分析技术和基本的静力学动力学的理论基础,特别是要对典型结构形式的传力路线分析了然于心。对大中展弦比和较小后掠角的机翼,结构多采用薄壁梁式结构,用工程梁理论就能进行基本的分析和设计。根据内力图和折算的集中力进行结构初步布置,可使用 Quickfem 或者 Nastran 等有限元分析软件分析初步的结构尺寸是否合理并根据分析结果进行相应调整。但随着后掠翼和小展弦比机翼的出现,有些构型无人机机翼的后掠角和展弦比已超出了《飞机强度规范(试用本)》给出的典型尺寸范围,因此不再适用上述方法,必须更多的借助 FLUENT,AAA 等气动计算软件给出合理的气动分布再利用有限元软件进行分析计算来验证给出的初始尺寸是否合理,调整、迭代后才能给出适当的结构尺寸。

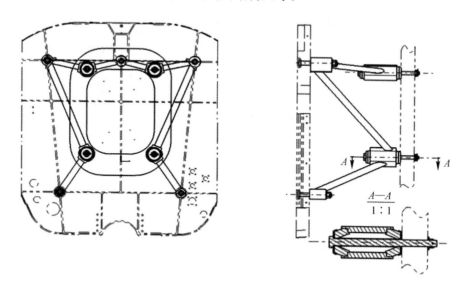

图 3-17　发动机安装结构示意图

(1)机翼主受力系统设计。机翼由于结构展弦比较大,受弯时其剖面的应力应变基本符合平剖面定律,翼盒可等效为工程梁进行理论设计,当然也可以用有限元素法设计迭代。机翼受力系统布局是根据其剪力、弯矩、扭矩图,进行纵向构件的布置,再根据切面计算确定其剖面尺寸和强度。然后,按照传递集中力等的需要布置一定量的加强肋。在加强肋之间按照壁板总体稳定性的要求布置一定量的普通肋,通常肋间距在 300mm 左右。如图 3-18 所示,到机身侧边后,有的采用中央翼盒形式,总体弯矩自身平衡,机身在翼盒的支点提供支反力。此时中翼的设计仍可按照工程梁理论设计和分析。相当多的布局的翼盒壁板不通过机身,仅翼梁通过或与机身加强框连接,而把剪力、弯矩传给机身框。此种布局翼根蒙皮壁板正应力为零,弯矩完全由梁承受,因此根部要特别注意加强梁缘条的面积。扭矩原来由翼盒闭室承受,到根部时蒙皮把剪流传给根部加强肋,根部加强肋作为梁元支持在翼梁上,由翼梁提供支反力,再以剪力形式把机翼的扭矩传给机身。

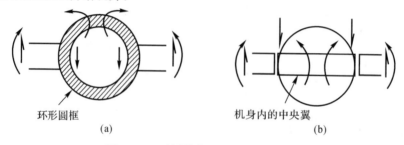

图 3-18　不同翼身对接形式根部受力

(a)有对称弯矩的根部受力;　(b)无对称弯矩根部受力

后掠翼在根部以外的区域,其纵横向构件的作用及作为薄壁结构工程梁的分析和设计与直机翼完全相同。但到机翼根部,特别是根部的三角区一定要充分考虑其受力的特殊性,进行细节设计处理。如图 3-19 所示,不论翼盒为梁式还是单块式结构,此处其承受弯矩的结构要转向机身对称轴线,使得传力结构和内力分布特性发生很大变化,根肋切面及其邻近区域翼盒承受弯曲载荷的应力应变不符合平剖面定律,后掠载荷有向后集中的倾向(具体的受力分析及传力路线特点见《现代飞机结构综合设计》等相关章节。)因此,在设计此区域时一定要对根肋进行加强。特别是当平均后掠角大于 30°时根肋的最大弯矩就超过前梁,还承受很大的剪力,其翼盒内的腹板应该比前后梁中任意一个都要厚。而现代飞机设计中单纯的梁式结构和单块式结构布局较为少见,多为两者的混合,且很多都是到机身对接区域只有梁或框而无翼盒,这时壁板的应力分布除了后掠效应外还有参与效应,在设计过程中更要注意。工程实践中若未充分考虑这两个效应,将在静力试验及后续飞行试验中付出惨痛代价,其后续的补强工作也很难开展。后续的补强最直接的就是加强根肋及三角区蒙皮厚度,并增设传力路线最短的横梁结构(其受力及布局如图 3-20 所示,此时后掠翼盒就变成了一个双支点外伸薄壁梁)。对根部设置有起落架大开口的后掠式机翼,梁肋都需要进行一定的加强。对小展弦比的机翼与此设计类似,此处不再赘述。设计时根据需要和一般原理进行设计分析。

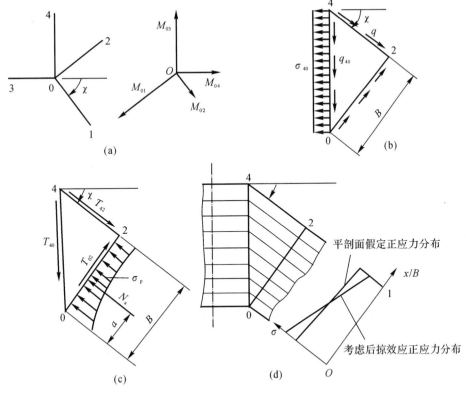

图 3-19　后掠翼根部传力特点

具体的梁肋布局和结构设计此处不再赘述。

(2)机翼与机身连接结构形式。

1)有中央翼盒的翼身对接形式。对于上单翼、下单翼及机翼贯穿机身的中单翼布局形式,机翼结构完整。不论何种连接形式,左右机翼对称弯矩在对称中心 0 号肋位置自身平衡,机翼与机身对接接头不传弯矩。但不对称弯矩将由接头传给机身,这种情况的弯矩比对称弯矩小得多。这种有完整中央翼盒的结构形式其剪力以连接接头受拉或受压的形式传给机身框,扭矩沿翼盒壁室传到机身侧板,由侧边肋将一圈剪流转化成一对大小相等方向相反的剪流,并在机翼机身对接接头处传给机身,对中央翼盒结构受力无影响。反对称扭矩将进入中央翼盒,在中央翼盒自身平衡。

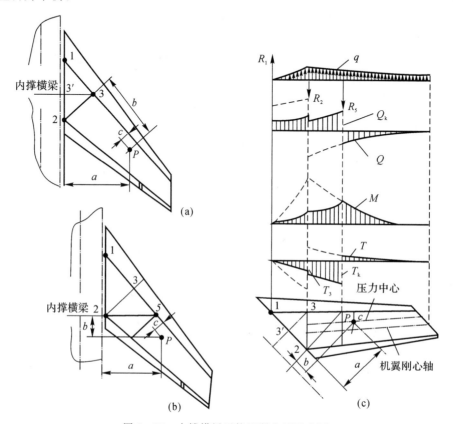

图 3-20 内撑横梁后掠机翼布局及力图

2)无中央翼盒的翼身对接形式。对于不允许机翼贯穿机身的中单翼布局,则通过机翼翼梁接头与机身框接头相连,将机翼的弯矩、剪力和扭矩通过接头传给机身框,具体传力分析如下:以连接螺栓受剪和连接接头受挤压的形式,将剪力传给机身框;以梁缘条轴力形式传给机身框,连接螺栓受剪,机身框承受弯矩。后掠式机翼根部采用梁式结构时,由于总体布局的要求,其主梁也可能带有后掠角。此时在机翼根肋处形成两个分弯矩,一个直接传给机身框,另一个将由机翼根部加强肋转成前后接头处一对大小相等方向相反的 y 向力传给机身侧边加强件。对称扭矩则由组成翼盒的蒙皮和腹板受剪力向根部传递。由于蒙皮和长桁在翼身对接面不与机身连接,因此,必须在机翼根部布置一个加强肋,把沿周边的闭合剪流转换成两个垂直剪力组成的力偶,通过连接接头传给机身。不对称扭矩进入机身,由机身平衡承受。

（3）机翼设计分离面的设计。机翼往往布置有设计分离面和工艺分离面,工艺分离面是为制造和装配方便而设置的,设计分离面是根据总体设计要求而设置的。这两个分离面有时是重合的。另外,现在无人机多用复合材料制造整体壁板和梁,基本不存在因毛坯外廓尺寸和飞机制造厂的设备能力限制造成的设计分离面限制条件,主要是转场运输条件和包装保存条件的限制。而且设置分离面要求增加对接接头,对接面附近的构件也需要加强,这会导致结构重量的增加,同时连接处应力集中严重,易引起疲劳损伤,又需增加剖面尺寸才能降低工作应力。所以,在运输装卸允许的情况下应尽量减少对接面的设置。在设置分离面的时候,要充分考虑车辆集装箱装卸运输和包装箱尺寸要求。无人机的转场运输车辆或者集装箱尺寸民用和军用有很大差别(民用 20 尺柜:内容积 5.69 m×2.13 m×2.18 m,40 尺柜:内容积 11.8 m×2.13 m×2.18 m,还有加长加宽的 13.58 m×2.32 m×2.31 m,但是过大的不建议使用,审批手续烦琐;军用设计外廓尺寸标准常规 5.639×2.134×1.981 m),设计分离面的时候应参考《运输装载尺寸与重量限制》(GJB 2948—1997),充分考虑军方或者用户方能够允许使用的和用户方所能承受的运输成本限制的运输车辆内部尺寸和底盘大小来选择分段后机翼的最大长度。因为往往现代飞机机翼还要考虑后掠角带来的包装箱横向尺寸的增加,两个方向要综合考虑。避免盲目乐观,不与使用方沟通,设计过大过长的机翼段造成不必要的损失。对中小型无人机来说,在梢部增加一个承力不大的外翼段就能轻松解决。但这些必须在设计初期就要合理规划,否则会造成大量的返工和人力、物力、资源浪费。

4. 尾翼结构设计

由于飞机技术要求各异,在总体布置阶段,根据飞机气动布局中操纵性与稳定性的要求,尾翼在飞机上的形状、尺寸、安装位置也不相同。不管是直接安装在机身后部或者采用双尾撑形式,还是固定在翼尖,具体的结构设计与飞机机翼类似,关键在于合理布置结构,使结构传力路线直接,结构效率高,加强构件达到充分综合利用。合理地设置分离面,减少因分离面加强带来的结构重量增加或者分离面设置不合理造成的结构破坏,同时在设计中要注意工艺性和经济性。

此处仅对尾翼结构设计容易出现且易被忽视的问题简单阐述。

(1)机翼和尾翼前后缘沿展向需布置透气孔,避免放置时间过长或者服役时间过长后造成壁板鼓胀或收缩。

(2)虽然尾翼的结构重量占一架飞机总重很小的一部分,但是由于它距离飞机的重心很远,如果重量达不到预期要求,则需要在机身头部加平衡配重或调整机载设备位置,使飞机增加废重而影响飞机性能。因此,尾翼结构设计从一开始就要遵循承力系统安排的基本原则严格控制重量。

(3)我国的火箭发射伞降回收中小型无人机,特别是中程无人机大量采用双尾撑形式的尾翼结构,在设计过程中出于隐身考虑,垂尾安装都有较大的外倾角,且由垂尾外倾角引起的载荷分量会在尾撑与机翼连接处端部放大。z 向载荷分量在机翼前后梁固定处引起的扭矩也不容忽视,甚至和 y 向载荷引起的弯矩相当(坐标系定义为机体坐标系,即 x 向前,y 向下,z 向右),因此在设计尾撑与后梁横向连接的时候一定要引起足够重视。另外,在总体设计指标允许的情况下尽量保持尾撑结构截面尺寸的完整性,也就是在布置尾撑与机翼的相对位置时要充分考虑结构设计的可实现性和连接位置结构强度满足要求需要付出的重量代价。此时施加不对称载荷时垂尾与尾撑连接处的壁板受力状况比较复杂,最好不要在前缘位置对半分开,否则容易撕裂。建议垂尾前缘设计为完整的翼面,即一侧壁板带完整前缘,另一侧壁板仅延伸到梁的位置,然后壁板在前梁处与前梁铆接。这样可以保证垂尾与尾撑对接部分的完整性,避免扭转载荷对现有对接面的扭转和剪切。后文将针对某型号尾翼设计中出现的此类问题带来的设计隐患和后续改进加以阐述。

如图 3 - 21(a)所示,该无人机在初样阶段尾撑与机翼的相对位置不合理,机翼壁板将尾撑切割后尾撑截面小于半圆,此时尾撑前端面本身高度有限,要满足承弯要求就要加厚前端面,加宽前端面翻边宽度来提高其惯性矩。这不仅仅是付出了重量代价,受力的效果也大打折扣。

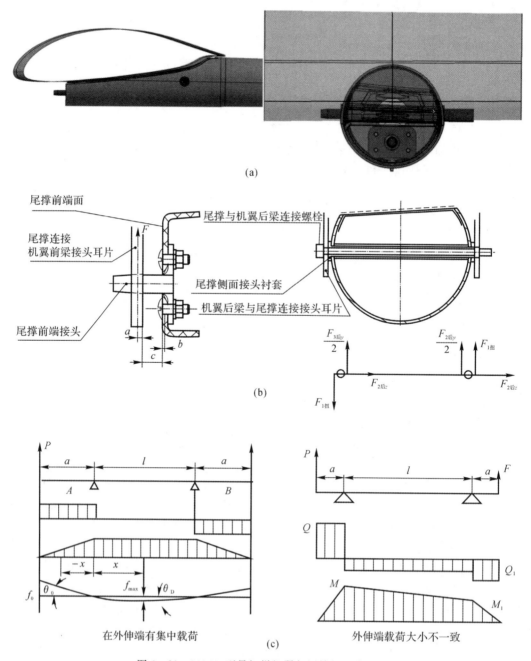

图 3 - 21　×××型号初样机翼与尾撑相对位置图

如图 3 - 21(b)所示,由于机翼接头导向衬套及钉头厚度的限制,尾撑前端面和机翼前梁接头耳片并不能完全贴紧,即使在尾撑前端接头螺栓剪切应力安全裕度满足条件、固定尾撑前端接头的螺栓不被拉脱的情况下,尾撑前端接头螺栓还是有弯曲的趋势。因此,此处设计一方面要尽可能减小尾撑前端面和机翼前梁接头耳片的间隙,一方面尾撑前端接头螺栓直径要足以抗弯。在设计尾撑与机翼前后梁连接的时候不仅要考虑尾翼载荷,还要考虑着陆过载,选择其中较大的一个校核强度。校核尾撑前端接头连接的四个螺栓的强度时,要考虑其是否满足最大破坏拉力和最大破坏剪力的限制要求,同时还要考虑复合材料前端面上四个紧固件孔的孔边挤压是否满足许用挤压应力的要求。如果不满足,则需增大螺栓直径或增加复合材料前端面的厚度来实现上述要求。

对于图 3 - 21(b)所示后梁接头,衬套处的剪切一般都能满足要求,而衬套孔边挤压变形由于遮挡很容易被忽视。一般情况下衬套的壁厚和底座的厚度要相当才能满足衬套的剪切和挤压,因此在衬套下的尾撑管要局部加厚来满足孔边挤压的要求。尾撑与机翼后梁接头螺栓的连接关系可以简化为图 3 - 21(c)的双支点外伸梁,不考虑扭转外伸端载荷大小一致,考虑扭转外伸端载荷大小不一致,最大弯矩几乎翻倍,因此考虑扭矩引起的载荷对机翼后梁接头螺栓的设计非常重要。另外,在机翼后梁接头截面设置一个加强框,并尽量保证此处尾撑截面完整可有效抗扭。

5.发动机舱结构设计

中小型无人机的发动机不管是牵引式放在机头位置,还是推进式直接安装在油箱舱之后的整个后机身,发动机舱的设计主要解决发动机的三个要求:发动机的安装、发动机的维护和发动机的冷却。

(1)发动机的安装。为防止由于机身受力变形以及发动机受热膨胀变形,发动机在机身上的安装通常采用主推力销和撑杆相结合的固定方式,如图 3 - 17 所示。发动机的推力由推力销传给机身,而发动机的惯性载荷则由推力销和撑杆传递给机身。常规的无人机一般在连接发动机的加强框上设置扩散件将发动机的推力及其产生的力矩传递到机身侧壁的梁上,不单独设计推力梁。

(2)发动机的维护。发动机的维护在结构设计中主要考虑两个方面:发动机的检查维护,发动机的安装。发动机的检查维护主要围绕附件,所以机身在发动机附件的位置都设置有可拆卸的口盖便于检修。而装卸发动机或者维护发动机本体时发动机需要完全暴露在外,因此中小型无人机通常设置可以方便拆卸的上下整流包皮的形式固定在发动机本体及发动机固定框上。整流包皮与发动机本体、附件、电缆及导管制件留 10~15 mm 的间隙,避免发动机工作时振动引起不必要的干涉和粘连。

(3)发动机的冷却。为防止机身结构及发动机附件过热,对发动机实施强迫对流冷却。一方面为了冷却发动机附件及发动机舱内的某些部件,在机身蒙皮设置冲压进气口;在发动机侧壁设置导风罩或者风门,此处需要用耐高温材料或者玻璃钢绝缘垫片;对机体式安装的发动机,为了获得较好的总压恢复,一般在机身的上部、下部或者两侧设置具有一定长度的进气道进气并控制气流的流速。而合理的进气道的设计和制造是机身结构的难点之一。

6.结构重量质心的控制

结构的重量控制贯穿在结构设计的全过程中,做好这一工作的核心是在方案设计初期就要正确预估既定布局下的各主要部件的结构重量,通过精心设计和严格控制,最终达到结构重量的估算值与实际称重值在目标重量误差范围内。特别需要注意的是,在重量计算过程中一定要防止非受力件与标准件等重量的遗漏,这点对机身重量的统计影响较大。

在新无人机方案总体布局阶段,就要对全机重量有一个初步的预测与分配,因为在一开始结构布局的确定就决定了重心的规模和大致位置。专业负责人首先要根据国内外同类型无人机的真实结构重量数据总结、分析、归纳大致的结构重量分配比例给出合理的重量系数和重量估算方法。明确同类型飞机气动性能要求下哪种机翼方案重量最轻,翼面的位置和各参数(翼展、翼型、相对厚度、后掠角等)变化对重量的影响,满足同样功能下机身形状和参数变化重量代价如何。发动机、起落架或者滑撬在结构上的安装位置采取何种形式对减重有益。另外,采用何种材料体系、生产工艺条件等也对重量影响很大。对翼面结构,选取多大的设计过载以及安全系数很大程度上决定了机翼的总体重量水平。在这些因素确定的状态下,选择合理的传力路径及结构截面尺寸,尽量采用先进的材料和工艺才能最大限度地降低重量水平。合理地布置任务载重,在满足维修性及生产、工艺水平的要求下力求减少结构分离面,安排好传力路径与有效扩散的结构承力件,同时在满足加工条件又综合考虑成本的情况下合理或优化选择零件的截面尺寸,去除既不参与受力又无其他功能的多余材料等等都能一定程度上降低重量,但对重量水平不会有质的改变。

尽管如此,无人机设计人员还是应该尽可能地综合考虑,满足无人机性能的情况下采取适当措施力求减重。否则,在飞机设计出来后超重的情况下再考虑减重的话,将付出更大的人力、物力成本和时间成本。

7. 低成本结构设计

低成本结构设计就是在谋求缩短型号的研制周期,减少研制试验项目,减少质量检测内容和降低风险的目标下采用既满足设计要求又降低了成本的结构研制方案。结构的工艺性和经济性要贯彻到设计生产的全过程,在设计过程中尽可能采用成熟的结构材料、成熟简单的结构布局和结构形式,采用复合材料整体构件以取消零件之间的机械连接,对载荷水平较低的中小型无人机采用胶接结构、二次固化。在满足型号设计要求的前提下,尽可能采用低成本连接技术,合理选择连接方法,恰当地制定连接技术要求和质量等级,减少装配的工作量和装配的质量要求。

另外,搞好结构的维修性设计,简化技术保障条件,才能实现降低使用维护费用的目标。具体措施有:①合理地确定和设计使用分离面,不仅应该考虑使用中维修的需要,同时应考虑装箱运输和存放的要求。分离面的连接形式应力求简单,易于拆装;地面设备操作简单,拆装、更换部件最好不需要专用设备和工具。②合理设置维修口盖,满足对机内设备附件和机体结构件的可达性、可维修性要求。③减少备件的数量,以降低采购费用。④压缩标准件的类型、规格的范围,减少外场使用费用。⑤减少定期维修,采用视情维修。

8. 结构的合理选材

材料的选择与结构的工艺性和制造成本关系甚大,具体型号应在设计方案阶段就对材料的选用加以规划。所选材料的品种、规格等应尽量标准化,便于系列管理和降低成本。优先选择老的型号已使用过的且能满足无人机要求的材料,适当选用新材料。

目前,无人机设计大量地采用碳纤维复合材料、玻璃纤维复合材料、铝合金和高强度钢,在一些高载荷强度和空间受限场合也会采用钛合金。近几年,在机翼的前后缘也引入了记忆合金、电流变材料这类的智能材料,希望利用其自适应能力来制作随飞机的速度、温度变化可变弯度部件,但对这类材料的使用经验还处于试验阶段。Nomex 纸蜂窝、低密度泡沫材料作为夹芯材料也大量地用于机体壁板和舵面。随着国内复合材料技术的进步和国外对先进复合材料的出口限制,目前各型号无人机在设计之初,就会提出 100% 国产化和低成本化的要求。因此也就要求设计部门、制造部门和采购部门在型号设计之外对国内各大厂商生产的复合材料性能、工艺性、经济性都有一个摸索、统筹的过程,总结出拟选用材料的力学性能、制造工艺的适应性,是否工艺简单易于操作,可用的工艺数据,供货是否稳定等,才能在型号选择材料的时候做到胸有成竹。一旦确定了最优或者最可行的材料,设计人员就必须关注所选材料给设计带来的附加限制条件,比如湿热性能、使用温度以及厚度方向相对较低的强度、刚度数据等。比如选用了可在烘箱加热成型的复合材料及其树脂基体,其力学性能势必相对较低,仅能用于低载荷部件的制造加工。中温体系或者高温体系复合材料其力学性能相对较高,当然其材料成本和加工成本也就相对较高。另外,复合材料制件本身的材料特性和加工方法决定了它相对金属制件更容易出现不可目视检查的缺陷,必须从设计到制造、运输、存储等过程全程监控才能保证其质量符合设计要求。

设计制造过程中采用的胶黏剂、密封剂、橡胶制品、标准件、金属零件的防护体系等此处不再赘述。但是无人机采用的标准件和金属制件、复材制件的防腐、防盐雾措施一定要重视,克服和避免现役飞机所出现的常见的腐蚀问题。

3.5.4　设备安装设计

1. 设备安装要求

(1)机载设备安装的常规要求。设备安装设计时要充分考虑设备在无人机上供电、通风、减震及电气接口等要求,还要方便机载设备的机上检查和外场更换。设备安装要求综合化设计,统筹规划,一方面可以节省空间,另一方面便于安装和使用维护。另外,对机载设备结构尺寸按标准进行设计,必要时需要换装的任务设备可以统一机械接口。在满足设计要求的基础上,工艺尽量简单,控制选用材料的种类,尽量减少材料、标准件品种和规格,减少工装夹具、特种工具或专用工具数量和种类。

安装中常采用快装快卸装置,对需在地面上进行检查、调节测试的设备应安装在易于接近的地方,且应根据需要在相应的部位设计口盖。对经常拆装、检查的设备应放在最外(上)面,不需拆卸任何其他设备即可进行维护。

在设备安装设计过程中,合理地设置安装形式,最大限度地减少安装重量和零件的数量,在保证强度和刚度的前提下,尽量采用薄壁零件,提倡一件多用,尽量减轻重量。

某些设备安装有水平要求(如陀螺、惯性导航设备)或轴线要与航向保持一致,这些要求都应该在图样和技术条件中有明确规定,安装设计时要特别注意。雷达和电子设备要考虑天线布局问题,磁航向传感器安装在远离铁磁物质处,各种天线应尽量放在不受遮挡的部位等。

(2)机载设备安装的环境适应性。

1)抗振性。大部分机载设备在安装时需要考虑减振措施,选取各种减震器以保证在飞机震动条件下,机载设备能正常工作。选用减震器时要避开飞机相应位置的谐振频率。安装设计时应保证设备与设备、设备与构件之间在振动范围内,设备有足够的振动间隙。为保证减振效果,设备的连接线束应留有适当的余长。

设备安装要保证一定的安装间隙,安装在减震器上的设备,其最大运动范围所形成的包络

线应满足:

机载设备与固定零件、电缆、飞机结构等相距不小于 2 mm;

机载设备与摇臂、操纵连杆、钢索和其他活动零件相距不小于 10 mm;

机载设备与相邻减震设备的最大运动范围包络线之间相距不小于 2 mm;

在特殊情况下允许采用弹性隔离板(海绵橡胶板 HM101),隔离板应与被隔离设备有 3 mm 以上的间隙,以保证减震器正常工作。

刚性固定安装的设备(不带减震器,安装时无调整要求的设备),其间隙为:

机载设备与固定零件相距不小于 2 mm;机载设备与摇臂、操纵连杆、钢索和其他活动零件相距不小于 6 mm。

2)耐热性。安装在温度相对较高处的机载电子设备要有一定的隔热措施,必要时还需要对机载设备采取强制冷却措施。

3)电磁兼容性。机载设备安装设计布局过程中要重视电磁兼容性设计,设备布局和线束通路的确定也要充分考虑电磁兼容性要求,以消除设备间的干扰。

4)耐腐蚀性。设备安装设计时应提出耐腐蚀要求。

2. 系统及设备的空间布置

飞机系统及设备空间的布置包括以下内容:

(1)动力装置的布置;

(2)燃油系统的布置(油箱、导管及主要附件);

(3)电子电气设备(如航空电子设备、任务载荷等)及主要天线的布置;

(4)机翼吊舱或武器系统的布置。

(1)动力装置的布置。动力装置布置就是具体安排发动机、进气道和尾喷管在飞机上的位置,保证各种飞行状态下,发动机都能正常工作。

飞机动力装置的布置原则如下。

1)保证在各种飞行状态下发动机都能正常工作。在保证与其他部分互不干扰、相互协调的前提下,应尽可能减小飞机的总阻力和降低发动机的推力损失。为此,应尽量使发动机的轴线与飞机的水平基准线相重合。

2)便于发动机的拆装和维护。在机体上,要安排合适的使用分离面,尽量保证发动机的检查、维护方便。在机体分离面处的机体结构需要布置承力结构。发动机的各支点接头处应有足够的强度和刚度,以承受发动机的轴向推力、惯性力等载荷,而且设计时应考虑发动机因温度变化而自由伸缩的需要的空间。

(2)燃油系统的布置。飞机燃油系统的布置包括对油箱、油泵、油管、加/放油口及通气口等进行具体安排和布置,重点是油箱的布置。

油箱的布置原则为:油箱布置时要充分利用机翼和机身的内部空间,保证足够的燃油容积,或者说尽量扩大机内载油量。机身内空间较大,无人机一般采用橡胶软油箱,机翼内部空间较小,可采用整体油箱,以充分利用空间。

由于燃油是消耗性载荷,为了在燃油消耗过程中飞机的重心位置变化尽可能小,必须将油箱尽量布置在飞机重心附近,取其中最靠近重心、容积也最大的油箱作为主油箱,且由主油箱向发动机供油。

(3)电子电气设备及天线的布置。随着航空技术的发展,飞机上的电子电气设备愈来愈多,包括航空电子、数据链设备、任务载荷等。有些设备性能在很大程度上取决于天线装机后的工作特性,因此,各种天线在飞机上的布置非常重要,布置时应遵循以下原则。

1)天线的方向性。无人机是一个几何形状不规则的形体,必须选择合适的安装位置,避免机体各部分造成反射、折射、绕射,使天线的方向图发生变化。

2)电磁兼容性。无人机上安装大量的电子电气设备及天线,导致周围的电磁环境复杂化,天线间的相互影响严重,可能导致性能下降。因此在布置天线时,要做电磁兼容性分析,满足天线隔离度要求,力争使天线间的相互影响减到最小。

3)满足无人机气动力要求。当布置外伸式或半齐平式天线时,应考虑对无人机气动性能的影响,要求装机后的天线,在飞行状态时所产生的激波,不应对无人机操纵产生影响,同时天线应能承受极限飞行条件下的最大载荷。

4)天线配置在不易积水的位置。天线的配置不得破坏飞机受力构件的完整性。

5)天线配置应尽量靠近收发机。天线连接电缆应尽量缩短,使之有最大能量的输出和最大信号强度的输入。

6)要满足某些天线的特殊要求。如多天线系统,在方向面内进行空间全向搜索,这就要求它们分别配置在机头、机尾及机身两侧。

上述对机载天线布置的原则很难完全满足,因此在进行天线布置时,应寻求适当的折中方案。

(4)无人机各系统设备的通路布置。在总体设计中,除了对发动机及进排气系统、燃油箱、各种电子设备等进行总体布置外,还要对各功能系统的管路、附件及电缆的通路进行协调和布置,在进行系统附件与通路布置时应考虑以下原则:

1)从无人机机头到后机身、机翼、垂尾各舱段都应有足够的面积和顺畅的系统通路。该通路至少要分为左、右通路。这些通路要布置电缆,并且留有足够的剩余空间,容纳定型试飞时的测试电缆及以后续改进时增加的系统通路。特别是对一些加强框上开孔的通路,开孔的大小除考虑通过的各系统管路、电缆外,还要能顺利通过管路接头及电缆插头,并留有足够剩余通路。

2)通路区内各系统及电缆等应分开(或分层)布置,并保持足够的间隙。例如电缆应布置在通路区上部,以防液压管路漏油造成电缆的损坏及短路。

3)燃油系统附件及供、输油管应尽力布置在燃油箱内或油箱下部,而通气管路等则应布置在油箱上部。

3.具体设备安装设计

(1)舱内设备的安装。中小型无人机的机载设备主要安装在机身的各个舱内,设备安装时尽量空间合理,对机身各舱合理安排。一般情况下,可按照任务设备舱、机载设备舱、回收伞舱、油箱舱、发动机舱等分类合理布置设备。

通常情况下,机载设备的安装方式有以下几种。

1)直接安装。直接安装用螺钉、螺母等紧固件将设备直接固定到无人机结构上,如机身框板、设备舱地板等。这是设备安装设计中最简单也是最常见的安装形式。这种安装形式主要有两种情况,一种是设备与机身结构刚性连接,另一种是设备安装时考虑减震措施,在设备与安装底板之间增加合适的减震器或减震垫。

2)吊挂式安装。为了能最大限度地利用机身舱内空间,设备安装通常会十分紧凑,必要时有些设备往往要倒置或吊挂安装到设备舱的顶部。同时一些工作时需要考虑散热的设备,也可以考虑吊挂安装,将设备散热片外露在机身外,保证相对良好的冷却环境。

要注意的是,采取吊挂式安装的设备不宜太重,体积不宜太大,必要时要分析无人机机身板件的受力情况。有时,带有减震器的设备也可以采取吊挂式的安装。被倒置的设备应保证设备能正常工作,符合设备的技术要求。

3)滑轨式安装。受机身舱内开敞性限制,滑轨式安装在小型无人机设备安装设计中不太常用。若机头罩可以拆卸,机头舱内的设备安装可以考虑此种安装方式。

设备的安装底座上固定有可转动的轮子,轮子可沿机体结构上的导轨移动,到达预定的安装位置时,用锁紧装置进行固定。注意导轨要有足够的强度和刚度。

(2)天线系统的安装。天线系统的安装设计直接影响天线射频能量的分布。随着机载天线数量的增加,同时小型无人机机上可用于布置天线的空间局限性,天线系统的电磁干扰问题便越来越突出。无人机外表面的天线之间的干扰可通过合理布局或增大天线之间的距离来解决。

天线的安装形式需以天线所处位置的机身结构特点及天线安装要求来确定。例如某"刀"形天线,需要安装在无人机前端的上部,且要求天线垂直朝上,由于无人机前端表面为曲面,此时必须用不规则的垫板调平来保证天线的朝向。如铜箔天线安装时,可以直接共形敷设在垂尾板件外表面上。

(3)无人机油箱的安装。无人机油箱是飞机燃油系统的重要组成部分,其功能是依照飞机战术-技术要求和飞机总体布局要求贮存发动机所需要的燃油。

无人机油箱的种类按油箱的结构和所用材质可分为硬油箱、软油箱和半刚性或自支撑油箱自密封油箱(防弹油箱)。无人机上常用的油箱为薄壁软油箱。薄壁软油箱在无人机上常以穿带式软连接结构固定安装。其结构特点是在无人机的油箱舱壁板上分布一定数量的尼龙定位片,在软油箱外皮上设置连接用孔,通过锦丝绳将软油箱安装固定在飞机的油箱舱里。油箱舱内表面应光滑、均匀、无锐边、无突出和卷曲,必要时可铺设符合有关规定的绒布。

油箱安装在油箱舱内之前,应对油箱舱、油箱进行检查。保证油箱舱内表面不应有突出物、毛刺、锐边等,并清除油箱舱内的附着物、油脂和尘垢。油箱外表面清洁,清除油箱上的任何附着物、绑带、标签等,同时注意避让油箱舱口或无人机结构上的其他突出物。

(4)无人机电缆的安装。电缆安装设计首先要保证电缆连接的正确、安全和可靠性高,满足无人机的正常工作状态要求,其次还要便于检查和维护。

电缆铺设应遵循以下原则。

1)电缆在安装时,尽可能按电缆分类绑扎安装,以满足电磁兼容性的要求。可利用无人机结构空间来隔离不同类型的电缆,相类似性质的电缆可一起固定。在有条件的情况下,功率线与其他信号线敷设可选取不同的路径。

2)非燃油系统的电缆不应穿过燃油箱敷设,必须进入燃油箱内连接设备时,必须选用耐油电缆和器件;在靠近操纵活动部件附近的电缆与连杆、钢索等活动零件全行程各位置的间隙大于 30 mm;安装在有相对运动部件上的电缆,应按实际运动情况留有活动余量;电缆与无人机机体结构锐边的间隔保证在 10 mm 以上,若不能保证时,在锐边上粘贴防磨材料;电缆的各分支端要留有一定的返修余量;为适应无人机飞行中机体结构的变形,敷设在有变形部位的电缆应留有一定的松弛度。

3)电缆全长上用尼龙扎带连接定位片固定在无人机结构上,在必要的地方用金属卡箍作为主要支撑,定位片放置在水平方向,对敷设电缆起到辅助支撑作用。电缆在靠近操纵活动部件时,要采取刚性固定措施。主电缆穿过机身框上的电缆孔时,必须设置固定点固定,以防磨损或蹭破电缆的绝缘保护层。在靠近发动机处或其他振动比较严重的地方,用锁紧丝锁紧连接后的插头、插座,以防其松动或脱落。

3.5.5 结构强度设计专项试验

结构强度专项试验主要包括静强度试验、起落架落震试验、典型部件及重要连接接头试验、结构耐久性/损伤容限试验、振动试验、材料的设计许用值试验等等。静强度试验是研制的无人机试飞和设计定型的先决条件之一,本章节仅针对静强度试验进行介绍。

静强度试验的目的是鉴定无人机结构的设计静强度,并为验证强度和刚度的计算方法以及结构的合理性提供必要的数据和资料。试验结束后由试验单位编写结构静强度试验报告,并对试验件的静强度是否满足要求给出结论。另外,根据实际试验情况对无人机的设计提出评价和建议。

(1)试验件。静强度试验的试验件应是完整的全尺寸无人机或部件结构;考虑地面试验和飞行试验的进度,一般抽取试制批的第一架无人机作为静强度试验的试验件。试验方在收到试验件后应对试验件进行适当的无损检测,保证在试验开展之前试验件为合格完好的结构,避免存在隐藏的、不可见的重大损伤、缺陷及永久变形。

试验件的支持状态应尽量符合真实情况,无论采取哪种类型支持,都应尽可能少地影响考核部位的内力分布,也不能使非考核部位出现永久变形和局部破坏。若不能满足以上要求,则夹具应能模拟试验件的边界条件,或设置过渡段。

当试验件出现有害的永久变形、操纵系统不能正常工作和结构局部出现提前破坏时,应进行必要的修复和加强。所做的修复和加强应在结构静强度试验报告中说明。凡是不能修复或虽经修复但不能达到鉴定静强度目的时,应更换经设计更改的试验件并重新进行试验。

已做过试验的试验件应妥善保管,不得用于飞行试验和交付使用的无人机上。

(2)试验项目。试验项目在试验大纲中规定,试验项目的规定应使所有主要受载情况和受力比较复杂的部位都能受到考验。

(3)试验进度和顺序。使用载荷试验应在初期阶段飞行试验之前完成;设计载荷试验应在最终阶段飞行试验之前完成;而起落架的设计载荷试验应在飞行试验之前完成。试验顺序应根据先刚度试验后强度试验,先非破坏性试验后破坏性试验,先一般受载情况试验后严重受载情况试验,以及尽可能地提高试验效率和确保试验安全可靠的原则确定。

(4)测试仪器。结构试验中测试仪器的要求为:应能测出结构对模拟的试验载荷和环境条件的响应;所采用的测试系统应能迅速和准确地给出试验数据的读数和曲线,以便监控试验件的状况并及时地与结构设计分析结果相比较;应有足够的仪器以便监控所施加的载荷和环境条件。协调加载系统能够同时对所有载荷点提供精确载荷控制且逐级协调加载,并具有防止超载和应急卸载的功能,可以达到每个加载点的动态载荷误差小于最大载荷的 3%,静态误差小于最大载荷的 1%;多通道数据采集系统,可对试验载荷、应变和位移等数据进行同步采集,测量精度小于 1%;载荷传感器精度可达到 0.5%,位移传感器误差小于 0.5%。

(5)试验。静强度试验必须满足静强度试验大纲和大纲规定项目的静强度试验任务书的要求。对于一个具体受载情况,其试验顺序是预试、使用载荷试验、设计载荷试验,最后按预先选定的受载情况做破坏试验。

1)预试。预试的目的是检查整个试验系统是否处于良好状态和把试验件初步拉紧,消除间隙。预试载荷一般不超过40%设计载荷。试验前应检查和记录试验件的原始缺陷和操纵面的转动灵活性。

2)使用载荷试验。使用载荷试验是鉴定试验件承受使用载荷能力的试验。对所有主要设计情况均应逐级加载至100%使用载荷。对每一主要设计情况,在各级试验载荷下应同时进行应变、位移的测量和变形观察,当加载至试验大纲规定的验证操纵系统的受载情况的100%使用载荷时,应检查操纵系统的灵活性;卸载后检查结构的永久变形情况。要求加载到100%使用载荷时,试验件的最大变形不得影响规定的无人机气动力特性和使操纵系统产生卡滞现象,操纵面转动应灵活。载荷退到初始值后结构不得出现有害的永久变形,也不允许存在皱褶等局部失稳现象。

3)设计载荷试验。设计载荷试验是鉴定试验件承受设计载荷能力的试验。对所有主要设计情况一般均应加载至100%设计载荷,但对于机体结构在能够保证结构强度的前提下,部分设计情况可以只加载到低于设计载荷的某一百分数。对每一主要设计情况,在试验加载到超过使用载荷以后,应按每级不大于5%设计载荷的增量,逐级协调加载,并逐级测量和记录应变、位移及检查试验件损伤情况。要求试验件能承受100%设计载荷,在100%设计载荷至少保持3 s结构不发生破坏。

4)破坏试验。为了解所研制无人机的实际承载能力与强度裕量,为以后改型与扩大使用范围提供依据,对全尺寸无人机和主要部件可以选定一个最严重的设计情况做破坏试验。

3.6 无人机起降系统设计

3.6.1 起降系统概述

起降系统是无人机系统的一个重要功能系统,其主要功能是实现无人机的安全起飞与着陆。目前主要的起飞方式有火箭助推起飞、轨道弹射起飞、地面滑跑起飞、空中发射、车载起飞、手抛起飞和垂直起飞等;回收方式主要有伞降回收、天钩回收、滑跑着陆、撞网回收、深失速回收和垂直降落等。

无人机起降系统设计包括无人机起降装置设计和无人机动态性能设计两方面。无人机起降系统设计是一个跨学科的综合系统,从物理学角度看,无人机的起飞(发射)与降落(回收)过程均是一个对无人机做功的过程,起飞(发射)过程是对无人机提供能量,而降落(回收)过程则是吸收无人机的能量。

下面仅针对无人机几种典型的起降方式进行阐述。

3.6.2 火箭助推发射

无人机安装在发射架上,火箭助推器实现无人机与发射架的分离,并为无人机提供起飞所需的大部分能量,在短时间、短距离内使无人机达到安全飞行高度和飞行速度。无人机火箭助推发射主要设备包含火箭助推器和发射架。

1.火箭助推器的设计

(1)火箭助推器工作过程与组成。将火箭助推器安装在机体和发射架上,调整到合适发射角度,通过点火装置产生的热能将火箭燃烧室内的装药点燃,装药燃烧过程中产生大量高温气体从火箭尾部喷管高速排出,对火箭和无人机产生反作用力,实现对无人机的加速作用,装药燃烧过程结束后,无人机到达预期飞行高度和速度。

常见火箭助推器结构组成如图 3-22 所示。

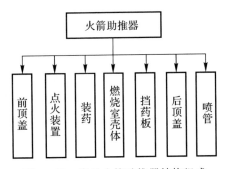

图 3-22　常见火箭助推器结构组成

(2)火箭助推器主要技术参数。依据火箭助推器在无人机上的安装位置、布置方式以及无人机的总体参数和使用要求,火箭助推器需要满足如下主要技术指标:总冲,燃烧时间,火箭平均推力、峰值推力和推力线误差,重量和尺寸,可靠发火电流和最大发火电流,可靠性要求,安全性要求,环境适应性要求,寿命要求等。

(3)火箭助推器设计要点。

1)装药设计。装药设计包含装药配方确定、装药结构设计和内弹道性能计算,设计需要满足以下条件:总体冲量指标;燃烧稳定性好;高低温环境适应性好;尽可能轻量化设计。

2)燃烧室壳体设计。燃烧室壳体设计主要包含以下五个方面的内容:壳体结构设计;壳体强度计算;壳体绝热设计;壳体密封结构设计;壳体材料选择。

3)喷管设计。喷管为高温燃气冲刷部位,在材料选择时应能保证火箭在工作过程中喷喉型面基本保持不变,从而保证推力稳定输出。

4)点火装置设计。点火装置主要包括电点火头选用、点火药确定,电点火头多采用钝感型火头,保证使用安全性;点火药常用黑火药或硼硝酸钾。

(4)火箭助推器导向分离机构。一般单发夹角式火箭助推发射时,火箭助推器工作结束后需要脱落。火箭助推器导向分离机构设计需要满足以下要求:火箭助推器工作阶段,火箭与无人机机身应可靠连接;火箭工作结束后,火箭与无人机机身应该能够可靠分离;火箭助推器与机身分离脱落过程与无人机飞行轨迹不能发生干涉,保证发射安全。

目前,中小型无人机火箭助推发射常用锥形推力座和导向机构实现连接与分离功能。火箭端为凹形锥座,机身端为凸形锥座,无人机发射前靠发射架托架将火箭固定在机身上,火箭离开发射架工作结束后即与机身分离。导向机构常为连杆形式,连杆之间设计成固定夹角分离结构。

(5)发射参数的选择。影响无人机火箭助推发射的主要因素为发射角、助推火箭安装角、无人机重心与火箭推力线的关系、发射锁紧力等参数。以上参数的具体设计需综合考虑气动

参数、火箭参数、发动机参数以及控制参数等,并要满足以下要求:

1)能使无人机在短时间内到达预期的飞行高度和速度;

2)在一定的外部气流干扰情况下,能保证无人机俯仰、滚转和航向三个方向的力矩基本平衡;

3)推力线的偏差范围既要保证发射安全,又要保证结构上是可实现的,常用竖直吊挂法或重心测量法对火箭助推器的推力线进行调整。

4)发射锁紧力的设计需保证无人机离开发射架时间既不延迟也不提前,常用剪切销实现无人机的锁定与释放。

2.发射架设计

发射架对无人机起导向和支撑作用,设计时主要考虑以下方面:

(1)发射架能进行发射角度和方位角度调节功能;

(2)可快速、可靠地安装火箭助推器;

(3)发射架锁紧释放力与无人机重量、火箭推力、发动机动力相匹配;

(4)无人机尽量易于安装;

(5)发射架结构应保证无人机离开发射架通道顺畅。

3.6.3 液(气)压弹射发射

弹射起飞是将气压能、橡筋势能或电磁能等转换成机械动能作为弹射无人机起飞的动力(初始动能),使无人机在一定长度的滑轨上加速到安全起飞速度。

1.弹射起飞的优缺点

相比于火箭助推起飞和滑跑起飞,弹射起飞兼具两者的优点:能够在短时间内使飞机获得足够的起飞速度,大大降低了场地的受限程度;将飞机固定在弹射轨道上进行加速,飞机受外界干扰大大降低,极大地提高了起飞成功率;弹射装置可重复利用,维护费用大大降低。

弹射起飞的主要缺点是发射目标的重量不能过大,加速滑轨不能过长。对于不同起飞速度和重量的无人机,可选择不同的无人机弹射发射方式。橡筋弹射方式原理简单、机构轻便,适用于低速、小型无人机。液气压弹射方式结构复杂,但适用面宽,可适用于起飞重量小于400 kg的无人机。

2.液气压弹射系统组成

RQ-21无人机的弹射系统为典型的液气压弹射,如图3-23所示,其液气压弹射装置主要由弹射装置、液压装置、电气控制装置、卸载控制机构、底盘总成等组成。

弹射装置主要由滑轨、滑车、锁闭/释放机构、滑轮增速机构、缓冲吸能装置和辅助支撑机构等组成。

液压装置(能源系统)主要由液压泵、气囊式蓄能器、液压缸或液压马达、调节阀、单向阀、截止阀和载荷阀等组成。

液压装置(能源系统)为液气压弹射发射装置提供动力源,并调节和控制该系统的进口压力和流量。采用取力器带动车载液压泵工作,向气液压能源系统供高压油。液压系统工作限压为31.5 MPa,选用氮气和航空液压油作为工作介质。

卸载控制机构由机械式液压缸卸载机构和电气式蓄能器截流机构等组成。滑车进入缓冲减速段时,由电气式蓄能器截流机构截止蓄能器向液压缸供油;同时,机械式液压缸卸载机构打开液压缸卸荷阀排油,达到牵引滑行车钢丝绳的卸荷要求。

电气控制装置一般出于保障操作人员安全的目的,设置成本控和遥控两种模式来操作弹射装置。

底盘总成通常选用军用越野汽车二类底盘进行改装。

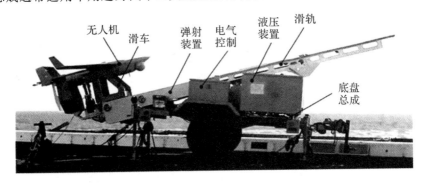

图 3-23　RQ-21 无人机弹射装置

3. 弹射过程

起飞指令下达后锁闭/释放机构解锁,释放滑车。同时液压装置中的蓄能器气腔内高压气体膨胀排出的高压液压油流入液压缸,高压油驱动活塞做收缩运动,在这过程中液压能转换成机械能。

活塞杆牵引增速器上的牵引钢丝绳,牵引滑车运载无人机沿导轨滑跑加速到无人机的起飞速度,在此过程中由机械能转换成弹射无人机的初始动能。

滑车碰撞缓冲吸能装置(如水涡轮吸能装置)的拦阻钢丝绳。缓冲吸能装置吸收滑车动能,使滑车很快减速。

无人机在发动机推力和自身惯性的共同作用下与滑车分离,继续向前运动起飞。

滑车的剩余动能由辅助缓冲吸能装置(如弹簧缓冲装置)吸收动能,使滑车停止运动,完成整个发射过程。

3.6.4　伞降回收

伞降回收是通过回收伞对无人机进行减速,着陆时利用减震装置缓冲,从而达到无人机回收的目的。伞降回收系统一般由回收伞、伞舱、伞舱盖及解锁机构和分离接头等组成。

1. 回收伞设计

(1)回收伞主要设计参数。回收伞设计主要技术指标包含回收重量、开伞速度、开伞高度、开伞过载、回收伞重量、体积和开伞方式,最大稳定下降速度,可靠性要求,环境适应性要求,寿命要求等。

(2)回收流程。无人机伞降回收典型开伞流程如下:

1)进入回收航线:调整无人机航向与航迹,进入指定回收场地;

2)无动力飞行段:控制无人机按预期速度平飞,然后关闭发动机,无人机无动力飞行;

3)开伞充气减速段:伞舱盖打开,由引导伞或射伞火箭将主伞拉出,主伞被拉直后充气张满,产生阻力使无人机稳定减速下降直到着陆;

4)着陆分离段:无人机着陆后,分离接头工作,主伞与无人机分离,避免无人机被风拖曳损伤。

回收过程中应考虑以下问题:

1)无人机上开伞通道要保证顺畅,在结构上要避免有钩挂的地方;

2)结合无人机性能参数给出最小回收速度和最低回收高度;

3)具备应急开伞功能,在发动机停车或无人机姿态异常等情况下能顺利开伞。

(3)开伞方式。无人机上常用开伞方式有引导伞开伞和射伞火箭开伞,引导伞具有体积小、重量轻和成本低的优点,采用引导伞开伞时要避免引导伞与螺旋桨、尾翼形成钩挂;射伞火箭能将主伞从机身朝上方拉出,开伞可靠性高,射伞火箭相对于引导伞重量明显增加,且对机身防火有要求。开伞方式可根据无人机具体使用要求和性能指标确定。

(4)主伞设计。主伞的设计主要受回收重量、稳定下降速度、摆动角度和开伞过载的影响,依据无人机具体回收技术指标确定主伞面积、伞型、主伞阻力系数等关键参数。

根据下式可计算伞衣面积 A:

$$A = 2G/(\rho V^2 C_{ds}) \tag{3-91}$$

式中: G—— 回收质量;

V—— 稳定下降速度;

ρ—— 空气密度;

C_{ds}—— 阻力系数。

摆动角度、阻力系数与伞型有关,见表3-5。中小无人机常用伞型有十字伞、底边缝合十字伞、底边延伸伞和圆伞等。

表3-5　典型降落伞特性

伞　型	阻力系数	平均摆动角
十字型	0.6～0.78	≤10°
平面圆型	0.75～0.80	≤40°
圆锥型	0.75～0.90	≤30°
双锥型	0.75～0.92	≤30°
底边延伸型	0.75～0.90	≤15°

2.伞舱、伞舱盖设计

伞舱、伞舱盖的设计要从结构上保证对引导伞和主伞无钩绊,伞舱盖的锁紧与释放应简单可靠,常用处理措施有:

(1)伞舱内部做光滑处理,无凸出结构,伞舱边缘倒圆无尖锐结构;

(2)伞舱侧壁可倾斜一定角度,利于主伞从伞舱拉出;

(3)在可能的条件下,伞舱盖尽量平整,伞舱盖打开后尽量与机身贴合,避免伞舱盖勾挂主伞;

(4)伞舱盖锁紧释放功能可用火工品实现,常用爆炸螺栓或切割器。

3.6.5　天钩回收

1. 天钩回收系统的组成

如图 3-24 所示，天钩回收系统由捕获装置（无人机翼尖小钩、回收绳和支撑平台）、吸能缓冲装置（橡筋绳阻尼器）组成。天钩回收系统可实现双向拦阻，并且在整个回收过程中，无人机的运动被限制在一定空间内，特别适合小型固定翼无人机在狭窄回收场地或舰船上使用。

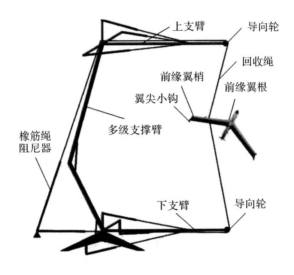

图 3-24　天钩回收示意图

天钩回收过程可分为滑行和回旋两个阶段。第一阶段，机翼撞绳后回收绳沿机翼前缘滑行到前缘翼梢，翼尖小钩勾住并锁定回收绳，此时发动机停车，以免回收绳绕入螺旋桨将发动机损坏。第二阶段，吸能系统通过回收绳使无人机做半径逐渐减小的回旋运动，在此运动过程中吸收掉无人机的大部分动能。当速度降到稳定范围内时，即认为无人机回收过程结束。

（1）捕获装置。捕获装置包括无人机翼尖小钩、回收绳和支撑平台。翼尖小钩是安装在机翼前缘末端的关键件，用于在天钩回收过程中锁定回收绳，其设计要求回收绳能顺利滑入翼尖小钩内并锁死，在无人机回收过程中不应与回收绳产生相对滑动，回收结束时能顺利、方便取出回收绳。翼尖小钩应能承受最大的回收过载。回收绳与翼尖小钩匹配，具备捕获、锁定无人机的功能，由于回收绳穿过定滑轮、上支臂、支撑臂、下支臂、连接橡筋绳阻尼器等，这个过程比较烦琐，为节约展开和撤收时间，建议设计回收绳自动收绳、穿绳机构。支撑平台是天钩回收系统的安装基础，由安装平台、回收架、液压传动系统、电气系统构成。

一般情况下，无人机天钩回收时，舰载安装平台采用固定底座，陆基使用为了快速移动、快速部署、多角度多方位完成回收任务，安装平台采用拖车平台。最恶劣的无人机回收工况出现在撞绳瞬间，撞击位置在回收绳的顶端处。此时，极易导致安装平台倾翻。设计安装平台时，要考虑在无人机撞绳时安装平台的倾翻工况。对于陆基使用而言，在不平坦地面上使用时，具备能在电气系统和液压传动系统的共同作用下保持支撑平台平衡的能力。

回收架由底座、多级支撑臂、导向轮、上支臂和下支臂等构成。底座安装在安装平台上，多级支撑臂在工作时呈伸展状态，无回收任务时呈折叠状态，通过一系列液压摆臂机构驱动转换两种工作状态,使各支撑臂转动到指定工作状态。导向轮用于改变回收绳的传递路线,上支臂和下支臂保持回收绳与支撑臂之间的距离,至少保证撞绳点距离支撑臂大于半个翼展,也可给上支臂左右两侧增加橡筋绳阻尼器,降低回收过载。为了确保天钩回收的安全性,回收架的设计主要考虑以下几点因素:

1)回收架高度满足无人机回收撞绳点的最低控制高度,保证飞行安全;

2)回收架高度满足橡筋绳阻尼器的拦阻行程,满足回收过载;

3)回收完成时,无人机自由下垂,距离地面一定高度,以免机体触地;

4)多级支撑臂与回收绳保持足够的距离,以免回收时翼尖碰撞;

5)支撑臂应具有折叠功能,以减少回收系统所占空间,方便整体运输。

液压传动系统是绳钩回收装置实现平台自动调平,以及各级支撑臂伸展收拢功能的必不可少的部分,主要由油源部分、油缸、伸缩油缸等组成。为了实现以上功能,还应配备液压元件及对应的传感器。比如比例手动换向阀通过比例调节可以实时控制液压缸的伸长速度;位移传感器用于检测液压缸的实时位移,用于实时监控油缸是否动做到了预定的位置;压力传感器用于监测液压缸工作腔内的压力;倾角传感器检测车体是否达到水平状态;双向液压锁保证液压缸系统工作中停泵后自锁。

电气系统由电源系统、油泵电机起停、可编程控制器、模拟量数据采集、电磁阀控制回路和操作界面组成。电气系统的核心是可编程控制器,将采集的按钮信号、报警信号、压力开关信号等输入到可编程控制器中,利用编制好的程序对电磁换向阀、电机等进行控制。电气系统通过操作界面实现对整个液压系统进行监控、检测、信息存储,同时对采集系统的压力、温度、位移、液位信号进行显示和报警。因此,电气系统与液压系统可以提高自动化控制水平,节约展开、撤离时间,节省人力,降低操作的复杂性,提高操作的可靠性。

(2)吸能缓冲装置。橡筋绳阻尼器是无人机天钩回收过程中的主要吸能缓冲部件,是实现无人机回收任务的关键功能模块,其参数变化能影响无人机回收动能的耗散过程。其中橡筋绳用于存储无人机的回收能量,用于减缓回收撞击,降低回收过载。阻尼器用于消耗飞机的回收能量,避免橡筋绳存储的能量快速释放,进而损伤无人机。

回收系统缓冲是指使整个无人机回收系统在回收过程中具有较大的弹性和柔性,使得无人机受到的拦阻力不至于过大,从而保护机体结构和机载设备不会受损。无人机缓冲应满足一个基本要求:无人机缓冲平均过载和瞬时过载峰值应满足无人机机体及其他部件、拦阻绳等的承力特性,缓冲过程不应造成无人机、回收装置局部损坏。

回收系统吸能是指无人机以一定初速触绳后直至停止运动,无人机动能被拦阻绳、弹簧阻尼绳和回收支架组成的吸能缓冲装置等吸收。回收吸能应满足一个基本要求:被吸收的大部分无人机动能不应被释放出来作用于无人机而造成二次损伤。

撞绳开始后无人机动能一部分被阻尼器耗散掉,一部分被橡筋绳以弹性势能形式储存。当速度降到第一个极小值时,橡筋绳弹性势能达到最大,弹力最大,无人机回收拦阻力和过载达到极大值。此后橡筋绳释放弹性势能转变为无人机动能,无人机速度变大。当弹性势能降到最小值时,弹力最小,回收拦阻力和过载最小,速度达到极大值。由于阻尼器一直在耗散无人机动能,如此往复缓冲耗能,无人机速度和过载及回收拦阻力震荡衰减,最终无人机以很小的剩余末速度做微幅振荡,此时无人机回收过程结束。

2. 天钩回收动力学建模原则

无人机天钩回收的受力情况非常复杂,涉及柔性多体的高速碰撞,属于复杂的非线性瞬态接触问题。碰撞接触面触发应力波的同时,引发柔性体局部形变,应力波在机翼中传播,抵达机翼轮廓边缘后发生反射现象。同时在传播过程中带来高频振动,使柔性体的位移与形变更为显著。

为了较准确地模拟天钩回收,需要在回收系统不同设计阶段分别建立有效、适用的动力学模型进行分析,以无人机回收过程中的速度、过载和回收拦阻力为重点研究对象。另外,可通过一些假设来简化无人机的运动模型:

(1) 假设无人机为一个质点;

(2) 忽略回收绳在碰撞过程中产生的波动;

(3) 假设无人机重力与空气动力平衡;

(4) 假设回收绳滑进翼尖小钩时关闭发动机;

(5) 忽略回收绳和机翼前缘之间的摩擦力以及回收绳的质量;

(6) 将系统中的橡筋绳等效成一对弹簧阻尼系统。

在无人机回收的滑行阶段,在无人机一侧机翼前缘撞击回收绳的瞬间,无人机受到重力、气动力和阻拦力三个力的作用,回收阻拦力的作用点的位置是变化的,从碰撞点开始沿着机翼前缘轮廓滑至翼尖自锁钩。

回收第一阶段,翼尖小钩还未锁定回收绳,只是随着无人机继续向前滑行,绳上接触点在机翼前缘上滑动,由于回收绳和机翼前缘间滑动时不计摩擦力的作用,所以上部回收绳产生的力和下部回收绳产生的力相等。回收的第二阶段,由于回收绳已经被翼尖小钩锁死,回收绳不能在翼尖处继续滑动,回收绳被翼尖小钩分隔成独立的两段。因此上部回收绳产生的力和下部回收绳产生的力不再相等。

天钩回收过程中并不需要吸能缓冲装置完全吸收无人机动能,当无人机速度稳定在较小的末速度(一般不大于 1.5 m/s)时,就可实现无人机人工回收。也就是说,当振幅大小及其衰减速度下降到一个较小的范围时即认为实现回收,所耗时间为拦停时间 T,此时无人机速度记为剩余末速度 v_e。

无人机天钩回收系统参数应保证无人机在安全回收的前提下,实现耗时更短的回收过程。过载限制反映了结构安全性要求,剩余末速度限制反映了人工回收可行性要求。

3.6.6 滑跑起降系统

滑跑起降方式具有缓冲效果好、飞行机务准备少、起飞和降落安全性较高等优点。但是,滑跑起降无人机由于受到起飞着陆场地限制,其战场使用机动性较差。滑跑起降无人机中的关键组件为无人机起落架系统。起落架系统从结构上分为固定式和可收放式两类,由支柱、缓冲器(有时为支柱与缓冲器合一的缓冲支柱)、机轮(若落在水上则为浮筒,若落在冰雪上则为滑橇)、轮胎及支承或收放机构等组成。

无人机起落架设计阶段的主要过程如下:

(1) 起落架布局选型。根据不同的起落架配置形式,各起落架有不同的设计参数。对于常见的前三点式、自行车式及后三点式三种飞机起落架布局形式的确定,可以根据表 3-6 进行选取。

表 3 – 6　三种起落架形式特性对比

特　性	前三点式	自行车式	后三点式
结构与重量	中等	复杂、重	简单、轻
前方视界	好	好	不好
地面滑行稳定性	好	稍难	不好、易打地转
起飞抬轮	好	稍难	难
起飞过程中操作	容易	较难	较难
着陆速度	不限	不限	≤150 km/h
着陆接地操作	好	一般	不好
使用发动机	不限	不限	只用于螺旋桨发动机

(2)起落架站位设计。该阶段确定无人机起落架系统的纵向站位,其步骤如图 3 – 25 所示。图中,c_r 为翼根弦长,c_t 为翼梢弦长。

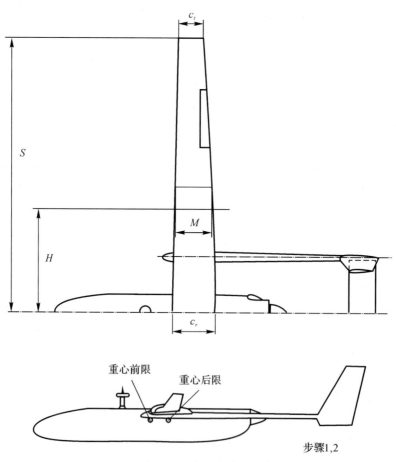

图 3 – 25　确定起落架纵向站位的最初步骤

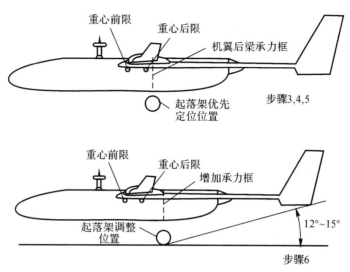

续图 3-25　确定起落架纵向站位的最初步骤

步骤 1　确定飞机平均气动力弦(Mean Aerodynamic Chord,MAC)在飞机侧视及平面视图中的位置(MAC 长度由无人机总体设计人员提供)。

步骤 2　定义无人机重心在 MAC 的前后限位置。该极限值取自无人机重量和平衡研究专业。

步骤 3　通过无人机重心的前后限作垂线,确定无人机重心在垂直方向的位置。由于无人机重心在垂直方向位置通常对飞机布局影响不大,因此,在此阶段对其垂直方向位置可不做计算,但必须做"猜测、估算"工作。

步骤 4　参见机翼梁的位置和其他结构布置,主起落架应布置在利于有效传递载荷的位置。安装于机翼上或安装于发动机短舱内的起落架,除去带有小后掠及没有后掠的轻型飞机外,通常安装在机翼后梁后侧主轴颈上。安装于机身上的起落架,通常悬挂在与机翼后梁相连的机身主隔框上。后掠机翼飞机 MAC 随着后掠角加大向后移动,因此,后移的飞机重心通常接近机翼后梁隔板,所以起落架适合安装于该隔板处,在此情况下,必须在后梁框的后面附加一个隔框,便于以机身蒙皮剪力形式将起落架载荷向前传递到后梁区段内。

步骤 5　对主起落架的安装位置进行复查,有人机一般确保其定位在 50%～55%MAC 之间,在对无人机的复查中重心后限将放宽。

步骤 6　过重心后限绘制一条与垂直线成 15°角的线,此倾斜线与通过机轮中心的垂直线相交,这两条线的交点是绘制停机地面线的第一次近似起点。15°角这个参数已经用了多年,其选用基于两个参数:后牵引和尾坐。对于后牵引,保证了飞机使用刹车引起 3.05 m/s² 减加速情况不会导致飞机的翻倒;避免飞机尾坐,是由于后机身和/或尾部缓冲装置设计中,大多数飞机不允许尾部下沉超过 15°,使飞机重心的翻转不会移到主起落架之后。

通常在此阶段还应确定前起落架位置。它应布置得尽可能靠前,使其承载最小、浮动特性最好、稳定性最好。但前轮载荷不应太小,否则会导致飞机操纵困难,通常停机状态前起落架载荷应在 6%～20% 范围内变动,但这属于极端情况。合适的范围应该在重心后限取为 8%,并随着重心前移可增至 15%。

(3)起落架受载核算及打样设计。确定起落架纵向站位布置后,无人机起落架的支柱载荷可以由经典起落架静载荷计算公式计算得到。无人机起落架载荷计算公式如下:

$$主起落架最大停机载荷(每个支柱) = Wg(F-M)/(2F)$$
$$前起落架最大停机载荷 = Wg(F-L)/F$$
$$前起落架最小停机载荷 = Wg(F-N)/F$$

式中:W——飞机最大总重,单位为 kg;

$\quad g$——重力加速度,单位为 m/s^2;

$\quad F$——前、后轮的轮距;

$\quad M$——重心后限到后轮接地点铅锤面的距离;

$\quad L$——重心前限到前轮接地点铅锤线的距离;

$\quad N$——重心后限到前轮接地点铅锤线的距离。

如果前起落架最小停机载荷太小,即小于 6% 飞机重量时,则必须向后移动前起落架或主起落架,应注意少量后移主起落架对前起落架载荷有决定性影响。如果前起落架载荷太大,必须采用相反的程序纠正(即向前移动前起落架或向前移动主起落架)。

根据上述计算得到主起落架停机载荷,按每个支柱上轮胎数目分配载荷,获得单轮的停机载荷。对于前起落架应考虑停机载荷及刹车载荷两项载荷的叠加,按前起落架轮胎数进行分配,获得单轮的停机及刹车载荷叠加值。利用该载荷,就有可能使用轮胎厂家的轮胎目录选择轮胎。

3.6.7 深失速回收

1.深失速回收原理与运动过程

深失速着陆回收是利用迎角超过失速角后升力减小、阻力增大等空气动力学特性而进行的回收方式。深失速着陆过程可以分为三个阶段:大迎角上仰段、深失速段以及自由飘落段。

典型无人机的轮式自主着陆过程一般分为下滑段、拉平段和触地滑跑阶段。结合深失速着陆的特点,深失速回收的下滑段和拉平段与典型轮式自主着陆方案一致,但在拉平末段让无人机拉平到一定高度之后,迅速增大无人机俯仰角,关闭动力系统,让无人机进入深度失速状态,飞机迎角进一步增大,升力、阻力均增大,俯仰姿态角快速增加,此时大量的动能被附加阻力耗散,速度急剧减小;当姿态角达到最大时,平尾产生的抬头力矩已经很小,在重力等作用下,飞机在深失速状态下进入自由飘落阶段,无人机速度迅速减小到零,在重力的作用下飘落到地面。

2.深失速回收设计要求

深失速着陆时主要是利用附加阻力减小水平速度,其机翼与机身基本上是保持水平降落,然而降落时仍有一定的垂直速度,因此这种着陆方式受限于一定的翼载荷,但可以实现精准落点回收。

对于小型无人机而言,深失速着陆过程必须满足以下条件:

(1)快速进入深失速状态,且失速下降高度应满足要求;

(2)无人机应满足其极限动力、运动约束的要求,在自由飘落末阶段,姿态角在下降过程中保持稳定;

(3)尽量减小水平速度和竖直速度。

　　前两个条件较易满足,通过增加初始平尾偏角的输入可使无人机快速进入深失速状态,而当平尾偏角输入在某个角度范围内时,无人机在无动力飘落过程中可保持相对稳定状态,因此深失速着陆的关键在于如何在满足前两个条件的基础上降低其末速度。

　　无人机的动能与其速度大小的平方成正比,因此要减小无人机的速度本质上就是要减小无人机的动能,可通过将动能转化为势能或者通过增加阻力将能量耗散。

　　将动能转化为势能的方式对速度的影响较小,一般不作为减速的主要方式。通过平尾舵偏的输入使得无人机进入深失速机动状态,从而利用阻力在大迎角区域内剧增的特点,可以在短时间内耗散巨大的能量,达到减小降落末速度的要求,因此是深失速着陆过程的主要减速方式。

　　深失速回收的最后触地速度较大,目前只适用于翼载荷较小的小型低速无人机,通常是指飞行速度小于 $0.3Ma$,重量在 $1\sim50$ kg 范围内的无人飞行器。

参 考 文 献

[1]　ROSKAM J. Airplane Design[M]. Kansas:DAR Corporation,1997.

[2]　孔繁美,华俊,向锦武,等.高升力与失速特征缓和的翼型设计研究[J].北京航空航天大学学报,2002,28(2):235－237.

[3]　方振平,陈万春,张曙光.航空飞行器飞行动力学[M].北京:北京航空航天大学出版社,2005.

[4]　张锡金.飞机设计手册:第六册 气动设计[M].北京:航空工业出版社,2002.

[5]　方宝瑞.飞机气动布局设计[M].北京:航空工业出版社,1997.

[6]　朱自强.现代飞机的空气动力设计[M].北京:国防工业出版社,2001.

[7]　范洁川.风洞试验手册[M].北京:航空工业出版社,2002.

[8]　中国航空工业空气动力研究院.航空气动力技术[M].北京:航空工业出版社,2013.

[9]　李为吉.现代飞机总体综合技术[M].西安:西北工业大学出版社,2001.

[10]　李为吉.飞机总体设计[M].西安:西北工业大学出版社,2005.

[11]　RAYMER D P. 现代飞机设计[M].钟定逵,俞敦信,译.北京:国防工业出版社,1992.

[12]　《飞机设计手册》总编委会编.飞机设计手册 第10册 结构设计[M].北京:航空工业出版社,2000.

[13]　《飞机设计手册》总编委会编.飞机设计手册 第9册 载荷、强度和刚度[M].北京:航空工业出版社,2001.

[14]　牛春匀.实用飞机复合材料结构设计与制造[M].北京:航空工业出版社,2010.

[15]　DENIS H.飞机载荷与结构布局[M].孙秦,韩忠华,钟小平,译.北京:航空工业出版社,2014.

[16]　方振平,陈万春,张曙光.航空飞行器飞行动力学[M].北京:北京航空航天大学出版社,2005.

[17]　祝小平.无人机设计手册[M].北京:国防工业出版社,2007.

[18]　朱宝鎏.无人飞机空气动力学[M].北京:航空工业出版社,2006.

[19]　金长江,范立钦.飞行动力学[M].北京:国防工业出版社,1990.

［20］ 李悦,巫成荣,吴泊宁,等.无人机气液压弹射装置的关键系统设计[J].南昌航空工业学院学报(自然科学版),2002,6:63－67.

［21］ 李悦,张海黎.无人机气液压发射原理试验研究[J].南京航空航天大学学报,2010,12:699－703.

［22］ 鲍传美,刘长亮,孙烤,等.无人机发射技术及其发展[J].飞航导弹,2012,2:56－60.

［23］ 陈汉超,盛永才.气压传动与控制[M].北京:北京工业学院出版社,1987.

［24］ 马胜钢.液压与气压传动[M].北京:机械工业出版社,2011.

［25］ 李建藩.气压传动系统动力学[M].广州:华南理工大学出版社,1991.

第4章 无人机动力系统

4.1 无人机动力系统简介

4.1.1 无人机动力系统概述

无人机动力系统是指发动机以及实现发动机在飞机上的安装、使用和可靠工作所需的设备和附件的总和,是无人机系统最重要的分系统之一,被称作无人机的心脏。动力系统一般由发动机、燃油系统、冷却系统、润滑系统、起动系统、控制与检测系统、排气与消声系统等构成。

4.1.2 动力系统功能

无人机动力系统具有产生推力(或拉力),使飞机飞行性能达到规定的技术指标要求;为飞机提供具有足够驱动的动力与能源,并带动发电机、燃油泵等附件工作;保障发动机在无人机上的安装、操纵和外部冷却;保障发动机与无人机进气道、排气装置的匹配;保障飞行操作员对发动机的操纵和使用;保障防火安全性,向飞行操作员及时报告火警、迅速扑灭失火,保证无人机安全;保障向发动机连续、不间断地供给燃油,并在需要时有效切断燃油供给,保证发动机与无人机安全;组织飞机油箱按规定顺序输油,确保飞机质心变化满足要求;为发动机提供满足流量与压力需求的燃油,保证发动机稳定燃烧,持续工作等功能。

4.1.3 无人机发动机的分类

发动机常用的分类原则有两种:一是根据发动机工作中是否有空气参与划分;二是根据发动机产生推进动力的原理划分,如图4-1所示。

根据发动机在工作中是否有空气参与划分,发动机可以分为吸气式发动机和火箭式发动机。无人机一般采用吸气式发动机。吸气式发动机必须吸进空气,将空气作为燃料的氧化剂,因此吸气式发动机一般不能到稀薄的大气层或外太空中工作。根据吸气式发动机不同工作原理,又分为往复式(活塞式)发动机、转子发动机、冲压喷气式发动机、燃气涡轮发动机和脉动喷气式发动机等。

根据发动机产生推进动力的原理划分,发动机可以分为直接反作用力发动机和间接反作用力发动机。直接反作用力发动机又叫喷气式发动机,发动机本身就是推进器。直接反作用力发动机是在工作的时候通过喷管等结构向与飞行器飞行方向相反的方向喷射工质,而产生向前的反作用力来推进飞行器。直接反作用力发动机有涡轮喷气发动机、冲压喷气式发动机、脉动喷气式发动机、火箭喷气式发动机等类型。

间接反作用力发动机主要是指由发动机在工作的时候带动推进器(如空气螺旋桨、直升机旋翼)来对空气做功,使空气加速流动时,空气对螺旋桨、旋翼产生反作用力来推进飞行器。与直接反作用力发动机不同,发动机和推进器是相对独立的部件,发动机在工作时不能直接推动飞行器前进,只输出机械能。而推进器(空气螺旋桨或旋翼)通过发动机输出的机械能驱使空气加速流动,气流在推进器上产生反作用力,推动飞行器前进。间接反作用力发动机主要有活塞式发动机、涡轮螺旋桨发动机和涡轮轴发动机等。

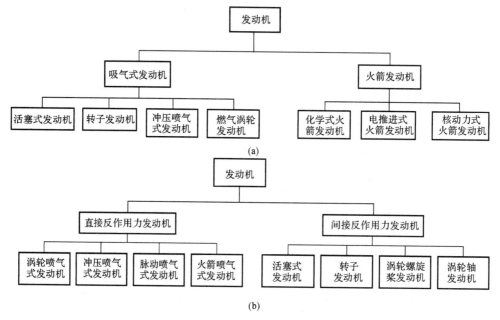

(a)

(b)

图 4-1 发动机的分类

(a)吸气式与火箭式; (b)直接与间接反作用力

4.1.4 无人机动力系统组成

根据无人机动力系统功能,动力系统由以下分系统组成,如图 4-2 所示。无人机动力系统分系统功能见表 4-1。

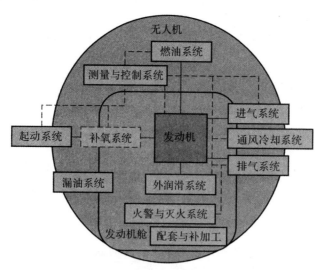

图 4-2 无人机动力系统组成

表 4 - 1　无人机动力系统分系统功能

序　号	动力分系统		分系统功能	专　业
1	动力总体		制定或分解系统设计要求,拟定系统总体方案,发动机选型,发动机性能评估与计算,飞机、发动机匹配评估与设计,噪声评估与降噪设计,动力系统布置与规划,发动机/进气道/螺旋桨防雨与防冰设计,制定系统试验计划	系统总体设计
2	动力安装		发动机、起动机、发电机、动力装置控制器(FADEC,PCU,ECU 等)、点火控制器、液压泵、传感器、继电器、带整流罩的螺旋桨及变矩桨控制器、应急动力装置、辅助动力装置等非发动机上安装的动力装置设备在无人机上的安装和固定	系统安装设计
3	配套与补充安装		漏油系统,保证系统渗漏有效排放,避免着火风险等	
4			燃油换热与冷却,发动机附件适配性设计,油门操纵钢索安装与调节,补氧系统安装,降噪安装,发动机-进气道-螺旋桨防雨与防冰设备安装	
5	起动系统		发动机地面、空中起动装置及供电系统	起动设计
6	补氧系统		发动机高空、高原起动氧气补给系统	补氧设计
7	进气系统		供给发动机空气流的飞机进气道及进气道调节系统	进排气与通风冷却设计
8	排气系统		排出发动机燃气流的排气装置及排气装置控制系统	
9	发动机舱通风冷却系统		保证发动机润滑系统安全、改善发动机短舱内热环境、通风散热	
10	外润滑系统		保证发动机有效运转、运动副正常工作所需的滑油存储、供给和循环	润滑设计
11	测量与控制系统		依据飞机速度、高度、性能需求及动力装置系统工作状态调节发动机工作状态	测控设计
			测量与采集动力装置系统工作状态(含燃油测量与管理)	
12	防火系统		发动机及发动机舱防火、灭火	防火设计
13	电气系统		动力装置系统发动机功率输出、转矩,发电机选择、安装空间、安装位置、冷却等接口设计,辅助动力装置电气接口设计,系统负载与能耗统计;动力电缆设计与布置安装	电缆接口设计与电缆安装
14	无人机燃油系统	燃油总体	制定或分解系统设计要求、拟定系统总体方案、原理设计(典型任务剖面、油箱布置、可用油量、耗油顺序、油箱增压要求、原理图)	燃油总体设计
15		储油系统	存储发动机与辅助动力装置需用的燃油,并减少燃油振荡、稳定无人机质心,燃油抑爆	油箱设计
16		供输油系统	在飞机允许的一切飞行状态和工作条件下,按一定顺序向发动机不间断供给规定压力和流量的燃油	供输油设计与管理
17		通气与增压系统	正常飞行油箱通环境大气,当无人机达到规定飞行高度时,为防止燃油沸腾与油泵气蚀,从气源引气给油箱增压	通气与增压设计
18		加、抽油系统	燃油加注与泄放,并防止油箱超压	加、抽油设计

续 表

序 号	动力分系统		分系统功能	专 业
19	无人机燃油系统	燃油系统安装	油箱、燃油增压泵、油滤、气滤、传感器、信号器、燃油控制器、单向阀、电磁阀、流量计、防火阀、安全阀、真空阀、减压器、限流阀、加抽油接头、通气接头、管路等布置与安装	燃油系统安装
20	地面控制与显示		动力装置系统地面控制指令、发动机起动与油门操纵、通风冷却控制、供油与油箱增压控制、停车控制、应急操作;动力装置系统状态显示与超限告警	系统总体设计

1. 动力总体

无人机动力系统总体规划是动力系统的顶层规划,为系统的设计定位、规模与复杂程度、发动机选择、关键技术、布局与安装方式、接口控制、试验验证等指定方向,如图 4-3 所示。

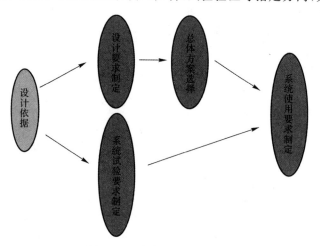

图 4-3　动力系统总体规划

2. 动力安装

动力系统安装包括发动机在无人机上的安装系统设计和补充安装设计(如发动机通气和漏油系统设计、分离附件机匣安装、功率轴设计等)。以合适的安装形式和结构,将发动机、螺旋桨及与之配套的设备〔起动机、发电机、动力装置控制器[全权限数字电子控制器(Full Authority Dogital Electromics Control,FADE)、动力系统控制器(Power Control Unit,PCU)、发动机电子控制器(Electronic Control Unit,ECU)〕、点火控制器、燃油附件、燃滑油热交换器、应急动力装置、辅助动力装置等〕补充加工零件等可靠地安装在无人机上,使发动机在各种使用环境和飞行状态下都能正常工作,并将发动机工作时所发出的推力或螺旋桨旋转时所产生的拉力有效地转变为无人机飞行的动力。

3. 起动系统

航空发动机点火之前必须由起动系统带动其旋转达到最低点火转速,才能实现点火稳定燃烧,并使发动机进入持续工作状态。起动的方式通常有人力起动、电力起动等方式。

(1)人力起动:操作人员使用手柄等工具进行手摇拖动发动机曲轴将发动机起动的方式,

主要用于小功率发动机或应急起动方式。

(2)电力起动:由蓄电池或外接电源提供电能,使电动机运转来带动发动机飞轮使曲轴转动,进而完成发动机的起动,目前绝大多数发动机都采用电动机起动。电力起动系统由蓄电池或外接电源、电动机、继电器和点火开关等组成,如图 4-4 所示。

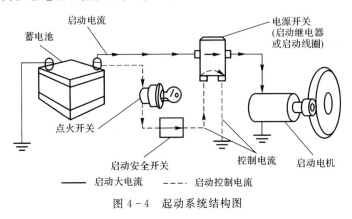

图 4-4　起动系统结构图

一些先进的航空活塞发动机配备起发一体装置,将发动机带转到怠速,起动机同时也是发电机,发动机成功起动之后,起动机转为发电机工作模式,将发动机转动能量转换为电能,为无人机供电。

4.补氧系统

补氧系统是为提高发动机空中起动高度和涡轮起动机地面起动高度而设置的发动机起动氧气补充加浓系统,是起动系统的延伸。

5.进气系统

进气系统为发动机工作提供稳定而均匀的空气流量,保证进气道与发动机的良好匹配。进气道的布局形式对其工作环境和性能有很大影响,主要取决于无人机总体布局综合要求、无人机性能和使命、发动机台数以及隐身等其他特殊要求。为了提高进气道的性能和适用性,应进行进气道与无人机体一体化设计。

6.排气系统

活塞发动机排气系统的作用是将燃烧废气排出机外,并减少发动机舱高温着火危险。活塞式航空发动机的排气系统包括排气管、消声器等。燃气涡轮航空发动机的排气系统包括排气锥、整流支板和喷管,有些还带有反推力装置。图 4-5(a)(b)所示为典型涡轮增压活塞发动机的进排气系统(包含发动机舱罩),图 4-5(c)为喷气发动机的进排气系统示意图。

7.冷却通风系统

从无人机进气道旁路的部分空气流或从机外进气整流罩进入发动机舱的空气流在发动机外部与机身结构之间形成的通道流过,并从引射喷管或机身尾段结构上的开口(开缝)排出机外,这部分空气流称为冷却气流,围绕着冷却气流而设计的系统称为飞机发动机舱冷却通风系统,如图 4-6 所示。

发动机地面开车或低速飞行时,发动机主喷流或螺旋桨的引射作用,使发动机舱内压力低于外界大气压,冷却空气从地面冷却进气阀和进气整流罩吸入发动机舱。当无人机高速飞行时,依靠气流动压头,冷却空气从进气道旁路阀或从进气整流罩进入发动机舱,如图 4-6 所示。

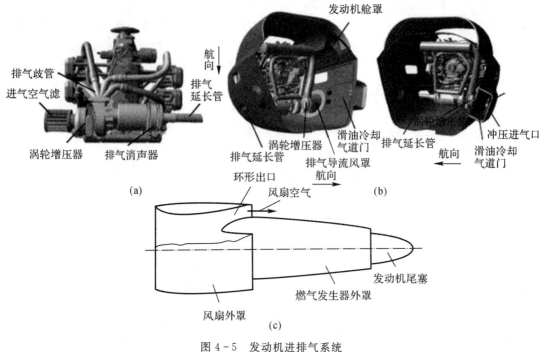

图 4 - 5　发动机进排气系统

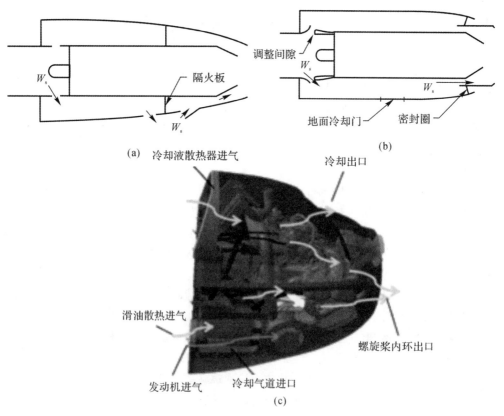

图 4 - 6　发动机舱冷却通风系统

冷却系统的作用是把发热零件的热量吸收并散发出去,保证发热零件的温度正常,保证发动机安全稳定地工作。在冬季,冷却系统还要防止冬季发动机温度过低而起动困难。冷却系统按照冷却介质不同可以分为液冷系统和风冷系统。

(1)液冷系统。液冷系统是以水或冷却液作为冷却介质,把发热零部件的热量吸收并散发出去。目前活塞式发动机上广泛采用是强制循环式水冷系统,它由散热器、风扇、水泵、冷却水套和温度调节装置等组成,如图 4-7 所示。强制循环式水冷系统利用水泵强制水或冷却液在液冷系统中进行循环流动来提高冷却效果。

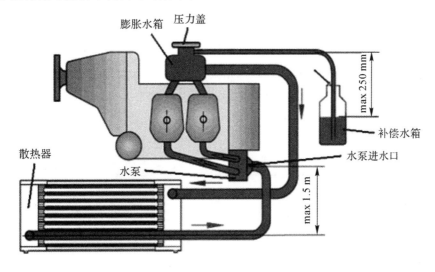

图 4-7 水冷系统结构图

(2)风冷系统。风冷系统利用空气作为介质,在发动机气缸和气缸盖表面增加散热片来加大散热面积,用风扇或飞行器自身的速度来加强通风、强化冷却效果,以保证发动机在合适的温度范围内工作。

在中小型无人飞行器上,为了有效地利用空气流和保证各缸冷却均匀,可以在发动机外部设计导流罩,如图 4-8 所示。

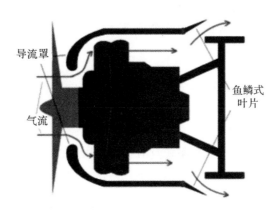

图 4-8 风冷系统结构图

8.燃油系统

燃油系统存储燃油并向发动机供油保证发动机持续、可靠地工作。此外,燃油系统还具有对液压系统、航电设备散热系统、发电机散热系统的工作介质进行冷却,平衡飞行器重心,使飞行器获得较好的操纵稳定性等功能。典型飞行器的燃油系统主要由三部分(即油箱与通气系统、供油系统、燃油测量与管理系统)组成。

(1)油箱及通气系统。燃油箱是飞行器上装载燃油的容器,主要分为整体结构油箱和薄壁软油箱两类。整体结构油箱是由金属材料或复合材料制成或依靠无人机自身结构件所形成的密闭容器,即利用前梁、后梁及机翼上下蒙皮所围成的封闭空间,加上防渗漏措施而制成,目前大型无人机会采用整体结构油箱。软油箱由橡胶等材料制成,安装在机身或主翼内,软油箱多使用在中小型无人机上。

(2)供油系统。供油系统的作用是把油箱的燃油持续、稳定地提供给发动机,使发动机持续、稳定地工作。供油系统一般由油泵、油滤、油轨、压力调节装置等组成,如图4-9所示。

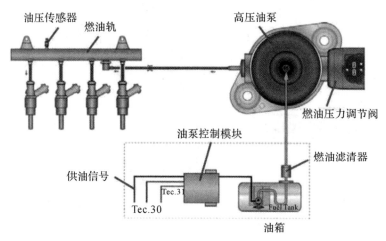

图4-9 电子喷射供油系统结构图

(3)燃油测量及管理系统。无人机的燃油量测量及管理系统能够实时、准确地测量并综合管理油箱中的剩余油,精确地计算无人机续航时间,调整优化燃油系统中各油箱的耗油顺序,保证无人机重心的稳定,保证无人机稳定安全地飞行。燃油测量及管理系统包括燃油量表、油位测量传感器、任务处理计算机等零部件。

9.润滑系统

发动机工作时,为保证发动机安全、稳定地工作,必须设计润滑系统对发动机内部相对运动部件表面进行润滑,减小摩擦阻力和零件的磨损,提高有效功率的输出,延长发动机使用寿命。

(1)润滑系统的作用。发动机润滑系统具有多重作用,主要体现在以下方面:

1)润滑作用:润滑油对相对运动部件表面进行润滑,减小摩擦阻力和零件的磨损,提高有效功率的输出。

2)清洗作用:润滑油可以清除由于摩擦产生的金属粉末,冲洗由于长期工作在气缸、活塞、活塞环等零件产生的积炭。

3)冷却作用:润滑油在工作时不断循环,流经零件表面时,能够带走其产生的热量,起到降低零件温度、冷却零件的作用。

　　4)密封作用:润滑油在零件之间形成油膜,并附着在其表面上,能够起到密封作用。

　　5)防锈蚀作用:润滑油在零件表面形成油膜并附着在其表面上,能够保护零件表面,防止生锈腐蚀。

　　(2)润滑方式。根据发动机结构和工作环境、状态的不同,润滑方式可以分为压力润滑和飞溅润滑两种。

　　1)压力润滑:压力润滑属于强制润滑,利用油泵将润滑油加压到一定的压力,通过管路不断地输送至运动零部件(如活塞环与气缸壁、连杆轴承与曲柄销、曲轴轴颈与轴承、齿轮)等配合面的表面以达到润滑的目的。

　　2)飞溅润滑:飞溅润滑是利用发动机工作时,在发动机机匣内高速运动旋转的零件飞溅起来的油滴或油雾,再经过预先设计的油道、油槽流入零件表面来达到润滑目的的方式。

　　(3)润滑系统的组成。润滑系统一般由油底壳、滑油泵、限压阀、旁通阀、滑油滤清器、滑油散热器、滑油压力表和温度表等组成,如图 4-10 所示。

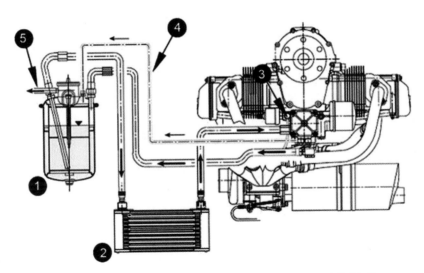

1—滑油箱;　2—散热器;　3—油路;　4—回油管路;　5—滑油箱通气管

图 4-10　润滑系统结构图

　　如图 4-10 所示,滑油从滑油箱经滑油散热器被吸入主油泵中,经加压通过油滤至各润滑位置(同时也对涡轮增压器的滑动轴承和螺旋桨控制器进行润滑)。经过润滑位置后的多余滑油聚集到曲轴箱底部,然后通过流入的燃气加压将剩余的滑油送回滑油箱;涡轮增压器润滑依靠从主油泵分离出的一条油路来润滑;位置较低的涡轮增压器中的润滑油聚集在油槽中,润滑油通过回油路被泵回到润滑油箱。

　　10.测控系统

　　动力测量与控制系统包括依据飞机速度、高度、性能需求及动力装置系统状态调节发动机工作状态的操纵系统及控制动力装置系统工作状态的测量与监控系统。

　　(1)操纵系统。操纵系统包括装在无人机上的机械式、液压式、气动式和电动式联动机构,以及把无人机发动机操纵杆(控制执行机构)与发动机上状态控制机构连接到一起的连接部件。发动机控制与操纵指令转换成电信号,通过综合航电计算机或动力装置控制设备直接传送到发动机上的液压式、气动式和电动式控制机构或相应驱动装置。图 4 - 11 所示为发动机操纵系统。

动力电调操纵系统主要由发动机控制器执行机构、传感器、飞行管理系统(综合航电计算机/动力控制装置)中的推力管理功能、信号传递线路等部分组成。其主要特点是设置发动机/动力系统控制装置和具有完善的信号采集、监控与反馈控制回路。发动机控制装置与动力系统控制装置采用余度设计。

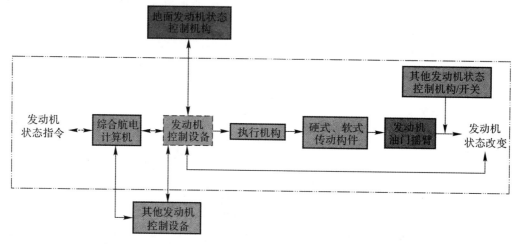

图 4 - 11　发动机操纵系统功能框图

(2)测量与监控系统。测量与监控系统发动机控制装置通过专门采集线路和数据总线,与油门位置信号、发动机工作状态参数信号、燃油系统工作状态参数和无人机其他系统状态参数信号进行交联。发动机控制装置具备推力调整、转速控制及加减速限制等功能,可为发动机提供超转保护和喘振保护。动力测控系统原理框图如图 4 - 12 所示。

11. 排气与消声系统

把发动机燃烧产生的废气收集、处理、排出的系统称为排气与消声系统,排气与消声系统的作用是使发动机燃烧产生的废气顺畅地排出,通过废气消声装置来降低排气噪声。活塞式发动机的排气与消声系统的主要结构包括排气歧管、排气管、废气净化装置、废气消声装置和尾管等,如图 4 - 13 所示。

活塞式发动机的消声装置(消声器)按其工作原理可分为抗性消声器、阻性消声器、复合式消声器三种。

(1)抗性消声器又称声学滤波器,是在消声器内部腔体设计管道、隔板等各种消声单元,废气声波在消声器内部传播时发生反射和干涉,通过反射波和干涉波的相位差来降低声能量达到消声目的。抗性消声器的优点是结构简单,耐高温、耐气体侵蚀,有良好的低频消声性能。缺点是消声频带窄。抗性消声器又分为共振式、扩张室式和干涉式等几种。

(2)阻性消声器主要是利用吸声材料来消声降噪,它是把吸声材料按一定方式和规律放置在消声器腔体中,当声波进入消声器腔体时,声能被吸声材料吸收,从而起到消声降噪的作用。阻性消声器的优点是在较宽的中高频范围内具有良好的消声作用,特别在高频范围内作用明显。缺点是在对吸声材料有腐蚀作用的气体中使用寿命较短。

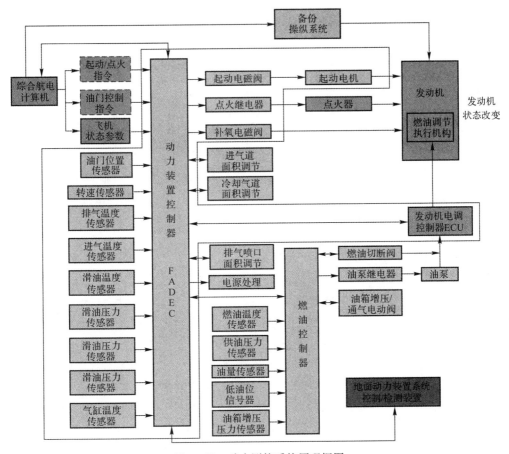

图 4 - 12　动力测控系统原理框图

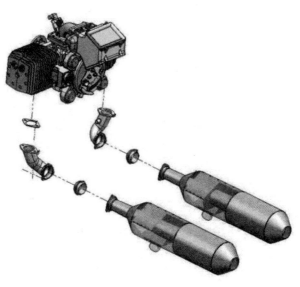

图 4 - 13　排气与消声系统结构图

（3）复合式消声器是综合抗性消声器和阻性消声器两者的优点设计而成的。在其内部既有吸声材料，又有管道、隔板等各种消声单元，对低、中、高频噪声均具有良好的消声降噪效果。

12. 防火系统

动力装置和辅助动力装置安装区域是典型的着火危险部位。无人机动力防火系统，是用来防止无人机动力装置区域和辅助动力装置区域着火危险的发生和发展。当预防设计不能完全达到防火目的时，它还包括着火危险的探测和控制。

无人机动力防火通常和着火或过热有关。防火系统包括动作部件（探测器、灭火剂喷射器）、连接电缆以及可能暴露于险情中的所有必要部件。用于动力系统着火危险预防（动力系统按防止可能发生的过热、着火、爆炸、烟雾和有毒气体等设计并安装）、着火危险探测（包括火警探测系统、过热探测系统和烟雾探测系统）、着火危险控制（包括易燃油液控制、终止通风、电气火源控制、隔火屏、火灾损坏防御、过热控制和发动机舱灭火等）。

13. 电气系统

无人机动力电气系统是发动机有效运转、机上供电、动力系统可靠工作、无人机出行与任务完成的重要保证。

动力电气系统包括发动机电气接口（起动、地面/空中运转操纵与控制、指令接受、状态监测采集、显示与告警、防喘调节、排气控制、FADEC/ECU 通信等）、发动机电力输出接口（输出轴数、输出功率、转矩、转速变化范围、安装空间、安装形式、连接处机械接口形式、悬挂力矩等）、发电装置安装与冷却接口、动力系统电气负载、能耗与配电、动力系统接口（防火/灭火、进气道控制与进气防冰控制、通风冷却系统控制与调节、滑油测量与工作状态监测与控制、冷却液测量与工作状态监测与控制、螺旋桨状态监测与控制、燃油系统操纵与控制、指令接受、状态监测采集、显示与告警、PCU 通信等）、电气系统电磁兼容、辅助动力装置电气系统。

14. 地面控制与显示

无人机动力系统地面控制与显示共分三大部分。第一部分动力系统控制指令，包括系统自检测、发动机起动/停车、油门位置、阻风门位置（活塞发动机）、进气道开度、排气管角度、冷却气道开度、设备供/断电、防冰功能开启/断开、油箱增压/通大气、油泵开/关、油量标定等。第二部分动力系统显示，包括：发动机转速、排气温度、喷口位置和振动指示系统；飞机滑油指示和警告；发动机工作状态监视和记录；无人机燃油系统状态显示和警告；动力系统其他工作状态及信号指示和警告。第三部分动力系统地面检测装置与机上传感器及接口。

4.2　航空活塞发动机

4.2.1　航空活塞发动机概述

活塞发动机是依靠活塞在气缸中的运动使气体工质完成热力循环，将燃料的化学能转化为机械能的热力机械。按活塞运动方式不同可分为往复式和旋转式（转子）；按冲程可分为四冲程和二冲程；按气缸头的冷却方式可分为液（水）冷式与气（空气）冷式；按气缸排列的方式不同可分为直列式、水平对置式、V形式、X形式与星形式。通常，V形式、直列式多为液冷式的，星形式均为气冷式的。图4-14为各型发动机示意图。

二冲程发动机　　　　四冲程发动机　　　　转子发动机

直列式发动机　　水平对置式发动机　　　V形式发动机　　　星形式发动机

图 4-14　各型活塞发动机示意图

4.2.2　航空活塞发动机工作原理

1.二冲程发动机

二冲程发动机是指在两个行程内完成一个工作循环的发动机。所谓行程是从上止点到下止点的距离。二冲程发动机曲轴转一圈,发动机对外做功一次,工作循环如图 4-15 所示。

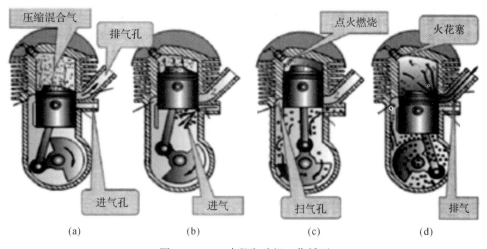

(a)　　　　　　　(b)　　　　　　　(c)　　　　　　　(d)

图 4-15　二冲程发动机工作循环

二冲程发动机气缸上有三个孔,即进气孔、排气孔和扫气孔,这三个孔分别在一定时刻由活塞关闭。其工作循环包含两个行程:

第一行程为压缩、进气:活塞自下止点向上移动,三个气孔同时被关闭后,进入气缸的混合气被压缩;在进气孔打开时,可燃混合气流入曲轴箱。

第二行程为做功、排气：活塞压缩到上止点附近时，火花塞点燃可燃混合气，燃气膨胀推动活塞下移做功。这时进气孔关闭，密闭在曲轴箱内的可燃混合气被压缩；当活塞接近下止点时排气孔开启，废气冲出；随后换气孔开启，受预压的可燃混合气冲入气缸，驱除废气，进行扫气过程。

2. 四冲程发动机

四冲程发动机的工作循环由进气行程、压缩行程、做功行程和排气行程组成。在这个过程中，活塞上下往复运动四个行程，相应的曲轴旋转两周，工作循环如图4-16所示。

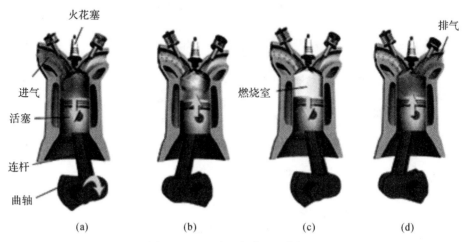

图4-16 四冲程发动机工作循环

(a)进气行程； (b)压缩行程； (c)做功行程； (d)排气行程

四冲程汽油机是将空气与燃油以一定的比例混合成良好的混合气，在进气行程被吸入气缸，混合气经压缩点火燃烧而产生热能，高温、高压的气体作用于活塞顶部，推动活塞做往复直线运动，通过连杆、曲轴飞轮机构对外输出机械能。

四冲程柴油机的工作原理与四冲程燃油机相同，也是由进气、压缩、做功、排气四个行程组成。不同的是柴油机进气行程进的是纯空气，在压缩行程接近上止点时，由喷油器将柴油喷入燃烧室，由于这时气缸内的温度已经远远超过柴油的自燃温度，喷入的柴油经过短暂的着火延迟后，自行着火燃烧，对外做功。

3. 转子发动机

转子发动机是一种活塞在气缸内做旋转运动的新型内燃机。它的基本结构是在一个椭圆形的空间中，置入一个勒洛三角形形状的转子，转子的三个面将椭圆形空间划分为三个独立的燃烧室。其工作循环与四冲程发动机对比如图4-17所示。

由于转子采用偏心运转，因此这些被分隔的独立燃烧室在运转过程中，容积会不断地改变，此型发动机就是利用密闭空间变化的特质来达成四冲程运转所需要的进气、压缩、点火与排气过程。工作循环如图4-18所示。

转子发动机的转子每旋转一圈做功三次，与四冲程发动机每旋转两圈做功一次相比，整个发动机只有两个转动部件，简化的结构使发动机体积缩小、重量减轻，故障率也降低。由于转子发动机的轴向运转特性，它不需要精密的曲轴平衡就能达到较高的运转转速，其转速比往复式发动机上升得快，且具有高马力容积比（发动机容积较小却能输出较多动力）的优点。

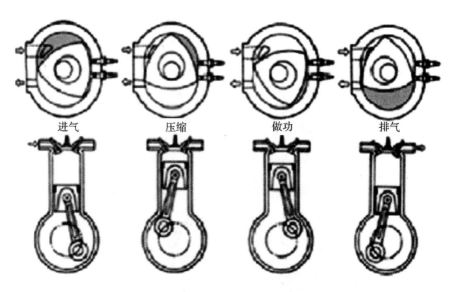

图 4 - 17　转子发动机工作循环与四冲动机对比

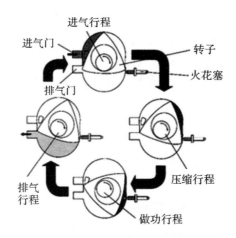

图 4 - 18　转子发动机工作循环

4.2.3　航空活塞发动机结构

1. 总体结构

对于航空活塞发动机,不论是二冲程还是四冲程,发动机的整体结构都可以分为曲柄连杆机构、配气机构、燃料供给系统、润滑系统、冷却系统、点火系统和起动系统。图 4 - 19 为四冲程发动机整体结构组成。

由于转子发动机将空燃混合气燃烧产生的膨胀压力直接转化为三角形转子和偏心轴的转动力,所以不需要设置连杆,进气口和排气口依靠转子本身的运动来打开和关闭;不再需要配气机构,包括正时齿带、凸轮轴、摇臂、气门和气门弹簧等,而这在往复式发动机中是必不可少的一部分。综上所述,转子发动机组成所需要的部件大幅度减少。如图 4 - 20 为转子发动机的结构。

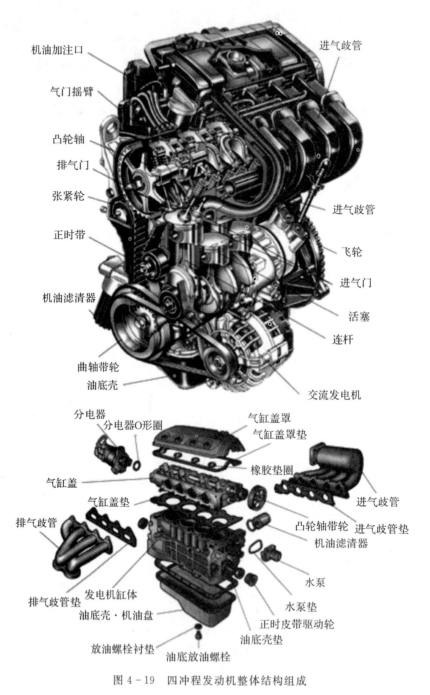

机油加注口
气门摇臂
凸轮轴
排气门
张紧轮
正时带
机油滤清器
曲轴带轮
油底壳

进气歧管
进气歧管
飞轮
进气门
活塞
连杆
交流发电机

分电器
分电器O形圈
气缸盖
气缸盖垫
排气歧管
排气歧管垫
发电机缸体
油底壳·机油盘
放油螺栓衬垫
油底放油螺栓

气缸盖罩
气缸盖罩垫
橡胶垫圈
进气歧管
凸轮轴带轮
进气歧管垫
机油滤清器
水泵
水泵垫
正时皮带驱动轮
油底壳垫

图 4-19 四冲程发动机整体结构组成

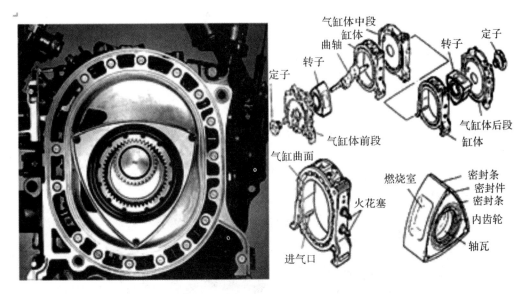

图 4 - 20　转子发动机的结构

2. 曲柄连杆机构

曲柄连杆机构是发动机实现工作循环，完成能量转换的主要运动零件。它由机体组、活塞连杆组和曲轴飞轮组等组成。二冲程发动机与四冲程发动机的活塞连杆组和曲轴飞轮组结构基本上是一样的，区别在于机体组。转子发动机将空燃混合气燃烧产生的膨胀压力直接转化为三角形转子和偏心轴的转动力，所以不需要设置连杆。

图 4 - 21 为四冲程发动机曲柄连杆机构分解图。

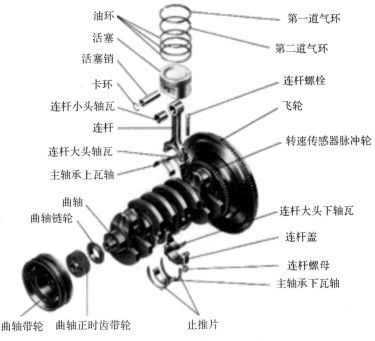

图 4 - 21　四冲程发动机曲柄连杆机构分解图

　　发动机的机体组可以分为气缸盖和气缸体两部分。对于四冲程发动机来说,它的气缸盖结构是非常复杂的,上面有进排气门、冷却水道、机油通道等;它的气缸体结构相对简单,一般只是一个密闭的圆筒而已。

　　而二冲程发动机恰恰与此相反,它的气缸盖结构是比较简单的,一般只是一个简单的盖子而已,即使有气门,也只有一个排气门。而气缸体却是比较复杂的,在气缸壁上开有进气口和排气口。

　　图 4-22 为二冲程和四冲程发动机机体组。

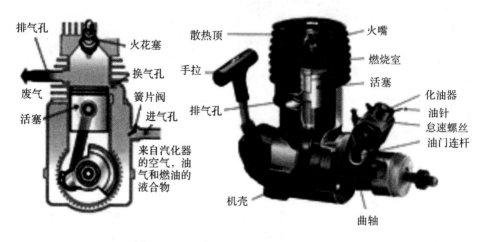

图 4-22　二冲程和四冲程发动机机体组

3.配气机构

　　配气机构的功用是根据发动机的工作顺序和工作过程,定时开启和关闭进气门和排气门,使可燃混合气或空气进入气缸,并使废气从气缸内排出,实现换气过程。对于四冲程发动机来说,它的配气机构是极为复杂的,主要由凸轮轴、气门、气门挺杆等组成。特别是现在的发动机,越来越多地使用单缸四气门和可变气门正时技术,使配气机构成为了发动机中最为复杂的机构,如图 4-23 所示。

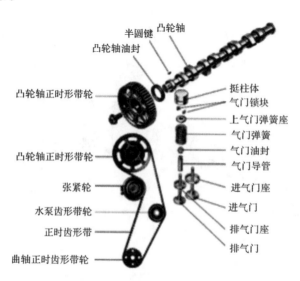

图 4-23　四冲程发动机配气机构

　　而对于二冲程发动机来说,它的配气机构就简单多了,甚至严格来说,它是没有配气机构的。它的进排气是通过曲轴运转、活塞上下运动,打开和关闭位于气缸壁上的进气口和排气口来实现的,如图 4-15 所示。

　　转子发动机通过转子自身对进排气口的扫气进行换气,如图 4-18 所示。转子为顺时针方向旋转,在扫气条扫过进气口之前,随着转子的运动,气缸的容积会越来越大,此时正好产生负压进气,在扫气条扫过进气口以后,进气停止;随着转子的继续运动,气缸内的体积会越来越小,此时进行的就是压缩冲程;当气缸容积小到接近临界值时,火花塞点火,引燃缸内混合气体,气体急速膨胀,推动转子继续顺时针方向转动,随后汽缸容积变大,当扫气条运动到排气口时,做功完成;扫气条扫过排气口以后,排气口与气缸相通,此时开始排气冲程,转子仍然顺时针方向运动,气缸容积变小,将缸内废气排出,如此循环下去。

　　4. 燃料供给系统

　　燃料供给系统的作用是根据发动机的要求,配制出一定数量和浓度的混合气,供入气缸,并将燃烧后的废气从气缸内排出到大气中去,图 4-24 是一种四冲程发动机的燃料供给系统。发动机可燃混合气的形成过程是非常复杂的,并且时间极短,一般只有 0.01～0.02s 的时间。在这个过程中,空气的流量、流速、行程与通道基本都是固定的,可以变化的只有燃油的供给方式以及与空气混合的区域。也可以说,可燃混合气的形成过程就是燃油雾化、蒸发以及与空气配比和混合的过程。可以想象,进入发动机中的燃油颗粒越小、压力越高,燃油的蒸发速度就会越快,与空气混合得就越均匀,形成的混合气质量就越好,越有利于燃烧。

　　但是发动机在使用过程中工况是不断变化的,对可燃混合气浓度的需求也不同。比如起动工况,需要的是极浓的混合气;怠速工况需要少而浓的混合气;中小负荷需要逐渐变稀的经济混合气;大负荷工况需要较浓的混合气;急加速时需要额外被加浓的混合气。燃油供给系统为了适应这种工况变化的需要,就要不停地调整燃油和空气的供给量,并使二者的混合方式满足燃烧需求。空气的供给量是由节气门控制的,变量不大;而燃油的供给量和供给方法却有很多种形式,对可燃混合气的形成有非常重大的影响,诸如岐管喷射、缸内直喷和混合喷射等,如图 4-25 所示。

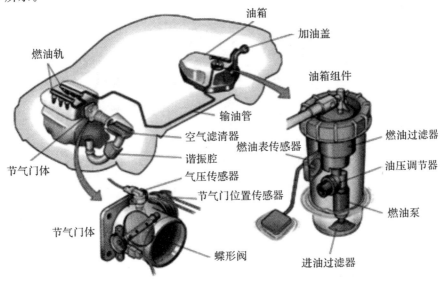

图 4-24　四冲程发动机燃料供给系统

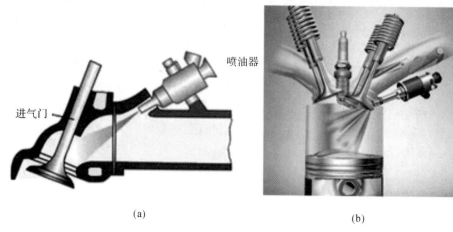

(a)   (b)

图 4 - 25　燃油供给方式

(a)歧管喷射；　(b)缸内直喷

　　四冲程发动机的燃油供给系统越来越复杂了,一般都采用多点电喷、缸内直喷或混合喷射,在结构上有燃油泵、喷油器、油压调节机构等。而二冲程发动机和转子发动机的燃油供给系统相对简单,仍然以化油器式居多,使用电喷的较少。

　　5.润滑系统

　　润滑系统的功用是向作相对运动的零件表面输送定量的清洁润滑油,以实现液体摩擦,减小摩擦阻力,减轻机件的磨损,并对零件表面进行清洗和冷却。在这个系统中,二冲程和四冲程区别是非常大的。四冲程发动机有一套完整的润滑系统,如图 4 - 26 所示。在油底壳中存储发动机机油,利用机油泵将机油打向需要润滑的部件,有压力润滑和飞溅润滑两种形式。另外,四冲程发动机要尽可能防止机油蹿入燃烧室参与燃烧。

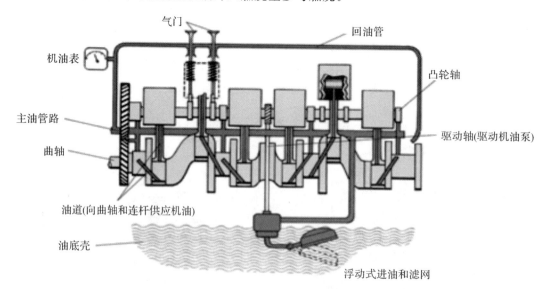

图 4 - 26　四冲程发动机润滑系统

　　二冲程发动机有两种润滑方式,一种是混合润滑,即将润滑油混合在燃油中,进入燃烧室参与燃烧,因此二冲程发动机的机油要求更容易燃烧,并且燃烧后残留物少;另一种润滑方式是分离润滑,即利用机油泵,将润滑油打入曲轴轴颈等处,然后与新鲜混合气混合后一同进入燃烧室内烧掉。一般二冲程发动机在油箱中按照固定的比例添加机油和燃油,燃油和机油的比例约为30∶1,但这种方式机油的比例不精确,不能随发动机负荷的变化调整机油的供给量;一些相对高级的二冲程发动机都采用了分离式润滑,它有单独的机油壶、机油泵和油管,利用机油泵将机油泵入发动机曲轴及轴承润滑,飞溅出来的机油实际上进入曲轴箱,另一路机油进入气缸,润滑活塞和气缸从而实现了精确润滑。

转子发动机的润滑与二冲程发动机类似,曲轴采用强制润滑。缸壁的润滑是通过一套专用的润滑系统来完成的。这套系统主要由计量式机油泵和喷油嘴以及相应的油管组成。主油道的机油送到计量式机油泵,然后计量式机油泵将机油供给缸体上的机油喷嘴,机油喷嘴将机油喷射到缸体的侧壁(及发动机的端盖上)对发动机进行润滑,此润滑油无法回收,大部分被刮进燃烧室烧掉,这也是转子发动机机机油消耗量较多的原因。

6.冷却系统

冷却系统的作用是将受热零件吸收的部分热量及时散发出去,保证发动机在最适宜的温度状态下工作。一般四冲程发动机都采用水冷的方式,冷却系统由冷却水套、水泵、风扇、水箱、节温器等组成,如图 4-27 所示。而二冲程发动机和转子发动机一般都采用风冷的方式,结构上非常简单,有些发动机只是依靠自然风冷却的,复杂一点的也就是增加一个风扇而已。

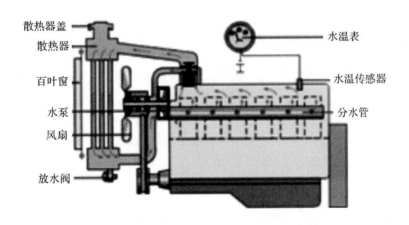

图 4-27　四冲程发动机冷却系统

7.点火系统

在汽油机中,气缸内的可燃混合气是靠电火花点燃的,为此在汽油机的气缸盖上装有火花塞,火花塞头部伸入燃烧室内。能够按时在火花塞电极间产生电火花的全部设备称为点火系统。点火系统通常由蓄电池、发电机、分电器、点火线圈和火花塞等组成,如图 4-28 所示。柴油机是压燃的,所以没有该系统。四冲程发动机的点火系统是比较复杂的,一般采用电控点火、单缸独立点火的控制方式;而二冲程发动机和转子发动机更多的是采用磁电机控制点火,结构上比较简单。

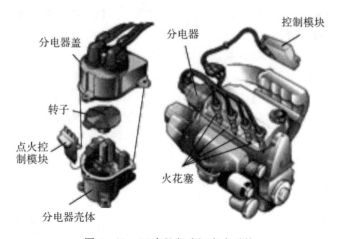

图 4-28　四冲程发动机点火系统

8.起动系统

发动机曲轴在外力作用下开始转动到发动机开始自动地怠速运转的全过程,称为发动机的起动。完成起动过程所需的装置,称为发动机的起动系统,如图 4-29 所示。在这套系统中,二冲程发动机和四冲程发动机区别不大,起动机的结构也基本相同。

4.2.4　航空活塞发动机试验与验证

1.发动机主要性能参数的测量

发动机试验测试过程中,有些发动机参数是可以直接测量的,例如发动机转速、扭矩、进气压力和温度、排气压力和温度、滑油压力和温度、冷却液温度等,这些参数涉及的基本测试项目需要相应的仪器和设备,采用不同的方法进行。

(1)转速测量。发动机转速是单位时间内发动机曲轴的平均旋转次数,通常以rpm(r/min)作为计量单位,即每分钟的转数。发动机转速的测量采用转速传感器,常见的转速传感器有磁电式转速传感器、光电式转速传感器和霍尔转速传感器。

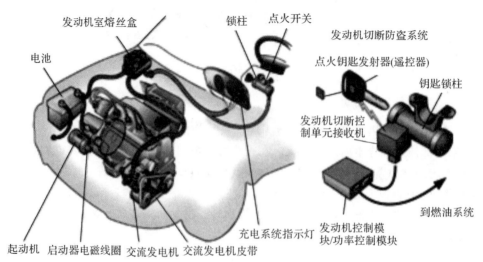

图 4-29　四冲程发动机起动系统

1)磁电式转速传感器。磁电式转速传感器的结构如图 4-30 所示。它是由永久磁铁、线圈、磁盘等组成。在磁盘上加工有齿形凸起,磁盘装在被测转轴上,与转轴一起旋转。当转轴旋转时,磁盘的凹凸齿形将引起磁盘与永久磁铁间气隙大小的变化,从而使永久磁铁组成的磁路中磁通量随之发生变化。有磁路通过的感应线圈,当磁通量发生突变时,会感应出一定幅度的脉冲电势,其频率为

$$f = \frac{Zn}{60} \tag{4-1}$$

式中:Z—— 磁盘的齿数;

　　　n—— 磁盘转速,单位为 r/min。

磁电式转速传感器的优点是无需外加电源,结构简单,工作安全、可靠,转速测量精度高,输出阻抗小,转速测量范围广,在发动机上应用广泛。

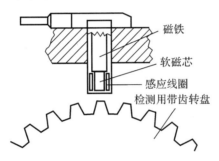

图 4-30　磁电式转速传感器

2)光电式转速传感器。光电式转速传感器有直射式和反射式两种。直射式输入轴与待测轴相接,光通过开孔圆盘和缝隙板照射在光敏元件上。开孔盘旋转一周,光敏元件接受光的次数等于盘上的开孔数。若开孔数为 m,记录过程时间为 t,总脉冲数为 N,则转速为

$$n = \frac{60N}{mt} \tag{4-2}$$

反射型的光电传感器如图 4-31 所示。其前端部分采用光纤封装,适应微小物体,特别是微小旋转体的测量。由于传感器内装有光源(LED)、感光元件(光电晶体管)以及放大器等,所以体积设计得很小,使用方便。光源是经过频率调制的,所以抗干扰性强,还有状态显示,可供用户测量时确认工作状态。振荡回路用来产生一个调制频率来点亮光源发光二极管,采用不稳定多谐振荡方式,振荡频率约为 7 kHz,脉宽约为 25 μs。从光源发射出来的脉冲光,经过被检测物体的反射,被传感器的光电晶体管所接受,然后经过交流放大器,被放大到适当的电平后,进行检波和积分,再转换成直流电压信号。然后是波形整形,与一定的直流电压相比较,高于此值,输出为 H_i,低于此值,输出为 L_o。状态指示灯也是,输出高电平 H_i 时,LED 点亮,输出低电平 L_o 时,LED 不亮,以作为状态确认用。

光电转速传感器跟计数器配套使用,检测范围可达 10 000 r/min,误差为 1 r/min。

3)霍尔式转速传感器。霍尔式转速传感器由霍尔开关集成传感器和磁性转盘组成,霍尔式转速传感器的两种不同结构如图 4-32 所示。将磁性转盘的输入轴与被测转轴相连,当被测转轴转动时,磁性转盘便随之转动,固定在磁性转盘附近的霍尔开关集成传感器便可在每一个小磁铁通过时产生一个相应的脉冲,检测出单位时间的脉冲数,便可知道被测对象的转速。

磁性转盘上的小磁铁数目的多少,将决定传感器的分辨率。

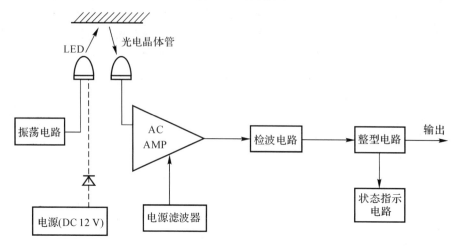

图 4-31 反射型的光电式转速传感器

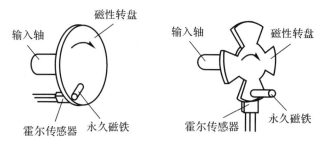

图 4-32 霍尔式转速传感器

(2)扭矩测量。发动机扭矩的测量需要使用测功机,由测功机给发动机施加阻力矩,即由测功机给发动机一个负荷,根据测功机浮动外壳的测点受力来测量发动机的扭矩。

根据扭矩测量原理的不同,测功机有水力测功机、电涡流测功机和电力测功机。

1)水力测功机。水力测功机是利用水对旋转的转子形成的摩擦力矩吸收并传递动力机械的输出功率的装置。图 4-33 所示为一种水力测功机。

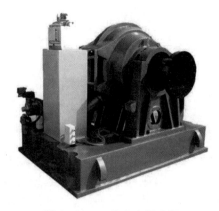

图 4-33 一种水力测功机

2)电涡流测功机。电涡流测功机利用涡流损耗的原理来吸收功率,可以测取被测机械的输出转矩和转速,从而得出输出功率。图 4-34 所示为一种电涡流测功机。

图 4-34　一种电涡流测功机

3)电力测功机。交流电力测功机是市面上最先进的加载测功设备,扭矩、转速通过扭矩传感器直接测量;电量综合测量仪表检测电流、电压、频率、功率因数;计算机自动检测、显示并完成数据处理、报表及各种曲线。图 4-35 所示为一种电力测功系统。

图 4-35　一种电力测功机系统

（3）油消耗率测量。燃油消耗率是发动机的经济性指标,以发动机输出单位功率时所消耗的燃油量来衡量,

$$g_e = \frac{G_f}{P_e} \times 1\,000 \qquad (4-3)$$

式中：g_e—— 燃油消耗率,g/(kW·h);

　　G_f—— 燃油消耗量,kg/h;

　　P_e—— 发动机功率,kW。

（4）空燃比的测量和调整。空燃比是一个可以调节的参数,其对发动机动力、经济和排放性能的影响很大,在新技术预研和新产品开发过程中常常需要测量空燃比。空燃比的定义为

$$\alpha = \frac{单位时间内进入气缸的空气量}{单位时间内的燃油消耗}$$

也可以过量空气系数,即燃料完全燃烧时,实际供给的空气量与理论所需空气量的比来表表征空燃比的大小。图 4-36 所示为一种空燃比测量系统。

测量空燃比的方法主要有以下三种：

1)测量进气量和燃油消耗量来计算空燃比。此方法操作简单,在同一时间内测量进气量和燃油消耗量即可,即可计算出空燃比和过量空气系数。

2)测量排气成分计算空燃比。采用排气分析仪对排气成分进行测量分析来计算空燃比。

3)测量排放样气中氧的浓度计算空燃比。此测量方法要求发动机运转中在被测的样气中存在多余的氧量,故在仪器中专门加入一定量的氧气,在保温取样管内与氧气混合,由泵输送进入催化室内完全燃烧,在进入氧化锆传感器室,测出多余的氧量。此种测量方法可测瞬态的以及各个气缸的空燃比。

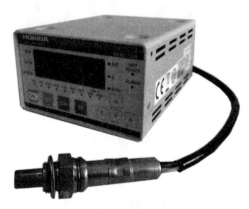

图 4-36　一种空燃比测量系统

2.发动机性能试验

发动机的性能主要指的是动力性、经济性、可靠性和耐久性。《航空小型活塞发动机性能测试方法》(GJB 3213—1998)中规定航空活塞发动机的性能试验方法,包括功率试验、负荷特性试验、万有特性试验、耐久性试验等发动机性能试验。

(1)功率试验。发动机功率试验是指在发动机油门开度为 100% 时,在发动机的工作转速范围内,发动机的动力、经济性能指标随转速变化而变化的特性试验,也称为外特性试验。

进行发动机功率试验时,发动机油门开到最大位置,在发动机等于以及低于额定转速的范围内均匀地选择不少于 8 个点的稳定工况,额定工况点和最大扭矩点必不可少。测量各个工况点的转速、扭矩、耗油量,计算功率和燃油消耗率,并绘制功率特性曲线。

(2)负荷特性试验。负荷特性就是指在发动机的转速恒定的情况下,发动机的主要性能随发动机负荷的变化规律。负荷特性是评判发动机在恒定转速、不同负荷时的经济性和排放情况,主要表明在同一转速下,各种不同负荷对应的燃油消耗率随功率的变化。当恒定转速为发动机的额定转速时,可以通过负荷特性曲线找到发动机额定功率对应的耗油率,判断发动机标定是否合理;其他转速下,可以通过负荷特性曲线,找到发动机各工况的最低耗油率,用于评价发动机经济性指标。

(3)发动机耐久性试验。耐久性试验是为了通过长期的耐久运转,考核发动机及其零部件的可靠性,并验证发动机的首翻期和寿命。航空活塞发动机耐久性试验一般采用螺旋桨作为负载。试验过程中发动机带有全部的附件,并安装原配的消声器和排气管。发动机耐久性试验过程中,可以对发动机进行定时检查和维护,维护的时间应在一个完整的循环结束之后。试验过程中的检查,每次检查项目有所不同,试验需要根据国军标的要求制定相关的检查项目,例如发动机功率、点火提前角、燃油消耗量、滑油压力及其温度、进气压力及其温度、排气温度等。

(4)试验评价。试验评价是耐久性试验极其重要的项目,主要的评价项目有零部件的磨损及损伤、动力性和经济性下降的程度,滑油的消耗量,以及发动机首次故障时间、故障停车次数、故障平均间隔时间等。试验评价常用的指标是:

1)零部件的磨损及损伤。耐久性试验后,主要零部件不能出现损坏。

2)动力性下降。发动机在耐久性试验后,标定功率下降不应超过初始值的 5%。

3)经济性下降。发动机耐久性试验后,燃油消耗率增大不应超过初始标定值的 5%;滑油燃油消耗比上升不应超过标定值的 15%。

4)故障停车。耐久性试验中不应发生故障停车现象。

3.发动机低温起动试验

低温起动试验是为了评定发动机在低温环境下的起动性能。低温起动试验的环境温度一般为 233K(−40℃),或者按照有关的技术文件确定。低温起动试验中允许起动的次数和每次起动的时间以及两次起动的时间间隔按照相关产品规范的规定。

4.发动机高低温储存试验

发动机高低温储存试验是为了评定发动机在高低温条件下非工作状态储存的适应性。发动机在高低温储存之前在发动机试车台架上测试其最大功率和最大功率燃油消耗率。高低温储存试验完成后,发动机外观无损坏,塑料以及橡胶件无脆化、老化、开裂,发动机最大功率和最大功率燃油消耗率须符合相应指标要求。

5.飞行前试验

按照《航空活塞发动机通用规范》(GJB 3729—1999)的规定,航空活塞发动机在飞行试验前须完成相关的飞行前试验,以保证发动机飞行前的状态具有充分的耐久性和可靠性。发动机飞行前试验包含 50 h 试车和其他试验。发动机在飞行前试验结束后,性能测试达到技术文件的要求,分解检查亦没有发现异常的危险故障,则认为发动机通过了飞行前试验。

4.3　航空活塞发动机设计

4.3.1　航空活塞发动机设计试制方法概述

航空活塞发动机必须安置在容积极其有限的动力装置舱里,发动机必须具有足够的推力或者拉力,这对动力装置空气动力完善性,包括发动机整体形状、螺旋桨效率、进气、排气和发动机散热等提出了极高的要求。航空发动机正确的设计既来源于实践,也来源于周密的调查研究,还来源于科学的分析。发动机设计的过程就是分析矛盾、综合矛盾、抓住主要矛盾和矛盾的主要方面来解决矛盾的过程。发动机设计试制的过程随着机型、生产规模的不同而不同的。当生产规模不同(如小批量生产)或设计性质不同(如老产品改进设计等)时,可能有些环节可以取消,可能有些环节可以合并,还可能有些环节在接受任务时已由其他单位或上级机关完成。

航空发动机的设计研制,首先要在风洞里,在发动机试车台上和附件试验台上进行一系列的试验,如模型装配、在惯性过载和稀薄空气作用下动力装置和各种部件的地面试验等。动力装置的试飞修正通常要占据试验无人机的试制修正所需全部时间的很大一部分。然后在成批使用时仍然要继续进行这一类的修正。本节介绍发动机设计试制的整个过程。

4.3.2　发动机设计试制过程

1.发动机策划阶段

发动机策划阶段需要做周密的调查研究,具体包含以下方面:

(1)访问使用单位和配套单位,广泛征求用户的意见。

(2)充分了解生产厂的工艺条件、技术状况和设备能力,使产品设计更加符合实际生产。

(3)在所有可能的环境大气条件下,以及所有允许的飞行状态中,发动机均需可靠而顺利地工作。除此之外,发动机设计研制过程中还必须考虑以下的因素:发动机便于日常使用、便于快速拆卸和维修保养,动力装置自动化程度尽可能高。

(4)广泛收集整理已经被生产实践所证实了的同类型先进发动机的性能参数和结构方案,然后结合所需要设计的发动机的具体情况,选择样机综合分析,拟定设计技术任务书。

(5)了解发动机使用环境条件和运输要求:发动机工作时能够承受飞机助推发射产生的过载,能承受飞行器机动飞行、着陆产生的应力,能够承受无人机环境条件、运输条件产生的环境应力。

(6)考虑该型发动机系列化的可能性。

图 4 - 37 所示为发动机新产品设计试制的一般流程图。

2.实施阶段

此阶段一般包括以下方面:

(1)总体方案设计。总体方案设计包括确定主要结构参数、主要零部件的结构方案,进行总布置设计,以及绘制纵横剖面图和外形布置图等。在确定总体方案之前,先要拟定几种方案,加以讨论、分析、比较。经反复修改得出初步方案,随即绘制其他系列产品和各种变型产品的总体布置图,以便统一考虑产品系列化和变型等问题。

(2)单缸试验和主要零部件的试验研究。在总体方案确定之后即可进行单缸试验和主要零部件的初步施工设计。为了使设计计划能顺利而迅速地实现,并实现技术任务书中规定的各项指标,为今后多缸机的设计提供依据,除了应在设计中吸收各方面的经验和进行必要的理论分析与零部件的多方案计算、实验、应力分析等外,还应进行单缸试验或专题性的单项试验,以分析工作过程的完善性,同时分析主要零部件如活塞、连杆、曲轴、配气机构等的可靠程度。其中包括:分析燃油供给系统如化油器、喷油泵凸轮型线、柱塞直径等的合理性,分析进排气凸轮型线、气门定时的影响,以及分析主要配合间隙(如活塞与缸套,轴与轴承)和采用新材料等的情况。

(3)多缸机施工设计。在总体设计、单缸试验和专题性零部件试验的基础上,即可进行多缸机的施工设计。主要包括确定零部件的具体结构形式和尺寸,确定零件加工精度和技术要求,选择材料和热处理规范,以及绘制零件工作图。

3.检验阶段

(1)样机的试制与性能试验。设计质量必须经受样机试制与性能试验的检验。设计人员应参加加工、装配、调试和鉴定的全过程,通过实践的检验,了解设计上存在的问题,检验与评价设计方案的正确性,做好生产现场的服务工作。样机性能试验一般按以下程序进行:

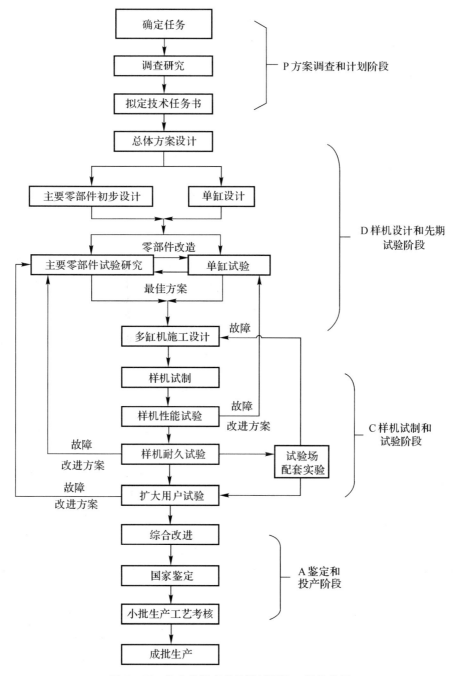

图 4-37　发动机新产品设计试制的一般流程图

1)新机磨合。新机装配完成后先应进行磨合运转。磨合的目的是检查加工装配的质量和消除摩擦零件残存的毛刺,使之有较良好的贴合,以保证后续性能试验的稳定进行。在磨合时应逐步增加转速和负荷,最后达到 80% 的标定转速和 70% 的标定功率。磨合结束后应清洗各系统并更换机油。

2)样机调整试验。调整样机的各项参数使之达到或超过原设计指标。试验项目包括,如喷油提前角试验、燃油系统试验和进排气系统试验等。

3)样机的性能试验。样机经调试后,应进行全面的性能试验。其中包括起动试验、机械损失和各缸均匀性试验、负荷特性试验、速度特性试验、调速特性试验以及空转特性试验等。

(2)耐久试验。耐久性试验是为了通过长期的耐久运转,考核发动机及其零部件的可靠性,并验证发动机的首翻期和寿命。性能试验后,即可按 GB 1105.3—1987《内燃机台架性能试验方法测量技术》进行可靠性耐久试验。

(3)低温起动试验。低温起动试验是为了评定发动机在低温环境下的起动性能。低温起动试验的环境温度一般为 233 K(−40℃),或者按照有关的技术文件确定。低温起动试验中允许起动的次数、每次起动的时间以及两次起动的时间间隔按照相关产品规范的规定。

低温起动试验中,将发动机至于低温室内,降温至规定的温度后保温,保温时间由相关的技术文件规定,一般为 2 h。低温保温后,起动发动机,在允许的起动次数内,发动机成功起动并能够自行运转。

(4)高低温贮存试验。进行发动机高低温贮存试验是为了评定发动机在高低温条件下非工作状态贮存的适应性。

在高低温贮存之前,在发动机试车台架上测试发动机最大功率和最大功率燃油消耗率。测试完成后将发动机置于温度箱内,进行高温保温或者低温保温,高低温温度和保温时间按照发动机的技术文件规定。保温完成后再次在发动机试车台架上测试其最大功率和最大功率燃油消耗率。

要求高低温贮存试验完成后,发动机外观无损坏,塑料以及橡胶件无脆化、老化、开裂现象,且发动机最大功率和最大功率燃油消耗率须符合相应指标要求。

4.改进与处理阶段

(1)样机鉴定。在总结了单缸试验、样机试制、样机性能试验、耐久试验和扩大用户的配套试验经验的基础上,进行第一轮的综合改进,落实各项处理方案后即可由设计试制单位提出申请,由有关主管部门组织新产品鉴定会议。鉴定会议应有领导机关、设计部门、生产工厂、配套单位和使用单位的人员参加。设计和试制单位应向鉴定会议提供下列文件:

1)设计技术任务书;

2)发动机试制小结;

3)发动机性能试验和耐久性试验报告;

4)扩大用户试验小结;

5)鉴定试验大纲;

6)发动机技术设计资料(如热计算、动力计算、主要零部件强度计算、曲轴扭振计算、冷却系统润滑系统计算等);

7)全套生产图纸和技术文件(如发动机交货验收标准、出场规范、产品证明书、使用维护保养说明书等)。

设计和试制单位还应向鉴定会议提供两台以上样机,供鉴定会议抽取一台样机进行性能试验。

会议在审查技术文件和对样机进行性能试验的基础上,对该新产品是否达到设计要求给予全面评价,决定该机能否通过鉴定,并由鉴定参加单位签署鉴定意见书。在鉴定会议通过并经有关领导部门批准后,该新产品才能投入生产。

（2）定型试验。GJB 3729—1999《航空活塞发动机通用规范》规定了航空活塞发动机定型需进行 150 h 持久试车试验。

GJB 3729—1999《航空活塞发动机通用规范》规定了定型试验 150 h 持久试车工况与程序。150 h 持久试车完成后，发动机不做任何的调整，须再次进行发动机性能测试，包括发动机最大功率、最大功率燃油消耗率等性能测试，与持久试车前的性能参数比较，其变化须符合发动机技术文件的规定。

（3）小批试制和批量生产。新产品通过鉴定、整理设计图纸和技术资料，提出正式生产用的产品设计图并经领导部门批准后，工厂应先组织小批生产以考验产品设计的工艺性和工艺装备的性能，通过工艺实践过程，发动机才能投入大批生产。

以上是发动机设计试制的一般程序与方法。但这不是一成不变的程式。应根据具体情况作具体的分析，抓住主要矛盾，掌握其内部的联系并作反复地试验研究。上述四个阶段完成后，即使是产品投入了批量生产，也并不意味着设计工作就一劳永逸地完成了。若第一轮设计试制失败，就得按照图 4-38 所示的 PDCA 的步骤总结经验教训，进行第二个循环（第二轮）的 PDCA，甚至经数个循环，不断提高直至成功。如果第一个 PDCA 循环成功了，产品质量也要不断提高，沿着产品设计系列化、零部件生产专业化的道路不断前进，使产品更趋完善。

以上 PDCA 的四个环节是有机地联系着的，并不是截然分开的。整个过程称为全面质量管理（TQC），它适用于产品质量管理，还适用于各个环节、各个部门生产技术的提高，也适用于设计水平的提高。

（4）飞行前试验。按照 GJB 3729—1999《航空活塞发动机通用规范》的规定，航空活塞发动机在飞行试验前须完成相关的飞行前试验，以保证发动机飞行前的状态具有充分的耐久性和可靠性。发动机飞行前试验包含 50 h 试车和其他试验。

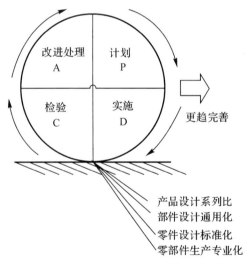

图 4-38　设计产品质量的提高过程

发动机飞行前试验需准备两台发动机，其中一台用于发动机性能检验，也即发动机在飞行前试验开始之前，须按照 GJB 3729—1999《航空活塞发动机通用规范》第 4.6.4.4 节的规定进行发动机性能测试，包括发动机最大功率、最大功率燃油消耗率等性能测试。

另外一台用于飞行前试验的 50 h 试车的发动机，GJB 3729—1999《航空活塞发动机通用规范》第 4.6.6 节规定了 50 h 试车工况与程序。完成 50 h 试车后，须再次进行发动机性能测试，包括发动机最大功率、最大功率燃油消耗率等性能测试，与持久试车前的性能参数比较，其变化须符合发动机技术文件的规定，最大连续状态实测功率降低不得超过 5%。

完成 50 h 试车的发动机在完成性能测试后，发动机完全分解检查所有零件，并进行相关的测量，将测量结果与设计图纸要求和试验前的测量数据比较，以确认是否存在异常磨损、变形或薄弱环节。

发动机在飞行前试验结束后，性能测试达到技术文件的要求，若分解检查亦没有发现异常的危险故障，则认为发动机通过了飞行前试验。

4.4 空气螺旋桨

4.4.1 螺旋桨的定义

螺旋桨是一种将发动机的动力变成推力或者拉力的装置，常用于航空器与船舶的动力系统。本书只涉及航空用空气螺旋桨，图 4-39 所示为一些航空用螺旋桨。

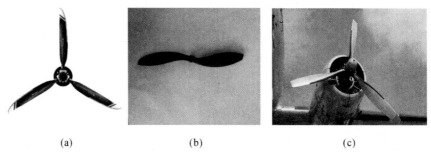

(a)   (b)   (c)

图 4-39 航空用螺旋桨图

4.4.2 螺旋桨的应用

人类使用螺旋桨的历史最早可追溯到我国古代的竹蜻蜓，但是直到 19 世纪中期才对螺旋桨进行了深入的理论分析，先后奠定了螺旋桨的两大理论基础，即动量理论和叶素理论。20 世纪 30 年代，螺旋桨迎来了大发展，F. Durend 总结出了一套反映螺旋桨几何参数影响的设计和分析方法，并采用了应力分析和测试技术。第二次世界大战期间，飞行器的飞行速度、尺寸、发动机的功率迅速增加，这进一步推动了螺旋桨的发展（见图 4-40），人们研究出了一系列专用于螺旋桨的层流翼型。同时在螺旋桨的构造方面出现了变矩桨以及顺桨和反桨装置，使得桨叶角的可调节范围更大。

20 世纪 50 年代中期，随着喷气发动机的发展，螺旋桨的发展逐渐受到影响，应用于垂直起降、短距起降、远程耐航飞机等少数领域。但是随着航空领域对经济性的追求，低油耗的螺旋桨又重新获得重视。性能优越的螺旋桨应用于支线客机，使得支线客机在低油耗、低排放方面具有优势，同时在飞行速度、噪声水平方面获得了提升（见图 4-41）。

图 4 - 40　P - 51 野马战斗机

图 4 - 41　安东诺夫 - 140 双发涡轮螺旋桨短途客机

4.4.3　螺旋桨的主要形式和分类

1. 螺旋桨的主要形式

（1）提供拉力和推力的螺旋桨。推进系统为飞行器提供前进运动的动力。螺旋桨在旋转时，桨叶将其周围的空气向后排出，空气反作用于螺旋桨桨叶的力会产生两个效果，首先是沿着轴线的力，此即飞行器前进的动力，其次产生一个旋转的力矩，该力矩与螺旋桨发动机的转动力矩平衡。图 4 - 42 和图 4 - 43 所示分别是为飞机提供拉力和推力的螺旋桨。

图 4 - 42　产生拉力的螺旋桨

（2）直升机旋翼。垂直轴的螺旋桨是直升机垂直起降和空中悬停的动力来源，称之为直升机的旋翼，如图 4 - 44 所示。直升机旋翼是一种升力螺旋桨，在发动机的驱动下，围绕垂直旋转轴旋转，能够保证直升机做垂直运动。同时当来流气流与螺旋桨有一定迎角时，旋翼也能够提供直升机前进的动力。

（3）风车。风车的作用是吸收来流空气的功率，并将此功率转化为旋转运动的功率。风车的工作状态与推进系统的螺旋桨刚好相反。当推进系统的螺旋桨的飞行速度大到使得拉力与力矩均为负值时，各叶素均以负迎角工作，就成为风车。

（4）风扇。风扇是用来产生气流的螺旋桨。风扇的作用特性与推进系统的一样。区别在于推进螺旋桨关注产生的力和力矩，而风扇关注的是由其产生的气流流量和气流的压力。图4-45所示为一种用于压缩空气的风扇。

图4-43　产生推力的螺旋桨

图4-44　直升机旋翼

图4-45　压气机风扇

2.按照桨叶固定方式

（1）定矩螺旋桨。桨叶以固定的安装角固定于轮毂上，在飞行过程中桨叶安装角不可调节的螺旋桨为定矩螺旋桨。定距螺旋桨在其额定的飞行速度下，发动机能够发挥出最大功率。当飞行速度不在额定速度时，发动机功率不能被螺旋桨完全吸收。如果将定距螺旋的桨叶永远固定在一个特定的安装角，使之成为一个固定的整体，那么这样的螺旋桨是单矩螺旋桨，如图4-46所示。

（2）变矩螺旋桨。变矩螺旋桨可以在飞行中实现螺旋桨桨叶绕其纵轴转动，达到改变桨叶角的目的。变矩螺旋桨一般采用较大的螺距实现滑跑和起飞，用较小的螺距实现高速飞行。图4-47所示为一种变矩螺旋桨。

（3）自动变矩螺旋桨。自动变矩螺旋桨上安装有恒速器，可以自动地改变桨叶安装角，实现螺旋桨桨叶角的自动调节，使螺旋桨在起飞、爬升、巡航、降落等多种状态下，均处于最佳的工作状态,满足飞机的各种需要。图 4 - 48 所示是一种自动变矩螺旋桨。

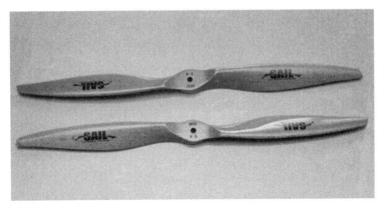

图 4 - 46　一种单矩螺旋桨

图 4 - 47　一种变矩螺旋桨

图 4 - 48　一种自动变矩螺旋桨

3.按照变矩原理

(1)正向式螺旋桨。正向式螺旋桨的桨叶在液压压力力矩和桨叶本身的离心力力矩的作用下变成小矩,而依靠配重的离心力力矩变成大矩。正向式变矩螺旋桨的每一片桨叶上都有配重,以保证桨叶在离心力的作用下变为大矩。

(2)反向式螺旋桨。反向式螺旋桨的桨叶角在液压压力力矩的作用下变为大矩,在桨叶自身离心力力矩的作用下变成小矩,桨叶上没有配重。由于没有配重,反向式螺旋桨在结构上比正向式螺旋桨简单。但也正由此,螺旋桨变为小矩是依靠桨叶自身的离心力实现的,所以容易出现飞转,进而造成事故,特别是在俯冲时,当液压力矩不足以使桨叶角变大时,螺旋桨转速就不断增大,造成飞转。

(3)双面螺旋桨。双面螺旋桨的桨叶在液压压力力矩和本身离心力力矩的共同作用下变为小矩,又在液压压力力矩的作用下变为大矩。双面螺旋桨一般安装有恒速器,恒速器和螺旋桨的润滑系统具有自动控制系统。双面螺旋桨的结构较正向式和反向式螺旋桨复杂。

4.按照桨叶角的调节方式

(1)顺桨式螺旋桨。顺桨式螺旋桨指的是,螺旋桨桨叶与其旋转平面成 90°角,即桨叶顺着气流方向。图 4-49 所示为顺桨式螺旋桨的位置示意。在发动机停车的情况下,顺桨式螺旋桨的桨叶会变成顺桨状态,顺桨状态的螺旋桨迎风面阻力比正常状态小 1/20~1/10。故双发动机飞机的一台发动机停车后,若另外一台发动机的螺旋桨成为顺桨状态,则垂直速度比不是顺桨状态的大,同时航程也大。另外,顺桨状态的螺旋桨将不再转动,避免了破坏发动机的可能。

(2)逆动式螺旋桨。逆动式螺旋桨也叫反顺桨式螺旋桨,图 4-50 所示为逆动式螺旋桨的位置示意。逆动式螺旋桨的桨叶可以有负的安装角,从而可以产生与飞行相反的推力或拉力,这可以缩短飞行器的着陆滑跑距离。另外,逆动式螺旋桨还可以用于限制俯冲速度。

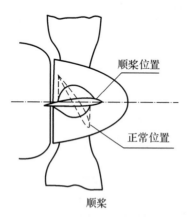

图 4-49 顺桨式螺旋桨位置示意

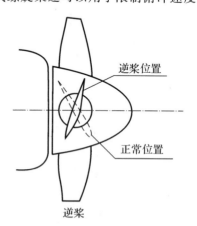

图 4-50 逆动式螺旋桨位置示意

(3)共轴螺旋桨。共轴螺旋桨有两个螺旋桨,二者围绕同一根轴旋转,但是旋转方向相反(见图 4-51)。共轴螺旋桨具有以下优点。

1)采用共轴螺旋桨,可以将发动机传递给飞机的反作用力矩减少至零;

2)在最大飞行速度时,共轴螺旋桨的总效率比非共轴螺旋桨的效率高;

3)在高速飞行状态,共轴螺旋桨的总效率比具有相同工况的两个独立的螺旋桨效率高;

4)飞行器采用大功率的发动机时,共轴螺旋桨的起飞性能优于单独的螺旋桨。

共轴螺旋桨的两个桨壳之间的距离较近时,称之为联列螺旋桨;桨壳之间的距离较大时,称之为纵列螺旋桨。

图 4-51　共轴螺旋桨

4.4.4　螺旋桨的特性

1.螺旋桨的几何特性

(1)螺旋桨直径。螺旋桨桨叶叶尖扫掠圆周的直径即为螺旋桨直径 D。螺旋桨直径与发动机的功率、转速,飞行器的速度、高度,以及桨叶的宽度和数量均有直接关系,一般根据空气动力学知识计算,综合确定。

当螺旋桨桨叶桨尖的马赫数达到一定的值时,会在桨尖处产生激波,导致螺旋桨的效率急剧下降,因此螺旋桨直径的大小受到桨尖马赫数的限制。为了在最大平飞状态下获得高的效率,一般规定桨尖马赫数不大于 0.95~0.97。

另外,螺旋桨的直径还要受到桨尖距离地面的距离、桨尖与飞机其他之间部件之间的距离、桨叶叶缘与发动机罩之间的距离的限制。

(2)桨叶角度。在螺旋桨桨叶的任一半径位置,剖面弦线与螺旋桨旋转平面之间的夹角为桨叶剖面的安装角,也称为桨叶角或者桨距,即图 4-52 中的角度 φ。桨叶各个剖面的安装角沿着其半径方向是变化的,故桨叶沿着径向是发生扭转的,这样可以保证桨叶的叶素均工作在有利的迎角状态。如图 4-53 所示,从桨根到桨尖,桨叶角逐渐减小。

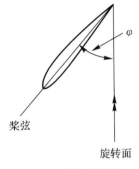

图 4-52　螺旋桨安装角

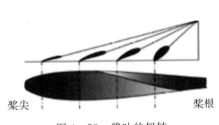

图 4-53　桨叶的扭转

(3)桨叶宽度与桨叶平面形状。桨叶宽度指的是桨叶截面弦线的长度,通常桨叶宽度用字母 b 表示。为了得到更好的桨叶气动性能,桨叶的宽度是沿着桨叶径向变化的。一般来说桨尖和叶根的宽度较小,而桨叶中部区域的宽度最大。一般采用相对宽度来表示桨叶宽度,即 $\bar{b}=\dfrac{b}{D}$,$\bar{b}$ 在 6%～7%之间的桨叶为窄桨叶,在 9%～10%之间的桨叶为比较宽的桨叶,在 8% 左右为适中。

桨叶宽度沿着半径方向的变化规律确定了桨叶的平面形状。另外,桨叶的平面形状还受到其受力变化、结构和强度的影响,通常要求在定常荷载的工况下,桨叶径向从 $0.5R$ 到叶尖之间各叶素剖面内的应力保持常数。

由儒可夫斯基升力环量定律可知,在环流沿桨叶展向的分布确定以后,桨叶的形状亦随之确定。对于一般的飞行速度,均采用叶根部和叶尖部收缩的桨叶(针形),对于大功率发动机带动的高速飞行的螺旋桨如图 4 - 54 所示,可采用矩形或者扇形的螺旋桨。

马刀形或后掠型螺旋桨可使得螺旋桨的临界马赫数增大。对于马刀形的螺旋桨,其效率开始下降时对应的飞行速度比普通螺旋桨的飞行速度高,故马刀形螺旋桨可以提高高速飞机螺旋桨的使用范围。

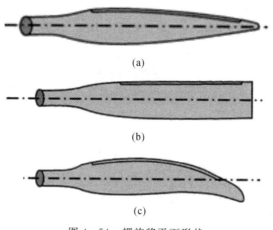

图 4 - 54 螺旋桨平面形状
(a)针形桨叶; (b)矩形桨叶; (c)马刀形桨叶

(4)桨叶厚度的分布。任一桨叶剖面的最大厚度 C 称为该处桨叶的厚度。桨叶厚度与桨叶宽度之比称为桨叶相对厚度。沿着桨叶径向从叶根向叶尖,桨叶厚度逐渐减小。根据翼型的气动特性,厚翼型的升阻比较低,螺旋桨效率较低,但是失速区的气动特性较好。较小的桨叶厚度可以提高螺旋桨的效率,但是其在失速区的气动特性较差。一般来说,金属螺旋桨桨叶叶稍的相对厚度为 4%～7%,木制螺旋桨桨叶叶稍的相对厚度为 7%～8%。螺旋桨桨叶根部的厚度较大,一般可以达到 20%～30%。

2.螺旋桨的运动特性

在飞行过程中,螺旋桨是一边旋转一边前进的,螺旋桨剖面具有两个分速度,即前进速度 V 和圆周速度 U。图 4 - 55 所示为桨叶切面上某一点的运动轨迹。

(1)螺旋桨的转速。螺旋桨的转速用 n 表示,单位为 r/min,即每分钟螺旋桨的旋转周数。

螺旋桨的转速受到螺旋桨直径的限制,为了在增大飞行速度时,保持桨叶叶尖的合成速度在允许的范围内,须减小桨叶叶尖的圆周速度,这可通过在发动机上装配减速器来实现。螺旋桨转速与发动机转速的比称为减速比,就现代航空发动机而言,减速比一般在 $1:2\sim1:1.3$ 之间。

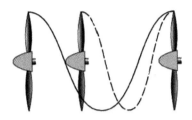

图 4 - 55　桨叶切面上某一点的运动轨迹

(2)螺旋桨的滑程与进距。由于空气的可压缩性,螺旋桨旋转一周所前进的距离并不等于螺旋桨的螺距,而是等于螺旋桨前进速度与螺旋桨旋转周期的乘积,即

$$H_a = V_0 t_0 = \frac{V_0}{n_s} \tag{4-4}$$

式中:H_a—— 螺旋桨的进距;

　　　t_0—— 螺旋桨的旋转周期;

　　　n_s—— 螺旋桨每秒的旋转次数。

定义螺旋桨的螺距与进距之差为螺旋桨的绝对滑程,有

$$S = H - H_a \tag{4-5}$$

在螺旋桨的气动计算中,常定义

$$\lambda = \frac{H_a}{D} = \frac{V_0}{n_s D} \tag{4-6}$$

为螺旋桨的速度系数,或者叫做螺旋桨的前进比,抑或进距比。在空气动力学中,此值称为 Strouhal 数,表示气流的非定常性。

(3)螺旋桨的速度。螺旋桨桨叶在其半径 r 处的叶素形状如机翼翼型。叶素弦线与旋转平面之间的夹角为叶素的安装角。叶素的圆周速度为 $U_0 = 2\pi r n_s$,叶素的前进速度为 V_0,则合成速度为

$$W_0 = \sqrt{V_0^2 + (2\pi r n_s)^2} \tag{4-7}$$

合成速度与旋转平面之间的夹角称为几何入流角,如图 4 - 56 中的 γ 所示,有

$$\tan\gamma = \frac{V_0}{2\pi r n_s} \tag{4-8}$$

3. 螺旋桨的动力特性

确定螺旋桨拉力、功率和效率的参数称为螺旋桨的空气动力特性。

(1)叶素的力多边形。如图 4 - 57 所示,考察在半径 r 处叶素,叶素宽度为 b,径向增量为 $\mathrm{d}r$。

根据空气动力学的理论,作用在叶素上的气动合力为

$$\mathrm{d}R = C_R \cdot \frac{1}{2}\rho w^2 \cdot \mathrm{d}s \tag{4-9}$$

式中:C_R—— 叶素的空气动力系数;

ds—— 叶素的面积,ds = bdr。

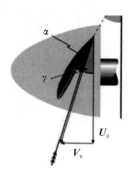

图 4 - 56　几何入流角

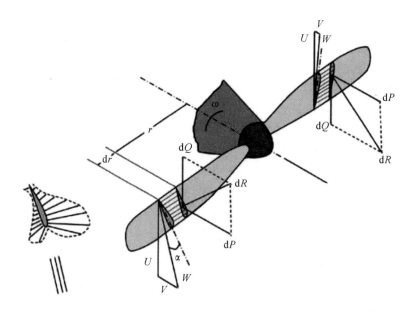

图 4 - 57　叶素受力

图 4 - 58 所示为叶素空气动力及其分布,有

$$dX = C_X \cdot \frac{1}{2} \rho w^2 \cdot ds \qquad (4-10)$$

$$dY = C_Y \cdot \frac{1}{2} \rho w^2 \cdot ds \qquad (4-11)$$

进而得到对应的拉力 dP 和圆周力 dQ 为

$$dP = dp_1 + dp_2 \qquad (4-12)$$

$$dQ = dQ_1 + dQ_2 \qquad (4-13)$$

叶素旋转力矩和功率为

$$dM = rdQ \qquad (4-14)$$

$$dw = 2\pi n_s dM \qquad (4-15)$$

为了获得整个螺旋桨(螺旋桨具有 N_B 个桨叶)的拉力、旋转力矩、功率,将式(4-12)、式

(4-14)和式(4-15)从叶尖到叶根进行积分。

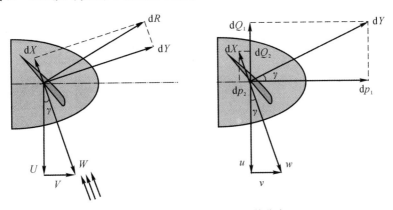

图 4-58　叶素空气动力及其分布

拉力 P 为

$$P = N_B \int_0^R \mathrm{d}P \tag{4-16}$$

旋转力矩 M 为

$$M = N_B \int_0^R \mathrm{d}M = N_B \int_0^R r\mathrm{d}Q \tag{4-17}$$

螺旋桨吸收的功率 W 为

$$W = N_B \int_0^R \mathrm{d}w = N_B \int_0^R 2\pi n_s \mathrm{d}M \tag{4-18}$$

（2）叶素的效率。叶素的效率是叶素的有效功率与叶素旋转消耗的功率的比，即

$$\eta_\theta = \frac{V_0 \mathrm{d}P}{\mathrm{d}w} \tag{4-19}$$

叶素的效率由三部分组成，即

$$\eta_\theta = \eta_{\theta z} \eta_{\theta u} \eta_{\theta \mu} \tag{4-20}$$

式中：$\eta_{\theta z}$——叶素理想效率，仅考虑螺旋桨的轴向滑流损失（轴向损失）；

$\eta_{\theta u}$——叶素圆周效率，仅考虑滑流扭转所引起的损失（环向损失）；

$\eta_{\theta \mu}$——叶素机械损失（摩擦损失、翼型损失）系数。

（3）螺旋桨效率。螺旋桨使得飞机运动的功率称为螺旋桨的有效功率，有效功率与螺旋桨消耗的发动机功率的比值称为螺旋桨的效率，有

$$\eta = \frac{PV_0}{W} \tag{4-21}$$

螺旋桨的效率也可以分为三部分效率之积，即

$$\eta = \eta_z \eta_u \eta_\mu = \eta_z \eta_0 = \eta_1 \eta_\mu \tag{4-22}$$

式中，$\eta_0 = \eta_u \eta_\mu$，——螺旋桨的相对效率，考虑桨叶与空气的摩擦和气流旋转的损失。

$\eta_1 = \eta_z \eta_u$——螺旋桨的诱导效率，考虑螺旋桨轴向滑流和扭转滑流的损失。

η_z——螺旋桨的理想效率，考虑螺旋桨工作时轴向滑流的损失，此类损失是由螺旋桨的工作原理决定的，因为滑流的动量变化产生螺旋桨旋转时的拉力，此滑流不可避免地要带走一部分动能。

η_u—— 螺旋桨的圆周效率,此效率与滑流的扭转关联。若在螺旋桨后部安装导流罩或者采用旋向相反的共轴螺旋桨,就不会产生滑流扭转,那么圆周效率就等于1。

η_μ—— 螺旋桨的机械损失(桨叶与空气摩擦损失)系数,此为叶素型阻损失系数。

如果考虑空气压缩性对螺旋桨性能的影响,并考虑螺旋桨与飞机相互干扰的因素,定义螺旋桨的额定效率为

$$\eta_c = \eta K_\eta K_f \tag{4-23}$$

式中:K_η—— 激波损失系数,考虑克服激波阻力所消耗的功率;

K_f—— 螺旋桨与飞机的互扰系数,考虑螺旋桨与飞机的相互干扰。

4.5 航空燃气涡轮发动机

4.5.1 航空燃气涡轮发动机概述

20世纪40年代后期,燃气涡轮发动机进入航空领域,经过多年的发展,航空燃气涡轮发动机有四种基本类型,即涡轮喷气发动机、涡轮风扇发动机、涡轮螺旋桨发动机和涡轮轴发动机。这些发动机均具有压气机、燃烧室和燃气涡轮,故统称为燃气涡轮发动机。其中的压气机、燃烧室和燃气涡轮组成发动机的核心机,燃气涡轮带动压气机旋转,压气机对气流做功,实现增压效果。高温燃气通过尾喷管高速喷出产生推力,或者输出轴功率带动旋翼、螺旋桨产生动力。

4.5.2 航空燃气涡轮发动机类型

1. 涡轮喷气发动机

涡轮喷气发动机(简称"涡喷发动机")由进气道、压气机、燃烧室、涡轮和喷管组成,其结构如图4-59所示。涡轮喷气发动机工作时,从大气中吸进空气并经过压气机,压气机对气流做功,使气流的压力增大,温度升高,进入燃烧室进行燃烧。在燃烧室产生的高温高压燃气,在喷管中继续膨胀,燃气的一部分能量在涡轮中膨胀转化为机械能,带动压气机旋转,一部分能量以高速沿发动机轴向从喷口向后排出,转化为飞行器的飞行动能。

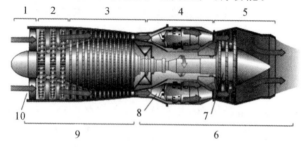

1—吸入; 2—低压压缩; 3—高压压缩; 4—燃烧; 5—排气; 6—热区域;
7—涡轮机; 8—燃烧室; 9—冷区域; 10—进气道
(注:箭头为气流流向)

图4-59 涡轮喷气式发动机结构

2. 涡轮螺旋桨发动机

涡轮螺旋桨发动机(见图 4-60)简称"涡桨发动机",其构造与工作原理基本上和涡轮喷气发动机一样,即工作时从大气中吸进空气并经过压气机,压气机对气流做功,气流的压力增大,温度升高,随后进入燃烧室进行燃烧,燃烧产生的高温高压燃气,在喷管中继续膨胀。燃气的一部分能量在涡轮中膨胀转化为机械能,带动压气机旋转,一部分能量以高速沿发动机轴向从喷口向后排出,燃气的内能转化为机械能,再通过传动和减速机构带动螺旋桨,使得飞行器飞行。

3. 涡轮轴发动机

涡轮轴发动机简称"涡轴发动机",其包括进气道、压气机、燃烧室和尾喷管等燃气发生器等基本零部件,其结构如图 4-61 所示。涡轴发动机工作时产生的燃气通过涡轮驱动转轴输出功率,一般被用来驱动直升机旋翼。燃气基本全部在自由涡轮膨胀,尾气在尾喷管排出时速度较低。涡轴发动机的输出转速较高,可减小发动机传至直升机主减速器的扭矩,使得输出轴的直径和质量较小。

图 4-60　涡轮螺旋桨发动机

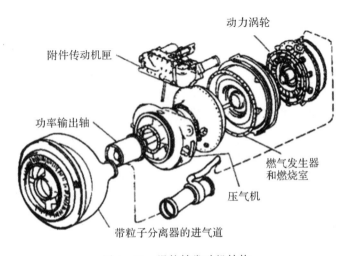

图 4-61　涡轮轴发动机结构

4.涡轮风扇发动机

涡轮风扇发动机简称为"涡扇发动机"。涡扇发动机是在涡喷发动机核心机的基础上,在核心机压气机前面加装增压风扇组成的。增压风扇外径比核心机压气机大,一般由一级或者多级风扇组成(见图4-62)。进入发动机的空气在风扇增压后,一部分从核心机中流过,参与燃烧室燃烧过程,称为内涵气流;另外一部分围绕核心机外环流过,称为外涵气流。内、外涵气流流过的通道分别称为内、外涵道。

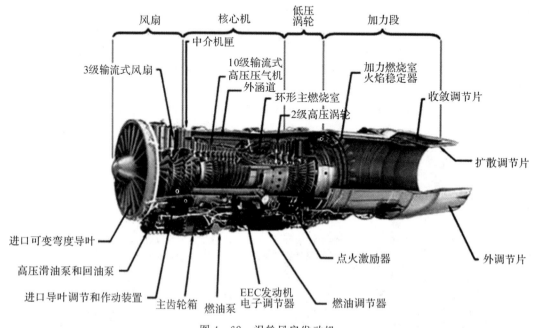

图 4-62　涡轮风扇发动机

相对于涡喷发动机,涡扇发动机具有推力大、效率高、燃油消耗率低、噪声低的优点,从20世纪60年代中期以后被客机、轰炸机广泛采用。

4.5.3　航空燃气涡轮发动机结构

航空燃气涡轮发动机主要由压气机、燃烧室、涡轮和尾喷管等组成。战斗机用燃气涡轮发动机一般还有加力燃烧室。在高增压比的压气机中,为了获得较大的稳定工作的范围,常将压气机分为串联的两个部分,分别由两组涡轮以不同的转速驱动。压气机中位于前端的部分空气压力较低,称为低压压气机;压气机中位于后端的部分称为高压压气机。相应的涡轮分为低压涡轮和高压涡轮。图4-63所示是一种典型的大涵道比涡扇发动机结构。

1.压气机

压气机的作用是提高进入发动机的空气压力,为燃烧室提供高压空气。

根据结构形式和气流特点,压气机可分为轴流式、离心式和混合式三种。离心式压气机的单级增压比高,结构简单可靠,稳定工作的范围较宽,在小型发动机上使用较多,如图4-64所示为一种离心式压气机。轴流式压气机的增压比大,效率高,单位面积空气流量大,故而广泛用于大中型航空燃气涡轮发动机上,如图4-65所示为一种轴流式压气机。在中小型发动机上,轴流式和离心式组合成混合式压气机,发挥了离心式压气机单级增压比高的优点,改善了后段容积流量小的气动特点,避免轴流式压气机叶片高度过短造成损失增大。图 4 - 66 所示为一种离心轴流组合压气机。

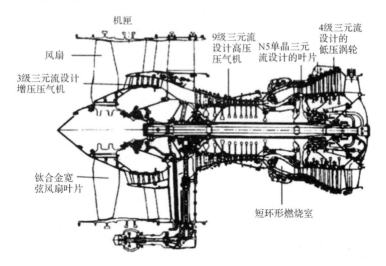

图 4 - 63　一种典型的大涵道比涡扇发动机结构

图 4 - 64　离心式压气机

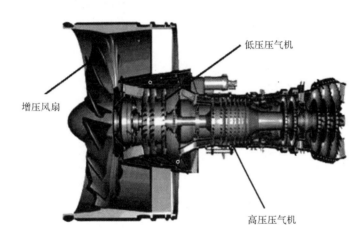

图 4 - 65　轴流式压气机

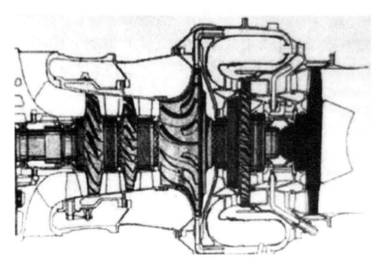

图 4-66　离心轴流组合式压气机结构

2.燃烧室

燃料在燃烧室燃烧,剧烈放热,产生高温燃气。燃烧室的稳定可靠性对发动机的可靠性至关重要。燃烧室出口温度过高会引起涡轮叶片过热或烧毁;燃烧室工作不稳定可能导致熄火,造成发动机停车;燃烧过程组织不好会导致能量损失和燃油消耗率大。图 4-67 表示了燃烧室在发动机中的位置。

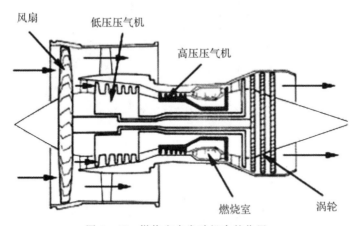

图 4-67　燃烧室在发动机中的位置

燃烧室按照结构形式主要分为单管燃烧室、环管燃烧室和环形燃烧室。早期的燃烧室多为单管燃烧室,在此基础上发展出了环管燃烧室。20 世纪 60 年代后,环形燃烧室成为主流,随着技术的进一步发展,环形燃烧室的长度逐渐减小,出现了短环形燃烧室。三种形式的燃烧室示意图如图 4-68 所示。

3.涡轮

涡轮转速高、功率大。在大功率航空燃气涡轮发动机中,单级涡轮输出功率可达41 790 kW,单个涡轮叶片的做功功率为 597 kW。涡轮前燃气的滞止温度可达 1 800 K,在叶片平均直径位置的线速度约为 500 m/s。涡轮是燃气涡轮发动机中热负荷和动力负荷最大的部件,工作条件非常恶劣。涡轮在发动机中的位置如图 4-69 所示。

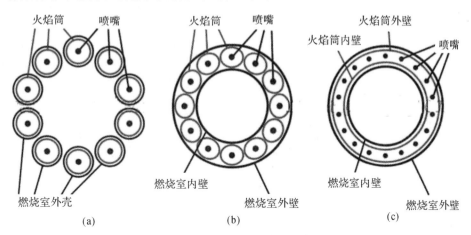

图 4-68　三种类型的燃烧室示意图

(a)分管燃烧室;　(b)环管燃烧室;　(c)环形燃烧室

图 4-69　涡轮在发动机中的位置

　　涡轮在高温的条件下工作,涡轮叶片和轮盘均要由耐高温合金制造。涡轮部件温度分布不均匀,会造成很大的热应力。在设计涡轮时,高温、高负荷、温度不均会导致变形、疲劳、腐蚀等一系列问题。

　　按照转子的数量,涡轮可分为单转子、双转子和三转子涡轮。涡轮由转子、静子、机匣和冷却系统等组成。

　　涡轮转子由涡轮盘、涡轮轴、转子叶片以及连接零部件组成,如图 4-70 所示。涡轮叶片与压气机转子叶片相比,叶身较厚,叶片扭转也较大,如图 4-71 所示。为加强涡轮叶片冷却效果,往往同时采用对流、冲击和气膜冷却多种方式,图 4-72 所示为涡轮叶片冷却气道。

　　4. 排气装置

　　排气装置是发动机中组织排气的构件,一般包括尾喷管、反推装置、消音装置等。尾喷管(见图 4-73)的作用是将涡轮后的燃气继续膨胀,将燃气热能转化为动能,从而使燃气以很高的速度喷出。根据排气方式的不同,尾喷管可分为直流式尾喷管和推力矢量尾喷管两种。

图 4-70 涡轮转子结构

图 4-71 涡轮叶片

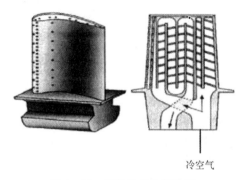

冷空气

图 4-72 涡轮叶片冷却气道

图 4-73 尾喷管

(1)直流式尾喷管。

直流式尾喷管是使燃气向发动机的正后方排出,产生平行于发动机轴线的推力的装置,其可分为不可调节的收敛性喷管、可调节的收敛性喷管和可调节的收敛-扩散型喷管等类型。

(2)推力矢量喷管。

推力矢量喷管可以根据无人机对推力大小和方向的要求,在发动机工作状态下改变排气的方向。推力矢量技术可以提高飞机机动性能。

(3)反推装置。

为缩短飞机着陆滑跑距离,在发动机上装有反推装置,其在飞机减速时启用。目前反推装置多用于旅客机发动机。在涡喷和小涵道比涡扇发动机中,反推装置安装在尾喷口后面;在大涵道比的涡扇发动机中,反推装置安装在外涵道上。

4.5.4 航空涡轮发动机工作原理

空气首先进入发动机的进气道,当无人机飞行时,可以看作气流以飞行速度流向发动机。由于无人机飞行的速度是变化的,而压气机适应的来流速度是有一定的范围的,因而进气道的功能就是通过可调管道,将来流调整为合适的速度。在超声速飞行时,在进气道前和进气道内气流速度减至亚声速,此时气流的滞止可使压力升高十几倍甚至几十倍,大大超过压气机中的压力提高倍数,因而产生了单靠速度冲压,而不需要压气机的冲压喷气发动机。

　　进气道后的压气机是专门用来提高气流的压力的,当空气流过压气机时,压气机工作叶片对气流做功,使气流的压力,温度升高。在亚音速时,压气机是气流增压的主要部件。

　　从燃烧室流出的高温高压燃气,流过同压气机装在同一条轴上的涡轮。燃气的部分内能在涡轮中膨胀转化为机械能,带动压气机旋转。在涡轮喷气发动机中,平衡状态下气流在涡轮中膨胀所做的功等于压气机压缩空气所消耗的功以及传动附件克服摩擦所需的功。经过燃烧,涡轮前的燃气能量大大增加,因而在涡轮中的膨胀比远大于压气机中的压缩比,涡轮出口处的压力和温度都比压气机进口高很多,发动机的推力就是从这一部分燃气的能量来的。

　　从涡轮中流出的高温高压燃气,在尾喷管中继续膨胀,以高速沿发动机轴向从喷口向后排出。这一速度比气流进入发动机的速度大得多,使发动机获得了反作用的推力。涡轮发动机工作原理如图 4 - 74 所示。

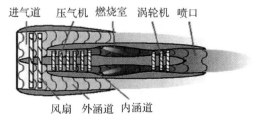

图 4 - 74　涡轮发动机工作原理

4.6　新型动力

4.6.1　新型动力概述

　　随着社会的发展和人类的进步,面对环境的恶化,人们越来越重视环保。发展新型能源必将有新型动力。图 4 - 75 所示为一些新型动力无人机。

图 4 - 75　新型动力无人机

4.6.2 电动力推进系统

电动力推进系统是一种不需要化学燃料燃烧就能产生推进力的系统,它以电力为能源,以电机、螺旋桨为推进系统,驱动飞行器。锂电池、蓄电池、燃料电池的比能量与比功率有了很大提升,无刷电机技术的成熟使得电机效率与比功率也得到很大提高。电源、电机、螺旋桨组成的动力系统成为继活塞螺旋桨推进和喷气推进系统后一种实用的航空推进技术,在消费级无人机和小型民用无人机上得到广泛应用。

与活塞螺旋桨推进系统不同,电动力推进系统采用直流电源代替燃油,采用无刷电机代替活塞发动机,将电源的化学能转化为机械能。电动力推进系统具有响应速度快、能量转换效率高、控制转速与推力精确、使用维护方便以及清洁无污染等优点。电机可以根据需要定制,大大放宽了发动机对飞行器设计的限制,采用电推进系统的飞行器噪声低、振动小,绿色环保。

典型电动力推进系统由直流电源、调速器、无刷电机、减速器和螺旋桨等五部分组成,如图 4-76 所示。

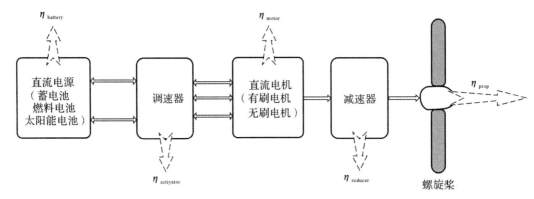

图 4-76　电动力推进系统示意图

4.6.3 太阳能无人机

太阳能动力装置是利用太阳能为机械设备提供动力的一类装置,通常由太阳能集热器装置和能量转换装置组成。它以柔性高效的薄膜太阳能电池组件为核心技术,在一定的光照条件下,通过光电转化及储能、智能控制和电力配送等精确控制系统,将太阳能转化为驱动动力,是真正意义上的零污染的清洁动力能源。

太阳能无人机,顾名思义既是以太阳能为动力源进行飞行和作业的无人机,其具有超长航时、持久留空、超高飞行、广阔作业等主要特点,价值堪比"准卫星",更具备部署灵活、经济性好等优势。近年来,出于重大自然灾害预警、高空海域巡视监管、应急抢险救灾、反恐维稳、移动通信等目的,各国都在大力投入、加速研发和积极布局太阳能无人机的发展,以期望抢占未来无人机产业的新高地。图 4-77 所示为一种太阳能无人机。

4.6.4 燃料电池

燃料电池是一种电化学电池,它通过氧化-还原反应将燃料(通常是氢气)和氧化剂的化学能转换为电能。与大多数电池所不同的是,燃料电池需要连续的燃料和氧气源(通常来自空气)来维持化学反应,而在非燃料电池中,化学能通常来自已经存在于电池中的金属及其离子或氧化物。只要有燃料和氧气供应,燃料电池就能连续发电。

图 4-77　太阳能无人机

　　燃料电池主要由四部分组成,即阳极、阴极、电解质和外部电路,如图 4-78 所示。燃料气和氧化气分别由燃料电池的阳极和阴极通入。燃料气在阳极上放出电子,电子经外电路传导到阴极并与氧化气结合生成离子。离子在电场作用下,通过电解质迁移到阳极上,与燃料气反应,构成回路,产生电流。

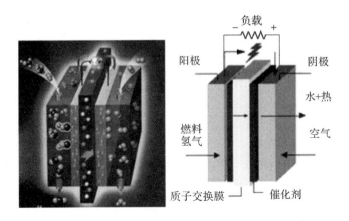

图 4-78　燃料电池

4.6.5　氢动力

　　氢燃料,是指液态氢燃料。燃烧 1 g 氢能释放出 142 kJ 的热量,是汽油发热量的 3 倍。它燃烧的产物是水,没有灰渣和废气,不会污染环境。氢气在车体内经过燃烧后只排出水蒸气,对空气不会造成任何污染,是一种理想的发动机燃料。目前主要应用的技术途径有两个:一是内燃机改用氢气燃料;二是氢气燃料电池,这依赖于燃料电池技术的发展。氢气发动机属点燃式发动机,可以由汽油机或柴油机改制。对于汽油发动机只需稍加改造,就可燃烧氢气。目前氢动力还处于研究探索阶段,真正应用很少。

4.7 发动机燃油系统

4.7.1 发动机燃油系统概述

无人机燃油系统用来储存机载发动机(含辅助动力装置)需用的燃油,并在无人机允许的一切飞行状态和工作条件下,按一定的顺序向发动机不间断地供给规定压力和流量的燃油。另外,燃油系统还具有冷却飞机上其他设备(或系统)和保持飞机重心于规定范围内等附加功能。燃油系统组成及其功能如图 4-79 所示。

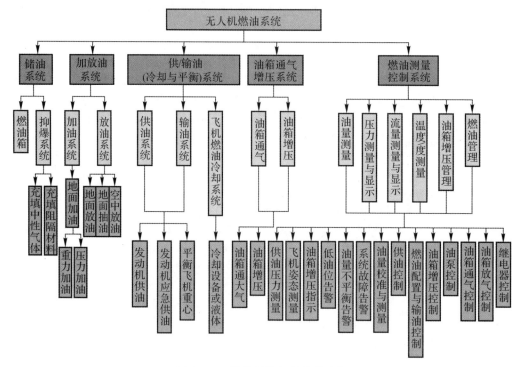

图 4-79 燃油系统组成及其功能

4.7.2 储油系统

燃油储油系统用于储存机载发动机(含辅助动力装置)工作所需的燃油,并在油箱受到武器攻击或撞击时,抑制其着火或爆炸。无人机使用燃油箱储存燃油,按油箱在飞机上的位置分为机身油箱、机翼油箱和外挂油箱;按油箱结构与材料分为硬油箱、软油箱等。

1.油箱布局与可用油量

油箱的布局与耗油顺序直接关系到无人机飞行过程中重心保持与最大可用油量。每个油箱在飞机正常停机姿态下油箱容积预留油箱总容积 3%～4% 的膨胀空间;预留占油箱总容积 1%～2% 的不可用燃油量;按油箱内结构和设备可能占用的空间、软油箱四周的圆角、压力加油油面控制器安装的限制,预留适当的安全余量;在确定油箱底部形状时,预留油箱集液槽,其容量为油箱容积的 0.25%,集液槽设有排泄口与放沉淀装置。底部装有离心泵的供油箱,其底部距供油泵进口 50 mm 以下视为不可用燃油。

2.油箱形式和耗油顺序

无人机燃油系统的重量特性、工作寿命、可靠性和维修性,在许多方面取决于油箱的结构。无人机常用油箱有整体油箱和薄壁软油箱两种。

整体油箱:可合理利用飞机内部容积,增加燃油储存量,特别是在高速飞机结构承受高温,不能采用软油箱的情况下使用。

薄壁软油箱:用于没有特殊防护要求又不宜采用整体油箱的区域。它容易制成所需形状,密封可靠、重量轻、便于安装,是目前无人机广泛使用的燃油箱。软油箱的主要缺点是橡胶易老化,使用温度受到限制;一旦出现不密封,燃油会漏在机体内,很难发现泄漏部位。

(1)软油箱。无人机使用的软油箱通常为非自封式,薄壁橡胶件,具有 5～10 年较长设计寿命,工作压力一般 0～0.035 MPa(相对压力),工作温度-55～120℃,油箱壁厚一般 0.8～2.5 mm,使用期内不渗油、不老化、不龟裂,不产生其他缺陷。

软油箱外形大于油箱结构内形,使油箱安装后有一定皱纹度,防止油箱小于结构时固定拉紧和燃油压力作用使油箱产生拉应力,加速疲劳老化。

(2)硬油箱。大型高速无人机通常使用硬油箱,硬油箱分为机内硬油箱和机外硬油箱。

在距发动机或发动机舱不远处,或在高速无人机上,油箱壁温可达 200～250℃,采用金属油箱。

金属油箱是由铝合金 3A21(防锈铝)和 5A02(防锈铝)用焊接或铆接工艺制造的。壁厚从 0.5～2.0 mm 不等,并且随着载荷分布而有所区别。硬油箱加工完成需进行泄漏、渗漏及气密试验和晃动试验。

(3)耗油顺序。为了以最少的耗油顺序使燃油重心的变化在规定的范围内,有效减少输油控制附件,使飞机姿态变化引起的燃油重心移动在可接受的范围内,应对油箱进行分组,保证在飞机姿态变化时输油出口不会露出油面。

对于机动性大的无人机,可能在零、负过载状态下向发动机可靠供油,为了减少油箱重量,通常依据耗油顺序最终由供油箱向发动机供油。供油箱在无人机上的布置靠近无人机无燃油时的重心,供油箱(组)的容积最好大于飞机低油面警告油量。

对称布置或近似对称布置油箱中的燃油,同时消耗或间断交替消耗,耗油过程中飞机重心变化应限制在规定的范围内,远离飞机重心的油箱中的燃油先消耗(提前消耗机翼油箱中的燃油,先消耗强烈受热油箱中的燃油),尽量减少因意外情况对飞机重心产生大的不利影响。

4.7.3　油箱抑爆系统

无人机在空战或对地攻击时,极易受到敌方空中和地面炮火的攻击而引起储油箱的燃烧和爆炸;无人机在应急着陆与地面撞击和摩擦时,也极易引起着火和爆炸,造成无人机损失和人员伤亡。为防止无人机起火爆炸,安装一套实用、切实可行、不影响无人机及其系统性能和功能的、重量轻的油箱抑爆系统,对于战术和战略武器系统来说,无疑是一种具有生命力的选择。油箱抑爆方式通常有 4 种,即充填泡沫方式、化学剂加泡沫方式、氮抑爆方式以及化学剂抑爆方式。

(1)油箱充填泡沫方式:将一种网状聚氨基甲酸酯泡沫充填材料充填到无人机储油箱里。

(2)化学剂加泡沫方式:除在储油箱中充填抑爆泡沫外,为提高抑爆效果,增加一套化学剂系统。

（3）氮抑爆：将储油箱中的燃油用氮气与氧化剂隔离达到抑爆的效果。

（4）化学剂抑爆：采用 HALON1301(溴基三氟甲烷)，用于对电气不测事件、发动机、普通易燃物和液态、气态易燃材料的防护。

4.7.4　加放油系统

无人机加油方式可分为地面重力加油和地面压力加油两种；无人机放油方式可分为地面抽油和地面压力放油两种。

1.地面重力加油

地面重力加油系统，指通过油箱上部重力加油口，利用燃油重力势能，给飞机各油箱加注所需燃油的系统。其功能框图如图 4－80 所示。

地面重力加油系统一般由飞机蒙皮上的加油口盖、漏斗形橡胶套管、油箱加油口组件、加油枪电搭接插座及油箱连通管、单向阀等组成。

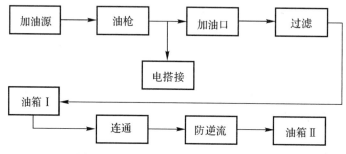

图 4－80　地面重力加油系统功能框图

加油时减少燃油起泡和燃油对油箱壁的撞击力；未设置油滤的加油口上设置保护装置，防止杂物、飞虫掉入油箱；在通往发动机的低压油泵管路上未设置油滤的系统，其加油口上设置 80～120 目的过滤网。在地面控制站上设置油箱油量指示，如机上电网上电，在地面控制站可监视油箱加油量。

2.地面压力加油

地面压力加油系统，指从无人机上的一个或多个加油接头，以密闭的方式和规定的压力，通过燃油管路及控制附件，给机内油箱及机外悬挂油箱加注燃油的系统。地面压力加油系统一般由压力加油接头、加油总管及支管、单向阀、加油通气阀、加油选择及控制装置、预检装置、热释压装置，以及信号指示、操纵控制板等组成。其功能框图如图 4－81 所示。

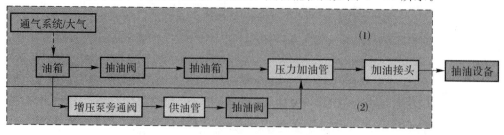

图 4－81　地面压力加油系统功能框图

3.地面放油

地面放油系统,指在地面将无人机油箱内所存的部分燃油或全部燃油及油箱内积存的水分和沉淀物安全放出机外,并可实现地面油箱间的燃油转输,以适应飞行任务的变更,便于无人机维护和检查的系统。

(1)地面抽油系统:利用机上地面抽油系统,将无人机燃油箱内的燃油快速放出(见图4-82)。

(2)地面压力放油系统:通过机上压力放油系统确保将飞机燃油箱内的燃油快速放出。

(3)燃油系统放沉淀:在地面放尽油箱内剩余燃油、排出集液槽内的水分和聚积在槽内的沉淀物(见图4-83)。

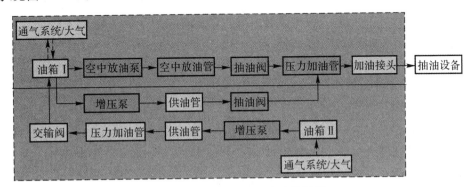

图 4-82　地面抽油系统功能框图

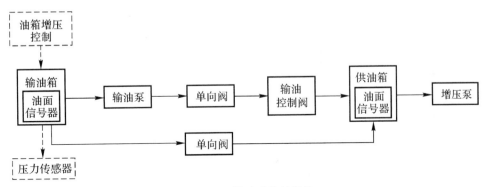

图 4-83　燃油系统放沉淀

4.7.5　供输油(冷却与平衡)系统

供输油系统保证飞机在各种地面和飞行状态下(包括极端条件和各种机动飞行情况),通过油箱交输,不间断地、有效地向发动机供油,满足发动机燃油入口流量、压力、温度、汽液比要求,同时保持无人机重心配平在操控系统可控范围内。其包括供油系统和输油系统两部分。如需要,供油系统还应具有向热交换器提供冷却燃油流量的辅助功能。

1.供油系统

无人机携带的燃油统一由供油箱向发动机供油。供油箱燃油经增压泵增压至发动机进口需要的压力输向发动机。供油路中有防逆流单向阀;在供油箱内布置油量传感器用于测量其油量,零、负过载装置用于无人机机动飞行时保证有效、可靠供油;供油路中按无人机冷却需要设置热交换器,利用燃油作为冷媒冷却待冷源。无人机供油系统如图4-84所示。

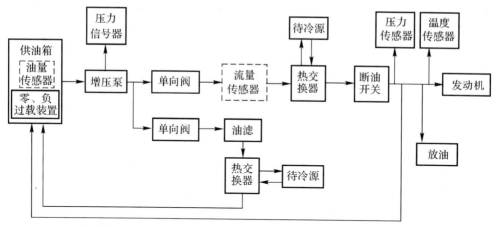

图4-84 无人机供油系统

2.输油及输油管理系统

在无人机地面和飞行状态,按一定的顺序将输油箱中的燃油输送到供油箱,并保持无人机重心在规定的范围内的系统称为输油及输油管理系统。

输油箱内的燃油经引气与输油泵增压后输到供油箱;燃油系统控制器根据供油箱(或输油箱)的油面信号控制输油阀开启向供油箱输出燃油;当输油控制阀或控制失效时,输油箱内燃油通过旁路仍可向供油箱输送。

3.燃油冷却系统

利用燃油作为冷却介质的系统称为燃油冷却系统。

冷却附件包括增压泵、单向阀、过滤器、温度传感器和回油开关等。

燃油箱内燃油经过增压输送到热交换器,提供换热所需冷却流量;冷却燃油经过滤满足热交换器污染度要求;经换热的热燃油供给发动机燃烧,当热交换器出口燃油温度超过发动机工作允许值时,燃油系统控制器控制回油开关开启,增加流经热交换器的燃油流量,满足待冷源的冷却需求和发动机燃油入口温度要求。

4.油箱通气和增压系统

(1)无人机油箱增压系统,是指引自增压气源的压缩空气,经调节使油箱中相对环境大气保持规定的增压值,或者在中低空维持油箱中的压力近似与大气压力相等,在高空保持油箱中的压力不低于规定的绝对压力,保证燃油泵正常工作,降低燃油蒸发损失并保持软油箱形状,在燃油系统需要增压输油时,保持油箱间规定压差的系统。

(2)无人机油箱通气系统,是指使油箱与大气相通,加油时排出油箱中的空气,在飞行中防止油箱中出现不允许的正压和负压的系统。

在大多数无人机上,油箱既需保持规定压力,在需要时又应能与大气相通,因而将两个系统综合设计成一个工作状态不同,但又紧密联系的油箱通气和增压系统。

正常飞行时,保持机身油箱相对环境大气的增压值 Δp_{H1},保证燃油泵正常工作,减少燃油蒸发损失。在各种飞行状态防止油箱中出现不允许的高压或负压。维持机翼油箱相对机身油

箱的增压值 Δp_{H2},保证增压输油流量(见图 4-85 和图 4-86)。

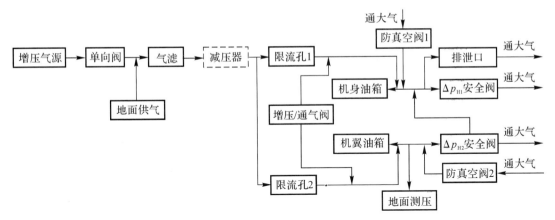

图 4-85　通气增压系统流程图

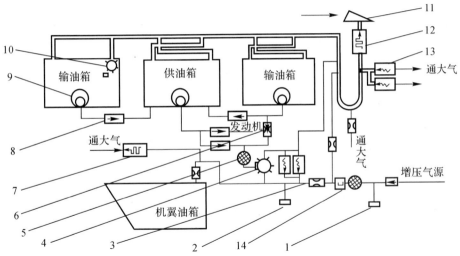

1—地面供气接头；　2—地面测压接头；　3—限流孔；　4—电控通气阀；　5—燃油滤清器；　6—带限流孔的单向阀；　7—防真空阀；
8—单向阀；　9—油泵；　10—浮子通气阀；　11—冲压口；　12—带限流孔的防真空阀；　13—安全阀；　14—减压器

图 4-86　通气增压系统原理

(3)气源选择。按系统要求的压力、流量和对增压空气温度的限制选择增压气源。直接以发动机产生的压缩空气作为增压气源可简化系统,优先选用,且适当增大引气量可简化系统防真空措施,也使防气源污染措施简单。

1)涡轮发动机压气机的压缩空气。涡轮发动机压气机(风扇)压缩空气,允许引气量较大,压缩空气压力较高,但气体温度较高,必要时需采取冷却措施。

2)增压活塞发动机稳压箱压缩空气。增压活塞发动机稳压箱内压缩空气压力适中,温度<100℃,引气无需冷却。

a)冲压空气。冲压空气压力与无人机飞行速度有关,一般较低,只做维持油箱压力不低于环境压力的增压气源。一般只用作辅助气源。

b)气瓶。气瓶重量和所占空间较大,只在特殊情况下使用。

（4）压力控制。油箱增压控制方式分为开式系统与闭式系统两种。

1）开式系统。经限流孔引气增压，引气流量与油箱压力无关，靠安全阀不断排气来保持规定的油箱压力，系统简化流程（见图4-87）。

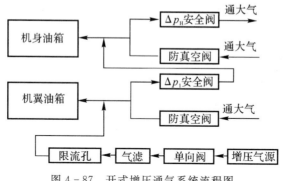

图4-87　开式增压通气系统流程图

2）闭式系统。用减压器类装置控制油箱内压力，引气流量按油箱压力与规定值的偏差调节，安全阀只是在飞机高度变化或减压器打开状态故障情况下，排气泄压（见图4-88）。这样可节省增压气源的压缩空气，减少发动机功率损失的概率。

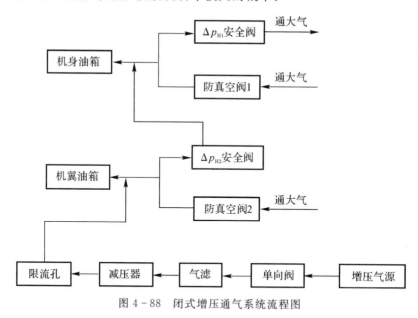

图4-88　闭式增压通气系统流程图

无论开式系统或闭式系统都应设置油箱防负压措施。

3）加油通气。重力加油和压力加油均可用通气阀使油箱通大气，但必须对连接大气的通气口进行防护（如设置防护网），防止停机时外来物进入，污染燃油。

4.7.6　燃油测量与控制系统

燃油测量与控制（测控）系统（简称"燃油测控系统"）用于测量、采集燃油系统工作状态，控制和管理油箱内燃油向发动机的输送，保证有效供油。同时上传燃油系统状态与故障告警信息。

　　燃油测量与控制系统由燃油系统控制器、油量传感器(油面信号器)或涡轮流量计、低油位信号器、供油压力传感器、温度传感器、密度计(按需)、加/输油控制阀、加油选择控制器、飞机姿态传感器(按需)、增压压力信号器和继电器等组成。

　　燃油测控系统控制器作为燃油测控系统的控制核心,采集燃油系统传感器数据、系统工作告警信息,并与无人机飞行姿态与发动机工作状态进行匹配,通过功率驱动继电器自动调整燃油供输油作动装置、油箱引气增压控制装置和加油选择控制装置工作,并实现应急状态人工超权限控制;燃油系统控制器将采集与测量的系统状态与告警信息上传动力装置控制器,以便适时调整发动机工作;燃油系统控制器与无人机综合航电计算机通信,通过数据链接收地面控制站控制指令并传递燃油系统工作状态与告警信息。燃油测控系统工作原理图如图 4 - 89 所示。

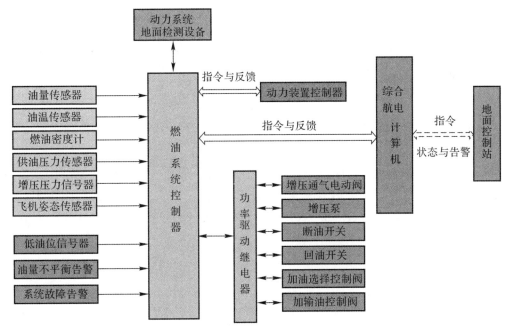

图 4 - 89　燃油测控系统工作原理图

　　1. 燃油系统控制器

　　燃油系统控制器集中管理和控制燃油系统的设备,通过油量传感器或涡轮流量计、低油位信号器、供油压力传感器、温度传感器、增压压力信号器等采集、测量、监视燃油工作系统,并通过控制相应继电器实现增压泵、通气阀、输油控制阀、回油开关、断油开关等的作动控制。如发动机舱出现火警,燃油系统控制器自动控制关闭断油开关,切断发动机供油,避免无人机全机火势蔓延。

　　2. 参数的测量与采集

　　燃油系统控制器具有模拟及开关输入信号的测量与采集功能,能够对输入的信号进行处理或 A/D 转换。当输入的参数超出预置门限时,根据超限等级设定判断,并向上位机发送参数告警颜色显示与相应告警信息。

无人机上电,燃油测控系统自检,参数超限自动报警;在动力系统运行过程中,燃油测控系统在线实时监测燃油系统工作;无人机设置地面检测接口,通过测试电缆系统测试设备能够测量和采集所有燃油系统状态与告警信息。

3.状态控制

综合航电计算机发出发动机工作指令,燃油系统控制器控制相应功率驱动器工作,实现对燃油系统执行器工作的控制。执行器作动到位向燃油系统控制器发送位置反馈信息,便于判断执行器的位置与状态。如位置不满足指令要求,控制器向上位机发送告警颜色显示与相应告警信息。

当动力系统出现紧急状况时,能够判断并优先接受地面站人工控制指令,实现燃油系统超控控制。

无人机设置地面检测接口,通过测试电缆动力系统测试设备实现对燃油系统工作的控制。

4.数据通信

燃油系统控制器具有与下游传感器、执行器、继电器,上游动力装置控制器、综合航电计算机等的通信功能,根据系统复杂性采用余度设计,能够通过多种总线执行并上传燃油系统测量与采集的状态参数及告警信息。

5.电源分配

燃油系统控制器将无人机电源滤波、稳压后分配的28VDC或12VDC电输送给相应传感器与作动器,并对需要单独供电的传感器具有短路保护功能。

6.电磁兼容

燃油测控系统根据GJB 151B—2013《军用设备和分系统电磁发射和敏感度要求与测量》、GJB 1389A—2005《系统电磁兼容性要求》进行电磁兼容设计,选择CE101、CE102、CS101、CS114、CS115、CS116、RE101、RE102、RS101、RS103条款进行测试,保证系统兼容工作,无人机平台兼容工作。

参 考 文 献

[1] 周龙保,刘忠长,高宗英. 内燃机学[M]. 3版. 北京:机械工业出版社,2010.

[2] 童钧耕. 工程热力学[M]. 4版. 北京:高等教育出版社,2007.

[3] 彭泽琰,刘刚,桂幸民,等. 航空燃气轮机原理[M]. 北京:国防工业出版社,2008.

[4] 黄海燕. 汽车发动机试验学教程[M]. 北京:清华大学出版社,2009.

[5] 刘沛清. 空气螺旋桨理论及其应用[M]. 北京:北京航空航天大学出版社,2006.

[6] 符长青. 无人机动力技术[M]. 西安:西北工业大学出版社,2018.

[7] 于坤林,陈文贵. 无人机结构与系统[M]. 西安:西北工业大学出版社,2016.

[8] 《航空发动机设计手册》总编委会. 航空发动机设计手册:第1册 通用基础[M]. 北京:航空工业出版社,2000.

[9] 陈光,洪杰,马艳红. 航空燃气涡轮发动机结构[M]. 北京:北京航空航天大学出版社,2010.

[10] 陶增元,王如根.飞机推进系统总体设计[M].北京:国防工业出版社,2002.

[11] 王细洋.航空概论[M].北京:航空工业出版社,2005.

第 5 章 飞 控 系 统

5.1 无人机飞控系统概述

5.1.1 无人机的空间运动

无人机在空间中的运动可以分为两部分:质心运动和绕着质心的转动,因此,描述无人机在空间中的运动需要六个自由度,即三个质心运动和三个绕质心的角运动,如图 5-1 所示。

质心运动(线运动)的三个自由度如下:

(1)沿地面坐标系 O_eX_e 轴的位移,即速度的增减运动;

(2)沿地面坐标系 O_eZ_e 轴的位移,即升降运动;

(3)沿地面坐标系 O_eY_e 轴的位移,即侧移运动。

绕质心转动(角运动)的三个自由度如下:

(1)绕机体坐标系 O_bY_b 轴的角运动,即俯仰运动;

(2)绕机体坐标系 O_bZ_b 轴的角运动,即偏航运动;

(3)绕机体坐标系 O_bX_b 轴的角运动,即滚转运动。

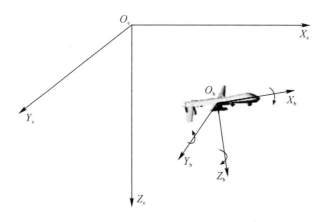

图 5-1 无人机在空间中的运动

上述无人机六自由度的运动还可以分为在对称平面内的运动和在非对称平面内的运动。其中在对称平面内的运动可以称作无人机的纵向运动,包括升降运动、俯仰运动和速度的增减运动。非对称平面内的运动可以称作无人机的横航向运动,包括侧移运动、偏航运动和滚转运动。

5.1.2　无人机的飞行控制

1.无人机飞行控制原理

无人机飞行控制原理示意图如图5-2所示。当无人机偏离初始飞行状态或需要跟踪某个指令时,敏感元件通过测量飞机的飞行状态并输出相应信号,综合计算装置将该信号与外部员的输入指令进行比较、计算,并输出相应的控制信号,执行机构根据控制信号驱动舵面偏转,使得飞机重新回到初始飞行状态或跟踪设定指令。与有人机相比,无人机飞行控制中的敏感元件、综合计算装置和执行机构三部分可以代替驾驶员实现飞机的自动控制,因此其也被称为"自动驾驶仪"。

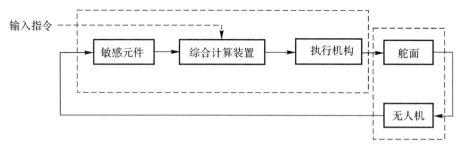

图5-2　无人机飞行控制原理示意图

2.飞行控制系统的组成

典型的飞行控制系统包括以下几个基本组成部分:

(1)测量部件:用来测量飞行控制所需要的飞机运动参数,例如姿态角、角速度、迎角、侧滑角、空速、高度和水平位置等。测量部件是飞行控制系统的信息来源,常见的测量部件有惯性导航设备、卫星导航设备、动静压传感器、航向传感器、垂直陀螺、航姿系统、速率陀螺仪和加速度计等。近些年微机电系统(Micro - Electro - Mechanical System,MEMS)传感器因其低成本和小体积优势在无人机姿态和角速率的测量上被广泛应用,MEMS器件受限于自身精度和测量噪声,通常是多种传感器组合使用,并结合特定的姿态解算和滤波算法得到控制所需的测量值。

(2)信号处理与控制部件:用来对测量部件的测量信号进行处理,进行飞行控制律的解算,完成设备的实时控制等。无人机常见的信号处理部件主要指飞控计算机。飞控计算机有时也叫机载计算机或机载信息综合处理计算机,是无人机实现自主飞行的核心部件之一。就飞行控制层面讲,飞控计算机是运行飞行控制律的平台,能够实现无人机的姿态控制、速度控制、位置跟踪、设备控制、任务指令处理以及各种紧急情况下的应急处理等。在军用无人机领域,飞控计算机通常采用多余度设计方案,以提高飞控系统的可靠性和稳定性。近年来,飞控计算机有集成化和低成本化的趋势,有时也将一些独立传感器集成到飞控计算机内部,在原有功能的基础上扩展了信号测量功能,形成高度集成的航电综合控制计算机。

(3)放大部件:用来将信号处理部件的输出信号进行必要的放大处理,以便驱动执行机构。无人机上使用的放大部件一般与信号处理与控制部件集成在一起。

(4)执行机构:根据放大部件的输出信号驱动舵面偏转,常用的执行机构有电动伺服舵机(简称"电动舵机")、液压伺服舵机(简称"液压舵机")以及电液复合舵机等。电动舵机以电力为能源,通常由电动机、测速装置、位置传感器、齿轮传动装置和安全保护装置等组成。由于电动舵机使用方便、体积重量小,在中小型无人机上有广泛应用。液压舵机以高压液体为能源,输出力矩大、性能优良,但体积大、重量重,需要机上有液压源的支持,多用于大型无人机。

5.1.3　典型飞行控制模式

飞控计算机可以根据任务需要设定一种或多种控制模式,在不同模式下无人机的自动化程度和响应逻辑不尽相同。无人机飞行控制模式通常可以分为自主飞行、自主＋人工修正以及舵面遥控等模式。

(1)自主飞行模式。自主飞行是自动化程度最高的一种飞行控制模式,在该模式下操作人员不需要时刻对无人机发出控制指令,无人机可以按照规划好的航路飞行,并在特定位置执行相应动作。比如测绘无人机可以在划定测绘区域内规律飞行,并在适合的位置执行拍摄动作。察打型无人机可以根据搭载的任务设备与设计路线自动执行飞行与攻击任务。

随着技术的发展,具有实时感知、自主避障、自主航迹与任务规划等功能的高等级自主飞行也逐渐有了初步应用,这种模式更强调了无人机的自主感知与在线自主决策能力。

(2)自主＋人工修正模式。该模式是在自主飞行控制的基础上对所上传的人工指令进行响应的一种模式。相比于自主飞行模式,操作人员在该模式下获得了更大的操纵权限,可以手动指定一些飞行参数目标值,比如设定飞行高度、飞行速度、飞行航向等。这也使得飞行更加灵活多变,可以适应更复杂的实际飞行环境。同时自动控制的接入也大幅度降低了操作人员的作业负担。

(3)舵面遥控模式。舵面遥控模式相比上述模式更加难于控制,地面操作人员通过摇杆等设备可以直接控制无人机的舵面偏转角度,但直接操作舵面对操作人员基于无人机仪表的飞行技术提出了相当高的要求,一般仅用于自动飞行控制系统故障时的应急控制,或者用于低成本航模飞机在视线内飞行时的遥控控制。

5.2　固定翼无人机飞行控制律设计

5.2.1　飞行控制原理

无人机作为一类被控对象,受气动外形、质量分布、动力性能和舵面配置等因素的影响,其模态特性、操纵性能各有不同,需要根据使用场景、对象的特性选择合适的控制器结构和控制律参数,保证被控对象的稳定性及控制性能。

飞行控制律就是控制无人机按照预定的控制规律实现惯性空间沿三个坐标轴的线运动,以及绕三个轴的角运动。坐标系是无人机建模与飞行控制律设计的基础,根据专业不同、应用场景不同,在控制律设计过程中需要涉及不同的坐标系,本书仅简要介绍常用的几种。

1.常用坐标系

控制律设计中常用的坐标系包括机体坐标系、地面坐标系和气流坐标系三种。

(1)机体坐标系(简称"机体系")。无人机作为一个运动体,分析其动力学与运动学特性首先需要建立其六自由度模型,建模与控制通常假设无人机为一个六自由度刚体,将无人机受到的力、力矩沿机体轴分解。

机体系是固连于机体的惯性坐标系,如图 5-3 所示。

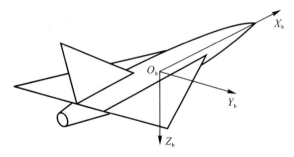

图 5-3 机体坐标系

机体系的原点位于无人机重心,$O_b X_b$ 轴沿机身纵向轴线,向前为正,$O_b Y_b$ 轴垂直于机身对称平面,向右为正,$O_b Z_b$ 轴在机身对称平面内垂直于 $O_b X_b$ 轴,向下为正,机体坐标系定义符合右手定则。

(2)地面坐标系。无人机的发射与回收、轨迹跟踪等需要考虑无人机在空间的相对位置关系,因此需要使用地面坐标系。地面坐标系是固连于地面的惯性坐标系,机体坐标系与地面坐标系之间的三个姿态角分别为:滚转角 ϕ、俯仰角 θ 和偏航角 ψ。

地面坐标系的原点位于地面某点(比如跑道端点),$O_g X_g$ 轴处于地平面内指向无人机飞行航线;$O_g Y_g$ 轴也在地平面内,且垂直于 $O_g X_g$ 轴指向右方;$O_g Z_g$ 轴垂直地面指向地心,向下为正。地面坐标系定义符合右手定则。

机体系与地面坐标系的相对关系如图 5-4 所示。

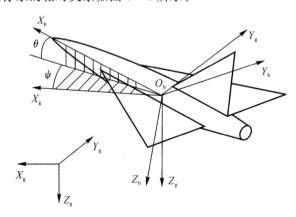

图 5-4 机体坐标系与地面坐标系

从地面坐标系 $O_g X_g Y_g Z_g$ 到机体坐标系 $O_b X_b Y_b Z_b$ 的转移矩阵表达式如下:

$$S_{\theta\phi\psi} = \begin{bmatrix} \cos\psi\cos\theta & \sin\psi\cos\theta & -\sin\theta \\ \cos\psi\sin\theta\sin\phi - \sin\psi\cos\phi & \sin\psi\sin\theta\sin\phi + \cos\psi\cos\phi & \cos\theta\sin\phi \\ \cos\psi\sin\theta\cos\phi + \sin\psi\sin\phi & \sin\psi\sin\theta\cos\phi - \cos\psi\sin\phi & \cos\theta\cos\phi \end{bmatrix} \quad (5-1)$$

(3)气流坐标系。无人机作为飞行器,除重力、发动机推力外,无人机主要受到气动力和气动力矩的影响。气动力和气动力矩受无人机和气流的相对运动关系影响,因而气流坐标系更本质地反映了气流角的影响。

气流坐标系的原点位于重心，OX_a 轴指向来流方向，OZ_a 轴在无人机对称面内垂直于 OX_a 轴指向机腹，OY_a 轴垂直于 X_aOZ_a 平面指向右方，气流坐标系定义符合右手定则。

气流坐标系与机体坐标系之间的夹角分别为迎角和侧滑角。当来流方向位于机身纵向对称面右侧时，侧滑角定义为正。迎角定义为速度矢量在纵向对称面上的投影与机体纵轴之间的夹角，速度矢量在机体纵轴下方时定义为正。

机体系与气流坐标系的相对关系如图 5-5 所示。

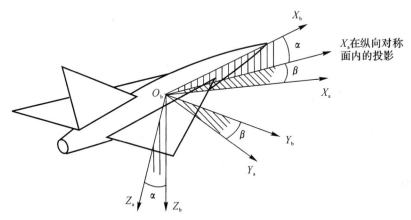

图 5-5　机体坐标系与气流坐标系

从机体坐标系到速度坐标系的转移矩阵表达式如下：

$$\boldsymbol{S}_{\alpha\beta} = \begin{bmatrix} \cos\alpha\cos\beta & \sin\beta & \sin\alpha\cos\beta \\ -\cos\alpha\sin\beta & \cos\beta & -\sin\alpha\sin\beta \\ -\sin\alpha & 0 & \cos\alpha \end{bmatrix} \tag{5-2}$$

2. 无人机控制舵面介绍

固定翼无人机常用的控制舵面主要包括升降舵、副翼、方向舵和襟翼等气动舵面，其中，升降舵控制无人机的俯仰运动，副翼控制滚转运动，方向舵控制航向，襟翼主要在起降阶段起增升作用。对无人机舵面偏转极性的定义，一般按照正舵负偏的原则，即升降舵、副翼、方向舵正向偏转分别产生低头力矩、负滚转力矩和负偏航力矩。常规无人机舵面配置如图 5-6 所示。

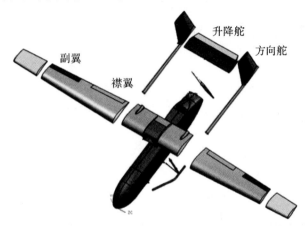

图 5-6　常规无人机舵面配置

还有些无人机具有阻力板,或具备复合功能的复合舵,比如飞翼布局飞机的升降副翼、阻力方向舵,以及"翼龙""捕食者"等无人机采用的 V 尾(升降方向舵)。复合舵通过不同偏转方式提供两个轴向的控制力矩,比如升降方向舵同步上下偏转提供俯仰控制力矩,同步左右偏转则产生航向控制力矩。同理,左右升降副翼同步偏转相当于升降舵,差动偏转则相当于副翼。同样,控制上还可以采取措施将部分常规的舵面配置成复合舵面来使用,比如允许襟翼差动使用,襟翼就可成为襟副翼,同理,副翼也可以同步偏转以增大机翼的升力,起到类似于襟翼的作用。复合舵面如图 5-7 所示。

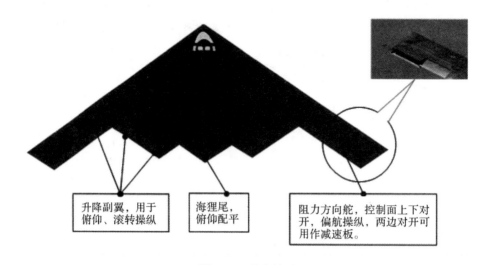

图 5-7   复合舵面

5.2.2   飞行控制律设计流程

控制律设计流程分为建模与特性分析、设计、仿真与试验三个阶段,分别对应设计前的准备、设计过程、设计后的检验,主要包含的环节如图 5-8(左图)所示。实际上整个控制律设计过程是一个建模、设计、仿真验证多轮循环迭代的过程,因此,控制律设计流程还经常表示为如图 5-8(右图)所示的 V 形过程。

(1)基于气动、动力以及质量转动惯量数据建立的六自由度模型是整个设计与仿真的基础。不论是设计需要的线性模型,还是仿真阶段的非线性模型都来源于该六自由度模型,不同专业的数据都以模型的形式体现在仿真模型中,避免文档传递、理解等环节带来的偏差和错误,以更好地贯彻基于模型的系统工程(Model Based System Engineering,MBSE)理念。典型六自由度模型的主要模块如图 5-9 所示。

六自由度模型代表了无人机这一飞行控制律设计对象的数学描述,固定翼无人机线性化方程十分成熟,在飞行控制系统相关书籍中均有论述,在 MATLAB/SIMULINK 中也有构建好的成熟模块可供使用,本书不再赘述。

(2)设计阶段需要根据应用场景选择典型工作状态,为无人机设计相应的控制模态,选择控制方法,确定控制器的结构,并依据相应的飞行品质标准进行参数调节与选优。对于构型变化与飞行包线变化范围大的无人机,还需要设计相应的参数调节规律。飞行控制律设计的主要工作内容如图 5-10 所示。

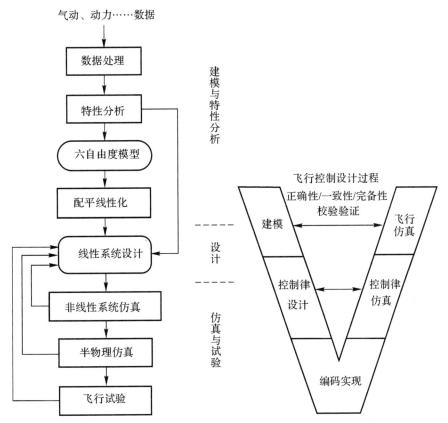

图 5 - 8 控制律设计流程

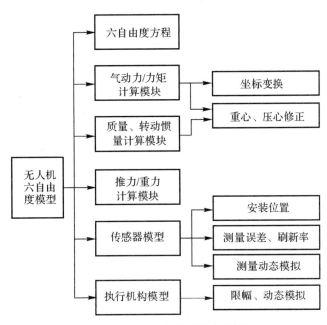

图 5 - 9 六自由度模型的主要模块

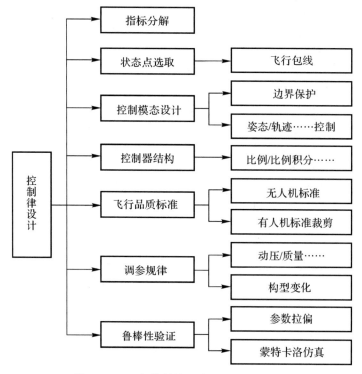

图 5 - 10 飞行控制律设计的主要工作内容

(3)控制律的验证分别需要经过全数字非线性仿真、硬件在环半物理仿真以及最终的飞行试验验证三个环节,每个仿真验证环节重点解决的问题、验证的可信度不同。

1)全数字非线性系统仿真完全基于数学模型,被控对象、传感器、控制器、执行机构全部为数字仿真模型,可以实现飞行仿真全过程、不同飞行状态、不同控制模态下控制策略与控制系统性能的检验。

2)硬件在环半物理仿真阶段,飞控计算机、舵机、各种驱动传感器的物理效应器加入仿真系统,控制律按照机载代码的编码要求实现,传感器实物对信号的测量误差、传输延迟、执行机构的动态过程等更加真实,而且可以通过仿真系统施加各种故障以检验控制逻辑,开展稳定储备测试,检验系统的稳定裕度。

3)飞行试验验证中,虽然一般不施加人为干扰或拉偏,但因为是在真实的飞行环境中,机载系统的交联、大气扰动的影响等都是真实的,所以这一考核是对控制律进行验证与考核的最终手段,经过飞行试验验证通过的控制律一般可固化下来。

5.2.3 常用飞行控制方法

控制方法包括经典控制方法和现代控制方法两大类。经典控制方法基于数学模型,根据时域响应动态特性、频域的幅值稳定裕度和相位稳定裕度,进行控制参数调节,具有结构简单、物理意义明确的特点,在飞行控制律的设计中得到广泛的应用。现代控制方法主要适用于模型参数不确定等情况,一般包括自适应控制、动态逆控制等方法。

1.经典控制律

控制律的评价不仅考查动态响应和稳定储备,还要考查典型飞行模态的自然频率、阻尼比、阻尼等关键参数。时域响应要求快速平稳,主要考查上升时间、超调、用舵量等;频域则主要是看幅值裕度和相位裕度是否符合相关飞行品质准则的要求。

经典控制律针对单入单出系统,通过阶跃响应来考查时域特性,通过开环系统的 Bode 图考查频域的相位裕度和幅值裕度,通过特征根和根轨迹考查典型模态的自然频率、阻尼比等特征参数。在处理多输入多输出系统时,将多输入多输出系统看作多个单输入单输出系统,采用经典控制理论开展控制律设计,并采用相应的飞行品质评价准则进行性能评估。经典控制律设计过程在控制系统相关书籍中都有全面介绍,本书不再赘述。

2.现代控制方法概述

目前的飞行器带控制器后阶次很高,模态之间的耦合非常明显,不能再视作单输入单输出系统。针对经典控制理论适用于单输入单输出系统的局限,各种现代控制理论应运而生。目前动态逆控制与自适应控制已经在有人机的飞行试验中获得应用。

(1)自适应控制。L_1 自适应控制来源于间接式自适应控制,间接形式自适应控制的模型参数来源于估计,控制参数则经过一定的设计。L_1 自适应控制不同于间接式自适应控制,通过引入低通滤波器,仅考虑消除滤波器带宽之内的参数摄动影响,不考虑消除带宽外的参数摄动影响,这样保证了系统在大控制输入和快速自适应情况下的低频特性,更符合工程实际。引入的低通滤波器实现了系统动态性与鲁棒性的分离。

L_1 自适应控制器由三部分组成,即状态预测器、自适应律、控制律。其结构图如图 5-11 所示,其中,$\hat{x}$ 为状态估计值,$\hat{\eta}$ 为不确定性,$u_{\text{basic}}(t)$ 为理想情况下的控制量。

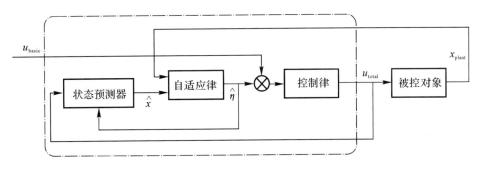

图 5-11　L_1 自适应控制器结构图

状态预测器代表了被控对象的期望特性;自适应律体现了 L_1 自适应控制的快速自适应性,这也是基于投影定理的 L_1 自适应控制与基于分段常数的 L_1 自适应控制的区别所在;控制律中的低通滤波器实现了系统动态性与鲁棒性的分离,这也是 L_1 自适应控制与模型参考自适应的区别所在。

(2)非线性动态逆控制。作为反馈线性化的一种控制方式,动态逆的基本思想是基于被控对象的数学模型,利用反馈求出原系统的 n 阶逆系统,将被控对象补偿成已解耦的 n 阶积分系统。

动态逆控制器结构如图 5-12 所示。其中,y_{cmd} 为期望;y_{rm} 为参考模型参考输出;v_{EC} 为误差控制器输出。

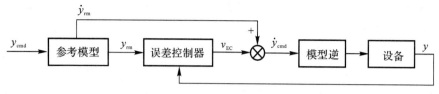

图 5-12　动态逆控制器结构图

动态逆主要包括三个部分：参考模型、误差控制器和模型逆。这其中最重要的一步就是原系统模型逆的求取。求模型逆的目的是求出原系统的 n 阶逆系统，用以抵消系统的非线性特性，进而将被控对象转换成 n 阶积分环节和外界干扰。参考模型代表的是系统的期望性能。误差控制器在一定程度上能消除系统的参数摄动影响，增强系统的鲁棒性。

分析无人机六自由度方程的 12 个状态可知，这些状态对控制输入的响应速度不同。对于响应速度不同的状态，时标分离是指将响应速度快的状态作为控制内环，将响应速度慢的状态作为控制外环。基于此，采用时标分离原则，并结合奇异摄动理论，对状态进行分组，然后分组设计控制器，以满足动态逆设计要求。12 个状态的分组如下：

1）$\boldsymbol{x}_1 = \begin{bmatrix} p & q & r \end{bmatrix}^\mathrm{T}$ 对应机体轴角速度，为快变量。

2）$\boldsymbol{x}_2 = \begin{bmatrix} \phi & \theta & \psi \end{bmatrix}^\mathrm{T}$ 对应欧拉角，为较慢变量。

3）$\boldsymbol{x}_3 = \begin{bmatrix} u & v & w \end{bmatrix}^\mathrm{T}$ 对应机体轴速度分量，为慢变量。

4）$\boldsymbol{x}_4 = \begin{bmatrix} x_g & y_g & z_g \end{bmatrix}^\mathrm{T}$ 对应无人机对地位置，为最慢变量。

针对无人机姿态控制回路，控制外环实现 $\begin{bmatrix} \phi & \theta & \beta \end{bmatrix}^\mathrm{T}$ 到 $\begin{bmatrix} p & q & r \end{bmatrix}^\mathrm{T}$ 的转换，控制内环实现 $\begin{bmatrix} p & q & r \end{bmatrix}^\mathrm{T}$ 到期望力矩 $\begin{bmatrix} M_x & M_y & M_z \end{bmatrix}^\mathrm{T}$ 的转换，控制分配实现期望力矩到执行机构的转换。基于时标分离原则的姿态控制结构图如图 5-13 所示。

图 5-13　姿态回路动态逆控制结构图

5.2.4　飞行品质评价准则的选择与裁剪

1. 飞行品质评价准则的发展

无人机本身的飞行品质往往不能令人满意。与有人机一样，需要通过控制系统改善无人机的飞行品质，带控制器的无人机具有相对好的稳定性和操纵性。如果在设计阶段就引入飞行品质规范的要求，就能保证设计出来的飞机从理论上严格满足设计规范要求，可以避免后续飞机地面模拟和定型试飞中因不满足飞行品质要求而进行的飞机设计修改，进而提高飞机设计的效率，缩短研制周期，并降低研发成本。同时，飞行品质准则还是飞行控制系统设计结果的重要评价指标，引入飞行品质的指标要求来指导飞控系统设计可以大大减少系统调参工作量。

从国内外研究情况来看，目前针对有人机飞行品质的研究已经比较成熟。一般从两个方面评价：一方面，通过等效拟配方法把飞机高阶系统简化成等效的低阶系统，根据多年飞行实践形成的飞机长、短周期和各种模态的评估准则,对飞机的飞行品质进行评估;另一方面,从飞机高阶系统本身的时域和频域响应特性出发,不进行等效变换,直接利用高阶系统进行飞行品质评估,比如带宽准则等。到目前为止,美国颁布的军用标准《军用标准——有人驾驶飞行器飞行品质》(MIL‐STD‐1797)总结和归纳了近百年飞行试验的经验和教训,比较全面地反映了飞机运动特性,能够用于对飞机各种模态飞行品质的评判和预估。常用的有人机飞行品质评价准则还包括《有人驾驶飞机飞行控制系统设计、试验、安装通用规范》MIL‐F‐9490D(针对固定翼飞行器)、《军用旋翼机操纵品质要求》ADS‐33(针对旋翼类飞行器)等。

虽然国内的飞行品质研究相对落后,但是在总结国内飞行实践经验和借鉴美国军用标准的基础上,于 1982 年 9 月颁发了《军用飞机飞行品质规范》及其《背景材料和使用说明》。随后在 1993 年又以美国的 MIL‐F‐8785C 和 MIL‐STD‐1797 为背景,形成了一套自己的有人机飞行品质的评定准则——《有人驾驶飞机(固定翼)飞行品质》(GJB 185—1986)以及《电传操纵系统飞机的飞行品质》(GJB 2874—1997)。

根据自动控制理论和飞行品质评价准则可知,系统的阻尼比、自然频率、上升时间、超调量、稳态误差、延迟时间、频域带宽和谐振峰值等实际上可以决定一个典型的系统传递函数。如果知道了飞机的传递函数,就可以定量判定这个飞机的飞行品质。而飞机的传递函数和控制系统的参数选择有直接的关系,如果在飞控系统设计之初,就将飞行品质评价准则的要求考虑进去,那么控制系统调参时就增加了飞行品质的规范约束,既能避免参数选择的盲目性,又能保证选择的控制系统参数满足飞行品质的要求。另外,飞行品质规范是进行飞行试验和定型试飞的依据,能够指导新型飞机的试飞取证,保证飞机后期运行飞行的安全性和可靠性,只有通过了飞行品质规范要求的飞行验证后,此种型号的飞机才能取得合格证、后期批量制造以及运行许可。

无人机的飞行品质研究相对落后,目前为止世界范围内还没有统一的无人机飞行品质规范。尽管有人机的设计规范不能直接适用于无人机,但总体上还是为无人机控制律设计提供了很好的参考和范例,可根据无人机的特性进行相应的“裁剪”。国内外研究人员近几年开始有针对性地对无人机的飞行品质评价制定专门的准则,其中主要是对有人机飞行品质准则的改进和裁剪。

表 5‐1 梳理了相关的常用飞行品质评价准则,以方便读者在针对具体无人机开展设计与评价工作时合理裁剪现有飞行品质评价准则,指导控制律设计工作。

表 5‐1　常用飞行品质评价准则

GJB 185—1986	有人驾驶飞机(固定翼)飞行品质
GJB 2191—1994	有人驾驶飞机飞行控制系统通用规范
GJB 2874—1997	有人驾驶飞机电传系统的飞行品质
GJB 2878—97	有人驾驶飞机电传飞行控制系统通用规范
GJB 3819—99	有人驾驶系统飞控与增稳系统
MIL‐STD‐1797	Flying qualities of piloted aircraft
MIL‐F‐9490D	Flight control systems: design, installation and test ofpolited aircraft general specification

　　一般飞机的纵向运动可以分为长周期运动模态和短周期运动模态。长周期运动具有振荡周期长和衰减较慢的特点,而短周期运动模态通常具有振荡周期短和衰减快的特点。飞机的纵向短周期响应是在速度几乎不变的情况下,微小扰动或者突然俯仰操纵所产生的迎角和俯仰角振荡过程,给操纵人员的响应时间比较短,且容易导致诱发振荡进而引起飞行安全问题。飞机的短周期运动要求足够快以保持足够的机动性,但是又不能太快进以避免飞机过于灵敏;短周期的阻尼比必须足够大确保短周期高频响应能够快速衰减以减少飞机的振荡,并保证飞行安全和提高乘坐品质,但是阻尼比也不能太大以避免飞机响应迟缓影响操纵。可以说飞机的纵向短周期模态既影响飞行安全,又影响飞机的操纵效能。此外,短周期特性和飞行控制系统内环控制律也有直接关联,从某种意义上来说,飞机的纵向短周期模态特性是飞行品质的核心问题之一。

　　基于上述分析,此处以纵向短周期飞行品质评价准则为例说明准则的改进及验证方法。

　　2.飞行品质评价准则的改进

　　根据国内外近年来所进行的研究,评价飞机的短周期运动飞行品质标准,最有权威和代表性的当属美国军标 MIL-STD-1797B。该规范针对短周期飞行品质提供了 3 类 6 种不同的评定方法,具体如下所述:

　　(1)低阶等效系统法:包括控制期望参数(Control Anticipation Parameter,CAP)准则和等效参数准则;

　　(2)高阶系统时域法:包括 Chalk 准则和 Gibson 准则;

　　(3)高阶系统频域法:包括带宽准则和闭环准则。

　　这 6 种准则各有其侧重点和适用范围,较全面地反映了飞机短周期运动特点,共同完成对飞行品质的评判和预估。

　　下面以 CAP 准则为例,说明评价准则在无人机尤其是低速小型无人机上应用时的改进,其余状态可以参照该方法。

　　(1)CAP 准则概述。该准则基于飞机的短周期自然频率 ω_{sp}、阻尼比 ξ_{sp}、单位迎角增量的稳态过载增量 n_z/α、操纵期望参数 CAP 和等效延迟时间 τ_e 来评定飞机的短周期飞行品质。上述的短周期阻尼比和自然频率都是相对于自然飞机来说的,对于有控制系统的飞机来说,需要借助等效系统求解飞机的当量短周期阻尼 ξ_{sp} 和当量短周期无阻尼固有频率 ω_{sp} 以及时间延迟 τ_e。

　　在美国军用标准 MIL-STD-1797B 和国家军用标准 GJB 185—1986 中给出了当量短周期阻尼的要求,同时给出了操纵期望参数 CAP 的指标要求,即

$$\text{CAP}=\frac{初始反应}{稳态反应}=\frac{\ddot{\theta}/\delta_e\,|_{t\to 0}}{(n_z/\delta_e)\,|_{t\to\infty}}=\frac{\ddot{\theta}\,|_{t\to 0}}{n_z\,|_{t\to\infty}}\approx\frac{\omega_{sp}^2}{n_z/\alpha} \qquad (5-3)$$

　　CAP 的含义是飞机的初始俯仰角加速度与响应后的稳态法向过载之比,反映飞机的飞行航迹能否被容易控制。合适的 CAP 指标既能使飞机获得良好的动态响应,又可以兼顾飞机的最终航迹变化,因此该指标是衡量飞机纵向操纵和机动的重要参数。由式(5-3)可见,CAP 指标的大小是由 ω_{sp}^2 和单位迎角增量的稳态过载增量 n_z/α 共同决定的,将其表示在对数坐标系中是一条直线,如图 5-14 所示(飞行阶段为航行阶段)。

　　1)短周期的阻尼比 ξ_{sp}。MIL-STD-1797B 和国家军用标准 GJB 185—1986 中都对短周期阻尼比 ζ_{sp} 做出了要求,见表 5-2。

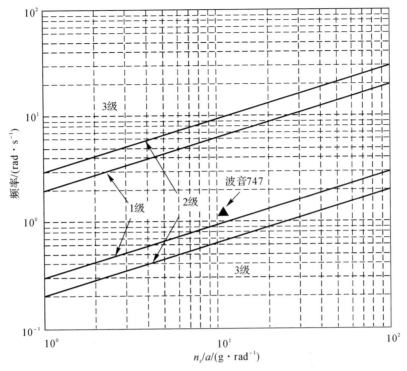

图 5-14 CAP 准则(航行阶段)

表 5-2 纵向短周期阻尼比的限制

品质标准	各飞行阶段阻尼比			
	航行阶段(B)		战斗(A)/和起落阶段(C)	
	最大值	最小值	最大值	最小值
标准 1	2.00	0.30	1.30	0.35
标准 2	2.00	0.20	2.00	0.25
标准 3	/	0.15	/	0.15

2)等效的时间延迟 τ_e。该参数实际上反映了飞机中的传输延迟,包括飞控系统由于采样周期及计算时间引入的纯延迟以及高频动态在低频部分的相位滞后引入的延迟。飞行品质标准中各种类型飞机及飞行阶段等效时间均应满足表 5-3 的要求。

表 5-3 等效时间延迟的限制

一级	二级	三级
0.1 s	0.2 s	0.25 s

以上准则是重要参考,但将其直接应用到中小型无人机上并不合适,下面以某小型无人机为例加以说明。针对该无人机俯仰角保持回路的时域、频域设计结果如图 5-15 所示。

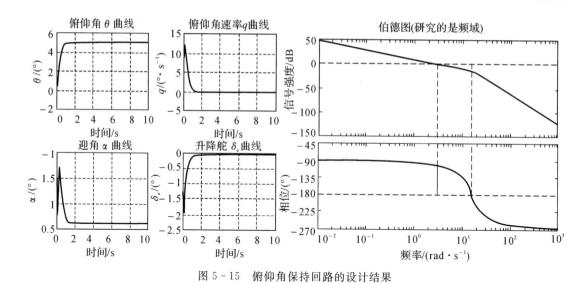

图 5-15　俯仰角保持回路的设计结果

直接套用有人机的飞行品质评价准则,结果如表 5-4 与图 5-16 所示。

表 5-4　某小型无人机套用 CAP 准则飞行品质结果

无人机构型	ξ_{sp}	ω_{sp}	n_z/α	CAP	品质等级
不带控制器	0.75	7.6	11.8	4.9	2
带控制器	0.82	13.74	11.8	16.0	3

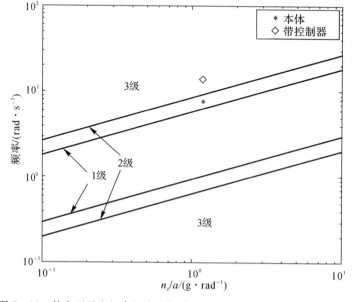

图 5-16　某小型无人机套用有人驾驶 CAP 飞行品质标准(飞行阶段 B)

从设计结果来看,带控制器后,该算例无人机的时域性能和频域性能都明显改善。但是,根据表 5-4 和图 5-16,依据现行的 CAP 准则,不带控制器的算例无人机飞行品质评定结果

— 164 —

为标准 2,带控制器的算例无人机评定结果为标准 3,也就是说,带控制器以后,算例无人机的飞行品质反而变差了。因此,依据现行的有人机 CAP 准则评定小型无人机的飞行品质,得到的评定结果与实际情况不符,必须对准则进行改进。

(2)准则改进。短周期自然频率直接影响飞机的飞行品质落在 CAP 准则中的区域等级,飞机的短周期自然频率和俯仰操纵导数如下:

$$\left.\begin{array}{l} \omega_{sp} = \sqrt{\dfrac{Z_a M_q}{V} - M_a} \\[3mm] M_a = \dfrac{QS_W c_A C_{ma}}{I_{yy}} \end{array}\right\} \qquad (5-4)$$

式(5-4)表明,短周期频率与纵向静稳定导数 M_a、纵向阻尼导数 M_q 和速度 V 相关,而 M_a 反比于转动惯量 I_{yy}。小型无人机由于其较小的转动惯量和较低的飞行速度,其短周期频率变得很大,因此有人机的飞行品质标准不再适用于小型无人机。如果一架无人机与某架已知具备良好飞行品质的参考大型飞机之间满足几何相似、动力学相似的条件,则它们的飞行品质应该是一致的,自然频率等参数也存在某种相应的比例关系。鉴于此,为适用于小型无人机飞行品质评定,一种改进的 CAP 标准应运而生,它是引入比例系数 N 来调整准则边界从而达到调整 CAP 准则等级的目的。

无人机与参考大型飞机动力学相似的充分必要条件是其具有数值相同的弗劳德数。弗劳德数(Fr)定义如下:

$$Fr = \frac{V^2}{gl} \qquad (5-5)$$

式中:g——重力加速度;

l——无人机特征长度。

无人机与参考大型飞机的弗劳德数相同,即满足

$$Fr_{uav} = \frac{V_{uav}^2}{g_{uav} l_{uav}} = \frac{V_{ref}^2}{g_{ref} l_{ref}} = Fr_{ref} \qquad (5-6)$$

无人机和参考大型飞机的线性尺寸之比为 N,则根据动力学相似计算出相应参数的比例关系见表 5-5。

表 5-5　相对参数

参数	线性尺寸	弗劳德数	机翼面积	线速度	质量	转动惯量
比例系数	N	1	N^2	$N^{0.5}$	$\dfrac{\rho_{ref}}{\rho_{uav}} N^3$	$\dfrac{\rho_{ref}}{\rho_{uav}} N^5$

表 5-5 中,ρ_{ref} 为参考大型飞机飞行高度的空气密度,ρ_{uav} 为无人机飞行高度的空气密度。由以上公式可以推导出无人机与参考大型飞机的自然频率之比如下:

$$\omega_{uav} = \omega_{ref} \times \sqrt{N} \qquad (5-7)$$

式中:ω_{uav}——无人机的自然频率;

ω_{ref}——参考大型飞机的自然频率。

根据上述的比例关系重新调整现行的 CAP 准则;从而得出改进的 CAP 准则以适应无人机飞行品质评定。

(3)改进准则验证。为验证改进后的 CAP 准则对算例无人机其他飞行状态和其他小型无人机的适用性,分别选取算例无人机的 4 个飞行状态点(带控制器,经调参后性能较好)进行验证,并使用 Trainer(质量为 4 kg)和 Stable eye（翼展 1.21 m）两种小型无人机进行验证,Trainer 和 Stable eye 两种小型无人机的阻尼比分别为 0.68 和 0.99,频率分别为 17.17 rad/s和 14.9 rad/s。评定结果如图 5-17 所示。

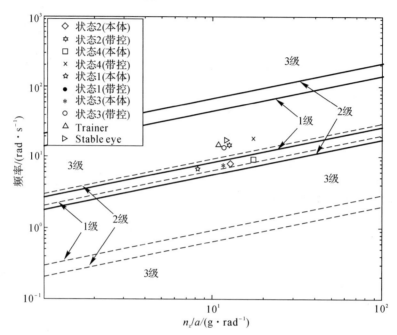

图 5-17　改进的 CAP 准则标准(飞行阶段 B)
注:虚线为有人机 CAP 标准,实线为改进后的 CAP 标准

由图 5-17 可知,依据改进后的 CAP 准则,选取的算例无人机 4 个状态点带控制器后飞行品质都在一级,比本体飞行品质均有改善,与时域分析的结果吻合。根据相关资料,Trainer和 Stable eye 两种小型无人机的飞行性能良好,经无人机操控手评估,性能达到一级。但是依据现有的 CAP 指标,其飞行品质全都落在 3 级飞行品质范围内。使用改进的 CAP 准则评价它们的飞行品质,评定结果落在一级标准内,这种结果和操控手评估也比较吻合。由此说明改进后的 CAP 准则可以适用于小型无人机的纵向飞行品质评定。

5.2.5　控制参数调节

小型无人机飞行包线范围较小,基本上采用一组固定的控制参数就能保证飞行性能的一致性。大型无人机飞行高度、速度范围大,在全包线范围内无人机的飞行性能差异很大,还有的无人机在整个飞行过程中由于燃油的消耗、载荷的变化和构型的变化等,飞行性能发生很大变化。因此,一组控制参数无法满足全包线范围的控制要求,需要根据飞行状态的变化调节控制参数。一般来说,控制器参数的调节可以根据质量变化、构型变化以及动压变化进行。此处以动压调参为例说明参数调节规律。

典型的飞行包线及某参数的调节规律如图 5-18 所示。

通常控制律设计首先选择若干个不同高度、不同速度的状态点,每个状态点代表其周边的一块小的区域,间隔选取其中一部分状态点作为设计点,其余的状态点作为进行控制律设计结果的校核点,实现整个飞行包线的全覆盖。飞行包线一般以动压边界作为约束,不同高度、相同动压下飞机迎角不变,迎角是影响飞行性能的关键参数,因此状态点的动压与飞行性能密切相关,所以很自然地采用动压调参。首先针对典型工作状态的动压点完成控制参数调节,当飞行状态对应的动压达到动压边界值时采取固定的控制参数,其余状态则根据动压插值获得。

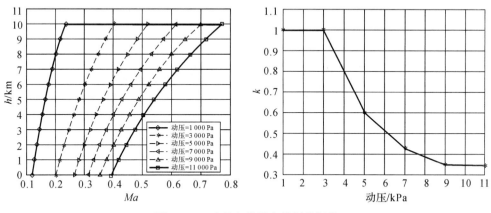

图 5 - 18　飞行包线及参数调节规律

5.2.6　不确定性影响的评估

控制律设计是基于仿真模型针对典型状态点设计完成的。控制性能通常受两种因素的影响:一是模型自身的参数不确定性(含传感器测量误差),另一部分是初始条件或者外部干扰的影响(主要是风)。这些都会导致控制系统性能的恶化,甚至失稳。因此,通常还要进行参数拉偏仿真、蒙特卡洛仿真等试验来检验控制律的鲁棒性。

一般参数拉偏包括气动参数拉偏和控制参数拉偏两大类。气动参数拉偏首先评估关键气动参数的摄动范围,然后针对关键气动参数摄动的边界值进行仿真,检验控制参数的鲁棒性;控制参数的拉偏则主要针对控制器的稳定储备进行评估,控制参数增大通常意味着相位裕度的降低,考虑到模型参数的不确定性,飞行品质评价准则对控制系统的幅值裕度与相位裕度均有明确的要求。

蒙特卡洛仿真针对模型参数(包括气动参数、控制参数、质量等)的不确定性,假定所有参数在设定范围内随机变化,通过大量的仿真,遍历所有的参数组合,考核系统对不确定性的容忍能力。通过它还可以找出不利的模型参数组合,并改进控制系统。对于攻击型无人机、导弹等无人飞行器,个体差异、飞行条件差异再加上飞行过程中受到的扰动不同,导致飞行具有一定的随机性,每次飞行的落点、速度、姿态等也具有一定的随机性,但是这些符合一定的散布规律,需要通过大量仿真获取其统计意义上的性能,通常采用蒙特卡洛仿真考核这类性能。

针对某无人机着陆过程的蒙特卡洛仿真,其中 100 次仿真设定的参数变化范围如图5-19所示,摄动的参数包括升力系数变化倍数 K_CL、阻力系数变化倍数 K_CD、起落架俯仰力矩系数变化倍数 K_Cm_gear、升降舵俯仰操纵系数变化倍数 K_Cmde、初始高度偏差 δ_h、初始速度偏差 δ_{v0} 共 6 个参数。

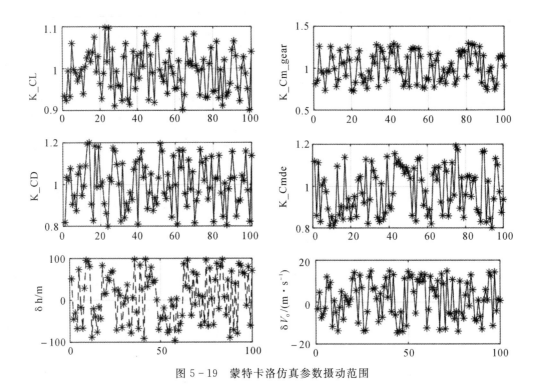

图 5 - 19　蒙特卡洛仿真参数摄动范围

　　总共进行 4 组(100 次/组)蒙特卡洛仿真。落点散布 hdot_end、接地点空速 V_a _end、接地点侧向位置偏离 y_end、接地点俯仰姿态 θ_end 的仿真结果如图 5 - 20 所示。结果表明:总体上落点散布在 ±100 m 范围内,绝大多数落点散布误差在 ±50 m 范围内,下沉率不超过 −3 m/s,多数处于[−2.5, −1] m/s 之间,最大侧向位置偏差小于 2.5 m,俯仰角介于 5°~8°之间。

　　对照仿真结果与技术指标要求就可以判定控制律设计结果是否满足要求。

5.2.7　无人机典型控制回路

1.概述

　　根据不同的需求,无人机的控制方法会有所不同,特别是一些小型民用无人机,常常会在某些控制通道采用简化后的现代控制方法,或者是把无人机看作一个质点的控制算法。但对于无人机的飞行控制来说,最常用也最能解决问题的依然是经典反馈控制方法。本节主要介绍基于反馈控制理论的相关内容。

　　控制回路的概念来自于经典控制理论。从经典控制理论的角度讲,为了控制无人机的某个物理量,首先需要测量该值,其次把测量得到的信号与期望值进行比较,并通过把差值通过控制参数调整后驱动相应舵面,从而使控制量达到期望值。在该过程中,针对该物理量实施的反馈控制通道称为控制回路。

　　根据不同的需要,无人机控制回路分类方法有所不同,如:有根据控制量的属性分类的,例如姿态控制、轨迹控制等;有根据控制通道分类的,例如纵向控制、横航向控制等。无论采用哪种分类,其下一级都是基本相同的。为了让读者更清楚地理解无人机的控制回路,本节按照控制量的属性分类,并在相应的分类中说明其所属控制通道。

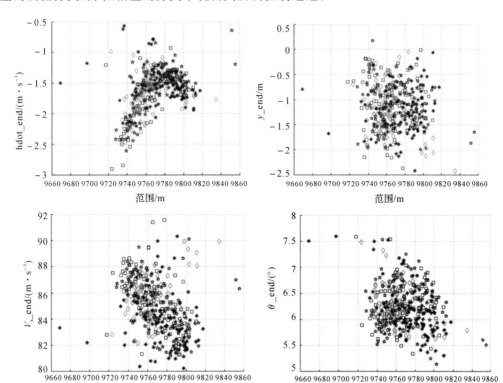

图 5-20 蒙特卡洛仿真结果

2.姿态控制回路

(1)控制原理。无人机的姿态指机体坐标系中绕三个轴的角度,分别是绕机体 Y 轴的俯仰角、绕机体 X 轴的滚转角与绕机体 Z 轴的航向角。这三个角度分别由相应的传感器测量得到,姿态角度的偏差信号通过合适的参数调整,驱动舵机并带动舵面偏转,进而控制飞机的运动,最终使得飞机的姿态达到期望的角度。

在姿态控制回路中,最简单的比例反馈控制能够实现对姿态的稳定与跟踪。但对于无人机来说,为了达到较好的动态性能,一般会在比例控制的基础上引入微分控制,即把姿态角速度信号引入控制回路。此外,有时为了减小或消除稳态误差,还会引入积分控制信号。

需要解释一点,此处所说的控制包含了对信号受扰后的稳定及对于期望给定值的跟踪两个方面。如图 5-21 所示,图(a)就是对信号受扰后的稳定控制,图(b)是对信号期望值的跟踪控制。

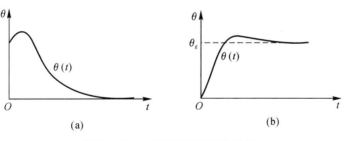

图 5-21 被控信号的稳定与跟踪

姿态控制回路包括俯仰角控制、滚转角控制与航向角控制三个控制回路。

(2)俯仰角控制回路。俯仰角控制回路典型结构图如图 5-22 所示,俯仰角控制回路包括俯仰角速度反馈的阻尼回路和俯仰角反馈的稳定与控制回路。其具体控制过程为:在飞行过程中,当俯仰角和给定指令之间有偏差 $\Delta\theta$ 时(不失一般性,此处假设 $\Delta\theta>0$),偏差信号经过增益放大,产生正的升降舵偏转,即升降舵下偏,产生低头力矩使飞机低头,$\Delta\theta$ 逐渐减小,并最终使俯仰角跟踪给定指令。在调节过程中,加入了俯仰角速度反馈,随着 $\Delta\theta$ 的减小,$\Delta q = \dot{\theta} < 0$,且随着俯仰角的减小而负向增大,从而起到减缓升降舵偏转的作用,以改善控制过程的阻尼特性。

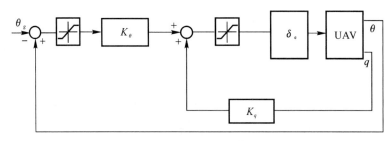

图 5-22　俯仰角控制回路典型结构图

俯仰角控制回路的算法公式为

$$\delta_e = K_\theta \times (\theta - \theta_g) + K_q \times q \tag{5-8}$$

在需要消除俯仰角的稳态误差时,可加入积分控制。但一般对无人机来说,俯仰角并不需要精确地控制到某个角度,系统设计时也允许有控制误差,只要该误差不影响任务的执行即可,因此一般可不使用积分控制。

俯仰角与俯仰角速度信号由机载传感器测量得到,通常可提供俯仰角信号的传感器有惯性导航、垂直陀螺、航姿系统以及 MEMS 传感器等。可提供俯仰角速度信号的传感器有惯导、角速度陀螺以及 MEMS 传感器等。一般来说,为了避免在计算周期两拍之间产生过大的舵面偏转以及避免可能存在的野值影响,在使用输入信号时都需要加限幅措施。

俯仰角控制回路属于纵向控制通道,是无人机纵向控制的内回路。

(3)横航向姿态控制回路。横航向姿态包括两个方向的量:体现飞机横滚姿态的滚转角和体现航向偏转的航向角。

滚转角控制回路典型结构图如图5-23所示,滚转角控制回路包括滚转角速度反馈的阻尼回路和滚转角反馈的稳定与控制回路。其具体控制过程为:在飞行过程中,当滚转角信号和给定指令之间有偏差 $\Delta\phi$ 时(不失一般性,此处假设 $\Delta\phi > 0$),偏差信号经过增益放大,输出正的副翼偏转,即左副翼上偏,右副翼下偏,产生负的滚转力矩使飞机产生左下右上的滚转运动,$\Delta\phi$ 逐渐减小,并最终使滚转角跟踪给定指令。在调节过程中,加入了滚转角速度反馈,随着 $\Delta\phi$ 的减小,$\Delta p = \dot{\varphi} < 0$,且随着滚转角的减小而负向增大,从而起到减缓副翼偏转的作用,以改善控制过程的阻尼特性。此外,也可以加入偏差信号的积分控制,以消除滚转角控制的稳态误差。

滚转角控制回路的算法公式为

$$\delta_a = K_\phi \times (\phi - \phi_g) + K_p \times p + K_{\phi_i} \times \int (\phi - \phi_g) \mathrm{d}t \tag{5-9}$$

　　滚转角与滚转角速度信号由机载传感器测量得到,可提供滚转角信号的传感器有惯导、垂直陀螺、航姿系统以及 MEMS 传感器等。可提供滚转角速度信号的传感器有惯导、角速度陀螺以及 MEMS 传感器等。

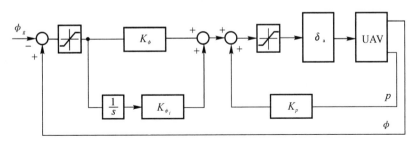

图 5 - 23　滚转角控制回路典型结构图

　　滚转角控制回路属于横航向控制通道,是无人机横航向控制的内回路。

　　航向角控制一般使用协调控制方式,其典型结构如图 5 - 24 所示。该控制模态由副翼和方向舵协调完成,方向舵通道主要用来改善航向稳定性和航向阻尼,同时航向偏差作为协调信号送入副翼通道进行协调控制,以减小控制过程的侧滑角。控制过程为:不失一般性,设纵轴向左偏离原航向,即出现负的偏航角 $\Delta\psi$,在 $L_{-\psi}$［航向跟踪控制比例系数（副翼通道）］$\times\Delta\psi$ 的作用下,副翼左下右上偏转,产生正的滚转力矩,飞机右倾斜,升力的水平分量成为向右的侧力,使空速向量向右转动,而空速向量转动超前纵轴产生正的侧滑角。正的侧滑角和 $K_{-\psi}\times\Delta\psi$ 信号使得方向舵右偏,产生右转的偏航力矩,飞机趋向原航向。侧滑角反馈和航向协调控制使得在航向修正的过程中侧滑角较小,最终 ψ 趋近原航向,φ 与 β 都趋向于零。在调节过程中,滚转角速度与航向角速度反馈用以改善控制过程的阻尼特性。

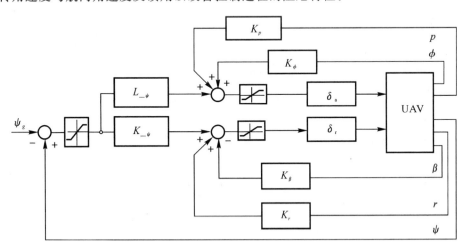

图 5 - 24　航向角控制回路典型结构图

　　航向角控制回路的算法公式为

$$\delta_{a}=L_{-\psi}\times(\psi-\psi_{g})+K_{p}\times p+K_{\phi}\times\phi \qquad (5-10)$$

$$\delta_{r}=K_{-\psi}\times(\psi-\psi_{g})+K_{r}\times r+(-K_{\beta})\times\beta \qquad (5-11)$$

航向角、航向角速度与侧滑角信号由机载传感器测量得到。可提供航向角信号的传感器有惯导、航向传感器、航姿系统以及 MEMS 传感器等。可提供航向角速度信号的传感器有惯导、角速度陀螺以及 MEMS 传感器等。迎角/侧滑角传感器则可以测量无人机的侧滑角,对于常规布局无人机,尤其是没有大机动要求的无人机,由于其航向静稳定裕度足够,一般不使用侧滑角反馈。

3.轨迹控制回路

轨迹运动是在姿态运动的基础上形成的,也就是说姿态控制是轨迹控制回路的内回路。对于无人机来说,轨迹控制回路一般包括高度控制回路与航迹控制回路。

(1)高度控制回路。回路高度控制回路结构如图 5-25 所示,当高度信号和高度指令(H_g)有偏差时,偏差信号通过一定的控制参数放大后驱动升降舵面,使高度偏差信号 ΔH 减小,无人机向给定的高度飞行并最终跟踪指令。无人机在飞行过程中会受到纵向常值干扰力矩以及垂直风干扰的作用,使得高度稳定值存在静差。为了消除静差,引入高度差积分信号。在追求高度控制的动态特性时,可引入高度变化率反馈,也即垂直速度反馈。高度控制回路以俯仰角控制为内回路。

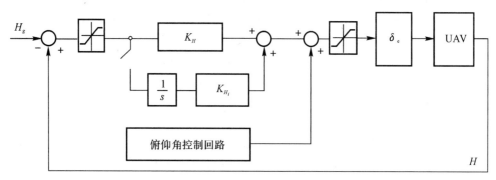

图 5-25　高度控制回路典型结构图

气压高度信号可由动静压传感器或大气数据计算机测量得到,海拔高度可由 GPS 或者惯导测量得到,相对高度有时也叫场高,一般由无线电高度表、激光高度表等设备测量得到。

(2)侧向航迹控制过程。侧向航迹(也称航迹)控制以航向角控制为内回路,控制结构与航向角控制类似,其区别在于航向角给定指令的不同。航向角控制的期望指令是某一个预设航向角度,可以是当前航向,也可以是由地面控制发送的任意航向角度指令。航迹控制回路中,航向角指令则由期望航向角与航迹偏差控制量组成,即 $\psi_g = \psi_{g0} + K_Y \times \Delta Y$。式中,$\psi_{g0}$ 为拟跟踪航线的航向角度;ΔY 为飞机位置与拟跟踪航线之间的航迹偏差,该两个参数均由导航算法求得。需要注意的是,对于同样的飞机位置,不同的导航方式得到的参数并不一定相同。一般来说,航迹控制的稳态精度要求比较高,因此常在控制律中加入航迹偏差的积分控制。

航迹控制的过程可描述为:航迹偏差信号通过航迹增益放大后和偏差的积分控制以及给定航向角 ψ_{g0} 叠加作为航向给定指令 ψ_g,航向协调回路通过协调控制使得飞机的航向角逐步跟踪到 ψ_g,同时也就消除了航迹偏差,使得飞机能够跟踪给定航线。

航迹控制中的航迹偏差由无人机的位置信息与给定航线的位置信息差值得到,无人机的位置信息可由北斗系统、GPS 等卫星信号测量装置提供。惯导在有了初始信号后也可以提供无人机的位置信息,但使用过程中如果没有卫星信号的修正,其精度一般会相应降低。

4.速度控制回路

无人机速度的控制一般可通过升降舵和油门实现。

通过升降舵偏转来改变俯仰角从而实现速度控制的方法,其实质是调整重力在飞行速度方向上的投影来控制速度。在这种情况下,如果油门固定不变,飞行速度的调节范围是有限的。

通过发动机油门调节来控制发动机推力进而控制无人机速度的方式是速度控制的主要方式。在这种方式下,如果无人机工作在高度保持模式,空速向量处于水平方向,此时油门的变化将全部反映在速度的变化上。如果无人机工作在俯仰角保持状态,即不控制高度,则控制油门产生的发动机推力的变化,只有一部分反映在空速中,其余部分则会引起迎角与高度的变化。

一般情况下,无人机速度控制可以把两种方式结合,如图 5-26 所示。

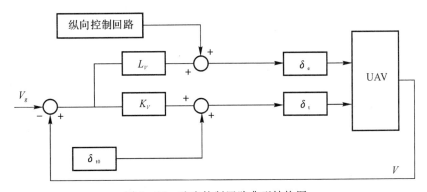

图 5-26 速度控制回路典型结构图

无人机的空速由感受动压/静压的传感器测量得到,地速由卫星信号传感器或惯导等测量得到。

5.滑跑起降综合控制

滑跑起降综合控制不是独立的控制回路,也不是一种完全意义上的独立控制模态,而是几种控制模态的集合,但由于其又不是几种控制模态简单的叠加,所以在本节单独列出加以描述。

无人机起降综合控制的关键在于满足迎角边界约束的起飞和降落的姿态、航迹与速度的综合控制。起飞的控制设计关键在于防止纵向姿态和迎角超过使用边界。通过适当提高起飞速度、俯仰角输入指令限幅和高增益控制,可以实现起飞姿态的良好控制。低速进场着陆的设计难点在于满足着陆点对接地速度、下沉速度、姿态、航迹、航向等的约束,以及考虑风干扰下对航迹和姿态的稳定等。在着陆下滑段,通过采用航迹、姿态和发动机控制综合优化设计、航迹输入控制补偿等技术,达到降落阶段的航迹与姿态良好控制,以及风干扰下姿态的稳定。此外对于展弦比较大的无人机,在起飞和降落时还要控制机翼保持水平,防止滚转引起机翼擦地。

(1)无人机起飞控制律。在滑跑起飞分加速滑跑阶段和离陆爬升阶段,当飞机速度达到抬前轮速度时,操纵升降舵把机头拉起到设定的俯仰角,使飞机离陆并爬升到起飞安全高度。加速滑跑过程纵向轨迹一直保持在重心高度线上,离陆爬升过程纵向的飞行航迹设计为沿离陆航迹角爬升。滑跑过程要求侧向轨迹保持在跑道中心线上,起飞过程要求飞机的航向保持在离陆航向上。无人机滑跑起飞过程如图 5-27 所示。

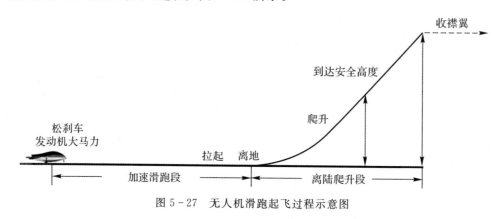

图 5-27 无人机滑跑起飞过程示意图

加速滑跑段采用俯仰、滚转、偏航三通道独立控制:纵向处于俯仰角保持模态;横侧向的滚转通道处于滚转角稳定模态,即在滑跑阶段操纵副翼舵面,抑制滚转方向的扰动;偏航通道处于航迹控制模态,要求侧向轨迹保持在跑道中心线。目前用于实现地面滑跑航迹纠偏控制的手段主要包括前轮、方向舵以及差动刹车。一般来说,前轮只用于起飞和着陆滑跑的低速段纠偏,方向舵则在起飞和着陆滑跑的全过程用作辅助纠偏控制,差动刹车用于着陆滑跑的全程减速纠偏。各通道的控制规律如下。

1)俯仰通道。升降舵的控制律为

$$\delta_e = K_\theta(\theta - \theta'_g) + K_q q \tag{5-12}$$

其中,$\theta'_g = \dfrac{1}{Ts+1}\theta_g$,$\theta_g = \begin{cases} \theta_0 & V \leqslant V_{抬前轮} \\ \theta_{g\_lq} & V > V_{抬前轮} \end{cases}$。

当无人机滑跑速度大于起飞抬前轮速度 $V_{抬前轮}$ 时,改变俯仰角指令值 θ_g,从停机角 θ_0 增加到离陆爬升角 θ_{g_lq},使飞机抬前轮离地。为了保证离地过程姿态的平稳,在俯仰指令中设置惯性环节。

2)滚转通道。副翼的控制律为

$$\delta_a = K_\phi(\phi - \phi_g) + K_p p \tag{5-13}$$

其中,$\phi_g = 0$。

3)偏航通道。方向舵的控制律为

$$\delta_r = K_{\psi r}(\psi - \psi_g) + K_r r \tag{5-14}$$

前轮偏转的控制律为

$$\delta_\xi = \begin{cases} K_{\psi\xi}(\psi - \psi_g) + K_{r\xi} r, & V \leqslant V_{抬前轮} \\ 0, & V > V_{抬前轮} \end{cases} \tag{5-15}$$

差动刹车控制律为

$$\delta_b = K_{\psi b}(\psi - \psi_g) + K_{rb} r \tag{5-16}$$

其中,$\psi_g = \psi_{g0} + K_y \Delta y$,$\psi_{g0}$ 为机场跑道方向,Δy 为飞机当前位置与跑道中心线的侧向航迹偏差。

由于整个滑跑阶段无人机速度变化范围很大,为此在设计偏航通道的航迹控制律时,需要注意不同速度段的前轮和差动刹车使用。在低速滑跑段，前轮和差动刹车的纠偏效率较低，可使用较大的偏转角度或刹车值快速纠偏；在高速段虽然纠偏效率高，但是一旦偏转角度或刹车值过大，则会导致飞机出现安全问题。因此可将前轮和差动刹车的控制参数设计为随速度变参，在低速段放大控制参数用于增加低速阶段纠偏快速性，在高速段减小控制参数，并根据飞机的滑行速度等参数计算前轮或刹车的最大可用值进行限幅（参考航空工业出版社的《飞机设计手册》第 14 分册《起飞着陆系统设计》高泽迥主编，2002 年），以免出现侧翻等危险。

在离陆爬升阶段飞机场高较低情况下，仍采用与加速滑跑段相同的三通道独立控制的结构。纵向处于俯仰角保持模态，按给定的离陆航迹角爬升。横侧向滚转通道处于滚转角稳定模态，仅利用副翼保持滚转角为零，避免机翼触地。偏航通道处于地面航迹控制模态，仅利用方向舵进行跟踪航线。

当飞机场高大于安全高度时，纵向改为高度控制模态，以控制飞机跟踪给定高度，横侧向改为航向控制或航迹控制模态，与之前介绍的相同，即综合利用副翼与方向舵控制飞机沿设定航线飞行。

（2）无人机着陆控制律。要实现无人机的自动着陆，必须要设计一个恰当的着陆轨迹，该轨迹应该是根据无人机的气动特性、发动机特性以及测量装置特性等确定的某条理想轨迹。根据不同的需求，可以有不同的预期轨迹，下面以无人机着陆的典型轨迹为例进行介绍。

为了方便研究，把自动着陆分为了三个阶段，需要提醒的是，这三个阶段的划分与命名并不是唯一的，只要能实现无人机的安全着陆，不同的阶段划分和命名都是可以的。

1）进场阶段：无人机准备降落时需要调整高度、速度及航迹偏差等，以满足下滑窗口的需求。这段过程称为进场阶段。

2）下滑阶段：无人机进入着陆窗口后到拉平之前的飞行阶段称为下滑阶段，它控制系统控制无人机沿预期航迹降高。在该阶段中，若飞机在复飞高度之上出现不满足着陆条件的情况，应进行复飞。

3）拉平飘落阶段：当飞机到达拉平高度时，改出下滑状态，进入拉平飘落阶段，以确保落地时的姿态角和垂直速度在要求范围内。

典型无人机自动着陆轨迹如图 5-28 所示。

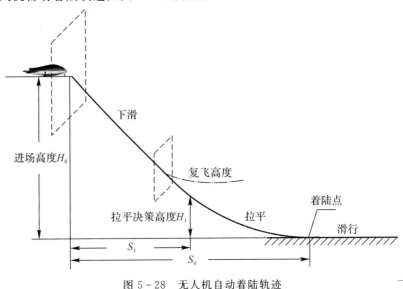

图 5-28　无人机自动着陆轨迹

与之前介绍的相同,着陆过程的横侧向控制方式是航迹控制。进场阶段的纵向控制方式是高度与速度保持,即控制无人机的高度、速度在期望值上,控制回路与之前介绍的高度与速度控制相同。下面主要阐述下滑段与拉平段升降舵通道的控制律设计,其本质依然是俯仰角控制,即 $\delta_e = K_\theta \times (\theta - \theta_g) + K_q \times q$。只是此处的 θ_g 不是某个俯仰角指令,而是根据无人机的实际位置与预期轨迹的差值计算出来的动态变化的量,即 $\theta_g = K_h \times (h - h_x)$。其中,$h$ 为无人机的实时高度,由传感器测量得到;h_x 为期望指令变量,是需要求解的核心变量,下面详细介绍其求解过程。

无人机进场着陆窗口的高度设为 H_0,窗口点距离跑道上预设着陆点的水平距离为 S_0,拉平点的高度设为 H_1,窗口点距离预设拉平点的水平距离为 S_1,如图 5-28 所示。这四个参数对于无人机来说是已知的,根据无人机自身的下滑性能确定。四个参数确定后,也就意味着期望的下滑轨迹确定了。一般来说,该轨迹应确保无人机在较低的速度下以最优的下滑方式进行下滑,即无人机沿该轨迹着陆时,在受到扰动后,升降舵与油门均有一定的上、下调节裕量。

下滑轨迹确定后,就可以计算期望指令变量 h_x。无人机下滑着陆过程中,其垂直方向的位置可以在预期下滑轨迹上,也可以在该预期轨迹上、下的任意一点。无论在何位置,从无人机当前位置点做垂线,其在预设下滑轨迹与跑道中心线形成的平面的投影会与下滑轨迹相交,该交点的高度即为 h_x,设该交点到下滑窗口点的水平距离为 S,则可计算求得 h_x 为

$$h_x = H_0 - \frac{H_0 - H_1}{S_1} \times S \tag{5-17}$$

交点到下滑窗口点的水平距离 S 可由无人机的实时位置与下滑窗口点的位置计算求得,是已知量。

拉平飘落段根据要求不同,可设置为指数拉平、线段拉平等,以保证飞机最佳的接地速度和姿态,线段拉平时其计算方式与下滑段相同。指数拉平时,h_x 可根据下式计算:

$$h_x = H_1 \times e^{-\left(\frac{S - S_2}{\tau}\right)} \tag{5-18}$$

式中:S_2——飞机到达 H_1 高度时和下滑窗口间的实测距离;

$\quad\quad\tau$——拉平指数,根据飞机特性选取。

对于火箭助推发射或气压弹射的无人机,其起飞与回收的控制律相对比较简单,起飞时使用俯仰角控制律即可,角度指令可选择为空中爬升的角度指令或稍小些。伞降回收时,无人机一般按照程控飞行到达开伞高度并稳定平飞后停车、开伞即可。

5.2.8 控制律编程实现时的考虑因素

经过线性化设计、基于非线性六自由度模型的验证优化后,飞行控制律需要进行编程实现,才能嵌入飞行控制计算机中实时运行。在把控制律算法以 C 语言等形式进行编程实现的过程中,需要考虑以下因素。

(1)数据源的滤波。控制律所用到的数据来自于各个机载传感器。多数传感器内部在输出数据前进行了滤波,而有些传感器则没有实现这一步,或者有的传感器滤波方法不适合控制律的使用。此时,需要对控制律的输入数据进行数据滤波,以得到相对平滑且不失真的数据源。

(2)数据源的选择与融合。为了实现无人机的自动飞行控制,需要精确测量各种飞行参数,例如飞机的姿态角、角速度、过载、飞行高度、飞行速度和飞机位置等。为了增加飞机的可

靠性和安全性,往往采用几种不同的传感器或多个相同的传感器测量同一个飞行参数,在这种情况下就需要对数据源进行余度选择,将不同的数据源进行数据融合,从而得到更为全面、准确的信息,提高无人机的可靠性和安全性。下面对控制律中所使用的主要参数加以介绍。

1)飞行高度。无人机中常用的高度测量传感器包括:用于测量海拔高度的大气数据计算机、动静压传感器等,用于测量绝对高度的卫星信号接收机、惯导等及用于测量相对地面高度的无线电高度表、激光高度表等。在使用时可根据需求进行使用信号的排序,并在主传感器故障时进行余度切换。对于滑跑型无人机,在起降阶段一般使用无线电高度表,但无线电高度表只在低空、跑道附近使用。在从高空到着陆的过程中,当控制律中的高度数据源在从其他传感器切换到无线电高度表时,需要进行数据融合,以防止高度信号的突变,进而导致控制输出的突变。

2)飞行速度。飞行速度的测量传感器包括:用以测量空速的大气数据计算机、动静压传感器等,及用以测量地速的卫星信号接收机、惯导等。一般来说,在与飞机本体安全性相关的控制方式中使用空速作为数据源,在与飞机惯性空间位置相关的控制方式中使用地速作为数据源。

3)姿态角。俯仰角与滚转角的测量传感器包括惯导、垂直陀螺、航姿系统 MEMS 传感器等,航向角的测量传感器包括惯导、航向传感器和 MEMS 传感器等。惯导因其精度高、可靠性高一般作为姿态角的主要数据来源。垂直陀螺、航向传感器不受卫星信号干扰,一般可作为相应的备份数据源。MEMS 传感器需要卫星信号修正,但体积重量小、成本低,一般作为小型低成本无人机的姿态数据来源。

4)角速度。角速度的测量传感器包括惯导、角速度陀螺、MEMS 传感器等。其使用方式与姿态角数据的使用方式类似。

5)位置。位置测量传感器包括北斗/GPS、惯导等。其中惯导的位置信息需要卫星信号的修正,但目前成熟的高性能惯导在纯惯性条件下的位置测量精度也有了较大的提升。在军事领域,一般以惯导作为位置信号的主数据源,而民用领域由于成本限制,一般选择卫星信号作为位置数据源。

(3)舵面输出量的限幅。在设计控制律时需要根据舵面的气动特性和安装使用要求,对舵面的偏转角进行限幅使用。针对不同飞行阶段可以赋予相应舵面不同的控制权限,比如,高速状态减小舵面的偏转范围等。

(4)积分控制的使用。为了提高控制精度,消除控制量的稳态误差,可加入积分控制。但在使用积分控制时需要注意积分的进入、退出与限幅,否则使用不当很容易影响整个系统的控制性能,严重时会影响飞机的稳定。

首先,需要设置积分控制进入的条件,一般在控制量接近稳态后加入积分,在初始的动态调节过程中不使用积分控制,并按照实际情况设定饱和限幅值,避免出现积分控制量过大,影响飞机正常的比例控制调节。

其次,需要在控制模态切换时退出积分,即将积分项清零,否则再次进入该控制模态时,积分项保持的控制量会成为扰动进入控制系统。

5.2.9　飞控系统半物理仿真

1.仿真系统的含义

仿真系统是一个由仿真计算机(运行仿真目标数学模型)、物理效应设备、仿真对象等组成的系统综合试验平台,包括软件和硬件两大部分。

(1)仿真系统软件。其包括系统模型软件、通用软件、专用软件和数据库。系统模型软件一般由仿真对象数学模型、仿真算法、系统运行流程控制软件等组成。通用软件包括计算机操作系统、编程语言、调试环境、图形界面开发程序、通用接口通信程序和数据采集与显示等。专用软件包括专用算法、专用接口通信程序以及所开发的评估软件。数据库包括数据库开发系统和建立的各种信息数据库。

(2)仿真系统硬件。仿真系统硬件可分为仿真计算机、实物设备、信号产生与激励设备、数据采集与记录设备、监控设备、供电设备、系统测试设备和各类辅助设备。

根据系统仿真的种类不同,仿真系统的构成也会有很大区别,而构成仿真系统的个体称为仿真实体。仿真实体分为两类:第一类是仿真对象,即需要进行仿真试验的系统,它包括系统硬件实物、系统软件等。第二类是仿真设备,即提供环境模拟、信号生成和连接的硬件与软件。

2.飞控系统半物理仿真的原理

半物理仿真又叫硬件在回路仿真,相比数学仿真,半物理仿真具有更高逼真度。在飞控半物理仿真中,除无人机运动学特性通过数学模型进行仿真运算外,几乎所有机载设备实物(线加速度和磁航向在实验室环境下难以模拟)都可以加入仿真系统中,如对信号的电气连接关系、传输延迟、传感器测量误差、执行机构的间隙等性能都可以进行充分的考核。同时,其对控制软件的实时性、控制逻辑的有效性和可靠性也能充分验证。

无人机半物理仿真试验的原理框图如图5-29所示。通过模型系统解算无人机的飞行参数,通过不同的物理效应设备接收各飞行参数并驱动待验证的实物对象。后者的输出又经模型系统回采解算下一拍飞行参数,如此,形成针对实物设备验证与测试的闭环半物理仿真试验。

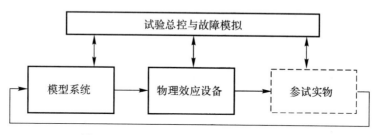

图5-29　无人机半物理仿真试验原理框图

飞控系统半实物仿真的主要功能包括以下几方面:

(1)测试飞控计算机(机载计算机)和传感器、舵机之间接口的正确性;

(2)测试飞控系统的延迟特性;

(3)验证飞行控制律设计的正确性;

(4)验证机载软件实现的正确性和可靠性;

(5)测试飞行控制律的鲁棒性;

(6)验证飞控计算机、舵机、关键传感器等实物的闭环特性。

3.飞控系统半物理仿真的主要组成

半实物仿真系统一般由以下五部分组成。

(1)仿真设备:各种物理效应设备、仿真计算机、舵机负载模拟器和视景系统等。

(2)参试部件:包括机载计算机、伺服舵机和惯导等。

(3)接口设备:模拟量接口、数字量接口和接口转换设备等。

(4)试验控制台:用于监控试验状态和控制仿真过程等。

(5)支持服务系统:如供电设备、视频设备和记录与处理设备等。

仿真设备中典型的物理效应设备主要包括用于驱动惯导与陀螺等实物的三轴转台、模拟无线电高度信号的无线电高度表模拟器、用于模拟北斗系统(或 GPS)等信号的卫星导航信号模拟器、用于模拟大气压力的大气环境信号模拟器等。

仿真计算机是半物理仿真系统的核心,主要用于完成仿真模型的构建与实时解算、仿真参数的分发与实物设备信号的采集等。仿真计算机技术经历了从模拟计算机到模拟数字混合计算机再到全数字仿真计算机的发展。当前,应用比较广泛的高端仿真计算机有美国 Applied Dynamics International(ADI)公司的大型集成仿真计算机系统 ADI 实时仿真工作站、德国 dSPACE 公司的实时仿真系统 dSPACE、中国国防科技大学研制的"银河"仿真工作站等。瑞士 Speedgoat 实时仿真平台则以其高度集成的体量和更加亲民的价格在近几年获得了很多仿真使用者的欢迎。此外,为了降低成本,使用者也可以购买通用的工控机平台以及硬件板卡,并自己配置 VxWorks、LabVIEW RT 或 MATLAB/Xpc 等实时系统。这些方法都已比较成熟,本书不再赘述。

仿真模型运行在仿真计算机内,这也是仿真计算机之所以成为半物理仿真系统核心的原因之一。仿真系统数学模型是一种适合在计算机上进行运算和试验的模型,其主要根据计算机运算特点、仿真方式、计算方法、精度要求,将原始系统数学模型转换为计算机的程序。对于无人机飞控系统来说,基于风洞试验数据或计算数据的无人机六自由度模型是实现半物理仿真的关键所在,一般可在数字仿真模型的基础上离散化得到。半物理仿真模型具有如下特性:

(1)实时性。仿真模型解算、控制律计算、数据采集以及信号传输都必须在规定的时间内给出计算结果。

(2)周期性。在一个实时仿真模型中,一般要求所有的模型计算、数据的采样与传输都有固定的周期。

(3)可靠性。所有的仿真模型的运行都必须能够根据输入可靠的运行,逼真地实现子系统对输入的响应。

4.飞控系统半物理仿真开发与试验的主要流程

飞控半物理仿真的主要流程如下:

(1)根据任务目标和对象特性,确定仿真目标和仿真系统总体方案。

1)熟悉仿真对象及其接口关系;

2)根据仿真目标,规划总体方案;

3)确定仿真系统组成及其实现方法;

4)制定仿真系统的信号流程、通信协议。

(2)开发系统的仿真模型。

1)对仿真设备进行数学建模;

2)优化仿真模型,并进行离散化处理。

(3)构建半实物仿真系统。

1)根据仿真系统的各设备指标,进行设备的采购或研制;

2)实时仿真系统的选择和配置;

3)仿真软件的开发;

4)仿真设备的安装和调试;

5)确定仿真步长,进行仿真系统初步联试,完成置信度分析。

(4)开展仿真试验。

1)根据系统任务要求,编制仿真试验大纲;

2)确定试验条件,进行仿真试验;

3)进行数据的采集和仿真过程的记录。

(5)仿真试验的总结。

1)整理仿真数据,进行数据的分析;

2)撰写试验报告,给出试验结论。

5.飞控半物理仿真系统设计与实现案例

不同无人机的半物理仿真系统设计与试验过程大同小异。下面以某固定翼无人机飞控系统半物理仿真设计为例,阐述飞控半物理仿真系统的设计与主要试验内容。

(1)分析仿真需求,构建仿真系统。根据本案例的仿真试验需求确定试验系统中的参试实物,包括:飞控计算机(机载计算机)、惯性导航设备、北斗导航设备、高度/速度传感器、无线电高度表、主电源、应急电源、电源管理器和电动舵机等。与实物对象相对应的物理效应设备至少要有转台、大气环境模拟器、卫星导航信号模拟器、无线电高度模拟器以及舵机负载模拟设备。为了保证仿真测试的有效性,模型系统需要在实时环境下运行,因此需要高性能实时仿真机。为了完成指令发送、发控仿真等,则需要模拟地面站的各项功能。

根据以上分析,结合仿真系统需要完成的功能要求,本案例中的半物理仿真系统主要包括以下几个部分:

1)试验控制分系统。试验控制分系统是整个仿真试验的总控环节,用于试验系统的配电管理、试验设备的检测与状态监控、试验任务的规划设计、试验过程控制、视景与仿真态势显示以及数据存储与处理等。

2)仿真计算机分系统。仿真计算机分系统是整个试验系统的数据来源,用于仿真模型的构建与下载、模型实时解算、控制信号的实时采集、飞行参数信息的发送、仿真数据显示与分析等。

3)三轴转台分系统。三轴转台是飞行仿真试验系统的关键设备之一,用于在实验室条件下真实模拟无人机在空中飞行时的各种姿态。通过带动安装其上的测量设备可以实现对惯导、陀螺等设备的测试和闭环仿真等。

4)无线电高度信号模拟器。无线电高度信号模拟器是无线电高度表测试与闭环仿真的关键设备,用于连续模拟无线电高度表在不同高度、各种反射面环境下的静态或动态回波信号。

5)卫星导航信号模拟器。卫星导航信号模拟器是在实验室环境下把卫星导航系统引入仿真闭环的关键设备,可根据测试场景产生观测数据和导航电文,运行并显示仿真的卫星及载体信息,调制生成卫星导航终端所接收的卫星导航信号。

6)大气环境模拟分系统。该系统是仿真试验过程中能对大气数据计算机、动静压传感器等设备进行闭环仿真的物理效应系统,能够根据仿真计算机输出的高度、空速等信号产生满足一定精度要求的静压和动压输出给大气测量设备,进而对其进行测试或闭环仿真。

7)负载模拟分系统。负载模拟分系统用于在仿真试验过程中按照预先设置的角位移-扭矩函数关系自动完成舵机载荷控制,从而模拟出舵机在实际飞行中承受的真实载荷。

8)地面站模拟设备。地面站模拟设备用于在实验室环境下模拟地面站发送遥控指令、接收遥测信息并进行实时显示,与飞控系统的连接一般为有线连接。若有真实地面站接入仿真系统,则不再需要该设备。

在本方案中,系统组成以及与实物设备的连接关系如图 5-30 所示。系统内部信号通过实时网络、千兆以太网传输,系统和被测无人机对象之间通过接口转换单元进行数据交换,同时舵机、关键传感器等设备通过仿真试验系统的负载模拟、转台、无线电高度模拟和大气环境模拟等物理效应系统引入闭环仿真。

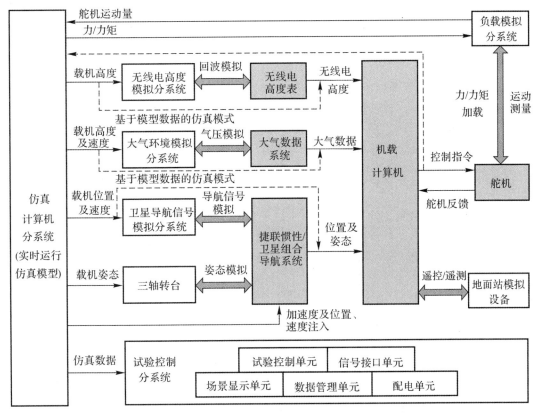

实线:真实设备信号; 虚线:仿真信号

图 5-30 系统连接关系示意图

在实物闭环模式下,仿真计算机分系统(运行仿真模型)把仿真计算得到的姿态、高度、位置等飞行参数通过实时网络送至三轴转台、卫星导航信号模拟器、大气环境模拟分系统和无线电高度模拟器。这些物理效应设备根据飞行参数信息模拟出相应的空间运动信息以及真实物理信号,并驱动惯导等实物设备产生真实的传感器输出信号,这些传感器信号可根据实际需求通过无人机系统使用的串口、模拟量、CAN、1553B 等接口形式和机载计算机通信,后者根据通信协议对收到的传感器信息进行解析,并根据这些信息和遥控/自主控制指令完成飞行控制与导航解算,解算后的控制指令通过 CAN 或模拟量等接口驱动舵机偏转,舵机负载模拟系统对舵机施加相应的负载力矩,以模拟实飞过程的铰链力矩。

地面站模拟设备根据遥控遥测协议把控制指令通过串口或网络接口发送给机载计算机,并接收遥测信号进行飞行信息的显示。

试验控制分系统中的场景显示和数据管理单元通过网络接口接收仿真试验数据,对飞行航迹与三维场景进行动态展示以及进行数据的存储与管理。

仿真系统的各个组成部分都有成熟的技术和产品,用户也可以根据需要进行探索,本书不再赘述。

(2)仿真试验系统置信度评估。仿真试验系统置信度评估是试验验证成功与否的关键因素之一,"置信度"是指仿真系统再现实际过程的真实程度和定量关系,或者说对仿真系统和仿真结果的可信程度。为了能够判断和分析仿真试验结果的真实性,必须在正确分析仿真精度的基础上,准确地给出仿真系统的置信度。置信度评估主要包括以下几个方面。

1)对仿真试验系统的通信延迟进行测试,包括从仿真机发出信号开始到接收到回采信号的整个信号流向通道。

2)根据需要进行仿真模型的构建。对无人机的风洞试验数据进行分析处理,剔除不合理数值,在此基础上完成六自由度非线性建模、包括传感器等在内的实物设备建模、环境干扰建模和典型故障建模等。

3)基于对数学仿真数据、半实物仿真试验数据和飞行试验数据的对比分析,应用典型的仿真系统精度与置信度评估的时域和频域分析方法,对无人机飞行仿真试验进行置信度评估,分析所建立的无人机模型存在的误差和其仿真结果的可信程度,最终获得仿真系统的置信度评估结果。

模型置信度分析从理论上说主要包括主观确认法、动态关联分析法、时/频分析法和数理统计法等。目前这些方法都有工程应用,但对于无人机这种复杂的非线性多自由度模型来说,很难仅用某一种方法计算置信度的量化指标,而往往需要依靠多种方法的综合运用。

模型的构建不可能完全精确,一般来说,和实际情况相差 20% 以内的仿真模型是可以被认为满足工程使用要求的,但需要在仿真试验中进行 20% 以上拉偏度的数据拉偏鲁棒性考核试验。

(3)制定试验方案,进行仿真验证试验。根据仿真要求确定试验任务,编制试验大纲,并根据试验大纲完成相应的测试与仿真试验验证。下面简要阐述本案例的主要仿真试验内容。

1)典型任务剖面仿真试验。典型任务剖面仿真试验指在无人机典型任务剖面完成纵向/横航向稳定与控制验证、遥控控制与程控功能考核以及闭环实物的功能与主要性能验证等。

该项试验中,要求无人机在闭环仿真中完成从起飞到剖面内不同高度的爬升、巡航、下滑以及回收,并在仿真过程中进行对高度控制、速度控制、姿态控制、航向调整和程控飞行等控制方式的验证。

在以上试验过程中除验证无人机的飞行能力、实物设备的功能与性能外,还应对无人机的相关指标进行考核,例如巡航高度控制平稳度、姿态角控制平稳度、高度控制精度和航迹控制精度等。

该项试验可根据需要再细分成不同高度的爬升、平飞、下滑试验。

2)全包线边界飞行试验。实际飞行时边界飞行试验风险极大,为了装备安全,在实际飞行试验中一般不进行极限状态测试,飞行仿真试验则可以完成该项验证任务,还可以摸清超出边界后的飞机飞行状态。

在全包线内分别在低空、中空、高空选取典型边界飞行状态点,测试无人机在飞行边界条件下的飞行能力,包括升限、最大平飞速度、最小平飞速度、最小转弯半径和超低空飞行能力等。

3)抗风干扰能力试验。在典型飞行阶段加入风干扰,完成包括起降、爬升、平飞、下滑的抗风干扰仿真考核,考核无人机抗风干扰性能。

风干扰的类型可以是常值风、切变风和紊流等,风速则根据系统指标要求进行设置。一般要求仿真试验的风干扰强度要高于系统指标要求,风向应涵盖顺风、逆风、垂直风与侧风等。

4)系统鲁棒性试验。鲁棒性试验包括气动数据拉偏、控制参数拉偏、动力拉偏和重心拉偏等,重点考核典型控制模态下的系统鲁棒性。

在本案例中,气动数据拉偏幅度为±25％,控制参数拉偏±30％,重心拉偏±20％,动力拉偏±20％,并分别在爬升、巡航、下滑以及盘旋状态下进行仿真试验验证。

5)容错与应急处理能力试验。该试验用于测试无人机容错控制与应急处理能力。在本案例中,主要故障包括关键设备一次故障、舵面松浮、舵面固定偏置、发动机停车和数据链失控等。

6)数据分析与试验总结。仿真试验的结果通过试验控制分系统的数据管理单元进行存储,并完成试验结果分析,根据分析结果对实物系统的功能、性能进行评估,并给出优化策略。

参 考 文 献

[1]　张明廉.飞行控制系统[M].北京:航空工业出版社,1993.

[2]　HOVAKIMYAN N, CAO C, KHARISOV E, et al. L1 Adaptive Control for Safety - Critical Systems[J]. IEEE Control Systems, 2011, 31(5):54 - 104.

[3]　闫志安.小型无人机纵向飞行品质评定技术研究[D].西安:西北工业大学,2015 .

[4]　王斑,詹浩.遥控缩比验证模型及其飞控系统设计准则[J].计算机仿真,2014,31(6):108 - 110.

[5]　刘林.现代飞行控制系统的评估与确认方法[M].北京:国防工业出版社,2010.

[6]　王红卫.建模与仿真[M].北京:科学出版社,2002.

[7]　单家元,孟秀云,丁艳,等.半实物仿真[M].2 版.北京:国防工业出版社,2013.

[8]　张健楠.RTX 实时系统在半实物仿真中的应用[J].计算机测量与控制,2016,24(3):136 - 138.

[9]　张剑锋,刘秉华.基于 MATLAB 的新型实时仿真系统设计[J].计算机测量与控制,2011,19(11):23 - 25.

[10]　吴成富,闫冰.基于模糊控制的无人机滑跑起飞控制方法研究[J].西北工业大学学报,2015,33(1): 33 - 38.

[11]　BAO J, GU D L. Design of general real - time semi - physical flight simulation system for UAV [J]. Ordnance Industry Automation, 2015,34(8):85 - 88.

[12]　JIANG B L, MIAO K J. Designing a simulation system for flight control system's fast control prototype based on RTX[J]. Computer Applications and Software,2011, 28(10):180 - 182.

［13］ LIU W H,LIU T,ZHANG H. Fuzzy controller design and simulation for departure control system of UAV［J］. Computer Simulation，2016,33(5):58 − 62.

［14］ CHEN H M,WU K. Research on RTW and VxWorks based simulation experiment platform for flight control system［J］. Modern Electronics Technique，2014,37(13): 105 − 107.

［15］ JIANG X，ZHANG Q L. Multivariable model reference adaptive control with application to flight control［J］. Journal of Beijing University of Aeronautics and Astronautics,2013,39(8):1048 − 1052.

第6章 航空电子系统

6.1 概　　述

航空电子(Aviation Electronics,AVIONICS)指电子技术应用于航空领域的一门科学,航空电子系统泛指为完成飞行任务所用到的各种机载电子设备和系统。按目前无人机系统组成定义,除数据链及任务载荷以外的所有机载电子电气设备都属于无人机航空电子系统,包括用于完成无人机飞行控制、飞行管理、导航、供电及其他所有功能的机载电子电气设备。

航空电子系统自20世纪40年代出现,在技术发展和需求牵引及推动下,得到了飞速的发展,促进了飞机性能的不断提高。无人机航空电子最初无系统概念、构型简单,现在有系统概念,系统间通过各种方式连接,功能呈现多样化,系统之间的协作更为紧密。

无人机最突出的特点就在于机上无人操控,无人机航空电子系统充当飞行员的耳、目甚至大脑和神经,直接影响对无人机系统的功能、性能。

6.1.1 功能

1. 基本功能

航空电子系统是获取飞行、导航、控制信息,支持飞机安全飞行和导引的关键系统。不同类型无人机任务使命和应用环境不同,其航空电子系统的组成、功能和配置有一定区别。典型的无人机产品,其航空电子系统基本功能可归纳、划分为飞行控制、飞行管理、定位导航、任务载荷管理、供电与配电等功能。

(1)飞行控制包括对无人机的飞行参数采集、控制律解算,操纵控制舵面产生空气动力和力矩来控制飞机的飞行姿态。

(2)飞行管理指对无人机的飞行状态、测量设备、机电和发动机等的管理。

(3)定位导航指采用卫星导航、无线电导航、航迹推算或地形跟随等多种导航方式进行无人机定位与导引。

(4)任务载荷管理指对任务工作状态管理。

(5)供电与配电是指电能的产生、变换、分配及传输。

2. 安全性

(1)可靠性指标要求。无人机航空电子系统的可靠性可用平均故障间隔时间(MTBF)或任务成功率表示。例如"全球鹰"无人机飞行器的可靠性设计要求为,飞行器在200次飞行中失误不超过1次。

(2)容错等级要求。对于有人机,用容错等级描述故障状态下航空电子系统的工作状态和安全性,并常利用余度技术实现系统可靠性指标和容错等级要求,例如故障/工作/安全或故障/安全等。对于无人机,为了体现无人机小巧、低成本的优势,更多关注的是任务完成情况,其容错等级相对较低。例如"全球鹰"采用了双模冗余飞行控制计算机。

(3)复杂环境下的生存能力。提高无人机生存能力,保证复杂环境下其正常运行和基本功能发挥,适应气象、地理、电磁、战场等多域环境,例如除冰、防雨、防雷电、防电磁干扰、高精度地形探测和跟随等措施,有效抵抗和主动抑制环境不利干扰,具有战略意义和经济价值。

(4)健康状态监测与管理能力。无人机健康管理能够适时进行健康诊断、预测和故障减缓,保证无人机健康飞行,提高安全性,同时便于无人机的即时维护、修理、缩短飞机维修时间,提高无人机的运行效率。

3.经济性和维修保障性

(1)降低成本。目前航空电子约占飞机总成本的 30%～50%。随着要求的提高,设备的增加和系统的复杂程度增加,成本有上升趋势。通过采用先进航空电子设计技术及检测技术,减少维护、运营成本。

(2)采用开放式、综合化、模块化的结构。采用这种结构能提高可靠性,增加通用性、扩展性,缩短开发周期,采用商用货架产品,减少器件采购成本和更新费用。

4.适航性

适航性是航空器全寿命周期满足安全性最低要求的一组属性。目前大多数无人机并未有适航要求,随着无人机应用越来越广泛,适航性要求也将会进一步推广。

6.1.2 组成

无人机航空电子系统主要的子系统或功能模块包括飞行控制与管理计算机、伺服与作动装置、测量设备、供电系统和其他电子设备,如图 6-1 所示。

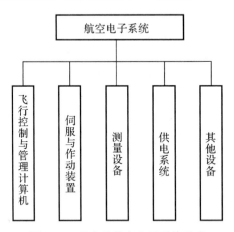

图 6-1　无人机航空电子系统组成

(1)飞行控制与管理计算机。作为无人机航空电子系统的核心,控制和稳定无人机的角运动和重心运动,改善飞行品质,实现无人机的操纵性和稳定性,并实现航迹控制、自动导航、地形跟随、自动起飞、着陆和编队飞行等功能。同时作为航空电子系统中枢,完成机载电子设备管理、任务设备控制与管理等功能。

(2)伺服与作动装置。通过伺服机构带动操纵面来实现无人机的各种运动。

(3)测量设备。测量设备用来感受无人机的飞行状态,并将其反馈到飞行控制与管理计算机进行相应的计算,参与无人机控制。

(4)供电系统。供电系统实现供电与配电功能,完成机上电能产生、变换、分配与传输等工作,为机载用电设备提供电源。

(5)其他设备。其他设备指用于提升无人机平台功能的特定设备,例如敌我识别系统、近地告警系统、空中交通防撞及告警系统、航行灯及与环控起降燃油等有关的设备。此外,提高隐身性能与突防能力的侦察告警类电子设备,提高环境适应能力的除冰、防雨、防雷、抗电磁干扰设备等也属于此类。

6.1.3　航空电子系统的体系架构

1.航空电子系统体系架构的基本知识

随着无人机搭载越来越多的探测、观察和感知设备,这些电子设备之间数据交换、信息共享和综合处理的数据量也在呈几何倍数增加。要实现各种机载电子设备间的信息共享和功能综合,就必须建立起各设备间的信息传输架构,即体系架构。无人机航空电子系统体系架构主要有以下三种。

(1)离散式系统:各子系统或部件独立配置于飞机上,之间以点对点方式连接。其特点是资源不能共享、布线多、重量重、连接点多、可靠性低、维护性差。

(2)总线式网络系统:各子系统或部件间以总线方式连接,构成总线式网络,可实现子系统间的资源共享。其特点是重量较轻、布线较少、连接点较多、可靠性较高、维护性较好。

(3)基于核心处理机的分布式混合总线系统:随着微电子技术、计算机技术的发展,计算机功能愈来愈强大,单台计算机可完成过去多台计算机任务。航空电子系统综合化程度愈来愈高,以核心处理计算机为中心的分布式多种类多层次混合总线构型已成为可能。其特点是重量轻、布线少、连接点少、可靠性高、维护性好。

无人机航空电子系统设计过程中往往会尽可能使用成熟的航空电子设备。由于设备接口的多样化,复杂的无人机航空电子系统往往采用混合架构,例如全球鹰、黑杰克等无人机就采用了这种架构。

2.常用的机载总线和网络

(1)CAN 总线。CAN 总线采取多主竞发的形式,当遇到总线多个节点要求发送时,只有发送具有最高优先权帧的节点变为总线主站。在极端情况下,具有较低优先权的报文可能在相当长一段时间内无法抢占发送权,报文延迟时间不可预知。在无人机应用中,其可用于通信速率较低、带宽要求较低的场合。为满足可靠性要求,可采用双冗余甚至多冗余总线的方式。

(2)1553B 总线。1553B(GJB 289A—1997《数字式分指令/响应型多路传输数据总线》)的拓扑结构采用星型和总线型结合的网络结构,总线控制方式是由一个固定的总线控制器控制1553B 总线上所有子系统间的消息通信。该方式具有通信实时性好、控制简单、故障易检测、软硬件易实现等优点,但其存在集中控制网络固有的单点故障造成通信瘫痪的致命缺点。其可用于网络节点种类多、数据量大、实时性要求高的场合,1553B 总线自带的冗余度设计,提高了子系统和全系统的可靠性。

(3) 1773 光纤多路传输数据总线。该标准主要是在传输介质上对 MIL – STD – 1553 的改进,其利用光纤传输介质来取代屏蔽双绞线及电缆,其他的高层协议与 MIL – STD – 1553B相同。其优点:重量轻、所占空间小、抗电磁干扰、不产生电磁干扰、使系统实现最好的电气隔离、能避免系统共地信号串扰等。

（4）IEEE 1394 总线。IEEE 1394 是由 IEEE 制定的一种高性能串行总线标准，又名火线（FireWire）。IEEE 1394 协议分为 1394A、1394B 等，其中 1394B 可支持高达 3.2 Gb/s 传输速率，支持光纤传输。基于 1394B 的光纤总线系统具有计算能力强、吞吐量大、可靠性高、易于扩展、维护方便，且支持点对点通信、广播通信及支持热插拔等优点，为多模态传感系统、在线实时检测和视频图像传输提供了广阔的空间。

（5）AFDX 网络。航空电子全双工交换以太网（Avionics Full - Duplex Switched Ethernet，AFDX）是基于标准 IEEE802.3 以太网技术和 ARINC664 Part7 定义的电子协议规范，主要用于实现航空子系统之间进行的数据交换。

AFDX 的传输速率可达 100 Mb/s 甚至更高，传输介质为铜制电缆或光纤。AFDX 采用接入交换式拓扑结构，使它的覆盖范围和可支持的节点数目远远超过了 1553B 总线。AFDX 中没有总线控制器，不存在 1553B 中集中控制的问题。

6.1.4 典型无人机航空系统

全球鹰无人机上的航空电子系统可划分为飞行关键系统和非飞行关键系统。飞行关键系统包括双冗余综合任务管理计算机、惯性测量单元、导航计算机和双冗余大气数据系统。总线通信系统作为航空电子系统架构不可缺少的一部分，其连接了各个分布的子系统并且提供应用软件所需的一些服务，同时将各个计算资源相互联系起来实现了资源共享，全球鹰航电系统组成如图 6-2 所示，主要采用了 1553B、RS422、模拟量、以太网等接口。

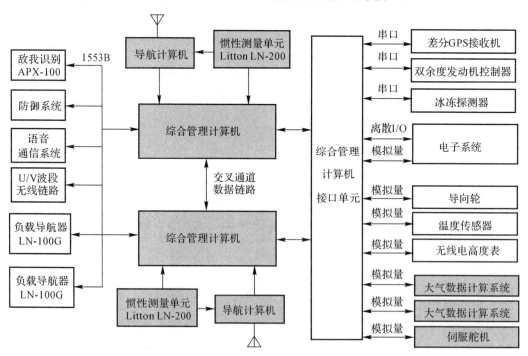

图 6-2 全球鹰航电系统组成

全球鹰上每个操纵面（如副翼、方向升降舵、扰流板），都分成两半，由专用作动器驱动，用两台计算机分布式控制(一台综合管理计算机驱动一套冗余控制面,另一台驱动另一套冗余控制面)。两台计算机通过交叉通道数据链路交换数据,如果检测出一台计算机有故障,故障计算机自动离线,另一台计算机将承担对飞机的完全控制。

6.2　飞行控制与管理计算机

飞行控制与管理计算机是航空电子与电气系统的核心部件,是联系空中和地面指挥系统的枢纽。

6.2.1　功能及性能

1. 功能

飞行控制与管理计算机功能如下。

(1)系统控制。实现无人机平台上电状态设置(例如飞行模态、舵面状态、发动机状态等),各种机载设备初始状态配置(例如数据链、应答机、起降设备、发射与回收设备等),时序及任务调度、应急处理等。

(2)飞行控制。将接收的飞行控制指令、采集和接收的飞行传感器数据,按不同通道的控制律进行解算,再将结果输出到各通道的舵机,实现飞机姿态、高度、航向的稳定控制。

(3)飞行管理。选择及转换为了成功完成一段航线飞行或某种任务所进行的飞行模式(例如手动、程控、应急、自主等),制定合理的导航制导策略、优化航线,提高动力能源使用效率,完成对燃油、环控、起落架等的控制和管理,完成各种武器或外挂物的安全运载或投放管理。

(4)飞机定位与导航。获取飞机位置信息,并计算到达目标位置的航程点及航路。

(5)任务规划与管理。根据任务要求、任务及飞行过程中的各种信息,制定最佳任务剖面,包括航路、时间、速度、飞行模式和任务流程等。

(6)飞行状态和机载设备状态的采集与处理。采集并处理机载设备状态。

(7)数据链设备控制,上、下行数据的编码与译码。控制数据链工作状态,接收机载数据链设备传送的遥控信息,解码后完成分发及执行;获取机载设备状态,将编码形成遥测信息传送给机载数据链设备。

(8)任务载荷控制与管理。根据遥控指令、预先规划或动态实时生成的指令控制任务载荷工作。

(9)系统自检。完成自检(Built In Test,BIT),包括上电 BIT、飞行前 BIT、飞行中 BIT 等。

2. 性能

飞行控制与管理计算机的主要性能如下:

(1)核心处理单元的处理能力,包括运算速度、寻址能力和存储器容量等;

(2)系统最短采样周期;

(3)总线速度、带宽、负载能力;

(4)外部接口数量、类型、精度;

(5)故障诊断及余度管理,包括故障覆盖率、虚警率、同步时间等;

(6)体积、重量、功耗。

6.2.2 组成

在功能上将飞行控制与管理计算机视为主要由核心处理单元、信号处理单元、接口单元、余度管理单元、电源、机箱和连接器等功能模块组成。可根据机箱结构、安装位置等需要对其进行物理模块划分。

(1)核心处理单元则将所有外部接口接收到的信号,通过控制律运算及其他不同方式处理,生成相应的控制指令,并通过外部接口将控制信号输出至执行机构或部件,从而实现无人机的飞行控制及管理。

(2)信号处理单元将接收的各种信号进行必要的转换和处理,例如数模转换、模数转换、电平转换、V/F转换、功率放大或驱动电路等,或对不同量值范围的量进行归一化处理。

(3)接口单元主要实现与传感器、伺服与作动设备及它设备互联互通。

(4)电源包括用于电源变换的二次电源及相应的滤波、隔离电路。通过连接器将机载电缆和其他设备相连。

飞行控制与管理计算机组成如图6-3所示。

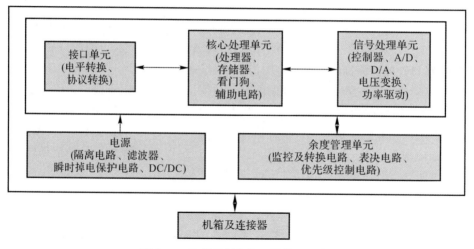

图6-3 飞行控制与管理计算机组成

6.2.3 硬件设计

1.设计原则

无人机系统中,飞行控制与管理计算机的设计首先需要满足系统的基本功能要求。在此基础上需要考虑可靠性、可维护性以及开发周期成本等因素,根据系统要求寻求性能与复杂度、经济性之间的平衡。

2.处理器单元

无人机系统飞行控制与管理计算机的处理单元通常有处理器和微控制器两类。

处理器主要有X86系列、PowerPC系列等被广泛应用。微控制器主要有基于CISC架构的80C51系列、68HC系列和基于RISC架构的PIC、STM32系列等。其中STM32系列基于ARM-Cortex M内核设计,由于其高性能、低成本、低功耗等优点被广泛用于各类小型无人机系统的飞行控制与管理计算机中。

处理器和微控制器各有特点:处理器处理能力强大,技术成熟;微控制器外围电路简单,成本低。需要基于飞行控制与管理计算机功能、运算量和速度要求,选择处理器类型、主频、内存容量、接口类型及数量、总线形式、环境适应性等,并综合考虑体积、重量、功耗、技术成熟度和成本等因素。

3. 电源

飞行控制与管理计算机内部电源设计在满足电压、功率的前提下,还要具有过压欠压保护功能、瞬时掉电保护功能及良好的电磁兼容性。

为满足以上要求,飞行控制与管理计算机的电源一般由 DC/DC 模块、滤波器、隔离电路和瞬时掉电保护电路等组成。

(1)DC/DC 模块选型首先考虑输入电压、功率要求,输入电压适应电网要求,功率在预估功耗的基础上留有足够裕量,等级满足系统环境要求。

(2)滤波器选择充分考虑电网供电品质及 DC/DC 模块特点。

(3)瞬时掉电保护电路在电网瞬间掉电时给飞行控制与管理计算机或处理器及关键电路持续供电,一般用储能电容实现。电源正常工作时处于充电状态,电源掉电时利用其放电供电,不能倒灌。

4. 总线

飞行控制与管理计算机的总线可分为内总线和外总线两部分。

(1)内总线实现计算机内部功能模块的互连,应用于飞行控制与管理计算机的总线主要有 VME、CPCI、LBE 和自定义总线等。

1)VME 总线支持多种地址寻址和数据宽度,可以共享存储器,并提供多种总线请求和仲裁机制。

2)CPCI 总线支持 32/64b 数据宽度,采用集中总线仲裁方式,数据传输率高,并具有热插拔和热切换能力。

3)LBE 总线是一种 32b 数据宽度的总线,总线接口逻辑设计简单,在国内航空计算机领域得到成熟应用。

(2)外总线主要用于任务载荷和数据链的互联。

内总线以简单、易于实现为目标,必要时可自行定义。外总线则根据不同任务载荷特点,综合数据量、速率、带宽、传输距离和负载能力等进行选用。

5. 检测电路

飞行控制与管理计算机的检测包括对计算机本身的自检测,及对航空电子与电气系统的检测。

自检测的目的是在故障发生时,能完成故障检测、定位与隔离,将故障定位到最小现场可更换单元。

当飞行控制与管理计算机设计为单余度时,其自检测通常通过回绕电路实现。对于输入输出接口电路,如 AD/DA 电路,离散量输入输出电路,ARINC429 输入输出电路等,采用回绕电路可在增加少量硬件资源的情况下提高检测覆盖率,是最常用也是最有效的自检测方法。

当飞行控制与管理计算机设计为多余度时,除使用回绕电路外,还可通过对多通道的输入输出量进行比较,来判断是否通道故障。特别是三余度以上设计时,通过多通道监控比较可有效提高故障检测及覆盖率。

对于周期性输入、输出接口,可以通过周期计数来实现对该接口通信故障的检测,还可以约定当若干个周期不能接收到完整的数据时,则该接口通信故障。

对于航空电子与电器系统进行检测时,飞行控制与管理计算机除可以通过接口通信异常判断设备通信状态外,还可通过发送设备检测命令,使设备上报自测结果给飞行控制与管理计算机。

6.余度设计

余度技术也称为冗余技术或容错技术,是指通过重复配置硬件和软件,实现系统资源的多重性,并通过对系统资源的调度和管理,屏蔽失效通道,软化系统故障,进而提升系统异常情况下的残存能力,提高系统任务安全性和可靠性的技术。常用的余度模型有表决模型、旁联模型、基于自检测比较监控模型等。

表决模型采用少数服从多数输出仲裁方式,旁联模型采用单通道监视切换仲裁方式,自检测比较监控模型采用通道自检及优先级结合的仲裁方式。

是否采用余度或采用何种余度方式,根据无人机的使用环境、安全等级要求等确定。若单机能满足要求,就不采用余度。若采用,则余度级别尽量低,余度数目适中。

7.机箱结构设计

机箱是飞行控制与管理计算机的重要组成部分,直接影响计算机的可靠性、可维护性和使用寿命等。

飞行控制与管理计算机机箱一般由箱体,面板,上、下盖板等组成,内部设计有模块安装导轨。一般需进行"三防"处理、导电阳极化处理和金属屏蔽处理。

设计飞行控制与管理计算机的机箱结构时着重考虑热设计、抗震防冲击设计、电磁兼容设计。

8.硬件设计举例

图6-4所示为某无人机飞行控制计算机组成原理框图,它是一个完全相似的双余度架构,核心处理器板采用基于X86处理器的PC104,两个核心处理器板(主、副计算机)同时接收输入信号,采用基于自检测比较监控模型实现输出控制。

6.2.4 软件设计

随着航空电子系统综合化、模块化程度越来越高,其承担的任务也越来越复杂,综合化航空电子系统的软件承担了越来越多的功能。飞行控制与管理计算机软件作为航空电子系统核心软件,在设计开发中尤为重要。

1.软件设计原则

飞行控制与管理计算机软件的应用对象为安全关键和任务关键系统,其本身具有高安全性要求,因此软件设计需遵循以下原则。

(1)模块化。为提高飞行控制与管理计算机软件的可靠性、重用性和设计效率,在软件设计时应遵循模块化原则。根据飞行控制与管理计算机软件功能,设计相应的功能模块,且功能模块功能尽量相对独立,模块间逻辑关系尽量简单,数据交换尽量少,以提高软件复用率。也可建立模块数据库,提高软件设计效率。

(2)可扩展化。在各种无人机系统中,飞行控制与管理计算机基本功能相同。在基本软件系统通用基础上,应在数据结构、变量、协议、时序等方面留有适当的裕量和接口,并设置适当的可重复配置措施,以便于实现扩展功能。

(3)最简化。飞行控制与管理计算机在满足要求的前提下应简洁明了,避免设计过多超出需求的功能。

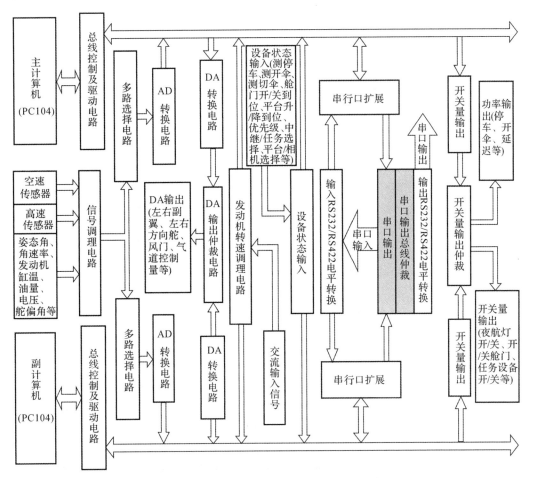

图 6-4　某无人机飞行控制与管理计算机原理框图

2.软件设计

飞行控制与管理计算机软件的设计开发过程从策划与需求分析开始,到软件设计与代码实现,再到测试验证组成。飞行控制与管理计算机软件通常由实时操作系统、硬件资源驱动程序和应用软件程序组成。应用软件通常分为飞行控制、飞行管理、导航控制、任务管理、自检五大功能模块。

(1)飞行控制模块根据飞行管理模块得到的姿态信息进行飞行控制律计算,得到无人机控制信息,并将其输出到伺服设备驱动舵面。

(2)飞行管理模块负责应用软件的调度、感知、采集和接收机载设备的状态,做出相应控制,其包括机载各种传感器信息、伺服设备信息、发动机、数据链以及其他功能设备等信息。

(3)导航控制根据飞行管理模块得到的位置等信息对无人机航线进行解算并对外环路控制,使无人机能够按照规划的路线飞行。

（4）任务管理模块负责管理任务设备信息,并结合当前飞行状态数据,控制任务设备实现任务的执行。

（5）自检模块负责飞行控制与管理计算机的各种 BIT 测试。

飞行控制与管理计算机软件模块如图 6-5 所示。

飞行控制与管理计算机软件要有较强的实时性,对于余度软件应具有严格的时序同步要求。对于一些参与控制的参数,要进行必要的滤波、平滑等处理。对于关键参数或指令,要设置合理的阈值或边界条件。

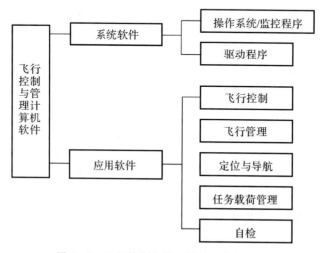

图 6-5　飞行控制与管理计算机软件模块

3.软件测试

飞行控制与管理计算机软件属于嵌入式软件,运行于特定的目标机上,其软件的实现和硬件结构、配置等相关。一定要加强软件开发过程中单元测试和系统测试,完善测试用例,加强强度测试和边界测试,尽早发现软件缺陷,提高软件质量和可靠性。

4.软件工程化

软件工程化主要体现在软件开发技术和软件项目管理技术的推进两方面。软件开发技术的推进主要需要加强策划及需求分析,提高编程规范化程度,提高测试、评审效率及覆盖率。软件项目管理技术的推进则需要加强软件开发管理活动,加强项目监控、测量与分析。

飞行控制与管理计算机软件在开发与管理上进行工程化持续改进,能有效持续提高软件开发质量。

6.3　导　航　系　统

6.3.1　功能

无人机导航系统的主要目的是控制无人机飞行轨迹和执行载荷任务。导航控制软件按照无人机预定的任务规划或控制策略生成起降、飞行航路,完成任务控制,并在遇到地面遥控失效等异常情况下按照预定的应急策略进行自主应急控制飞行。

无人机导航系统主要实现以下功能。

1. 导航控制

(1)程控飞行时按照预定策略或遥控指令进行导航模式状态转换(起飞、巡航、回收航线转换,定点导航航线切换,航点切换,回收过程阶段切换等);

(2)根据当前航线信息(目标航线航点类型、位置、高度、方位等)及无人机状态信息(位置、高度、场高等),按照预定的导航控制律生成导航控制量(航向控制量、高度控制量、场高控制量等),控制无人机按照预定航线飞行;

(3)按照预定策略和任务规划,在相应航点或位置发送无人机机载设备控制指令(停车、开伞、放滑橇/起落架、任务载荷控制指令等);

(4)根据特定控制目标(自主跟随运动目标、自主对准打击目标等),自主实时生成航线或导航控制量控制无人机飞行;

(5)下传导航状态数据(包括控制数据、控制模式等)。

2. 任务规划管理

(1)接收、保存并读取任务规划数据(起飞、巡航、回收航线等);

(2)按照预定策略生成任务规划(根据跑道、回收场地数据自动生成起飞、回收航线);

(3)下传任务规划数据。

3. 应急控制

(1)接收、保存并读取应急策略设置和电子围栏、应急迫降航线数据;

(2)根据无人机位置与电子围栏数据进行预警和告警,并自主控制无人机在电子围栏内飞行;

(3)根据无人机故障模式(数据链失锁、动力装置异常停车等),按照预定策略进行应急模式切换(包括应急模式的进入和退出);

(4)按照预定策略对导航控制模式进行状态转换(应急返航、进入应急伞降航线等);

(5)根据无人机故障模式和预定策略发出机载设备自毁指令或控制无人机自毁;

(6)下传应急控制状态数据。

6.3.2　性能

不同的总体设计需求,对导航系统的性能要求也不同。一般而言,在起飞阶段,无人机失去地面约束力的作用,升入空中,在起飞场地上空存在较大的调整空间,此阶段导航系统不至于影响飞行安全,甚至可以不参与飞行控制;在巡航任务阶段,由于任务载荷存在一定的精度允许范围,故导航系统也允许一定的偏差;在回收阶段,无人机从空中回到地面,在触地瞬间将受到地面大的反作用冲量,需按照预定方式和场地回收,故导航系统需要较高精度。

无人机导航系统的主要性能如下。

(1)导航控制精度。

1)水平导航控制精度;

2)高度控制精度;

3)地面滑行航偏控制精度。

(2)遥测数据下传周期。

(3)航线航点容量。

1)机载可存储起飞航线数；

2)巡航航线数；

3)回收航线数；

4)应急迫降航线数；

5)巡航航线、电子围栏可包括的航点数。

(4)质量特性。

1)实时性：以中断方式调用的实时计算模块运行时间不超过若干毫秒；以循环方式调用的非实时计算模块运行时间不超过若干毫秒。

2)内存使用：运行时使用内存不超过若干 kB 或 MB。

3)可靠性：连续运行时间不小于若干 h(测试时，应利用仿真测试环境尽量按照真实任务剖面进行测试)。

4)安全性：主要包括无人机程控飞行时出现故障和特情时的应急策略。

5)保密性：主要包括机载保密设备的自毁策略。

6.3.3 导航方式

1.惯性导航

惯性导航技术，依靠三个轴向的加速度测量，经过积分运算得到瞬时速度和位置。惯性导航完全依靠机载设备，工作不依赖外部信息，也不向外辐射信号，不易受到干扰，且不受外界环境影响，是一种自主式导航系统。

按照测量装置的安装方式，惯性导航系统可以分为平台式惯性导航系统和捷联式惯性导航系统。

平台式惯性导航系统(见图 6-6)是将惯性测量装置安装在惯性平台的台体上，这样使得惯性平台能隔离载体的角振动，并使得测量元件有较好的工作条件，且平台可以直接建立导航坐标系。平台式惯导的特点是精度高、运算量小、易进行补偿等，缺点是结构复杂、尺寸大、且价格高。

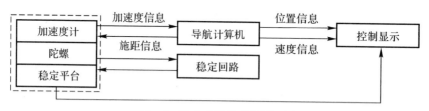

图 6-6 平台式惯导系统原理图

捷联式惯性导航系统(见图 6-7)由陀螺仪、加速度计和导航计算机组成。捷联惯性导航系统把加速度计和陀螺仪安装在无人机上，没有实体平台。加速度计测量加速度在机体坐标轴上的三个分量。捷联式惯性导航系统的优点是省去了机械结构的平台，结构简单、体积小、重量轻、成本低、可靠性高且便于维护。随着机载计算机技术的发展，捷联式惯性导航系统的性能已日趋稳定，在无人机上已得到广泛的应用。

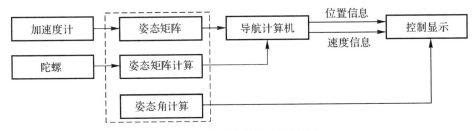

图 6 - 7　捷联式惯导系统原理图

惯性导航系统是一种航位推算系统。在给出了载体的初始位置和速度后,系统可以实时推算载体的位置、速度及姿态,进行自主导航。纯惯性导航会随着飞行时间的增加,积分积累产生较大的误差,导致定位精度随时间增加呈发散趋势,所以纯惯性导航系统不能够长时间独立工作。

惯性导航系统独有的优点是:能够不依赖外界任何信息实现完全自主导航。但其最大的问题是导航精度随着飞行时间的增加误差积累。所以通常以惯性导航系统作为主导航系统,利用其他导航系统进行修正,形成组合导航系统以弥补惯性导航系统自身的局限性。

2. 卫星导航

卫星导航是依靠卫星进行导航的方式。目前可以使用卫星导航技术的有:美国的 GPS、俄罗斯的 GLONASS 和中国的北斗系统。卫星导航系统具有全球性、全天候、实时性和高精度的优点,但同时也有其致命的弱点,例如在高机动场合会存在"周跳"现象,且卫星导航完全依赖卫星和地面控制中心,易受到干扰。

GPS 卫星导航系统(见图 6 - 8),通过在轨道上运行的一定数目的卫星发射的信号来解算用户的位置,完整的 GPS 由三部分组成:空间部分、控制部分和用户部分。

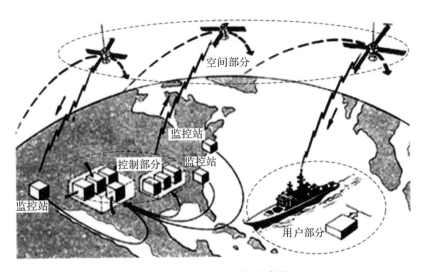

图 6 - 8　GPS 导航系统组成图

GPS 进行定位的基本原理是,当卫星轨道位置和地球的相互关系精确已知,并且每颗卫星实时传输其轨道位置数据时,测量来自至少 4 颗 GPS 卫星的用户球星距离,从而计算出用户的位置。

目前 GPS 可以得到的水平位置精度最高可以达到 16m,通常情况下的位置精度为 100 m。该精度对于着陆、水文测量、海岸导航等领域来说,精确性和综合性受限。

差分 GPS(DGPS)用以提高位置精度,已在自动着陆、滑行跑道导引实验、陆地和水上测量等领域成功应用。

差分 GPS 的基本原理:在相近两地跟踪同一卫星的两个接收器表现出的误差一致。固定 GPS 基准站的位置是很精确的,在已知卫星星历的情况下,可以精确的得到卫星距离,由此推出伪距测量的误差,计算出修正信息,用无线电信号上传给移动用户站(见图 6 - 9)。

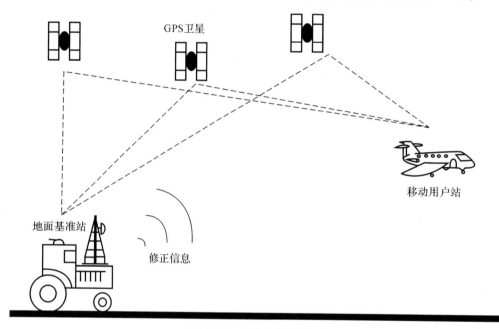

图 6 - 9　差分 GPS 原理图

3.天文导航

天文导航又叫星光导航,是通过对星体的观测和星体自身在太空的固有运动规律来计算飞行器在空间运动参数的一种导航技术。天文导航的精度主要依赖对星体的观测精度,所以受气象条件影响较大,通常不会单独使用,而是与其他导航方式组合使用。

天文导航系统主要由量测装置、导航计算机和飞行控制系统等部分组成。量测装置包括六分仪和星光跟踪器等。

当望远镜轴线偏离星体时,六分仪向飞行控制系统输出导航误差参数,通过飞行控制系统修正无人机的飞行轨迹,消除望远镜轴线与星体之间的偏差,使无人机沿预定轨迹飞行(见图 6 - 10)。

4.组合导航

组合导航是把两种或两种以上的导航系统以适当的方式组合,利用性能上的互补特性,以获得比使用单独任何一个系统更高的导航性能。目前实际应用的导航系统基本上都是组合导航系统,且最广泛的是 GPS/惯性导航组合的导航系统。

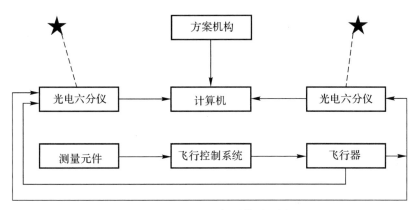

图 6-10　天文导航系统原理图

GPS 导航系统和惯性导航系统各有其显著的优缺点。惯性导航系统的主要缺点是随着时间的增加,导航误差发散,在需要长时间飞行的领域,单一的惯性导航系统就不能满足需要。GPS 导航接收机的工作会受到飞行器机动的影响,当飞行器的机动超过 GPS 的动态范围时,接收机锁死,或者误差增加,无法正常使用。此外,GPS 的更新频率一般在 1～5 Hz。所以,如果需要更快的导航信息更新频率,且需要较长的飞行航时,一种常用的组合方式就是构成 GPS/惯性导航组合导航系统,两种导航系统取长补短,使综合后的导航系统性能高于各自导航系统的性能。组合后的综合优点有:可以实现对惯性导航的校准、惯性导航系统的空中对准、惯性导航系统的位置修正等。对于 GPS 接收系统来说,惯性导航系统可以辅助提高其跟踪卫星的能力,改善动态特性和抗干扰性能。此外,GPS/惯性导航组合的一体化实现,把 GPS 接收机放入惯性导航部件中,可以进一步减小系统的体积、重量和成本,便于实现惯性导航和 GPS 同步,减小非同步误差。

6.3.4　设计与实现

导航系统设计时的精度要求为既能够满足总体要求,又不能因过于追求高精度而造成浪费。根据导航系统的精度要求及其他系统指标(如自主性、容错性等),选择符合要求的导航方式。一般选择两种及以上的导航方式,在正常使用时进行组合导航,当其中一种导航方式存在故障时,组合导航可以迅速隔离故障源,在损失一定精度的情况下确保飞行器的安全。

1. 软件架构搭建原则

为提高导航控制软件的代码复用性、扩展性和代码质量,将导航控制软件架构划分为以下模块。

(1)主程序调用接口模块。提供导航软件的函数调用接口,包括实现与飞控软件的数据交互接口。该模块通过进一步调用其他模块功能实现整个导航控制软件功能。

(2)测控接口管理模块。主要实现遥控遥测数据的编解码。该模块在不同机型中可能会因遥控遥测协议的变化需要一定更改。

(3)导航模式切换模块。主要实现导航模式自动切换或根据遥控指令切换。目前一般通过有限状态机实现,设计时应对该状态机的状态、状态转换逻辑和状态转换条件进行清晰、统一的定义,以便在未来对该状态机进行扩展。根据起飞、回收过程的需要,在该模块下还可以进一步设计用于控制起飞、回收阶段过程的子模块。

(4)航线跟随模块。主要根据当前导航模式,航线数据和无人机状态数据生成导航相关控制量。相应航线包括起飞、巡航、回收、定点导航航线,应急航线,自主跟随航线和自主对准航线等,按照不同的航线类型又可分为不同的子模块。

(5)应急管理模块。主要实现应急模式切换逻辑,包括触发条件和退出条件判断,以及在做出相应判断后,通过对相应导航模式进行设置,来实现无人机应急控制。

(6)任务规划管理模块。主要包括任务规划数据的接收、校验、数据使用的内部接口、数据保存、读取等,还包括机载起降航线的自动生成。航线生成部分也可独立为子模块。

(7)工具模块。主要包括在其他模块中经常使用的工具函数,如数据大小端转换、经纬度平面直角坐标转换等。

模块间通信应采用函数调用接口来传递参数,避免直接使用其他模块的私有数据。

应尽量减少在所有模块都能轻易访问修改的全局变量的使用,保持数据的局域性,还应尽量避免在多个模块修改同一数据。

2.软件设计编码原则

导航控制软件属于机载软件,应绝对避免运行异常导致死机。为尽量保证软件运行安全,应注意以下几方面:

(1)数据存储和读取安全。该功能是导航控制软件唯一直接与硬件相关的部分。应尽量精简存储数据的长度,注意不同系统的差异,注意字节对齐(定义结构体等数据结构时,某些系统要求数据结构长度为 4 的整数倍)。

(2)数组边界安全。只使用固定长度的数组。使用数组前,应对数组序号进行边界校验,防止越界访问。

(3)指针使用。没有必要完全禁用指针,但对指针使用应有限制。应避免使用 malloc 等语句动态分配内存。使用指针前应对空指针进行校验,防止访问空指针。

为提高软件可维护性和可扩展性,总的原则是降低程序复杂度、耦合度,提高程序内部的代码复用程度,具体有如下建议:

(1)宏使用。对于可能多次使用的常数应定义宏,对于多次使用的表达式也可定义宏。

(2)内部接口设计。除部分上层功能组织类函数外,其他功能类函数设计应尽量避免与外部数据的耦合。即函数的输入数据只来源于函数参数,不依赖于外部定义的全局变量;函数的运行结果只体现于函数返回值和部分形参上,也不修改外部定义的全局变量。

6.3.5 设计举例

在整个飞行过程中,回收阶段对导航性能要求较高,此处以滑跑回收型无人机的设计为例。回收跑道宽度一般大于 10 m,长度不小于 1 000 m。无人机在跑道中央滑跑,在起飞回收阶段,为使无人机不冲出跑道,导航系统允许的偏差应小于 5m。选择差分 GPS 和惯导的组合导航,使输出数据更新周期和惯导一致,且误差不随时间积累。系统集成后首先进行跑道滑行试验,在无人机系统工作中,差分 GPS 和惯导组合导航输出无人机位置至综合航电计算机进行控制律解算,将计算的控制量输出到相应执行机构控制无人机滑行。在跑道滑行试验阶段,反复改进系统直至导航精度满足设计需要。跑道滑行试验结束后可转入飞行试验,直至起飞、巡航、回收全过程满足设计需要,则设计完成。

6.4　测量设备

6.4.1　概述

测量是人们通过实验认识客观世界,取得实验对象的定性或定量信息的一种基本方法。

测量设备是把被测参数自动转换成具有可直接观测的指示值或等效信息的设备,其中关键部位是传感器。传感器是由敏感元件直接感受被测量,并把被测量转变为可用电量(电信号)的一套完整的测量装置。

无人机上装有多类传感器,分别用来测量飞行姿态、飞行状态、位置、动力装置及燃滑油系统、武器与火控系统、液压、电源、起落架、环控、救生、安全与防护等机载设备的工作状态。无人机测量设备准确、实时、可靠工作,是无人机系统正常、安全飞行的前提和最基本的条件。

无人机系统使用测量设备按功能分,可以分为以下 5 类:

(1)飞行状态、飞行姿态信息以及操纵系统工作参数类测量设备,用于航姿系统、飞参系统、飞行控制系统。

(2)位置、导航、定位参数类测量设备,用于导航系统、通信系统。

(3)大气数据类测量设备,用于测量大气数据(气压高度、上升速度、修正空速、真空速和马赫数等)。

(4)高度类测量设备,用于测量各种高度。

(5)其他机载设备系统工作参数测量设备,用于液压系统、电气系统、环控系统、起落架系统、救生系统和安全与防护系统等。

无人机机载测量设备按测量性质分可以分为以下 2 类。

(1)物理量测量设备:包括压力、力、力矩、位移、速度、加速度、角位移、角速度、转速、温度、液位、密度、流量、电量、方位、距离和地理位置测量设备等。

(2)化学量测量设备:主要包括成分测量设备、烟雾探测器和火焰探测器等测量设备。

无人机测量设备应用于不同系统中,安装在不同位置。同一性质的测量设备可以应用在不同的系统,同一系统也可以设置多个相同的测量设备,以保证系统工作的可靠性与安全性。比如在飞控系统中,来自大气数据、飞行状态和飞行姿态的测量信号,都要用于飞行控制。又比如在导航系统中,各种导航定位传感器提供的信息通过融合,准确引导无人机到达预定目标。

1.测量设备的静态误差及其分类

描述事物状态及其变化过程的被测参数在客观上存在一个真实的值,简称"被测量的真值",记为 x_i;对其测量就是将它作用于测量设备上,以测量设备的输出值 y_i(或称响应值,实测值,指示值等)来表示被测真值的大小。对测量设备最基本的要求是能够无失真地给出被测量的大小。而实际测量设备,由于其实际结构及参数、测量原理、测试方法的不完善,或由于使用环节条件的变化,最终测试系统给出的输出值 y_a 不等于无失真输出值 y_t。通常定义它们之间产生的差值为测试误差,即

$$\Delta y = y_a - y_t \qquad (6-1)$$

测量设备在测量过程中产生的测量误差的大小是衡量测量设备、测量技术水平的重要技

术指标之一。

按误差的表达形式可分为绝对误差和相对误差；按误差出现的规律可以分为系统误差、随机误差和过失误差；按误差产生的原因可以分为原理误差、构造误差和使用误差。此处主要介绍前两大类。

(1) 绝对误差和相对误差。

1) 绝对误差。测量设备的绝对误差是指被测参数的给出值 y_a 与相应的真值 y_t 之间的差，即 $\Delta y = y_a - y_t$。

测量设备的给出值是指包括其输出值、指示值或利用有关模型计算得到的近似值；真值则是指无失真测量设备对被测参数进行测量时，它所应具有的输出值。

在实际测量中，由测量设备得到的是实际的输出值 y_a，而不是所希望得到的真值 y_t。如果想知道真值 y_t 的大小，就不仅需要知道测量设备的实际输出值 y_a，还应知道其误差 Δy，然后由下式来确定真值 y_t，即

$$y_t = y_a - \Delta y \tag{6-2}$$

习惯上，常把与绝对误差大小相等，符号相反的量称为"修正量"，以 Δy_c 表示，则有

$$\Delta y_c = -\Delta y = y_t - y_a \tag{6-3}$$

于是可得

$$y_t = y_a + \Delta y_c \tag{6-4}$$

为了便于获得各种主要被测参数的真值，统一计量标准，各国标准计量局和国际有关机构都设立了各种实物基准和标准器，并指定以它们的数值作为相应被测参数的近似真值，还规定一切测试系统的实测值均分别与其比较，以确定其误差。这种确定测试系统误差的过程称为标定或校准。

2) 相对误差。测量中将绝对误差与同量纲的约定值的百分比称为"相对误差"，根据所取约定值的不同，可分别定义为如下 4 类。

a) 标称相对误差：

$$\xi_s = \frac{\Delta y}{y_t} \times 100\% \tag{6-5}$$

b) 实际相对误差：

$$\xi_a = \frac{\Delta y}{y_a} \times 100\% \tag{6-6}$$

c) 额定相对误差：

$$\xi_{ra} = \frac{\Delta y}{y_{max} - y_{min}} \times 100\% \tag{6-7}$$

式中，y_{max}，y_{min} 为测量设备输出的最大值与最小值。

d) 最大额定相对误差：

$$\xi_{max} = \frac{\Delta y_{max}}{y_{max} - y_{min}} \times 100\% \tag{6-8}$$

测量中，常用最大额定相对误差 ξ_{max} 来表示具有线性特性的仪器仪表或测量设备的精度等级。例如某仪器的精度为 0.1 级，则表明该仪器的最大额定相对误差为

$$\xi_{max} = \frac{\Delta y_{max}}{y_{max} - y_{min}} \times 100\% = 0.1\% \tag{6-9}$$

由于 $y_a \gg \Delta y$，且有 $y_t \approx y_a$，因此标称相对误差与实际相对误差之间的差别不大，在实际使用时可以不加以区别，可互相替代。

（2）系统误差、随机误差与过失误差。

1）系统误差。在测量过程中，如果测量误差保持不变，或按一定规律变化，则称这类误差为"系统误差"或称"确定性误差"。按误差值的表现特点，可将其分为"恒值误差"和"变值误差"。恒值误差的数值大小和符号在整个测量过程中均保持不变。变值误差可按其误差数值及符号的变化规律分为线性误差、周期性误差和按复杂规律变化的误差。

产生系统性误差的主要原因如下：

a）原理误差，又称方法误差，是由测量某参数时所依据的理论或测量原理或测量方法不完善所引起的误差。

b）构造误差。

c）设备误差。

d）环境误差。

e）人员误差。

2）随机误差，又称偶然误差。在相同的条件下对同一参数进行多次重复测量时，所得各次测量值的误差。其大小和符号各不相同，且变化无确定性规律，但其平均值却随着测量次数的增加而趋于零。

3）过失误差，又称粗大误差。这是由测量过程中，测量者在操作、读数、记录、计算等过程中粗心大意所造成的一次性较大的误差。对这类误差在合理判断后，应舍弃。

2. 测量设备的主要静态性能指标及其计算

（1）测量范围。测量设备所能测量到的最小被测量（输入量）值 x_{min} 与最大被测量（输入量）值 x_{max} 之间的范围称为测试系统的测量范围，即 (x_{min}, x_{max})。

（2）量程。测量设备测量范围的上限值 x_{max} 与下限值 x_{min} 的代数差 $x_{max} - x_{min}$ 称为量程。

（3）静态灵敏度。测量设备被测量的单位变化量引起的输出变化量称为静态灵敏度，有

$$S = \lim_{\Delta x \to 0}\left(\frac{\Delta y}{\Delta x}\right) = \frac{dy}{dx} \tag{6-10}$$

（4）分辨力与分辨率。对于实际标定过程的第 i 个测点 x_i，当有 $\Delta x_{i,min}$ 变化时，输出就有可观测到的变化，那么 $\Delta x_{i,min}$ 就是该测点处的分辨力。各测点处的分辨力是不一样的。在全部工作范围内，都能够产生可观测输出变化的最小输入量的最大值 $\max|\Delta x_{i,min}|(i=1,2,\cdots,n)$ 就是该测量设备的分辨力。测量设备的分辨率为

$$r = \frac{\max|\Delta x_{i,min}|}{x_{max} - x_{min}} \tag{6-11}$$

分辨力反映了测量设备检测输入微小变化的能力，对正反行程都是适用的。此外，测量设备在最小（起始）测点处的分辨力通常称为阀值或死区等。

（5）漂移。当测量设备的输入和环境温度不变时，输出量随时间变化的现象就是漂移，又称时漂。它是由测量设备内部各个环节性能不稳定或内部温度变化引起的，反映了测量设备的稳定性指标。通常考察测量设备时漂的时间范围可以是一小时、一天、一个月、半年或一年等。

（6）温漂。由外界环境温度变化引起的输出量变化的现象称为温漂。温漂可以从两个方面来考查：一方面是零点温漂；另一方面是灵敏度温漂，即引起测量设备特性斜率变化的漂移。

（7）线性度。测量设备实际的静态特性的校准特性曲线与某一参考直线不吻合程度的最大值就是线性度。计算公式为

$$\xi_{L} = \frac{\left| (\Delta y_{L})_{\max} \right|}{y_{FS}} \times 100\% \tag{6-12}$$

$$(\Delta y_{L})_{\max} = \max |\Delta y_{i,L}|, \quad i = 1, 2, \cdots, n \tag{6-13}$$

$$\Delta y_{i,L} = \overline{y_i} - y_i \tag{6-14}$$

式中：y_{FS} 为满量程输出，$y_{FS} = |B(x_{\max} - x_{\min})|$；$B$ 为所选定的参考直线的斜率；$\Delta y_{i,L}$ 是第 i 个校准点平均输出值与所选定的参考直线的偏差，称为非线性偏差；$(\Delta y_{L})_{\max}$ 则是 n 个测点中最大偏差。

（8）迟滞。由于存在测量设备的机械部分的摩擦和间隙、敏感结构材料等的缺陷、磁性材料的磁滞等，测量设备同一个输入量对应的正、反行程的输出不一致，这一现象就是"迟滞"。

6.4.2　姿态测量

无人机的姿态测量主要指无人机姿态角和姿态角速率的测量。

1. 姿态角的定义

对于无人机机体坐标系，使 OX 轴方向（纵轴）沿翼弦指向（即机头方向），OY 轴（竖轴）指向 OX 轴的垂线并在飞机的对称平面内，而 OZ 轴（横轴）则沿右翼展，于是飞机的机体坐标系对地面坐标系位置可由三个角度来决定。各角度的名称定义规定如下：

（1）航向角 ψ，它是飞机纵轴 OX 在水平面内的投影与飞机参考航向（如北向、磁北等）之间的夹角，以机头右偏为正。

（2）俯仰角 θ，它是 OX 轴与水平面之间的夹角，以抬头时为正。

（3）倾斜角 γ，倾斜角也叫横滚角，它是飞机的对称平面与包括 OX 轴的垂直平面之间的夹角，飞机右倾时为正。

飞机的俯仰角 θ 和倾斜角 γ 统称为姿态角。对于控制要求不高的无人机常用陀螺仪和航向传感器的组合来得到姿态角和航向角，而惯性测量设备作为测量运动物体角运动的一种装置，可以得到姿态角、航向角、姿态角速度和航向角速度等多个测量值，近年来在无人机上得到了广泛应用。

2. 惯性测量中用到的坐标系

（1）实用惯性坐标系：以地心为球心，将半径无穷大的球体称为天体。地球赤道平面无限延伸后截天球所得的圆称为天球赤道，地球公转平面无限延伸后截天球得到的圆称为黄道，天球赤道与天球黄道在天球上相交得春分点和秋分点。由于春分点在无穷远处，所以在地球的公转轨道上，无论地球运行到何处，地心和春分点的连线始终保持平行，因此 $Ox_i y_i z_i$ 的各轴相对惯性空间的指向始终保持不变，该坐标系称为惯性坐标系（见图 6-11）。

（2）地球坐标系：该坐标系原点 O 固定于地球球心处，Z 轴沿地球自转轴，X、Y 轴都在地球赤道平面内，且 X 轴指向零子午线方向，Y 轴垂直于 XOZ 平面（见图 6-12）。一个质点 F 在坐标系中的位置则由该质点 F 与地球球心的距离、经度和纬度来表示。

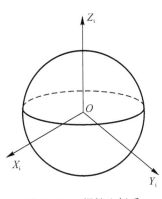

图 6-11　惯性坐标系

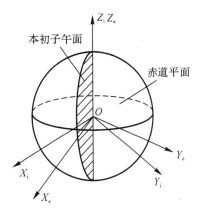

图 6-12　地球坐标系

（3）地理坐标系：该坐标系原点固定在地球表面某参考点 O（例如起飞地、目标地或轨迹上某一点），通过 O 点作地球的经度圈及纬度圈，并作 OX 与纬度圈相切，方向向东，另作 OY 与经度圈相切，方向向北，再地球半径方向向上作 OZ，这就构成了固定在 O 点的地理坐标系 $OXYZ$（见图 6-13）。

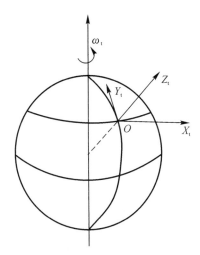

图 6-13　地理坐标系

（4）机体坐标系：该坐标系原点固定在飞机重心 O 处；OX 沿飞机纵轴方向指向机头；OY 轴在飞机垂直对称面内，且垂直于 OX 轴，向上；OZ 轴垂直于 XOY 平面，向右。

3. 捷联式惯性导航系统简介

捷联式惯导系统去掉了结构复杂的实体惯导平台，将平台功能的实现移至导航计算机，构成所谓的"数学平台"。陀螺和加速度计所构成的惯性测量组件直接固连于飞机机体上，由于直接固连，它们不具有平台式惯导系统通过环架隔离运动的作用，所以，要求陀螺和加速度计的动态范围大，能在恶劣动态环境中保持正常工作。一般的陀螺仪不能满足捷联式惯导系统的技术要求，需采用高精度陀螺仪，如动力调谐式挠性陀螺、激光陀螺等。

在捷联式惯导系统中，平台的作用体现在导航计算机中，它是存在计算机中的方向余弦矩阵，运用该矩阵实现对运动参数的坐标转换作用，即由飞机机体坐标系转换到平台坐标系（如地理坐标系)。

由于惯性测量组件固连在飞机上,由加速度计测量的加速度是沿机体轴的分量,由陀螺仪测量的角速度是绕机体轴的分量(见图6-14)。

机体坐标系下测得的加速度需经坐标转换得到平台坐标系相应分量。

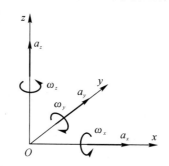

图6-14 飞机运动参数(机体坐标系)

导航计算机便可依据导航基本方程计算出相应的导航参数。这部分的计算原理与平台式惯导系统相同。

另外,对于平台式惯导系统,姿态和航向角可直接从平台环架上提取,但在捷联式惯导系统中,平台以数学平台形式存在,姿态角和航向需要通过计算获得(见图6-15)。

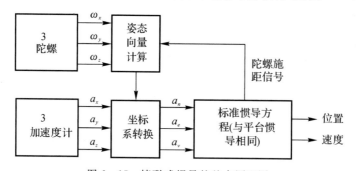

图6-15 捷联式惯导的基本原理图

(1)速率捷联系统。基本特征:加速度计感测的是机体相对惯性空间的比力 f_{ib}^b,陀螺的输出是机体相对惯性空间的转动角速度 $\boldsymbol{\omega}_{ib}^b$。

假设机体坐标系到计算(数学)平台坐标系的方向余弦矩阵为 C_b^p,加速度计所感测的比力转换到平台坐标系为

$$f_{ib}^p = C_b^p f_{ib}^b 。$$

即得到飞机在平台坐标系中相对地球坐标系的运动加速度。

速率捷联系统的关键问题是确定机体坐标系到平台坐标系的方向余弦矩阵(捷联／姿态矩阵) C_b^p。

进一步地要求实时提供 C_b^p,而获得随时间变化的 C_b^p,需要求解如下捷联矩阵微分方程:

$$\dot{C}_b^p = C_b^p \boldsymbol{\Omega}_{pb}^b$$

其中,$\boldsymbol{\Omega}_{pb}^b$ 为关于姿态角速度 $\boldsymbol{\omega}_{pb}^b$ 的反对称矩阵,且

$$\boldsymbol{\Omega}_{pb}^{b} = \begin{bmatrix} 0 & -\omega_{pbz}^{b} & \omega_{pby}^{b} \\ \omega_{pbz}^{b} & 0 & -\omega_{pbx}^{b} \\ -\omega_{pby}^{b} & \omega_{pbx}^{b} & 0 \end{bmatrix} \tag{6-15}$$

捷联矩阵微分方程是捷联惯性导航系统的原理性基本方程之一,是数学平台的核心。

由飞机相对惯性空间的角速度

$$\boldsymbol{\omega}_{ib}^{b} = \boldsymbol{\omega}_{ip}^{b} + \boldsymbol{\omega}_{pb}^{b}$$

得

$$\boldsymbol{\omega}_{pb}^{b} = \boldsymbol{\omega}_{ib}^{b} - \boldsymbol{\omega}_{ip}^{b} = \boldsymbol{\omega}_{ib}^{b} - \boldsymbol{C}_{p}^{b}\boldsymbol{\omega}_{ip}^{p}$$

而

$$\boldsymbol{C}_{p}^{b} = (\boldsymbol{C}_{b}^{p})^{T}$$

对于导航坐标系取地理坐标系 t,则

$$\boldsymbol{\omega}_{ip}^{p} = \boldsymbol{\omega}_{ie}^{p} + \boldsymbol{\omega}_{ep}^{p} = \begin{bmatrix} -\dfrac{v_{n}}{R_{M}+H} \\[2ex] \omega_{ie}\cos\varphi + \dfrac{v_{e}}{R_{N}+H} \\[2ex] \omega_{ie}\sin\varphi + \dfrac{v_{e}}{R_{N}+H}\tan\varphi \end{bmatrix} \tag{6-16}$$

三次基本旋转(见图 6-16)对应的坐标变换阵为

$$\boldsymbol{C}_{b}^{p} = \begin{bmatrix} -\sin\varphi\sin\theta\sin\gamma + \cos\varphi\cos\gamma & -\sin\varphi\cos\theta & \sin\varphi\sin\theta\cos\gamma + \cos\varphi\sin\gamma \\ \cos\varphi\sin\theta\sin\gamma + \sin\varphi\cos\gamma & \cos\varphi\cos\theta & -\cos\varphi\sin\theta\cos\gamma + \sin\varphi\sin\gamma \\ -\cos\varphi\sin\gamma & \sin\theta & \cos\theta\cos\gamma \end{bmatrix} \tag{6-17}$$

记

$$\boldsymbol{C}_{b}^{p} = \begin{bmatrix} T_{11} & T_{12} & T_{13} \\ T_{21} & T_{22} & T_{23} \\ T_{31} & T_{32} & T_{33} \end{bmatrix}$$

则

$$\boldsymbol{C}_{p}^{b} = (\boldsymbol{C}_{b}^{p})^{T} = \begin{bmatrix} T_{11} & T_{21} & T_{31} \\ T_{12} & T_{22} & T_{32} \\ T_{13} & T_{23} & T_{33} \end{bmatrix}$$

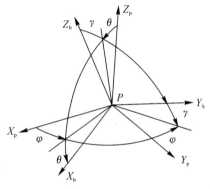

图 6-16　平台坐标系与机体坐标系的转换关系

(经方位、俯仰和横滚三次旋转实现)

（2）位置捷联系统。位置捷联系统所实现的力学原理与速率捷联系统完全相同，由于使用了位置陀螺，可以直接输出机体相对由陀螺所决定的惯性坐标系之间的角位置。

机体坐标系到惯性坐标系（见图 6-17）的变换矩阵为 C_b^i，设 β，δ 和 ν 角为机体相对陀螺惯性坐标系的姿态角，可直接由陀螺信号器输出。

加速度计与飞机固连，加速度计所感测的比力在机体坐标系中，即 f_{ib}^b，将机体坐标系中比力转换到平台坐标系中，即 $f_{ib}^p = C_b^p f_{ib}^b$。

机体坐标系到平台坐标系的方向余弦矩阵为 C_b^p，由 C_b^i 和陀螺惯性坐标系到平台坐标系（见图 6-18）的变换矩阵 C_i^p 确定：

$$C_b^p = C_i^p C_b^i \qquad (6-18)$$

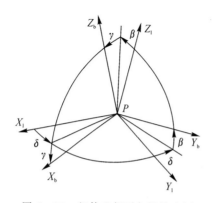

图 6-17　机体坐标系与惯性坐标系的转换关系

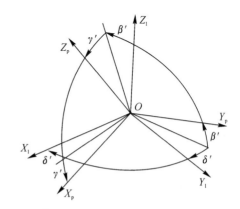

图 6-18　惯性坐标系与平台坐标系的转换关系

C_p^i 随时间变化，需要求解如下捷联矩阵微分方程：$\dot{C}_p^i = C_p^i \omega_{ip}^p$，将 C_p^i 进行转置，得到 C_i^p，再乘以 C_b^i，得到 C_b^p（$C_b^p = C_i^p C_b^i$）。

（3）地球坐标系捷联惯导系统。惯导系统所采用的导航坐标系是地球坐标系 e，导航方程为

$$f^e = \dot{v}^e + 2\omega_{ie}^e \times v^e - g^e \qquad (6-19)$$

捷联矩阵 C_b^e 满足如下方程：

$$\dot{C}_b^e = C_b^e \Omega_{eb}^b = C_b^e (\Omega_{ib}^b - \Omega_{ie}^b) \qquad (6-20)$$

相比平台坐标系，地球坐标系 e 不随载体运动而转动，带来计算边界与参数计算的高精度。

虽然重力项 g^e 的计算方法略微复杂，但地球坐标系捷联惯导系统的导航参数计算速度总体上比指北方位、自由方位和游动方位捷联惯导系统快。

卫星导航系统的坐标系通常采用地球坐标系，捷联惯导系统也以地球坐标系作为导航系统，适合与卫星导航构成组合导航系统。

4.姿态测量设备的选型

根据无人机系统的姿态测量指标，确定传感器类型及相应的指标，可参考表 6-1 进行。

表 6-1　姿态测量设备选型对照

系统姿态测量精度指标	传感器选型	传感器关注指标
1～2°	垂直陀螺	供电、启动功率和正常工作功率、陀螺启动时间、垂直精度、测量精度、测量范围
	航向传感器	供电、功率、测量范围、测量精度、分辨率、三轴磁电转换一致性、正交误差、零位漂移
0.5°	惯性传感器	自对准时间、快速自对准时间、测量范围(航向角、俯仰角、倾斜角、角速率、线加速度)、组合导航精度(航姿测量精度、水平位置精度、高度精度、水平速度精度、垂直速度精度)、纯惯性导航精度(航姿测量精度、水平定位精度)
	卫星修正	单点定位精度(水平方向,垂直方向)、差分定位精度(水平方向,垂直方向)、测速精度(水平测速精度,高程测速精度)、数据率(定位数据刷新率)、开机定位时间、丢失后重新定位时间

6.4.3　位置测量

位置测量主要指测量无人机的位置,即无人机所处的经纬度。

地轴与地球表面的交点为地球的两极,通过地理南、北极的大圆弧叫做子午线或经线,它是表示地理南北的方向线。子午线和地轴构成的平面叫做子午面。通过格林尼治天文台的子午线为本初子午线,它与地轴构成的平面为本初子午面。子午面与本初子午面之间的夹角叫做经度(见图 6-19)。

通过地心并垂直于地轴的平面的大圆为赤道平面,赤道平面与地球表面的交线为赤道。赤道是纬线,且是一个大圆。凡是垂直于地轴的平面与地球表面的交线都是纬线。地垂线与赤道平面之间的夹角叫做纬度(见图 6-19)。

测量位置的设备有惯性传感器、卫星定位系统、天文传感器和无线电测距等。

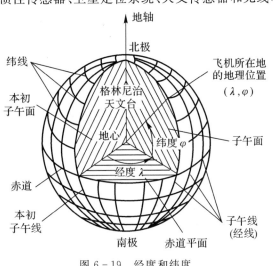

图 6-19　经度和纬度

6.4.4 大气数据测量

1.大气数据引入

可利用置于流场中的总静压管、静压孔管或空速管,通过测量静压、总压和大气总温这三个基本大气数据信息,再经解算,获得高度、大气密度、马赫数、修正空速、大气温度及真空速等数据。

压力:工程上,把流体介质垂直作用于单位面积上的力称为压力。

由于参照点的不同,工程技术上流体的压力分为以下几种:

(1)差压:两个压力之间的相对差值。

(2)绝对压力:相对于零压力(绝对真空)的压力。

(3)表压:绝对压力与当地大气压的差。

(4)负压:当绝对压力小于大气压时,大气压与该绝对压力的差。

(5)大气压:地球表面上的空气质量所产生的压力,大气压随所在地的海拔高度、纬度和气象情况而变。

2.总压管测量设备及其特性

总压管一般安装在机身头部或翼尖前缘不受紊流扰动的部位,但是,即使安装正确,测压管的结构和尺寸、迎角的变化以及激波和局部激波的存在等均可能使总压测量产生误差。一般把总压管引入的总压 p_{ti} 称为"指示总压",把自由流的总压 p_t 称为"真实总压",二者的差值称为"总压误差"Δp_t,其计算公式为

$$\Delta p_t = p_{ti} - p_i \qquad (6-21)$$

总压相对误差为

$$\frac{\Delta p_t}{p_i} = \frac{p_{ti} - p_t}{p_t} \qquad (6-22)$$

了解产生总压误差的主要因素及其对总压误差的影响规律是十分必要的。

为了正确地引入总压,总压管的外径不能取得太大,总压孔的直径也应远小于管的外径,并使总压孔的轴线垂直于正激波。

3.静压管测量设备及其特性

与总压测量相比较,静压测量要困难得多,马赫数、迎角 α、静压管的结构和安装位置对引入静压的影响也要大得多。

在不考虑静压管的形状、结构、安装位置以及迎角所引起的误差时,静压相对误差是马赫数及其相对误差的函数。

正确地选择静压管在飞机上的安装位置,使静压管所感受的压力就是飞机所在处未被干扰的静压,并且不受飞行姿态、飞行速度的影响。静压管在飞机上的正确安装位置,往往需经空气动力学分析计算,再经过多次风洞试验和飞行试验才能最终确定下来。

对于安装在飞机头部的静压管,静压误差主要来源于机头受阻气流的正压力和机身最大截面积处的负压力的综合影响。通常当飞机马赫数在 0.8 以下时,机头受阻气流的正压力对静压孔处静压的影响比机身负压力的影响大,所引入的静压具有不大的正值静压误差。

对于安装在机翼前缘的静压管,静压误差的变化情况更为复杂。机翼、机身气流的扰动以及机头脱体激波的强度随马赫数的增大而增强并逐渐后移,这将使静压管在跨声速范围内产

生较大的正负交替变化的静压误差。该变化规律随集中地不同,差异很大。

对于开在机身上的静压孔(一般作为应急静压孔使用),由于主要受机身最大截面处负压力的影响,静压误差一般为负值。

由静压管在飞机上的安装位置不同所产生的静压误差差别很大,这是决定静压测量精度的最主要的因素。同时,对任何安装位置的静压管,在跨声速区都有增减急剧变化的静压误差,该区域通常认为是静压不准确区,不经过认真的气动力校准和修正,测得的静压是不能使用的。

4. 无人机上大气压力测空速和高度的原理

空速是通过测量飞机飞行时速度所产生的动压 p_D 经解算完成的。由动压 p_D 求得空速,再通过空速和气压高度可得到真空速。

根据空气动力学原理,当飞机飞行高度小于 11 000 m,飞行马赫数不大于 1 时,在标准大气状态下,指示空速的解算按下式进行:

$$V_0 = A_0 \sqrt{5\left(1 - \frac{p_D}{p_0}\right) - 1} \tag{6-23}$$

式中,A_0、p_0 为气体常数(数值略)。

通过大气压力测高度的原理见 6.4.5 节。

5. 大气总温测量设备

测量大气总温是为了测量大气静温。大气总温传感器一般采用铂丝作热电阻。热电阻丝绝缘地缠绕在薄壁紫铜环上,获得良好的导热效果,以满足大气总温可能变化的范围大和测量精度高等特点。

6. 大气数据侧量设备的选型

空速测量设备选型主要参考指标为测量范围和精度。

根据指示空速与动压的误差模型及表 6-2 中数据,可进行空速测量设备选型。

$$\frac{\mathrm{d}p_D}{\mathrm{d}V_0} = 1.4 \frac{p_0}{A_0} V_0 \left(1 + 0.2 \times \frac{V_0^2}{A_0^2}\right)^{2.5} \tag{6-24}$$

表 6-2　指示空速与动压误差对比

$V_0/(\mathrm{km \cdot h^{-1}})$	p_D/kPa	$\dfrac{\mathrm{d}p_D}{\mathrm{d}V_0}$	$\dfrac{\mathrm{d}V_0}{\mathrm{d}p_D}$
50	0.118 2	0.004 731 9	211.329 782
100	0.473 6	0.009 487 5	105.401 306
250	2.985 9	0.024 135 5	41.432 692
300	4.319 4	0.029 226 6	34.215 378
400	7.768 7	0.039 873 5	25.079 343

例如某无人机系统指标为:指示空速测量量程为 50～350 km/h。空速误差:50～100 km/h,范围段<9 km/h;100～350 km/h,范围段<6 km/h。则计算出测量范围为 5.9 kPa,即可选择 7.5 kPa 档的传感器。

如果要保持在 50 km/h 时误差<9 km/h,则在留有一定余量的基础上,在 50 km/h 时误

差 < 8 km/h,即

$$\frac{\mathrm{d}V_0}{\mathrm{d}p_\mathrm{D}} = \frac{8}{\mathrm{d}p_\mathrm{D}} = 211.329\ 782 \quad (50\ \mathrm{km/h},\ <9\ \mathrm{km/h})$$

解得

$$\mathrm{d}p_\mathrm{D} = 0.037\ 8$$

由于选择了测量范围为 7.5 kPa 挡的传感器,则全温范围内的测量误差为 0.037 8/7.5＝0.005。

那么则差压测量误差为 0.5%。

6.4.5　高度测量

飞行高度是指飞机的重心在空中距离某一基准平面的垂直距离。根据所选基准面的不同飞行高度可分为以下几种(见图 6－20):

(1)绝对高度。所选基准平面为实际海平面,飞机的重心在空中相应的高度称为"绝对高度"。

(2)相对高度。所选基准平面为某一指定参考平面(例如起飞或者着陆机场的地平面),飞机重心在空中相应的高度称为"相对高度"。

(3)真实高度。所选基准平面是包括飞机正下方的地面目标的最高点在内并与地平面平行的平面,飞机重心在空中相应的高度称为"真实高度"。

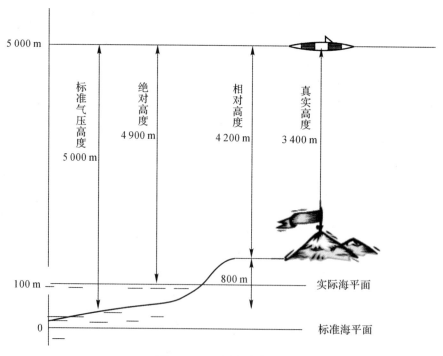

图 6－20　不同高度定义

(4)标准气压高度。所选的基准平面是标准(气压)海平面[国际标准化组织(ISO)规定标准气压海平面处的大气压力为 101.325kPa],飞机重心在空中的高度称为"标准气压高度"。

无人机飞行高度的测量方法包括气压测高、无线电测高、激光测高、垂直加速度积分测高和卫星定位系统测高等。此处主要介绍前两者。

1.气压测高的原理及方法

标准大气就是以在北纬 45°,根据平均条件求得的大气作为大气标准。所有大气标准都是根据海平面上的压力、温度、密度和重力加速度的平均值,以及温度随着高度变化的平均值而制定的。

根据空气动力学原理,当飞机飞行高度小于 11 000 m,飞行马赫数不大于 1 时,在标准大气状态下,气压高度的解算按下式进行:

$$H_p = \frac{T_0}{\tau}\left[1-\left(\frac{p_H}{P_0}\right)^{\tau R}\right] \tag{6-25}$$

式中,T_0、τ、P_0 为气体常数(数值略)。

气压式高度表实质上是一种特殊的测量大气绝对压力的压力表。可用各种测绝对压力的弹性敏感元件来测量大气静压,目前使用较多的是真空膜盒、膜盒串、波纹管和各种谐振式压力传感器。

2.无线电测高的原理及方法

一架无人机上同时装有发射机和接收机,两者相距为 l,并已知无线电在空气中的传播速度 c,无线电由发射机(A)传到接收机(B)所需的时间 t_1 为

$$t_1 = l/c \tag{6-26}$$

而无线电由发射机(A)经地面(O)反射到接收机(B)所需的时间 t_2 满足:

$$h^2 = -\left(\frac{l}{2}\right)^2 + \left(\frac{ct_2}{2}\right)^2 \tag{6-27}$$

故

$$t_2 = \sqrt{\frac{4h^2+l^2}{c^2}} \tag{6-28}$$

接收机接收到上述两个无线电的时间间隔为

$$\tau = t_2 - t_1 = \sqrt{\frac{4h^2+l^2}{c^2}} - l/c \tag{6-29}$$

$$h = \frac{1}{2}\sqrt{c\tau(c\tau+2l)} \tag{6-30}$$

当无线电测量设备的发射机和接收机为一体($l=0$)时,有

$$h = \frac{1}{2}c\tau \tag{6-31}$$

利用无线电波反射特性来测量飞行高度的方法,是将高度测量转化为对时间的测量。由于它所要求的发射机功率与所测高度的四次方成正比,因此它在无人机上大多用于小高度的测量。它所测的最小高度取决于所能精确测量的最小时间间隔,如精确测量的最小时间间隔在 10^{-9},则所能测量到的最小飞行高度为 0.2 m,因此无线电高度表的高度测量数据主要用于滑跑型的无人机的起飞降落阶段。

3.高度侧量设备的选型

气压高度测量设备选型主要参考指标为:① 测量范围;② 精度。

对于气压测高,当传感器测量静压 p_H 有误差 δ_{pH} 的话,将会使解算出的气压高度 H 有误

差 δ_H。根据气压高度与静压的误差模型及表 6 - 3 中数据,可进行高度测量设备选型,即

$$\frac{\mathrm{d}p_H}{\mathrm{d}H} = -\frac{p_0}{T_0 R}\left(1 - \frac{\tau H}{T_0}\right)^{\frac{1}{\tau R}-1} \tag{6-32}$$

表 6 - 3　气压高度与静压误差对比

H/m	p_H/kPa	$\dfrac{\mathrm{d}p_H}{\mathrm{d}H}/(\mathrm{kPa} \cdot \mathrm{m}^{-1})$	$\dfrac{\mathrm{d}H}{\mathrm{d}p_H}/(\mathrm{m} \cdot \mathrm{kPa}^{-1})$
-500	107.480 1	$-0.012\ 61$	$-79.328\ 45$
0	101.325 0	$-0.012\ 61$	$-83.208\ 34$
5 000	54.005 0	$-0.007\ 22$	$-138.499\ 44$
8 000	35.582 6	$-0.005\ 15$	$-194.162\ 49$
9 000	30.725 2	$-0.004\ 57$	$-218.664\ 82$

例如无人机系统指标为:气压高度量程为 $-500 \sim 9\ 000$ m,气压高度误差小于 50 m,则计算出静压的测量范围为 20 psi[①]。全温范围内的技术指标为

$$\frac{\mathrm{d}H}{\mathrm{d}p_H} = \frac{50}{\mathrm{d}p_H} = -218.664\ 82 \quad (9\ 000 \text{ m 时,误差} < 50 \text{ m})$$

$$\mathrm{d}p_H = -0.228\ 66$$

由于选择了测量范围为 20 psi 档的传感器,即 1 034.298 kPa,则全温范围内的测量误差为

$$0.228\ 66/1\ 034.298 = 0.000\ 22$$

那么静压测量误差 0.022%。

6.4.6　测量设备数据融合

1. 位置测量数据融合

无人机系统和绝大多数机载平台使用惯性传感器和卫星定位系统。惯性传感器提供平台位置和方向的一阶和二阶时间导数高频信息,但随着飞行时间的增加,惯性传感器提供的定位准确性会逐渐降低。现代卫星定位系统可提供关于平台位置的准确信息,但信息频率较低,延迟大。综合使用这两种传感器的信息,可以提供高频率和高精度的定位信息。其他仅在机载平台上有效的定位信息(如气压高度、气压空速以及磁场测量)也可以用来改善无人机定位系统的精度和鲁棒性。

位置数据融合的形式有多种,其中主要位置数据融合为卫星定位系统(北斗或 GPS)与惯导系统(INS)融合,以及惯性系统与图像匹配融合。

GPS 与惯导系统组合有互补功能。惯导系统是航程推算系统,其主要优点是高度自主性,缺点是位置误差是随时间积累的。GPS 单独使用时,容易出现信号丢失现象,原因可能是敌方干扰、天线遮挡和飞机高度机动飞行等,而且导航数据更新率不高。GPS 和惯导系统组合起来,意味着惯导系统可利用 GPS 稳定的高精度信息补偿陀螺漂移及其他误差源造成的位

----

①　1 psi = 6.895 kPa。

置误差；GPS 利用惯导系统信息辅助，提高接收机的抗干扰能力和高动态信号跟踪能力。惯性导航系统与卫星导航系统的特性比较，见表 6-4。

表 6-4　惯性导航系统与卫星导航系统的特性比较

系统类型	优　点	缺　点
卫星导航系统	精度高 误差不随时间发散 准备时间短	信息更新速度低（1～10 Hz） 容易受干扰 信号有损耗
惯性导航系统	自主性强 信息传输速率快（达 100 Hz） 不易受到外界干扰	误差无限制增长 必须获知地球重力场信息 存在初始对准和标定问题

目前，惯性-卫星组合导航系统按照组合程度分为独立组合方案、弱组合方案、强组合方案和深度组合方案四种基本方案。

惯性与图像匹配组合导航是预先把可测量的与时间无关的地形变量数值编成数字地图，存储在飞机上的计算机中，当飞机飞越地区时，再次对地形进行测量，若飞行中所测得的数字地图与原先编制好的数字地图失配，则计算机会发出修正航线的指令，使飞机按预设航线飞行。设测得的数字地图与原先测量编制好的数字地图相匹配，则使飞机保持正确的航线飞行的单纯的数字地图不能提供任何导航信息。只有通过与惯导系统的匹配技术，组合成一种导航系统，实现互补，才能提高导航精度。

本节介绍以卡尔曼滤波为核心工具进行数据融合的方法。

扩展卡尔曼滤波具有简单、计算效率高和最优性（相对于传感器噪声特性）的特点，扩展卡尔曼滤波（Extended Kalman Filter，EKF）是利用与状态相关的噪声观察值 $x(k)$ 估算动态系统状态的一种算法。该算法是递归的，而且需要一个状态估计动态模型（也称为过度模型）的状态估计和观测模型，建立的模型带有附加噪声误差。其中噪声呈白噪声和高斯概率分布，EKF 一个工作周期分两步骤（一个预测步骤和一个观察步骤），状态估计值存储为一个多元高斯概率分布平均值 $\hat{x}(k)$ 和协方差 $P(k)$，k 表示在估计周期内的第 k 个时间步，有

$$\hat{x}(k)=E[x(k)] \tag{6-33}$$

$$P(k)=E\{[x(k)-\hat{x}(k)x(k)-\hat{x}(k)]^2\} \tag{6-34}$$

式中，$E(\cdot)$ 是期望算子。

2. 高度测量数据融合

一般无人机的高度测量设备有气压高度计、无线电高度表和北斗系统等。

（1）气压高度计结构简单且自主能力强，但误差容易受器件自身的零点漂移、温度漂移及外界干扰的影响，误差会因高度的降低而增大。

（2）一般无线电高度表因其低空精确测高特点被用作无人机测高设备，但测量范围有限，且测得的是飞行器至地面或海平面的相对高度，会由于地面海拔高度未知而无法得到飞机海拔高度，同时受地形影响而含有高频噪声。

（3）北斗信号虽具有定位准确度高、误差不会随时间积累等优势，但其信号更新频率慢，且易受到外界干扰，尤其在多建筑物的工作环境中，容易出现遮挡现象，从而影响测量精度。

各测量设备受自身特点和测量条件的限制,在一定情况下,单一传感器很难满足无人机各种飞行状态下的高度精确定位需求。一般可采用以下方法解决这一问题:

(1)可以在无人机上安装多种高度传感器,在不同的飞行高度和状态对几种传感器获得的高度信号进行选择。这样能在一定程度上提高信息获取的准确性,但精度提高程度有限,并造成数据的极大浪费。

(2)多传感器信息融合技术的发展可以弥补传感器方面的不足。它对来自多个传感器的数据进行多级别、多方面、多层次的处理,从而产生新的有意义的信息,而这种信息是任何单一传感器所无法获得的。据此,可以将信息融合技术引入基于多传感器测量的无人机高度定位系统,获取更高精度的高度值,为无人机完成自主飞行和执行相关任务提供更加精确的高度信息。

融合原理可以为互补滤波的原理,即把误差特性相反的高度信号互相结合,对含有高频噪声分量的无线电高度信号用低通滤波器滤波,对含有零位误差和漂移的气压高度信号用高通滤波,将这两个滤波器的时间常数协调一致,使短时间误差和长时间误差特性达到折中。或者通过基于联邦滤波器的高度信息融合,将各子系统的输出送给对应的子滤波器更新,以获得各子滤波器的局部估计,然后将子滤波器的局部估计参数送入主滤波器进行全局滤波,从而得到全局最优估计。又或者通过基于贝叶斯估计的滤波方法的粒子滤波,即首先依据系统状态变量的经验条件分布,在状态空间产生一组随机样本(这些样本可以称为粒子),然后根据观测量,不断地调整粒子的权重和位置,最后通过调整后的粒子的信息,修正最初的经验条件分布。当粒子数目足够多时,修正后的经验条件分布将收敛于系统状态向量真实的条件分布。此时,状态向量的估计值可以通过粒子的均值得到。这种滤波算法采用递推方式,很方便用计算机实现,并且能较好地适应观测信息出现异常突变时的情况,具有一定的鲁棒性。

6.5 伺服与作动装置

6.5.1 功能和组成

1.功能

在无人机自动控制系统中,伺服与作动装置是一个位置伺服系统。位置伺服系统是无人机控制系统和稳定回路中一个不可缺少的组成部分,所以,伺服系统的动、静态品质指标会直接影响无人机控制系统和稳定回路的性能。位置伺服系统的可靠性对无人机自动控制系统的可靠性是至关重要的,同时也是整个无人机可靠性的重要影响因素。

伺服与作动装置是飞行控制系统的执行机构,也是飞行控制系统的重要组成部分。伺服与作动装置的主要功能是根据机载计算机输入信号的极性和大小,按规定的静态和动态要求,通过对无人机升降舵面,左、右副翼舵面,左、右方向舵面,发动机风门及冷却风道机构,舱门机构,收放机构的控制,产生一定的控制力或力矩,实现对无人机的飞行控制和状态控制。具体如下:

(1)带动升降舵面,实现飞机爬升和俯冲控制;

(2)带动左、右副翼舵面,实现无人机滚转控制;

(3)带动左、右方向舵面,实现无人机航向控制;

(4)带动发动机风门控制机构,进而控制发动机的转速;

(5)带动任务舱门机构,进而控制任务舱门的开和关;

(6)带动起落架机构,进而控制起落架的收和放。

2. 组成

伺服与作动装置主要分为:电动伺服与作动装置、电液伺服与作动装置和气动伺服与作动装置。

(1)电动伺服与作动装置:通常由电机、测速装置、位置传感器、齿轮传动装置、驱动电路、控制器或比较/放大电路等组成。

(2)电液伺服与作动装置:通常由电液伺服阀、作动筒和位置传感器等组成。

(3)气动伺服与作动装置:通常由电磁控制活门、作动筒和位置传感器等组成。

相比而言,电动伺服与作动装置的制造和维修较为方便,且和飞行控制系统采用同一能源,信号的传输与控制也较容易。其系统组成简单、线路的敷设较管路方便,因此在无人机上主要使用电动伺服与作动装置。

随着稀土永磁材料的发展和电机制造技术的进步,执行元件(电机)性能的不断提高,脉冲宽度调制(Pulse Width Modulation,PWM)控制技术和大规模集成电路的应用,以及谐波减速器的使用,使得电动伺服与作动装置在体积、重量、静态和动态特性上都有了很大的进步。

6.5.2　性能指标

1. 主要技术指标

无人机用电动伺服与作动装置的主要技术指标如下:

(1)静态误差 E。静态误差是系统在阶跃输入信号的作用下,系统输出位移的理论值和实际值之差,有时也称为稳态误差。伺服与作动装置在零位的静态误差又称为零位误差或回零精度。静态误差计算公式如下:

$$E = \delta_{st} - \delta_{sr} \qquad (6-35)$$

式中:δ_{st}——伺服系统输出位移的理论值($°$);

　　　δ_{sr}——伺服系统输出位移的实际值($°$)。

引起伺服与作动装置静态误差的原因是实际的控制元件总有一定的死区存在,当伺服与作动装置中的误差信号不大于控制元件的死区值时,系统的输出端便不再产生位移。因此伺服与作动装置都有一定的静态误差。

(2)过渡过程时间 T。过渡过程时间 T 又称为"响应时间"或"调节时间",是指系统的输出位移从零到进入并保持在 $\delta_{st} \pm 5\%$ 范围内所用的时间。

伺服与作动装置的过渡过程时间 T 由四个因素决定,即伺服与作动装置的机电时间常数、饱和输出速度、输入信号的大小和系统输出位移的震荡次数。减小机电时间常数,提高饱和输出速度和减少震荡次数,可以缩短过渡过程时间 T。

(3)震荡次数 N。系统输出位移的震荡次数 N 实际上就是系统输出速度从正到负,又从负到正改变的次数。震荡次数 N 与系统的阻尼系数和控制元件的死区值有关。当系统的阻尼系数增大时,震荡次数 N 减小;当系统的阻尼系数减小时,震荡次数 N 增大。当控制元件的死区值增大时,震荡次数 N 减小;当控制元件的死区值减小时,震荡次数 N 增大。因此,控制元件的死区值对系统有一定的阻尼作用。

(4)系统输出位移超调量 σ。系统输出位移超调量 σ 实际上就是系统输出位移最大值 $\delta_{\max}$ 超出理论值 δ_{st} 的部分与理论值 δ_{st} 的比值的百分数,即

$$\sigma = \frac{\delta_{\max} - \delta_{st}}{\delta_{st}} \times 100\% \tag{6-36}$$

式中:$\delta_{\max}$——伺服系统输出位移的最大值(°);

δ_{st}——伺服系统输出位移的理论值(°)。

系统输出位移超调量 σ 是由伺服系统的控制元件都有一定的惯性引起的。在伺服系统的控制元件选定之后,它的转动惯量是固定不变的,而且系统的饱和输出速度也是已经选定的,因此它的动量 mv 也是一定的。当误差信号等于零时,输出位移的过冲量也是一定的。但是随着输入信号 u 的不同,它所对应的系统输出位移的理论值 δ_{st} 却是不同的,即随着输入信号 u 值的增加,所对应的 δ_{st} 值也将增大,所以超调量 σ 是随着输入信号 u 值的增加而减小的。

(5)通频带 ω_c。通频带 ω_c 又称为带宽,指的是伺服与作动装置的闭环对数幅频特性曲线比低频段曲线下降 3 dB 时所对应的频率范围 ω_c,也就是将幅值不大于线性区的正弦波信号输入伺服与作动装置,在幅值大小不变的情况下,随着频率的不断增加,系统的输出幅值衰减到原来幅值的 70.7% 时所对应的频率范围。有时也用系统的开环对数幅频特性曲线与零分贝线的交点所对应的频率(截止频率)来近似地表示伺服与作动装置的通频带。

伺服与作动装置的通频带是描述系统动态性能的一个重要参数,它表征系统的响应速度和复现输入信号的能力。通频带越宽,则系统的响应越快,但同时它的抗干扰能力也就越差。因此,伺服与作动装置的通频带应该比无人机系统的固有频率高出 4~5 倍。

2.常用技术指标

无人机用电动伺服与作动装置常用的技术指标有以下几个:

(1)工作电压(supply voltage):伺服与作动装置正常工作时所需的电源电压,单位为 V;

(2)控制信号(command input):能使伺服与作动装置输出端发生改变的输入信号的类型和输入范围;

(3)制动电流(stall current):伺服与作动装置堵转时的电流,单位为 A;

(4)最大输出扭矩(peak stall torque):伺服与作动装置堵转时的扭矩,单位为 N·m;

(5)额定工作扭矩(continuous torque):伺服与作动装置可长时间工作的最大输出扭矩;

(6)输出轴角速度(speed):伺服与作动装置输出控制行程与行程时间的比值,单位为(°)/s;

(7)输出控制行程(control travel):伺服与作动装置输入有效控制信号时,输出端摇臂能移动的最大角度或位移,单位为(°)或 mm;

(8)死区(dead band):伺服与作动装置不发生任何响应的输入信号范围;

(9)控制精度(position accuracy):伺服与作动装置在静态时实际位置输出与控制指令之间的误差;

(10)小信号频带(small signal bandwidth):伺服与作动装置在小幅值正弦信号激励下,系统的通频带;

(11)工作环境温度(operating temperature):伺服与作动装置能正常启动,并且长时间工作的环境温度范围。

3.主要设计指标

无人机用电动伺服与作动装置的主要设计指标如下:

(1)最大负载力矩；

(2)空载转速；

(3)额定负载转速；

(4)最大工作转角；

(5)机械与电气零位偏差；

(6)体积与重量；

(7)平均故障间隔时间。

6.5.3　硬件设计

1.设计过程

一个电动伺服与作动装置的研制，一般要经过方案论证、设计、试制和试验等过程。

根据电动伺服与作动装置研制任务书规定的各项要求，了解国内外有关伺服与作动装置的先进技术水平，收集有关资料，分析研究各种可能的方案，最后进行全面的比较、分析和综合，确定出较先进、合理和经济的方案。

首先要确定采用的电动伺服与作动装置的类型。为了尽量减少无人机的空载重量，提高战术技术性能，在满足性能要求的前提下，伺服与作动装置的体积和重量应尽可能小，这就要求伺服与作动装置结构简单、性能稳定、工作可靠。因而一般采用直接控制式电动伺服与作动装置。

伺服与作动装置的类型确定之后，可确定减速器的方案。减速器是一个速度和力矩的变换装置，其功能是实现从电机到负载之间的减小速度和增大扭矩。无人机伺服与作动装置使用的减速器通常要求结构简单紧凑、传动精度高、运行平稳、间隙小、效率高。传统减速器，如正齿轮传动，结构简单，受力情况较好，但是单级传动比较小，需要多级传动。其他类型的减速器主要如下：

(1)行星齿轮减速器。传动比大，传动效率高，但是制造、装调要求比较高，同时齿隙和摩擦力难以调整，这两个因素对频带有很大影响，对于有较高频带要求的伺服与作动装置来说是不适宜的。

(2)谐波减速器。由于采用柔性变形传动技术，单级传动比大，体积小，承载能力大，运动精度高，能够做到无侧隙啮合，但是刚度低，在有较高频带的系统中容易诱发抖振，并且转动惯量大，输入转速不能大于 3 000 r/min。因此，通常在谐波减速器输入轴前串联一级或两级齿轮，以减小折算到电机轴上的转动惯量，提高输入端的转速。

(3)滚珠丝杠减速器。有减速比大、刚性好、效率高等优点，对其间隙和摩擦力的控制相对容易实现，同时有利于系统刚度和精度的提高，因而成为现代大多数要求较高的直线位移伺服与作动装置使用的减速器。

直流伺服电机是将电信号转换成机械运动的关键元件，它应能够提供足够的功率使负载按所需的方向运动。直流伺服电机是直接控制式电动伺服与作动装置的关键部件，它的性能直接决定着伺服与作动装置的性能。因此，在方案论证中，对于它的选择必须慎重。直流伺服电机的选择应主要考虑以下性能：

(1)尽可能高的响应频率，即尽可能地减小转子的转动惯量，增大转矩与惯量之比；

(2)良好的低速平稳性；

（3）尽可能宽的调速范围；

（4）机械特性的硬度 $\Delta M/\Delta n$（M 为电磁转矩，n 为电机转速）的数值尽可能地大；

（5）换向器和电刷间的接触火花尽可能地小，以减小伺服噪声；

（6）过载能力强。

无人机电动伺服与作动装置大量使用空心杯电枢伺服直流电机，其性能特点主要如下：

（1）低转动惯量。由于转子无铁芯，且壁薄而长，其转动惯量很小，启动时间常数小，可达 1 ms 以下。转矩与惯量之比很大，角速度可达 10^6 rad/s；

（2）损耗小，效率高。因转子中无磁滞和涡流造成的铁耗，故其效率可达 80％ 或更高；

（3）灵敏度高，快速性能好，其启动电压在 100 mV 以下，可完成每秒 250 个启停循环。

（4）由于绕组在气隙均匀分布，不存在齿槽效应，所以转矩波动小，低速运行平稳，噪声小。

（5）转子无铁芯，电枢电感很小，因此换向性能好，火花小，电磁干扰小，寿命长。

位置传感器是伺服与作动装置中的重要部件之一，它的作用是检测位移（角位移或线位移）并发出反馈信号。

位置传感器的选择应主要考虑以下性能：

（1）温漂：输出随温度变化而产生的微小变化。

（2）分辨率：所能测量的最小角度。

（3）非线性度：偏离直线特性的最大相对误差。

（4）测量范围：传感器所能测量的最大值和最小值。

按其所用的电源分类，位置传感器可分为直流位置传感器和交流位置传感器两类，由于要求和伺服设备的电源一致，无人机上常用直流位置传感器；按照结构分类，可分为直线式位置传感器和旋转式位置传感器；按导电材料分类，可分为线绕型位置传感器、合成膜型位置传感器和导电塑料型位置传感器；按照输出方式分类，可分为接触式位置传感器和无接触式位置传感器。

由于旋转变压器和光电码盘等高精度的角度传感器体积较大，因而现阶段一般选用接触式位置传感器（俗称电位计）作为位置检测元件。对于这种位置传感器，一个重要指标是它的耐磨性。以工作寿命来衡量，导电塑料型电位计的耐磨性最好，其工作寿命在 10^7 次以上；合成膜型电位计的耐磨性次之，其工作寿命在 10^6 次以上；线绕型电位计的耐磨性最差，其工作寿命在 10^5 次以上。因此，在无人机上常用的是接触式导电塑料型旋转式位置传感器。

2.电机减速器选择的理论计算

电机减速器选择的理论计算主要指静态计算，其主要任务是确定伺服与作动装置主要部件的基本参数。直接控制式电动伺服与作动装置的主要部件是伺服电机和减速器，这里主要讨论电机和减速器的静态计算。

（1）伺服与作动装置的负载分析。伺服与作动装置的静态负载力矩，主要有作用在无人机舵面上的铰链力矩（M_H）、减速器的摩擦力矩（M_f）和伺服与作动装置输出轴上的惯性力矩，计算公式如下：

$$M=M_H+M_f+J\frac{\mathrm{d}^2\phi}{\mathrm{d}t^2} \tag{6-37}$$

铰链力矩是由无人机舵面转动产生的，即空气动力矩，且它是随无人机飞行状态而变化的。因此，伺服与作动装置的负载力矩也是随无人机飞行状态而变化的，它的大小在伺服与作

动装置工作期间随时间而变化。所以,无人机伺服与作动装置的负载是一种连续变化的负载,铰链力矩的计算公式如下:

$$M_H = \frac{1}{2}\rho V^2 m_H Sb = q m_H Sb \qquad (6-38)$$

式中:$q = 1/2\rho V^2 [kg/(m \cdot s^2)]$;

$\quad S$——舵面面积,m^2;

$\quad \rho$——空气密度(kg/m^3);

$\quad V$——飞行速度(m/s);

$\quad b$——平均气动力弦长(m);

$\quad m_H$——铰链力矩系数。

(2)负载参数的折算。

1)负载力矩向电机轴折算。假设伺服与作动装置的输出力矩为 M,转速为 ω,输出功率为 P,电机力矩为 M_m,转速为 ω_m,输出功率为 P_m,减速器效率为 η,减速比为 i,则伺服与作动装置在稳态工作时,有

$$P = \eta P_m \qquad (6-39)$$

$$M\omega = \eta M_m \omega_m \qquad (6-40)$$

$$M_m = \frac{M\omega}{\eta \omega_m} = \frac{M}{\eta i} \qquad (6-41)$$

当减速器为多级减速时,有

$$M_m = \frac{M}{\eta_1 \eta_2 \cdots \eta_n i_1 i_2 \cdots i_n} \qquad (6-42)$$

2)转动惯量向电机轴折算。折算到电机轴上的总动能应等于伺服与作动装置各运动部分的动能之和,即

$$\frac{1}{2}J'\omega_m^2 = \frac{1}{2}J_m\omega_m^2 + \frac{1}{2}J_1\omega_1^2 + \frac{1}{2}J_2\omega_2^2 + \cdots + \frac{1}{2}J_n\omega_n^2 \qquad (6-43)$$

式中:$\quad J'$——折算到电机轴上的总转动惯量($kg \cdot m^2$);

$\quad J_1、J_2、\cdots、J_n$——各相应旋转轴上的转动惯量($kg \cdot m^2$);

$\quad \omega、\omega_2、\cdots、\omega_n$——各相应旋转轴上的转速($rad/s$);

$\quad J_m$——电机的转动惯量($kg \cdot m^2$)。

当考虑传动效率时,电机轴的等效转动惯量如下:

$$J' = J_m + \frac{J_1}{i_1^2 \eta_1} + \frac{J_2}{i_2^2 \eta_2} + \cdots + \frac{J_n}{i_n^2 \eta_n} \qquad (6-44)$$

(3)伺服电机容量的选择。

1)伺服电机输出功率的选择。电机输出功率应为伺服与作动装置输出功率与减速器效率之比,即

$$P_m = \frac{P}{\eta} \qquad (6-45)$$

伺服与作动装置的输出功率可由其机械特性来确定。因为机械特性基本上是线性的,所以直接控制式电动伺服与作动装置的机械特性可由它的最大输出力矩和空载转速来确定。根据机械特性可计算和绘制其输出功率曲线,如图 6-21 所示。

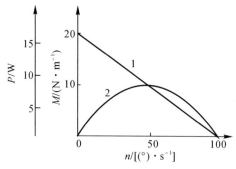

1—机械特性；　2—功率曲线

图 6-21　直接控制式电动伺服与作动装置的机械特性和输出功率曲线

功率曲线上的最大功率点，即为选择电机功率时需要确定的伺服与作动装置的输出功率值。

在减速器的类型确定后，其效率可以确定，因此可以算出电机的功率。

2）伺服电机转速的选择。电机功率与它的结构参数有关，即

$$P_m = c_1 D^2 L' n_m \tag{6-46}$$

式中：D——电机电枢的有效直径（m）；

L'——电机电枢的有效长度（m）；

c_1——为常数。

由式（6-46）可见，在电机功率一定的情况下，其额定转速越高，结构尺寸就越小，转动惯量也越小。但如果电机转速选得太高，减速器的级数就要增加，结构也就更复杂。可见，电机与减速器的选择是相互制约的。因此，在选择电机转速时，必须与减速比一起考虑，使其两者都合理。

电机转速和伺服与作动装置转速的关系如下

$$n_m = in \tag{6-47}$$

当伺服与作动装置的空载转速 n 给定时，电机空载转速 n_m 和减速器的减速比 i 就可确定。

3）伺服电机最大输出力矩的选择。在减速器的减速比和效率确定之后，根据伺服与作动装置给定的最大输出力矩，可确定电机的最大输出力矩为

$$M_{mmax} = \frac{M_{max}}{i\eta} \tag{6-48}$$

4）伺服电机的额定转速检查。电机的机械特性如图 6-21 所示。根据伺服与作动装置的额定力矩、减速器的减速比和效率，可计算出对应于额定力矩的电机输出力矩，然后在电机机械特性曲线上找出对应于输出力矩的转速，最后计算出对应该转速的伺服与作动装置的额定转速。

例如，给定伺服与作动装置最大力矩为 20 N·m，空载转速为 100（°）/s，绘制出伺服与作动装置的机械特性和输出功率曲线如图 6-21 所示。从功率曲线上查得伺服与作动装置的最大功率为 8.7 W，假设已确定减速器的减速比为 350，效率为 60%，则可求得电机的输出功率为 14.5 W，电机的空载转速为 5 833 r/min，电机的最大力矩为 0.095 N·m。根据给定伺服与作动装置在额定力矩为 10 N·m 时的转速为 50（°）/s，可计算出对应于该额定力矩的电机

力矩为 0.048 N·m，额定转速为 2 916 r/min。

（4）伺服减速器的设计。减速器的静态计算，其主要内容是根据伺服电机和伺服与作动装置的空载转速，确定减速器的总减速比，然后确定减速器的级数，最后进行速比分配。

减速器级数和传动比的分配应遵循以下原则，第一是使各级传动的承载能力接近相等；第二是使减速器获得最小的外形尺寸和重量。一般而言，二级齿轮减速器的总传动比范围为 8～60，三级齿轮减速器的总传动比范围为 40～400。

例如前面已计算出电动伺服与作动装置的电机空载转速为 5 833 r/min，选择实际的电机转速为 5 860 r/min，要求伺服与作动装置输出轴的空载转速为 100(°)/s，则计算出减速器的总减速比为 352。

根据伺服与作动装置的基本参数和结构尺寸要求，确定采用 4 级圆柱齿轮减速器，分配各级减速比，进行齿轮设计及零部件的结构设计，确定结构形式和尺寸，并对有关尺寸和必要的结构强度进行计算，绘制产品图样。

3. 控制电路设计

直流电机驱动器一般采用晶闸管型和直流脉宽调制型。晶闸管型驱动器经济、可靠、功率放大倍数较大，可直接用电子电路控制，但是其响应速度慢，为毫秒级，与高性能直流电机的电机时间常数处于相同数量级，且容易产生谐波与无功功率等"电力公害"，影响其他设备，因而其对于高性能伺服与作动装置是不适宜的；直流脉宽调制驱动器开关频率达到十几千赫兹甚至几十千赫兹，响应速度快、效率高、损耗小，且对于数字控制器而言，PWM 信号生成简单、可靠、适宜数字式控制，因而该型驱动器对于高性能伺服与作动装置而言是合适的。

伺服与作动装置输入信号直接控制伺服电机输出轴的转速和力矩，通过减速器把运动传递到伺服与作动装置的输出轴上，带动负载运动。当信号的大小和极性改变时，伺服电机电枢绕组两端的电压大小和极性随之改变，伺服与作动装置输出力矩的大小和极性也随之改变，从而达到控制的目的。

对无人机而言，伺服与作动装置正常工作时，伺服与作动装置接收机载计算机给定的舵面偏转指令，带动舵面偏转，并实时采集实际的舵面角度，保证舵面在一定的响应时间内以一定的精度趋近给定角度值，使无人机完成升降、调整航向以及协调转弯等飞行任务，最终使飞机按照预定的姿态和航线飞行。

典型的伺服与作动装置的工作原理图如图 6-22 所示。当位置控制信号与位置反馈信号之差不为零时，驱动电路放大此差值信号并驱动电机转动，通过减速器减速，使输出轴按规定方向运动。在输出轴转动过程中，同时带动位置传感器转轴转动，当输出轴转动到位置控制信号与位置反馈信号之差为零时，电机停转。伺服与作动装置输出轴转动量和转动方向取决于控制信号的大小和极性。

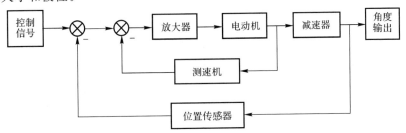

图 6-22　伺服与作动装置的工作原理图

对于模拟式伺服与作动装置,控制信号与反馈信号通过运算放大器进行比较放大,然后通过功率放大后驱动电机转动;对于数字伺服与作动装置,控制信号与反馈信号同时送入控制CPU,再由控制CPU输出控制电机运动所需的电机驱动芯片的输入信号。

6.5.4　软件设计

对于数字式伺服与作动装置,控制CPU采用高速PWM调速模式,通过调整PWM的脉冲宽度,实现对输出电压平均值的控制,从而达到通过控制电机的电枢电压来实现伺服与作动装置调速。当实际舵面偏角θ与要求的角度θ_{set}存在误差时,控制器产生PWM波调制信号和控制伺服电机正、反转信号,PWM信号经过驱动器进行功率放大后,驱动伺服电机转动。伺服电机的力矩通过减速传动机构,带动舵面按照要求的角度偏转:当角度误差为正时,给出使伺服电机正转的信号,舵面向正方向转动;当角度误差为负时,给出使伺服电机反转的信号,舵面向负方向转动。从而通过不断地调整角度,形成位置闭环系统。

在伺服与作动装置软件设计过程中,采用模块化设计思想,把设计过程分为四个模块,即电机运动控制模块、数据通信监控模块、模拟数据输入输出模块和电路电流保护模块。

在电机运动控制模块中,主要形成对电机运动的多个命令数据。对位置伺服作动系统而言,主要形成表征电机运动方向和速度的指令数据,一般是PWM控制信号。当PWM控制信号的占空比大于50%时,电机两端电压值为正,电机顺时针转动,占空比越大,电压值越大,电机转速越大;当PWM控制信号的占空比小于50%时,电机两端电压值为负,电机逆时针转动,占空比越小,电压值越大,电机转速越大;当PWM控制信号的占空比等于50%时,电机两端电压值为零,电机转速为零,即电机停止转动。对开环伺服作动系统而言,主要形成表征电机顺时针或逆时针转动的指令数据和表征电机停止转动的指令数据,一般是一个逻辑门电路(Transistor – Transistor Logic,TTL)方向信号(IN)和一个禁止信号(EN),或者两个TTL信号组合(IN1、IN2)。当IN=1,EN=1或者IN1=1,IN2=0时电机顺时针转动;当IN=0,EN=1或者IN1=0,IN2=1时电机逆时针转动;当IN=X,EN=0或者IN1=1,IN2=1时电机停止转动。

在数据通信监控模块中,主要形成用于与外部通信设备进行交互的数据信号,以控制器局域网(Controller Area Network,CAN)通信为例,需要形成协议所需的CANH和CANL两个信号。在纯数字式伺服与作动装置中,为了保证通信的可靠性,可以进行冗余设计,即提供两路CAN,正常时受主CAN控制,主CAN发生异常时接收副CAN指令,两种情况都同时向主CAN和副CAN发送回报信号,包括位置反馈信息、设备状态信息和故障报警信息。所有信息按照数据通信协议打包后发送,接收到的控制数据包也应按数据通信协议进行解析,然后将有效数据传递给电机运动控制模块。由于CAN总线为多主总线,连接了多个设备,为了确保控制数据的实时性,应使用高优先级ID并采用短帧结构进行传输。在航空电子系统中,为了保证控制指令传输的稳定和可靠,飞行控制系统有时会使用以CAN总线传输为主,模拟量传输为辅的传输方式。正常情况下机载计算机每周期与伺服与作动装置进行一次数据通信,当CAN总线超过一定时间未接收到有效数据帧时,软件将自动采用模拟量控制方式,即使用从模拟数据输入、输出模块中采集的模拟控制信号,经过量化处理后作为伺服与作动装置的控制量。

在模拟数据输入、输出模块中,主要通过控制器内部 AD 采集所需的信号,如模拟控制信号、位置反馈信号、电机电流测量信号;通过控制器内部 DA 输出位置信号,再通过运算放大器调理输出所需的模拟反馈信号。当采集信号幅值变化范围过小时,直接进行 AD 采集会影响采集精度,或当采集信号幅值变化范围过大时,无法直接进行 AD 采集,这时可以将采集信号通过运算放大器进行调理,使采集信号幅值变化范围在内部 AD 采集范围内,且尽量覆盖整个 AD 采集范围。当采集精度要求较高时,也可以选用合适的外部 AD 处理芯片进行采集,再将采集后的数字信号通过串口或并口送入控制器。

在电路电流保护模块中,主要通过控制器控制电机运动控制模块中电机驱动芯片的输入控制信号,在模拟数据输入、输出模块中采集到的电机电流测量信号超过一定阈值和一定时间后,回报过流标志信息,并启动电流保护机制;重新计时一定时间后,清除过流标志信息,停止电流保护,并继续监测模拟数据输入、输出模块中采集到的电机电流测量信号,在该信号再次超过一定阈值和一定时间后,重新回报过流标志信息,并启动电流保护机制。对位置伺服作动系统而言,电流保护是指减小 PWM 控制信号的占空比,使电机电流不超过限定值;对开环伺服作动系统而言,电流保护是指禁止电机驱动芯片输出,使电机停止转动。

6.6　供电系统设计

6.6.1　供电系统概述

1.供电系统概念

无人机供电系统由电源系统、配电系统和保障系统组成,如图 6-23 所示。电源系统包括机载电源和地面电源。机载电源包括主电源、辅助电源、应急电源及必要的用于电源转换的二次电源,用于为无人机机载用电设备供电。地面电源包括检测与维修用电源、发动机起动电源,用于地面调试、维护、检测及发动机起动时的供电。机载配电系统包括馈电线、配电装置和保护装置等,用于将电源系统提供的电能传输和分配至无人机各个用电设备端。保障系统包括充电机、点火器、维护及检测电缆等保障设备。

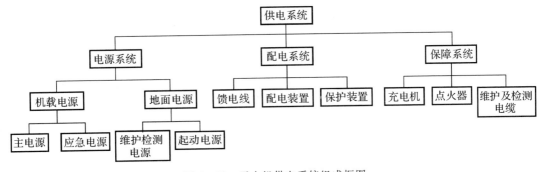

图 6-23　无人机供电系统组成框图

2.供电系统设计内容

(1)电气负载和电源容量分析。供电系统设计的首要环节是电气负载的统计和分析。不同类型的无人机安装的系统和设备不同,不同用电系统或设备对供电类型要求(如交流、直流、电压等级、安全等级等)也不同。根据无人机典型工作剖面统计各阶段用电系统及设备的用电量、工作时间、特殊要求及系统同时工作的最多设备数,可进行电气负载的统计和分析。

(2)供电系统体制及配置。目前,无人机上大多采用变速恒频交流供电、变频交流供电、低压直流供电、高压直流供电或交、直流混合供电。

主电源是指由无人机动力装置直接驱动的发电装置。主电源决定了整个无人机供电系统的特性,是供电系统的核心设备。

如果无人机上配备有辅助动力装置,也可配备由辅助动力装置驱动的发电装置,该发电装置称为辅助电源。当主电源不能正常工作时,辅助电源可完全或部分代替主电源工作。辅助电源可根据实际情况配置,不作为必配装置。

无人机上还须设置应急电源,在主电源不能工作时,为部分设备提供足够的电能,保证无人机安全飞行和返航着陆。

主电源确定以后,还应根据各用电设备需要,设置变换电源,诸如变压器、变压整流器、变流器等,这些又称为二次电源。

供电系统还应能通过外部电源插座将地面电源接入飞机电网中,为飞机在地面维护、发动机地面起动、系统检测时供电。

(3)配电系统设计。配电系统应能将电能可靠而有效地输送到各个用电设备输入端。对于重要的设备应有多路的独立供电措施,以保证达到供电余度要求。

(4)保障系统设计。当无人机应急电源选用蓄电池时,供电系统应能通过充电插座将充电机接入飞机电网中,为机载电池组充电;当无人机采用助推火箭方式起飞时,需要设计地面点火器为飞机助推火箭的电爆火头提供点火电源。保障系统根据无人机具体需求配置即可。

3.供电系统设计的一般要求

(1)在任何飞行状态下系统均应可靠工作,平均故障间隔时间应满足飞机总体要求。

(2)生存力强、易损性小,当系统受到破坏或出现局部故障时,应能隔离故障,并有重组或降级运行的能力。

(3)有自备能力,即在地面维修和飞行准备状态中,当无外部电源时飞机能投入使用,并保持工作状态正常。

(4)满足飞机总体重量和体积的限定要求。

(5)供电特性满足 GJB 181B—2012《飞机供电特性》或用户规定的相关要求。

(6)满足飞机总体六性(可靠性、维修性、测试性、保障性、安全性、电磁兼容性)要求。

(7)满足飞机总体环境适应性(贮存温度、工作温度、振动、冲击、防盐雾、防霉菌和低气压等)要求。

(8)安装、维修、更换元件和组件简捷、方便,检测容易。

(9)准备工作简单、迅速,不影响飞机的再次飞行。

(10)部件和零件具有互换性,并符合标准化要求。

(11)使用寿命长、生产成本低、使用成本低、维修成本低。

(12)符合已颁发的国家和航空工业标准。

6.6.2 电气负载与电源容量分析

在无人机系统中,电源系统应满足全机用电设备的容量要求。电源系统的容量将影响到供电系统运行的可靠性和经济性。因此,在供电系统的方案设计阶段,就必须进行电气负载和电源容量分析。

1.电气负载的分类

在进行电气负载分析时,应首先对电气负载分类。通常无人机系统电气负载可按以下三种方式分类。

(1)按负载性质分类。

1)电动机类负载。所用的电动机一般为交流异步电动机和直流电动机。

2)加温类负载。所有电加温的用电设备,如空速管加温。

3)电子类负载。飞行控制、自动着陆等电子类负载。

4)控制类负载。继电器、开关和指示灯等。

(2)按重要性分类。

1)非重要负载。在电源出现故障时,不影响飞机安全飞行的可以临时卸载的负载。

2)重要负载。完成正常飞行任务必需的用电设备。大部分机载用电设备属于此类设备。

3)应急负载。保证无人机安全返航或就近着陆所必需的最低限度的用电设备。

(3)按工作方式分类。

1)连续工作负载。一般把工作时间长于 5 min 的负载定义为连续工作负载。

2)短时工作负载。把工作时间大于 0.005 min 而小于或等于 5 min 的负载定义为短时工作负载。

3)重复短时工作负载。用电设备多次接通和断开,而每次接通时间和两次接通之间的间隔时间都不足以达到稳定温升或完全冷却,这种工作状态的负载称为重复短时工作负载。

2.汇流条配置

在负载分析时,首先从最末级的汇流条开始统计、汇总及分析,逐级往上,直至主汇流条。

3.无人机工作状态

无人机电气负载工作情况随系统工作状态的不同而变化,因此,在进行电气负载分析时要明确划分和定义无人机的各个工作状态。无人机工作状态一般可分为地面维护 G1、起飞/发射前(发动机未启动)G2、起飞/发射前(发动机启动)G3、起飞爬升 G4、巡航 G5、作业 G6、降落/回收 G7、应急 G8 等状态,也可参考 GJB 860A—2006《飞机电气负载和电源容量分析》。

4.汇流条负载表

汇流条负载表是进行交流负载和直流负载分析的基本依据。汇流条负载表是按汇流条统计的负载设备表。填写时,将某个汇流条所连接的所有负载设备按其各自所属系统依次填写后,再如此依次填写另外一个汇流条所连接的全部负载,直到所有交流(直流)负载都填入相应的汇流条负载表为止。典型的汇流条负载表见表 6-5 和表 6-6。

表 6-5 交流汇流条负载表（以 1 号汇流条为例）

序号	负载设备	设备数量	最大工作时间	总用电量/VA	相数	功率因数	汇流条	各工作状态下的工作情况/min							
								G1	G2	G3	G4	G5	G6	G7	G8
1	姿态陀螺仪	1	C	25.1	A-N	0.80	1号	0.08	0	0	C	C	C	C	C
2	敌我识别器	1	C	89.9	A-N	0.89	1号	0.08	0	0	0	0	0	0	C
3	无线电高度表	1	C	68.0	A-N	0.90	1号	0	0	C	C	C	C	C	C
4	变压整流器	1	C	6 935.0	3	0.95	1号	C	C	C	C	C	C	C	C

表 6-6 直流汇流条负载表（以 5 号汇流条为例）

序号	负载设备	设备数量	最大工作时间	总用电量/A	汇流条	各工作状态下的工作情况/min								备注
						G1	G2	G3	G4	G5	G6	G7	G8	
21	油量传感器	1	C	0.50	5号	C	C	C	C	C	C	C	C	
22	空速管加温	1	C	6.50	5号	C	C	C	C	C	C	C	C	
23	航行灯	4	C	2.85	5号	2.51	0	0	C	C	C	C	C	
24	蓄电池充电	1	C	—	5号	C	0	0	0	0	0	0	0	仅在充电的那些工作状态列入本负载
25	发动机点火	1	5.00	5.00	5号	0	0	5.00	0	0	0	0	0	

表 6－7　交流负载分析表(以 1 号汇流条为例)

序号	5 s 平均值 A-N W	A-N var	B-N W	B-N var	C-N W	C-N var	5 min 平均值 A-N W	A-N var	B-N W	B-N var	C-N W	C-N var	连续平均值 A-N W	A-N var	B-N W	B-N var	C-N W	C-N var
1	20.1	15.0	0.0	0.0	0.0	0.0	20.1	15.0	0.0	0.0	0.0	0.0	20.1	15.0	0.0	0.0	0.0	0.0
2	0.0	0.0	0.0	0.0	0.0	0.0	0.0	0.0	0.0	0.0	0.0	0.0	0.0	0.0	0.0	0.0	0.0	0.0
3	61.2	29.6	0.0	0.0	0.0	0.0	61.2	29.6	0.0	0.0	0.0	0.0	61.2	29.6	0.0	0.0	0.0	0.0
4	2 196.0	722.0	2 196.0	722.0	2 196.0	722.0	2 196.0	722.0	2 196.0	722.0	2 196.0	722.0	2 196.0	722.0	2 196.0	722.0	2 196.0	722.0

5　1号汇流条负载统计:

	5 s 平均值 A-N		B-N		C-N		5 min 平均值 A-N		B-N		C-N		连续平均值 A-N		B-N		C-N	
	W	var	W	var	W	var	W	var	W	var	W	var	W	var	W	var	W	var
a	2 277.3	766.6	2 196.0	722.0	2 196.0	722.0	2 277.3	766.6	2 196.0	722.0	2 196.0	722.0	2 277.3	766.6	2 196.0	722.0	2 196.0	722.0
	VA	cosφ	VA	cosφ	VA	cosφ	VA	cosφ	VA	cosφ	VA	cosφ	VA	cosφ	VA	cosφ	VA	cosφ
b	2 402.9	0.95	2 311.6	0.95	2 311.6	0.95	2 402.9	0.95	2 311.6	0.95	2 311.6	0.95	2 402.9	0.95	2 311.6	0.95	2 311.6	0.95
c	相不平衡度:0.2%						相不平衡度:0.3%						相不平衡度:0.4%					
d	总计:7 026.1 VA　cosφ=0.95						总计:7 026.1 VA　cosφ=0.95						总计:7 026.1 VA　cosφ=0.95					

表 6－8　直流负载分析表(以 5 号汇流条的 G1～G5 工作状态为例)

序号	G1(A) 5S	G1(A) 5min	G1(A) 连续	G2(A) 5S	G2(A) 5min	G2(A) 连续	G3(A) 5S	G3(A) 5min	G3(A) 连续	G4(A) 5S	G4(A) 5min	G4(A) 连续	G5(A) 5S	G5(A) 5min	G5(A) 连续
21	0.50	0.50	0.50	0.50	0.50	0.50	0.50	0.50	0.50	0.50	0.50	0.50	0.50	0.50	0.50
22	6.50	6.50	6.50	6.50	6.50	6.50	6.50	6.50	6.50	6.50	6.50	6.50	6.50	6.50	6.50
23	2.85	1.43	0.24	0.00	0.00	0.00	0.00	0.00	0.00	2.85	2.85	2.85	2.85	2.85	2.85
24	101.5	65.10	40.90	0.00	0.00	0.00	5.00	5.00	1.67	0.00	0.00	0.00	0.00	0.00	0.00
25	0.00	0.00	0.00	0.00	0.00	0.00	0.00	0.00	0.00	0.00	0.00	0.00	0.00	0.00	0.00

5 号汇流条总计:

序号	G1(A) 5S	G1(A) 5min	G1(A) 连续	G2(A) 5S	G2(A) 5min	G2(A) 连续	G3(A) 5S	G3(A) 5min	G3(A) 连续	G4(A) 5S	G4(A) 5min	G4(A) 连续	G5(A) 5S	G5(A) 5min	G5(A) 连续
26	111.35	73.53	48.14	7.00	7.00	7.00	12.00	12.00	8.67	9.85	9.85	9.85	9.85	9.85	9.85

5.负载分析表

负载分析表用来确定在飞机的各种工作状态下总的负载要求。每个工作状态应按其正常工作顺序连续标上 G1、G2···等标号。根据需要可以增设附加栏来分析比上述工作状态对负载分析影响更大的特殊工作状态。如空中待机、盘旋、起飞助推器点火或火箭点火、发射等。典型的负载分析表见表 6-7 和表 6-8,分别对应表 6-5 和表 6-6。

6.电源容量分析

(1)电源使用分析表。电源使用分析表就是计算在每种工作状态下各时间区间的电源修正容量,并与负载要求相比较。电源使用分析表中通常应列出下述内容:

1)飞机的最大空速、最大飞行高度和飞行时间,如果这些数据涉及保密要求,则可列出可参考的飞机专用技术条件;

2)发电机转速、最小压差、最大空气入口温度;

3)机械修正系数,由发电机传动系统的转矩极限确定;

4)电磁修正系数,由发电机转速与输出特性之间的关系确定;

5)并联修正系数,一般为 0.9;

6)冷却修正系数,取决于通过发电机的冷却介质的流速;

7)阻抗修正系数,通常为 115/120,对于标称额定容量以安培规定,或在调压点处规定的系统,其阻抗修正系数为 1.0。

(2)电源分析。对电源容量应分别进行 5 s 分析、5 min 分析和连续分析。5 s 分析按下列步骤进行:

1)5 s 额定容量修正系数等于机械修正系数、电磁修正系数、并联修正系数和阻抗修正系数连乘的积(此区间内冷却修正系数为 1.0);

2)5 s 电源区间额定容量等于单台电源 5 s 额定容量乘以并联运行的电源数;

3)5 s 电源修正容量等于 5 s 电源区间额定容量乘以 5 s 综合修正系数的积;

4)从负载分析表中查出 5 s 负载要求;

5)5 s 容量裕度按式(6-49)和式(6-50)计算:

$$H_P = \frac{(J-L)}{J} \times 100\%$$ （6-49）

式中:H_P——一次电源容量裕度;

　　　J——一次电源修正容量,A 或 VA;

　　　L——一次电源系统负载,包括对二次电源系统的供电,A 或 VA。

$$H_S = \frac{(K-M)}{K} \times 100\%$$ （6-50）

式中:H_S——二次电源容量裕度;

　　　K——二次电源修正容量,A 或 VA;

　　　M——二次电源系统负载要求,A 或 VA。

6)从负载分析表中查出 5 s 相不平衡度。

5 min 分析和连续分析与上述 5 s 分析的步骤类似。对于这两个时间区间,冷却修正系数取决于所处工作状态的冷却条件。

(3)电源使用图。电源使用图用来直观地表示飞机的各种工作状态电源的实际容量与负载实际要求之间的对应关系。

(4)电源额定容量修正曲线。应按电源的技术条件或规范给出适合于各电源的额定容量修正曲线。风冷发电机的额定容量修正曲线应包括速度与温度、高度与压力等影响因素，油冷发电机的额定容量修正曲线应包括入口油温和流量等影响因素。典型的电源使用分析表、电源使用图及电源额定容量修正曲线可参考 GJB 860A—2006《飞机电气负载和电源容量分析》。

(5)故障排除能力。当系统中单个负载所使用的电路保护装置的额定电流大于或等于10%的单台发电机修正容量的电流值时，应通过分析表明在下述情况下该发电机具有使电路保护装置动作的能力：

1)在该负载输入端发生低阻抗短路；

2)在上述故障之前，该发电机正处于以其 100%的修正容量对负载供电的状态。

7. 蓄电池分析

如果无人机使用蓄电池作为辅助电源或备份电源，应分析无人机在地面准备阶段蓄电池的典型负载情况，以确定蓄电池可用的放电时间。如果在地面准备工作之后继续使用蓄电池来起动发动机，则在计算上述工作时应充分考虑起动所需的功率。

如果无人机使用蓄电池作为应急电源，应分析应急状态蓄电池的典型负载情况，以确定蓄电池的应急供电时间。具体的蓄电池分析可参考 GJB 860A—2006《飞机电气负载和电源容量分析》。

8. 其他分析

(1)瞬态分析。某些设备，如电动机、舵机等，起动或转向的功率要求超过稳态功率，则有必要对系统进行瞬态功率要求分析。瞬态分析就是将所有需要考虑的瞬态负载和稳态负载合并为一条负载随时间变化的曲线，然后将此曲线与所分析状态下的电源系统 5 s 修正容量进行比较，确定电源能否承受瞬态负载的冲击。瞬态分析具体要求和示例图可参考 GJB 860A—2006《飞机电气负载和电源容量分析》。

(2)地面电源分析。地面电源可结合以上分析，只需满足无人机地面工作要求即可。

9. 结果和结论

在对无人机电源系统、负载系统以及汇流条配置进行负载分析时，可根据实际需要对工作状态进行整合或裁减，形成负载分析报告。无人机设计从方案论证阶段到最终设计完成阶段，全机用电设备、配电方式和对电源的要求可能会有所调整，因此电气负载和电源容量分析应按需要在设计的各个阶段进行调整。

在电气负载和电源容量分析的报告基础上，依据相关标准或专用技术规范中对系统容量裕度的最低规定值，给出电气系统各电源容量。

无人机中一般主电源和二次电源连续供电的容量裕度要求为 33%～50%，应急电源系统（交流和直流）的容量裕度要求一般为 10%以上。

6.6.3　供电系统方案设计

目前，无人机上可采用变速恒频交流供电、变频交流供电、低压直流供电、高压直流供电或交、直流混合供电。

交流恒频电源额定电压为 115/200 V、额定频率为 400 Hz，一般在中大型无人机上使用。

交流变频电源额定电压为 115/200 V、额定频率一般在 310～800 Hz 或更宽范围内变动，一般在中小型无人机上使用。

低压直流供电系统额定电压为 28 V，通常用于功耗不太大的飞机。低压直流电源系统近年来在技术上取得了较大的发展，在可靠性、维护性等方面都有较大提高，目前为止仍是小型无人机可供选择的最佳电源系统。

高压直流供电系统额定电压 270 V，高压直流电源系统能减轻系统重量，对大型无人机尤为明显，且易于满足不间断供电的需求。

混合电源由两个不同类型的主电源组成。例如由一个发动机驱动两台发电机，一台为直流发电机，一台为交流发电机，由此组成直流/交流变频电源。

在无人机供电系统设计中，对用电要求 7～10 kW 电力的无人机，可采用 28 V 低压直流系统和变频交流系统。但 28 V 低压直流系统简单、可靠、质量轻，应用更广泛一些。对用电要求 3～5 kW 电力无人机，采用变频交流系统更合适。对用电要求 1～2 kW 小型无人机，多采用低压直流系统；对用电要求 10～25 kW 无人机，采用交流/直流混合供电系统或变频交流系统。综上所述，28 V 低压直流系统能满足一般规模无人机要求。

6.6.4 电源系统设计

本节提到的美军标和国军标适用于军用无人机电源系统设计，民用无人机电源系统设计亦可参考，或根据工程实际应用降低设计要求和标准。

1. 主电源系统

(1)低压直流电源。低压直流电源系统由直流发电机、电压调节器、反流割断器和过压保护器等组成，额定电压为 28 V。若需要交流供电，可用变流机或静止变流器作为二次电源，把低压直流电变换为交流电。通常用蓄电池作为应急电源。

低压直流电源系统的主要性能参数是调节点额定电压、电压精度、脉动电压幅值及其频率特性等。保护功能主要有过压、过流、反流、短路等保护功能。确定这些参数和保护指标的主要参照标准及规范包括 GJB 1477A—2005《飞机 30V 直流发电机和起动发电机通用规范》、GJB 1478—1992《飞机直流发电机控制器通用规范》和 HB 6498—1991《飞机直流电源系统设计要求》等。

(2)高压直流电源。高压直流电源的额定电压为 270 V。二次电源主要有两类：一类是直流电压变换器，实现 270 V 直流电和 28 V 直流电的单向变换；另一类是直-交变换器，将 270 V 直流电转变为 400 Hz、115 V 单相或三相交流电。

高压直流电源的特点如下：无刷直流发电机结构简单、工作可靠、并联方便；主电源和二次电源内部损耗小、效率高；易于满足不间断供电要求；对大型无人机，能明显减轻系统重量。

(3)恒速恒频交流电源。恒速恒频电源系统的主电源是由恒速传动装置、发电机、调压控制保护装置、主接触器、汇流条连接接触器、控制复位开关、信号指示装置等组成的 400 Hz、115/200 V 三相交流电源系统。变压整流器作为二次电源，把交流电变换为直流电。蓄电池或应急发电机作为应急电源。

恒速恒频电源系统主要的性能参数设计标准可参考 GJB 1392A—2007《飞机 400 Hz 交流发电系统通用规范》。

(4)变速恒频交流电源。变速恒频交流电源系统的主电源是发动机直接驱动的无刷交流发电机和变换器组成的 400 Hz、115/200 V 三相交流电源系统。二次电源、应急电源和辅助电源与恒速恒频交流电源系统基本相同。

变速恒频电源系统是将发电机发出的变频交流电功率通过变换器变换成恒频交流电功率。变速恒频电源系统主要性能参数与恒速恒频电源系统基本相同,设计标准可参考 HB 6684—1992《飞机变速恒频发电机系统通用规范》。

(5)变频交流电源。变频交流电源系统由发电机、调压控制保护器、主接触器、控制开关、电源监控器或电压表、电流表等主要部件组成。变频交流电源系统与恒频电源相比结构简单;与直流电源相比适用于高空、高速,没有换向带来的一系列问题,输配电线重量较轻。变频交流电源较少作为独立的主电源使用,通常与其他电源一起组成混合电源。

2.二次电源

二次电源是将飞机主电源电能转换为另一种形式电能的电源,用来满足不同用电设备的用电需求。如将交流转换为直流的变压整流器、将直流转换为交流的变流器、改变直流电压的直流变换器等。

(1)变压整流器。变压整流器把三相 115/200 V、400 Hz 恒频交流电转换为 28 V 直流电,作为飞机的直流电源或应急直流电源。变压整流器功率从几百瓦到十几千瓦;冷却方式有风冷、液体冷却等;其线路又可分为调压式和不可调压式。

变压整流器一般由输入滤波器、变压器、二极管整流电路和输出滤波器组成。变压整流器工作原理图如图 6-24 所示。有些变压整流器还有冷却风扇和过热保护装置等。

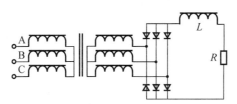

图 6-24　变压整流器工作原理图

变压整流器具有质量轻、可靠性高、维护简单等优点,凡采用交流电源作为主电源系统的飞机,均可采用这种装置作为二次电源。变压整流器的技术指标包括电压、电流特性、过载要求、功率因数、纹波电压、效率、重量等。这些技术指标的设计标准可参考 HB 6683—1992《飞机变压整流器通用规范》。

(2)静止变流器。静止变流器是指主要应用半导体器件把直流电转换成恒电压和恒频率交流电的装置。在直流电源系统中,一般选用静止变流器作为二次电源,将直流电变换成 400 Hz 的单相交流电、或 115/200 V 三相交流电、或 36 V 三相交流电。静止变流器也可与可再生能源(太阳能、风能等)组成并网发电电源系统。

静止变流器一般由振荡器、激励电路、功率开关电路、滤波电路、控制保护电路等组成。静止变流器典型原理图如图 6-25 所示。

静止变流器具有效率高、重量轻、寿命长、可靠性高等特点。静止变流器的主要技术指标包括输出电压范围、频率范围、功率因数、短路能力等。这些指标的设计可参考 HB 5962—1986《飞机静止变流器通用技术条件》。

(3)变压器。在供电系统中,有时需要与主电源不同的交流电为电子设备供电,如 36 V、

26 V 等,可由电源变压器变换产生,变压器一般由一个铁芯和两个绕组组成。变压器一般采用防护式结构,自然通风冷却形式。

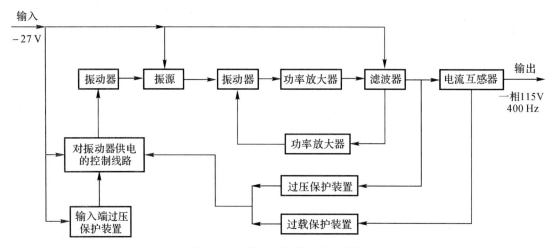

图 6-25 静止变流器工作原理图

变压器的主要技术指标包括工作环境条件、输入电压范围、过载能力、短路阻抗、效率等;电气性能包括输入电流、空载电流、输出电压及其范围、绝缘电阻、绝缘介电强度等。这些技术指标的设计标准可参考 HB 6682—1992《飞机电源变压器通用规范》。

对于将额定电压为 28 V 或 270 V 直流电变换成不同直流电压的变换器,其设计规范可参考 HB 8476—2015《民用飞机电源变换器通用规范》,当该规范与变换器专用规范不一致时,应以专用规范为准。

3.应急电源

在无人机上,当主电源发生故障或在主电源不工作时,需要应急电源给整机供电以确保无人机安全回收。例如伞降回收无人机回收阶段发动机停止工作时,需要应急电源为无人机供电。

无人机应急电源一般采用蓄电池。机载电池发展过程中先后经历了铅酸电池、镉镍电池、镍氢电池等技术阶段,各种类型的电池在无人机行业中均有应用。其性能也各具优缺点,见表 6-9。

表 6-9 各类电池性能指标

性能指标	铅酸电池	镉镍电池	镍氢电池	锂离子电池
比能量/(W·h/kg)	35	40	70	120
比功率/(W/kg)	95	170	225	750
循环次数/次	500	400	500	2 000
使用温度范围/℃	−20~45	−40~70	−20~60	−20~60
能量转换效率	80	80	85	90
成本/(元/W·h)	0.6	3	4	3
维护成本评价	中	低	低	中
单体容量范围成本评价/(A·h)	3 000	500	200	300

锂离子电池具有电压高、比能量大、循环寿命长、无记忆效应、安全性高和自放电小等优点,目前广泛应用于小型无人机上。

单体锂离子电池额定电压为 3.6 V,开路电压为 2.5～4.2 V。目前常见规格是 7 节串联锂电池组(标称电压为 25.2 V),4 节串联锂电池组(标称电压为 14.4 V)及 6 节串联锂电池组(标称电压 21.6 V)。常见容量为 2 A·h、3 A·h、5 A·h、10 A·h 等。

4. 地面电源

无人机在地面检测、维护、联试及飞行准备阶段,需要地面电源供电。地面电源一般分为提供交流电的地面变频电源和提供直流电的地面直流电源。

例如主电源为三相 36 V/400 Hz 交流电源,地面电源可由市电或发电机提供 220 V 交流电,经地面变频电源转换为三相 36 V/400 Hz 交流电,替代机上交流发电机向全系统供电。典型的变频电源工作原理框图如图 6-26 所示,通过 K1 输入开关向变频电源输入 220 V/50 Hz 交流电,通过变频器将 220 V/50 Hz 交流电转换为三相 220 V/400 Hz 交流电,通过三相变压器将 220 V 电源转换为 36 V 电压,通过 K2 输出开关输出三相 36 V/400 Hz 交流电。

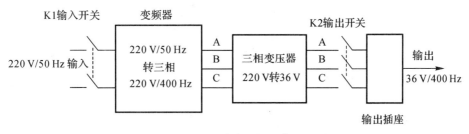

图 6-26　地面变频电源工作原理图

地面直流电源是将 220 V 交流电转换成 28 V 直流电,向整机设备提供直流电能。典型的地面直流电源由输入滤波器、AC-DC 转换电路、输出滤波电路、散热风机等组成,其工作原理框图如图 6-27 所示,通过开关 S1 向直流电源输入 220 V/50 Hz 交流电,经滤波器滤波后提供给两路 AC-DC 转换模块,再经两路输出滤波电路和开关 S2、S3 后输出两路直流 28 V 电压。地面直流电源工作时产生的热量,由安装在电源内部的风机进行风冷散热。

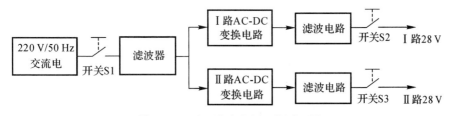

图 6-27　地面直流电源工作原理图

5. 起动电源

起动电源为发动机起动设备供电。早期的中小型无人机发动机主要由电动机起动,电动机起动稳定、可靠,但操作麻烦、笨重不易挪动。近来也使用超级电容、电池等作为无人机起动电源。起动电源应能在各种温度和气象条件下为多次起动提供足够功率。

(1)超级电容。超级电容是一种能大量存储电能的电容器,比传统的电解电容能量密度高,它的放电功率比传统蓄电池高近 10 倍,具有能够快速存储释放能量、适用温度宽、寿命长等特点。超级电容体积小、重量轻,可以根据需求装在机上或地面上。

(2)机载起动电池。机载起动电池主要由单体电容电池、加热片、保护板、起动开关、连接器和外壳等组成。机载起动电池具有充电、放电、总压过压、欠压保护、加热管理等功能。

机载起动电池具有快速响应、大倍率充放电、可靠性高、体积小、重量轻、较好的环境适应性、无记忆效应、循环寿命长等特点。机载起动电池能够较好地满足发动机起动需求,目前已在有些小型无人机上使用。

6. 新型电源

随着无人机混合动力系统和纯电无人机的发展,无人机供电系统采用燃料电池、太阳能、太阳能+锂离子电池、太阳能+锂硫电池、太阳能+燃料电池、燃料电池+锂离子电池等方式成为可能,也是未来的发展趋势。

(1)燃料电池。燃料电池以氢气和氧气为燃料,将氢的化学能转化为电能。燃料电池具有能量密度高、环保零污染、能力转换效率高等特点。通常根据电解质的不同,将燃料电池分为直接甲醇燃料电池(Direct Methanol Fuel Cell,DMFC)、固体氧化物燃料电池(Solid Oxide Fuel Cell,SOFC)、质子交换膜燃料电池(Proton Exchange Membrane Fuel Cell,PEMFC)。

目前,燃料电池无人机电源系统主要分两类,独立燃料电池电源系统以及燃料电池+辅助电源组成的混合电源系统。燃料电池作为发电系统,只能输出能量,无法吸收无人机降载时产生的回馈能力,这是独立燃料电池电源系统用于无人机的不足。燃料电池和辅助电源组成的混合电源系统符合无人机复杂运行工况对电源系统的需求,在无人机变载时提供波动能量,使燃料电池工作在稳定输出的工作区间,从而提高系统的能源利用率。目前,燃料电池无人机采用的混合电源系统通常有三种结构:燃料电池+锂电池、燃料电池+超级电容、燃料电池+锂电池+超级电容。

(2)太阳能。太阳能无人机是采用清洁的太阳光辐射能量作为飞行动力的新型航空设备。与常规动力飞行器相比,太阳能无人机具有动力来源丰富、清洁无污染、维护成本较低、留空时间长和飞行范围广等特点。

太阳能无人机能量系统主要由机载太阳能电池陈列、机载储能电池、能源管理系统组成。当白天光照出现的时候,机载太阳能电池阵列吸收太阳辐射能量,由能源管理系统按照预先设定的最大功率点跟踪(Maximum Power Point Tracking,MPPT)控制器和能量管理策略实现机载太阳能电池阵列输出功率的调节和分配,机载储能电池根据能源管理系统的指令完成剩余能量的存储任务;到夜间的时候,机载储能电池代替太阳能电池,释放储存的电能,为整个太阳能无人机系统提供能量。能量系统的工作流程图如图 6-28 所示。

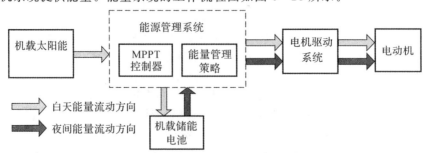

图 6-28　太阳能能量系统的工作流程图

7.电源管理

为了提高无人机配电系统的可靠性、安全性、减轻配电系统质量、提高功率使用和负载管理的效能,目前先进无人机均配备电源管理系统。无人机电源一般分为机载电源、地面电源、应急电源三部分,电源管理系统可实现机载电源、地面电源及应急电源的并网控制,机载电源与地面电源在电源管理系统内部主电源汇流条进行并网,应急电源与主电源汇流条在应急电源汇流条进行并网。电源管理系统还可实现无人机负载管理,如 6.6.2 节分析,无人机负载分为重要负载和非重要负载,重要负载在飞行过程中需保持全程通电状态,电源管理系统对此类负载仅进行状态监测与故障检测,不对负载通断进行控制;非重要负载在飞行过程中仅在相应位置进行通电,在起飞与回收阶段为停止通电状态,电源管理系统对此类负载进行通断控制、状态监测与故障检测。

典型的电源管理系统由并网模块、电源变换模块、运算控制模块、总线接口模块、电气监测模块、固态功率控制器(Solid State Power Controller,SSPC)模块组成。其中并网模块实现无人机系统的电气并网功能;电源变换模块将系统的直流电或者交流电变换为设备内部芯片需要的电压;总线接口模块实现设备对外部其他设备的通讯功能;系统运算控制模块控制设备的一切工作逻辑,并实现设备自检及数据存储功能;电气监测模块实现关键负载输出功能;SSPC模块实现可控负载输出功能。

6.6.5　配电系统设计

无人机输配电网路是供电系统的重要组成部分,它包括电能传输、汇流条转换、控制与保护等部件。无人机输配电网路应根据飞机的使命、性能指标和机载用电设备的具体情况合理布局、优化设计,以达到基本性能、安全性和重量的统一。

1.配电系统设计的一般要求

(1)在无人机正常工作状态下,输配电网路应能可靠地将电能从电源传输到用电设备并满足质量要求。

(2)在个别电源发生故障、局部电线断开或短路时,输配电网路的其他部分应不受影响,仍保持正常工作能力,并继续传输符合质量要求的电能。

(3)在应急状态下应保证应急用电设备的供电要求。

(4)输配电网路的可靠性、维修性、安全性、电磁兼容性等应按相关标准或要求,输配电网路中任何部分的故障及可能的故障组合不应构成飞机的不安全状态。

(5)输配电网路应根据部件要求的可接近性考虑系统的布置,输配电网路应便于维修,并有明确的具体维修要求。在每一电线线段端头应有符合相关标准的标志,以便连接、检查与维修。

(6)输配电网路的设计必须符合系统相容性的原则,使其工作及有关控制、保护功能与整个系统的工作及控制、保护相协调。

(7)输配电网路有关部件、组件的安装应参考 GJB 778—1989《飞机电气系统设计与安装通用规范》与 HB 6183—1988《飞机电气设备的选择和安装》的规定,或按用户相关要求。

(8)输配电网路电线、电缆的选择、安装、标记、连接、隔离、防护应参考 GJB 1014.2—1990《飞机布线通用要求　选择与标识》中的有关规定,或按用户相关要求。

2.电能的传输系统

(1)直流电传输系统。单线制传输系统只将正线接到每个电源和用电设备上,用飞机的金属机体作为负载,在飞机机体上有相当大的电流流过,因此飞机结构的各个部件应当可靠地接触。

双线制传输系统的正线和负线都接到每个电源和用电设备上,保护和控制装置通常安装在正极电路,只有对负极接地的保护装置才规定装在负极电路。在无人机上,为了增加电气系统的生命力和可靠性,可使用双线制输电系统。

(2)交流电输电系统。单相交流电有单线制和双线制两种传输系统。在三相交流电的传输中,根据发电机的类型和飞机的使用特点,可分为一相接地的双线制、三线制、中线接地的三线制和四线制。

3.配电形式

无人机配电系统的配电方式可分为集中、混合、分散和独立四种。

集中配电的原理是全部电能从电源传送到唯一的中心配电装置,然后从中心配电装置汇流条分配到各个用电设备。其主要优点是当一台发电机损坏时,用电设备仍能由其他发电机继续供电,操作维护方便。目前大部分中小型无人机仍采用集中配电方式。

混合式配电的原理是由电源产生的电能都输送给中心配电装置,一般系统的电源汇流条均设置于此装置中。除中心配电装置外,系统还设有分配电装置,他们安装在无人机不同部位。各用电设备可分别就近由上述两种配电装置获取电能,而一些大功率用电设备,一般由中心配电装置供电。混合式配电与集中配电相比生命力提高了,电网重量减轻了。

分散式配电系统中各发电机不并联运行,即每个电源各自的电源汇流条和用电设备汇流条互不并联,但能转换。分散式配电显著地提高了供电可靠性。

当电源由于电气参数(如电压或概率)的不同,而不能并联运行时,采用独立配电系统。独立系统可以包括集中和混合系统两部分。

4.电缆设计

机载电缆的主要功能就是实现电能的分配和传输,将电能传递到各个用电设备;其次是信号传输,完成各用电设备之间的通信。无人机电线电缆应根据电线、电缆的用途、敷设环境以及重量和保护等因素进行选择。目前广泛采用的航空导线有美国瑞侃公司的 55 A 航空导线,国产航空用聚四氟乙烯导线以及耐热涂漆电线。

(1)电线负载流量计算。在进行电线选择时,每根导线的长期工作电流和线束总电流不应超过 HB 5795—1982《航空导线载流量》所规定的载流量。单根载流量是指单根导线在其最高长期允许工作温度下所能承载的连续电流值。一般条件下的载流量根据相应条件从 HB 5795—1982 中查取数据,并按式(6-51)计算:

$$I = I_d K_{ab} K_g \qquad (6-51)$$

式中:I—— 一般条件下的载流量,A;

$\quad I_d$—— 导线在海平面的单根载流量,A;

$\quad K_{ab}$—— 成束修正系数;

$\quad K_g$—— 高度修正系数。

线束载流量是指线束中最热导线的温度达到其最高长期允许工作温度时,导线所能承载的连续电流值。线束允许总电流按式(6-52)计算:

$$I_z = \beta \sum_{j=1}^{n} I_j \qquad (6-52)$$

式中:I_z——线束允许总电流,A;

β——选用的线束负荷率;

I_j——第 j 根导线的成束载流量,A;

n——线束中导线总根数。

(2)机械强度的限制。对电线截面的选择,必须考虑到航空特点,飞机上电线最小截面受机械强度的限制,一般按照 GJB 1014.2—1990《飞机布线通用要求　选择与标识》选取。具体要求是,当单线敷设时最小截面应不小于 $0.5~\mathrm{mm}^2$;当盘箱、盒内敷设时,最小截面应不小于 $0.3~\mathrm{mm}^2$。

(3)电压损失的计算。直流电路电压损失(即电压降)的计算公式为

$$\Delta U = \frac{LI}{\gamma S} + \sum RI \qquad (6-53)$$

式中:I——实际负载电流,A;

L——电线的有效长度,m;

S——电线截面积,mm^2;

γ——电线线芯电导率,$\mathrm{m}/\Omega \cdot \mathrm{mm}^2$;

R——电路元件接触电阻,Ω,当电线截面较小时,可忽略 R。

交流电路的电压损失按下式计算:

$$\Delta U = I\left[\left(R + \sum R_j\right)\cos\varphi + X\sin\varphi\right] \qquad (6-54)$$

式中:I——实际负载电流,A;

R——电线有效电阻,Ω;

R_j——电路元件接触电阻,Ω;

X——电线感抗,Ω;

φ——负载功率因数角。

5.配电系统的保护与控制

(1)输配电保护的一般原则。电网的各段均应设保护装置,电网的保护作用是使线路上的短路与过载不致引起严重的后果和妨碍有关电路的正常工作。

为满足可靠性、易损性的要求,在必要时可采用多路馈线。

为使易损性降到最低,余度供电电路和部件应隔开布线与安装。

输配电网路的保护装置应有选择性,即应使保护装置动作后失去供电的设备最少。

输配电网路的保护应与发电系统的保护相协调。保护装置应工作可靠、结构简单、重量轻、体积小。

(2)保护装置的选择。飞机输配电网路的保护装置,除发电机馈电线常采用差动保护装置外,广泛采用熔断器和断路器。这类装置的敏感元件所敏感的是负载电流,即根据所流过的电流情况而动作。

熔断器是最简单的、不需要操纵的自动保护装置,其作用主要是防止过电流损伤输配电网路及用电设备。其安秒特性曲线可参考 HB 6503—1991《飞机输配电网路设计通用要求》。熔断器的选择可参考 HB/Z 81—1984《飞机熔断器选用指南》。

断路器同熔断器一样可用来保护输配电网路及用电设备。断路器按工作原理分有热式、磁式或二者的组合;按操作方式有手动与电动操作;按故障后的动作有自由脱扣与非自由脱扣。由于断路器在其所保护电路的故障排除后可重新使用并操作方便,故在飞机上特别是交流电路中得到广泛的应用。

(3)输配电网路控制的一般原则。先进的飞机输配电网路应采用负载管理中心(Load Management Center,LMC)和固态功率控制器(SSPC),以实现负载的自动管理。6.6.4节提到的电源管理器便兼具负载管理及控制的功能。

输配电网路的常规控制:完成电路的接通、断开与转换。电网控制器件一般有开关、按钮、继电器、接触器等。

应注意选择电网控制器件的形式、容量和使用特点和控制器件的安装位置及环境条件的要求。

(4)控制器件的选用。开关主要用于交直流电路的接通、断开或转换。小型密封开关重量轻、体积小、安装方便、具有防湿、防尘、寿命长和断流能力较大等优点,一般应优先选用。为防止操作中的误动作,在重要的电路中,应选用带机械自锁的开关。某些在应急状态时操作的或有特殊要求的开关应配开关保护盖或保险丝。

按钮只在短时接通或断开电路时应用。

继电器广泛用于无人机转换控制电路。在使用时应根据用途、使用条件和安装方式正确选用。在容量、规格满足条件的前提下推荐使用有可靠性指标的密封继电器。

接触器是大容量的继电器,为控制正常状态下电源电路通断的一种器件。接触器的工作应十分可靠,不但要可靠地接通、断开和正常地通过额定电流,还要求有过载能力和足够的分断能力。选用接触器还应考虑负载的性质、工作环境。

6.6.6 保障系统

无人机供电系统还应包括地面保障系统的设计,大部分无人机均配备蓄电池作为应急电源或辅助电源,那么需要设计充电机以保障蓄电池的充电和维护等;对于火箭助推起飞的无人机来说,需要设计点火器来为飞机助推火箭的电爆火头提供点火电源;另外还需要设计地面设备与无人机连接的维护及检测电缆。

(1)充电机。充电机作为无人机保障设备,为机载电池组提供充电和维护功能,应具有输出防反接、机载电池组检测及均衡、电池温度过低或过高充放电保护、充电器过温保护等功能。充电机设计时应考虑充电电压、充电时间、电池维护时间、电池电芯均衡电压差和快速充电等性能指标。

(2)点火器。点火器的主要用途是为飞机助推火箭的电爆火头提供点火电源,并可检测点火器的点火电压和无人机助推火箭的电爆火头的阻值。典型的点火器主要由电池组、点火板、检测表、充电器、点火线及壳体等组成,其原理框图见图6-29。其中点火电源由镉镍电池组组成,该电池组与内置的充电机相连,可通过外接220 V交流电向电池组充电。在点火电路中设有安保开关S1及防止短路过流的保险管,最后由点火开关S2将点火电压送至火箭的电爆火头。

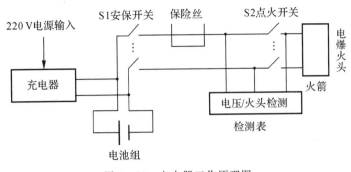

图 6-29　点火器工作原理图

6.7　其 他 设 备

6.7.1　应答机

1. 功能

应答机具有敌我识别功能和对周围空域内飞机的航管应答功能。其中敌我识别功能可使无人机系统纳入敌我识别体系之中,使无人机系统在执行任务时能被友邻方便识别,包括地面雷达和航空器等装备。航管应答功能可使无人机接入空管系统,使无人机和有人机能够共享空域和管制,解决无人机和有人机必须隔离飞行的现状,大幅提高无人机的出勤率。

2. 组成及工作流程

(1)组成。应答机由应答天线、主机、三合一天线、短波天线、模拟应答天线、电源适配器和地面保障设备组成。其主要设备实物照片如图 6-30、图 6-31 所示。

图 6-30　主机及天线实物图

(2)工作流程。应答机在无人机系统中的工作过程如图 6-32 所示。

应答机一般发出编号识别询问信号,引导批号询问信号,引导高度询问信号,并能对这些询问信号译码处理和发射规定的识别应答信号;具有航管应答功能的应答机能接收来自航管询问机并符合规范规定的询问信号,并能对这些询问信号译码处理和发射相应的航管应答信号。

应答机工作状态可由地面指控车发送控制命令,并通过机载飞行控制与管理计算机控制。

在无人机自主飞行状态下,应答机工作状态受机载飞行控制与管理计算机控制。应答机和机载飞行控制与管理计算机双向通信,机载飞行控制与管理计算机给应答机发送控制指令,接收应答机发送的状态信息;应答机通过应答天线发送应答信号,应答信号和地面雷达站以及火控雷达等装备发出的询问信号完成敌我识别。

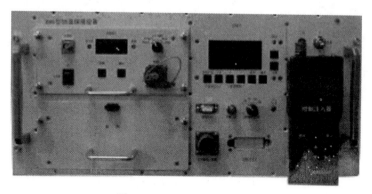

图 6-31　地面保障设备图

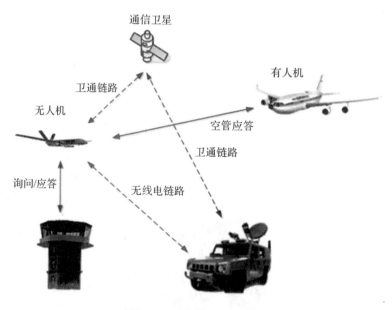

图 6-32　应答机工作过程

　　地面保障设备完成时间同步、机载主机的密钥生成以及检测等功能,通过时间同步仪生成敌我识别器密钥,拷贝到控制注入器中;控制注入器连接到飞机检测面板上参数加载电缆插座,将密钥加载到主机上;主机和外场检查设备进行无线模拟应答,外场检查设备对主机的检测。

　　3.机载加装注意事项

　　(1)功能选择。根据无人机系统用途及要求,应答机功能选配可选敌我识别功能和航管应答功能两种功能,也可只选配敌我识别功能。

　　(2)供电选择。

1)主机电源电压;

2)机载设备主机常态功耗。

在机载加装应答机时,应考虑机载功率。同时根据无人机整机配电情况进行供电配置,如无人机整机供电体制为＋28 V体制,可不选配电源适配器,直接为主机供电;若为 DC±13V 供电体制,则需配置电源适配器。

(3)地面保障设备选择。一般使用方配置一套地面保障设备即可,包括时间同步仪、外场检查设备、控制注入器。

6.7.2 近地告警系统

1.功能

无人机近地告警系统的主要功能是避免无人机与地面相撞,当无人机与地面危险接近时,无人机机载设备探测潜在的危险地形,通过机载告警计算机为机载飞行控制系统提供相应的告警提示,并向无人机操纵机组提供听觉告警、视觉告警和地形显示告警,使无人机系统能够以自动或手动方式采取有效措施,防止可控飞行撞地(Controlled Flight Into Terrain,CFIT)事件的发生,增加飞机的安全性。

无人机近地告警系统主要包括以下告警模式:

(1)模式 1:前视地形回避告警;

(2)模式 2:过早下降告警;

(3)模式 3:过快的下降速率告警;

(4)模式 4:过大的地形接近速率告警;

(5)模式 5:不在着陆状态时向地飞行告警;

(6)模式 6:过大下滑道偏离告警。

2.组成及工作流程

无人机近地告警系统主要由机载告警计算机和地面显示组件组成。

机载告警计算机主要通过对无人机的无线电高度、经度、纬度、气压数据、地速和下降速率等飞行数据的采集和地形数据库匹配,同时根据预先设计的告警触发条件和阈值进行信息评估,将评估结果通过内部总线接口向飞行控制系统输出告警提示信息或通过无线电数据链向地面站输出告警提示信息。

地面显示组件将接收的告警提示信息以听觉、视觉、地形等方式综合显示告警信息,同时显示飞机当前空域地形信息。无人机近地告警工作原理如图 6-33 所示。

3.机载加装注意事项

近地告警系统机载告警计算机应考虑机载功率,同时根据无人机整机配电情况进行机载工作电压和机载常态功耗的配置。

6.7.3 避撞系统

1.功能

根据无人机特点,无人机避障系统分为合作式感知避撞和非合作式感知避撞两种。

(1)合作式感知避撞是指无人机与周围的航空器属同一使用方,它们之间可以相互通信,能够通过共同的通信链路共享当前空域的态势信息,实现避撞功能。

（2）非合作式感知避撞是无人机和周围航空器或物体之间没有通信关系，无人机无法共享获取其状态信息。只能通过主动探测的方式完成对周围航空器或物体感知来实现避撞功能。

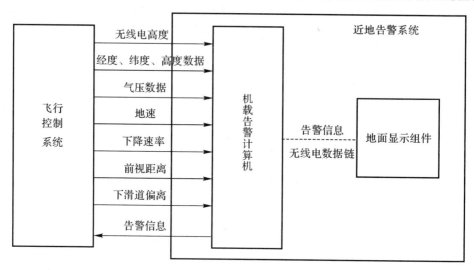

图 6-33　无人机近地告警工作原理图

2.组成及工作流程

无论合作式感知避撞还是非合作式感知避撞，均由感知设备和避撞控制设备组成。

（1）感知。目前合作式感知避撞由空中交通告警与防撞系统（Traffic Collision Avoidance System，TCAS）和广播式自动相关监视（Automatic Dependent Surveillance - Broadcast，ADS - B）系统等组成，装载有这些设备的无人机通过通信链路获取合作型目标的状态信息。通过应答机制、数据链路实现空中交通的有效监管和分离、规避功能。合作式感知避撞能够实现空管数据的有效接入和空管系统的可靠监管。合作式感知避撞流程如图 6-34 所示。

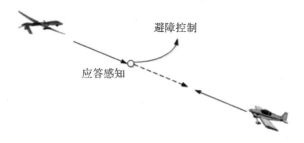

图 6-34　合作式感知避撞流程

目前非合作感知避撞主要常用的设备有合成孔径雷达、激光雷达、光电设备和红外探测设备。

1）合成孔径雷达通过多雷达脉冲实现对目标物体的成像，其使用不受天气情况的影响。

2）激光雷达通过发射激光照射目标并反射来测量距离能够识别 3 km 距离范围内的非垂直面以及小至直径 5 mm 的物体；其探测范围和精度与雷达天线大小有关，天线越大则探测范围越远、精度越高，天线的大小直接影响雷达的重量。

3）光电设备所提供的信息不仅局限于用于图像平面内的目标检测与定位，由目标在图像平面中的位置所进一步推断出的相对航向信息可以用于评估碰撞的危险性,但其精度受制于空中可见光光谱的不可预测性。

4)红外探测设备通过检测物体所辐射的红外线来感知潜在的物体,它与光电设备相比,它不需要可见光,在夜间也可使用,但它易受外部热源影响。

(2)避撞控制。无人机避撞控制设备一般集成于飞行控制系统中,飞行控制系统采集合作式感知避撞和非合作式感知设备的信息,当存在多个碰撞威胁目标时,对目标进行基于威胁程度的等级划分和先后排序,再由决策机制来决定是否重新规划路径以避免潜在危险。

图 6-35 描述了无人机在未知复杂环境中避撞的整体框架。根据感知设备获得的无人机运动相关信息和环境信息估计运动增量,计算全局状态和地图。根据未知环境自主探索的任务要求设计合理的运动决策与规划方法,然后针对无人机的运动特点输出期望运动路径。

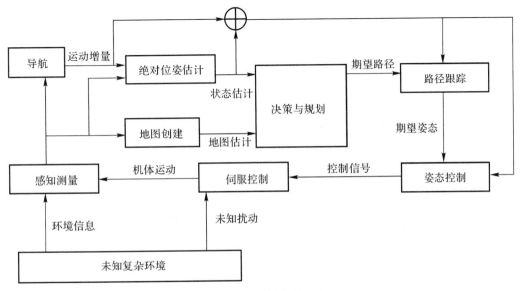

图 6-35　避撞控制框图

3. 机载加装注意事项

合作式感知避撞和非合作式感知设备对比见表 6-10。

表 6-10　合作式感知避撞和非合作式感知设备对比表

	类　型	可提供信息	探测距离/km
TCAS	合作式感知	距离、高度	160
ADS-B	合作式感知	位置、高度、速度	240
合成孔径雷达	非合作式感知	距离、方位	35
激光雷达	非合作式感知	距离	3
光电设备	非合作式感知	方位角、仰角、距离	20
红外探测设备	非合作式感知	方位角、仰角、距离	4.4

无人机系统可依据总体具体要求及特点选配避障系统的感知设备,再根据无人机特点进

行避撞控制。

6.7.4 航行灯

固定翼无人机应装有航行灯。航行灯由机翼航行灯和尾部航行灯组成。机翼和尾部航行灯的安装位置应符合 HB 6440—1990《飞机外部照明设备通用规范》的有关要求。机翼航行灯的颜色,左机翼为航空红,右机翼为航空绿,尾部航行灯的颜色为航空白,航行灯的颜色应符合 HB 6441—1990《飞机照明颜色和信号灯颜色通用要求》的有关要求。航行灯的光强分布应符合 HB 6490—1991《飞机航行和防撞灯通用规范》的有关要求。当需要航行灯闪光时,其通断时间比应为 2.4：1(误差为±5%),闪光频率为(85±15)次/分。航行灯的灯罩和滤光器必须至少是抗燃的,在正常使用中不得改变颜色或形状,也不得有任何明显的灯光投射损失。

6.8　检测设备

检测设备主要用于无人机航电系统调试阶段、飞行前准备阶段和飞行后设备维修和保养阶段,实现对无人机航电系统的检测和故障诊断等功能。

6.8.1　组成

检测设备主要由承载平台,检测计算机,人机交互设备,电源,检测软件和线缆组成。

6.8.2　功能

检测设备主要实现无人机航电系统的在线状态和离线状态的故障检测和诊断,依据典型的无人机航电系统,检测设备的功能包括为被测对象供电、无人机平台在线检测、飞行控制与管理计算机检测、伺服与作动装置检测、测量设备检测、机载数据链检测和检测设备自检。

(1)供电功能。为被检测的飞行控制与管理计算机、伺服与作动装置、测量设备、无人机平台、机载数据链和其他设备供电并实时监控。

(2)无人机平台在线检测。通过无人机平台电气接口检测,对无人机平台的航空电子系统检测,包含电网电压、电流等使用性能指标;对无人机平台的飞行控制与管理计算机、伺服与作动装置和测量设备和主要设备技术性能进行测试。

(3)飞行控制与管理计算机检测。检测飞行控制与管理计算机通信、控制等功能,并实现故障定位。

(4)伺服与作动装置检测。对伺服与作动装置发送控制信号、检测工作电流、输出电压及工作状态等,并实现故障定位。

(5)测量设备检测。对测量设备通信功能、性能指标和功能进行检测、实现并故障定位。

(6)机载数据链检测。对机载数据链通信接口检测。

(7)检测设备自检测。对检测设备各技术指标进行自检,故障定位至组件或部件。

6.8.3　性能

1.精度要求

检测设备设计时应满足信号采集和输出精度要求。

（1）检测设备应能准确、重复地模拟相应交联设备的输出特性和参数，以及测量被测分系统的特性和参数；

（2）检测设备的激励信号精度应与被模拟交联设备的输出信号精度一致。

2. 故障诊断能力

检测设备的故障检测能力要求如下。

（1）置信度；

（2）典型故障覆盖率；

（3）误警率。

6.8.4　结构设计

检测设备结构根据使用要求分为手持式、便携式、机柜式、测试车及其他。

结构设计除另有特殊要求外，检测设备的最大外形尺寸在满足性能要求的前提下应尽量轻、小，便于移动。

对于重量不超过 40 kg、长和宽分别不超过 0.4 m 和 0.3 m 的测试设备应有把手或持物面，以便人工搬运。

结构设计时应考虑检测设备的散热方式，一般采用自然冷却和风机强迫空气冷却的方式，必要时应采用温度控制措施。

6.8.5　检测计算机设计

检测计算机为检测设备的核心部件，设计时应注意以下方面。

（1）采用通用化、系列化、组合化（模块化）设计；

（2）选用技术成熟、供货稳定的元器件和组件进行设计；

（3）各模块应兼容工作；

（4）支持多种软件开发平台，实现应用软件开发；

（5）处理器、显卡的性能应满足数据处理、图像显示的需求；

（6）信号接口应具有一定的余量。

6.8.6　人机交互设备设计

设计人机交互设备时应注意以下方面。

（1）操作控制符合人体工程要求，控制/显示组合中的控制器应靠近相关的显示器，一般应为显示器在上，控制器在下；

（2）显示应实现人机界面友好、匹配，对控制的响应要清晰可见、准确无误、时间滞后小；

（3）显示器应位于操作者的最佳视线范围内，显示屏面与操作者正常视线的夹角不应小于45°，视距应控制在 330～650 mm 范围内；

（4）具有应急处理装置，例如急停开关等；

（5）具有防误操作功能；

（6）具有危险操作警示标志等。

6.8.7　检测软件设计

检测软件除满足检测功能需求外,还应符合相关标准要求,具体设计时应从以下方面入手。

(1)软件接口设计应遵照相关接口控制文件规定;

(2)软件应执行所有的计算、数据处理等功能;

(3)软件应具有防误操作功能;

(4)软件界面应简洁、直观、风格协调一致;

(5)软件应以图形、图像、文字等状态显示检测项目、检测状态、检测进度等;

(6)软件应能以显著方式发出故障告警;

(7)软件设计应面向信号和被测对象,最大限度地减少对特定检测平台的依赖,并使得在接口通用、资源兼容的测试平台之间移植所需的工作最小,保证其具有良好的可移植性。

6.9　航空电子集成与验证

6.9.1　概述

航空电子系统设备众多、接口多样,与无人机的动力、数据链路、任务载荷及功能系统等有数据交互,在航空电子系统的设计过程中集成与验证环节不可或缺。

6.9.2　航空电子集成

航空电子系统由多个单体设备构成,各设备间通过机载电缆进行连通,根据电子设备工作的特点,以电缆为核心,飞行控制与管理计算机为基准,采用增量式集成方式进行航空电子系统集成。首先电缆上各设备供电正常,其次设备功能正常,逐次增加设备直至功能性能满足要求。

(1)系统供电集成。航空电子系统中的供电系统为各设备供电,在设备集成到系统前,首先确认为各设备的供电是否正常,通常在供电设备接入系统后,对电缆上各设备连接器进行供电电压测量,确认供电系统工作正常。

(2)以飞行控制与管理计算机为基准的增量式设备集成。飞行控制与管理计算机为机上核心设备,测量设备、导航设备、伺服设备等均需通过飞行控制与管理计算机进行数据交互。首先将飞行控制与管理计算机集成到系统中,确认其工作正常后,逐一增加新设备,每个设备在与飞行控制与管理计算机集成正常后,再进行下一设备的增加,这种增量式集成方式能够有效降低集成复杂度,在出现问题时能够快速、准确地进行问题定位。

(3)调试与检测。在单体设备集成后,需进行关联设备之间的调试和检测,验证各设备在集成后功能是否正常。例如,姿态测量传感器与伺服设备,通过地面测试设备给定姿态角度的激励,观察伺服设备工作状态,验证飞行控制率正确性、伺服设备工作极性正确性等;也可通过控制指令循环,进行飞行控制正确性的检测;通过模拟边界触发条件进行飞行安全控制策略的检测等。通过调试与检测,完成系统集成后的功能确认,为系统集成后联调联试及性能验证打下良好的基础。

6.9.3　航空电子验证

航空电子系统按照增量式方式实现集成,航空电子系统的验证与增量式集成类似,验证过程为设备级验证→互联互通性验证→仿真验证→集成后验证。

(1)设备级验证。航空电子系统是由多个不同功能的单体设备组成的,在系统集成前,首先要确认通过验证。完成设备级验证需要借助测试设备、专用的计量设备等,例如姿态测量设备的验证需要转台,大气传感器的验证需大气测量设备等。

(2)互联互通性验证。航空电子系统内设备之间需进行供电及信息交互,实现设备之间互联互通的途径为机载电缆,首先参照机载设备接口控制文件进行各设备之间连接的正确性的确认,其次确认各设备供电连接是否正确:供电极性、短路及断路等进行检测。互联互通性验证完成后可开展航空电子系统设备的桌面联调联试。

(3)仿真验证。在完成系统桌面联试后,航空电子系统已可实现独立工作,通常在装机前进行飞控系统仿真验证,仿真的主要目的为验证控制逻辑及控制律实现情况,采用的验证主要手段为半物理仿真。半物理仿真验证是通过激励器和仿真器来模拟航空电子设备的运行环境,从而实现对其功能、逻辑、控制及接口等的验证,半物理仿真是航空电子系统集成验证的重要手段。

(4)集成后验证。集成后验证是指航空电子系统设备完成装机后的功能及性能验证,分为地面静态验证及飞行试验验证。地面静态验证通常在技术阵地展开,其主要目的为验证集成后各设备工作情况及与其他机载设备兼容工作情况等。飞行试验验证即通过无人机升空飞行进行的验证,其主要目的是验证无人机飞行过程中控制实现情况:飞行姿态、航迹控制、飞行平稳度等。验证过程按照系统飞行试验大纲执行,通过飞行试验过程中的遥测数据或机载记录数据进行飞行验证考核。

航空电子系统各阶段的验证通常采用"激励-响应"的验证方法,"激励-响应"方法是指将激励信号注入待测设备和系统,触发其内部的逻辑运算和状态转换等并使其输出结果,将此结果与预期结果相比对,以得出是否正确的结论。激励信号可以是一个指令、某个状态的变化或是某个特定信号输入,也可以是在仿真模拟环境下对外部环境的改变或对某种故障模式的模拟等。期望的响应结果可能是某个特定的动作执行,或是输出特定的结果,亦或是引起系统中一系列的连锁反应动作等。

参 考 文 献

[1]　殷斌,陆熊,陶想林. 非相似三余度飞控计算机设计和可靠性分析[J]. 测控技术,2015, 34(5):53 - 60.

[2]　张策,崔刚,刘宏伟,等. 构件软件可靠性过程技术[J]. 计算机学报,2014 ,37(12): 2586 -2610.

[3]　COLLINSON R P G. Fly-by-wire flight control [J]. Computing and Control Engineering Journal,1999,10 (4):141 - 152 .

[4]　徐宏哲. 岳峰飞控计算机的三余度架构及可靠性研究[J].信息通信,2014(8):26 - 28.

[5]　KUO W, KIM T. An overview of manufacturing yield and reliability modeling for

semiconductor products[J]. Proceedings of the IEEE,1999,87(8):1329 – 1344.

[6] 李哲. 大型运输机飞控系统可靠性设计技术分析[C]//大型飞机关键技术与高层论坛暨中国航空学会 2007 学术年会论文集. 深圳:中国航空学会,2007:79 – 81.

[7] WANG T, WANG Q, DONG C Y. Adaptive neural network control based on nonlineardisturbance observer for BTT missile[C]//32nd Chinese Control Conference. Xi'an,2013:4952 – 4957.

[8] DRAK A, NOURA H, HEJASE M, et al. Sensor fault diagnostic and Fault – Tolerant Control for the altitude control of a quadrotor UAV[C]//IEEE 8th GCC Conference and Exhibition. Muscat:2015.

[9] 牛文生. 机载计算机技术[M],北京:航空工业出版社,2013.

[10] 祝小平. 无人机设计手册[M],北京:国防工业出版社,2007.

[11] 《飞机设计手册》总编委会. 飞机设计手册:第 16 册 电气系统设计[M]. 北京:航空工业出版社,1999.

[12] 严仰光. 航空航天器供电系统[M]. 北京:航空工业出版社,1995.

[13] 赵保国,谢巧,梁一林,等. 无人机电源现状及发展趋势[J]. 飞航导弹,2017(7):35 –41.

[14] 徐建国. 小型固定翼太阳能无人机能源系统的关键技术研究[D]. 南京:南京航空航天大学,2019.

[15] 陈卫华. 飞机 270 V 高压直流供电系统结构及仿真技术研究[D]. 南京:南京航空航天大学,2010.

[16] 王仁康. 无人机用燃料电池多电混合电源系统设计与实现[D]. 成都:电子科技大学,2020.

第7章 地 面 站

7.1 概 述

无人机地面站是无人机系统的地面指挥控制中心。通过无人机地面站,可以使地面操控人员方便实时操作控制无人机飞行与任务载荷工作,并对飞机平台的各种飞行数据和任务设备工作状态等进行实时监控。

7.1.1 地面站功能

1. 飞行监控

飞行监控主要包括飞行状态监控,导航监控,数据管理、记录与回放。

(1)飞行状态监控:包括飞行航姿控制、动力装置控制、数据链控制、起降控制、初始化设置、状态检查、起飞/发射指令的发送、降落/回收航线规划、回收状态控制、无人机工作过程中的状态及参数显示等。

(2)导航监控:生成并装订任务规划数据,接收飞机定位导航信息并将其进行处理,在地图背景下显示飞机位置、飞行轨迹以及导航状态。

(3)数据管理、记录与回放:地面站内部各软件之间数据处理及交换,包括遥控数据与遥测数据组帧分帧处理,飞行状态、航迹数据、任务载荷原始数据记录与回放等。

2. 任务监控

将地面发出的任务控制指令填入遥控帧,控制机载任务载荷;同时通过地面遥测数据接收机载任务载荷工作状态信息,并实时显示与处理。

3. 情报处理

对接收的大量任务载荷信息处理、解析,形成直接或间接可用的情报信息,传送至相关单元。情报处理一般可单独构成系统。

7.1.2 地面站分类

由于无人机系统用途、使用环境等不同,地面站也呈现多样化,以适应不同无人机系统使用特点。

1. 地面指挥中心型地面站

地面指挥中心型地面站布置在地面固定区域或建筑中,通过卫星或超视距数据链完成对无人机系统监控,如图7-1所示。这类地面站配置完善,可以长时间、不间断监控跨域飞行的无人机,也具有强大的与地面其他指挥控制单元通信联络功能。

美国、英国等国家建立了地面指挥中心型地面站,例如位于英国空军基地为无人机控制中心和美国空军基地的地面控制中心。

图 7-1 地面指挥中心型地面站

2.平台式地面站

平台式地面站是一种可遂行保障的地面站形式,可以是车载式、机载式或舰载式,在平台到达的区域和数据链终端联合工作,适用于各种中小型无人机系统,平台式车载地面站如图 7-2 所示。

图 7-2 平台式车载地面站

3.一体化地面站

一体化地面站指地面站和数据链地面终端集成在一起的地面站,具有系统集成度高、机动性强、响应灵活等特点。

4.便携式地面站

便携式地面站通常使用便携式电脑、平板电脑、手机来实现地面站基本功能,结构更加简洁,适用于单兵或者个体应用的微小型无人机系统,如图 7-3 所示。

图 7-3 便携式地面站

7.1.3 地面站组成

常用的车载方舱式地面站一般由车辆平台、方舱、飞行监控单元和任务监控单元等组成。用于后期数据处理或情报生成,通常配置专用的情报处理方舱或者情报处理中心,这里不再赘述。

方舱中包括供电设备、通信设备、空调设备、照明设备、时钟和座椅等保障设备。

每个监控单元包括操纵台、显示设备(显示器)、数据处理单元(计算机)、站内网络通信设备以及线缆等设备,如图 7-4 所示。

图 7-4 地面站监控单元

7.2 地面站硬件设计

7.2.1 地面站选型

地面站硬件设计需要明确地面站要求、工作环境、使用特点等,设计内容包含地面站形式选择、组成和配置定义、功能模块划分和定义、软件需求分析及设计、接口定义等。对于车载方舱式地面站,还包含车辆选型改造及方舱设计。

确定地面站形式的主要依据是功能要求、工作环境、使用特点。由于平台式地面站、一体化地面站和便携式地面站机动灵活,遂行性较好,一般选用较多。工作在复杂电磁环境区域时,一般不选用一体化地面站。连续工作时间较短或地理环境复杂时,可选便携式地面站。

实际上,在地面站形式确定后,其基本组成及配置就已经确定了。例如车载方舱式地面站由车辆、方舱、监控单元等组成。再例如,舰载地面站如果布置在舱内,就只有监控单元;如果布置在甲板上,就需要方舱等。以下仅以车载方舱式地面站为例介绍地面站硬件设计。

7.2.2 监控单元设计

这里监控单元包括飞行监控单元、导航监控单元和任务监控单元,另外还有操纵台、网络集线器和交换机等。地面站硬件架构图如图 7-5 所示。

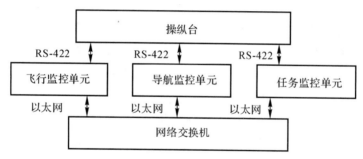

图 7-5　地面站硬件架构图

1. 操纵台

操纵台一般包括指令采集控制器、键盘、鼠标、轨迹球、飞行控制专用操作手杆、按键或者开关等,用于操控指令输入。

操纵台设计应考虑以下因素:

(1)操作人员座高一般设置 770 mm 左右。

(2)监视设备主要信息显示应控制在操纵人员垂直视线 30°范围以内;

(3)操纵键盘按钮应在操作人员手可触及的范围内;

(4)操纵杆的设计应考虑操作人员的使用习惯,操作空间应保证操作人员方便转动且不影响他人或设备工作;

(5)操纵装置功能设置应与人员工作方向一致。同时要充分考虑复杂任务场景下的多显示器显示内容的分布、操作人员左右手使用习惯、方向感、座椅的舒适度和紧急情况告警等因素,确保操作人员在长时间执行高强度操作任务时的舒适性,从而降低操作人员疲劳度。

随着近年来自主控制技术、人工智能技术、集群无人机技术的发展,地面站人机交互系统需要向更多样化的形态和更高的智能化程度方向发展,例如,通过人体语音、触觉、视觉感知等多维感知方式,给操作员提供情报、告警等信息,通过手势、眼睛、语音等方式,智能快捷地输入飞行控制指令和任务控制指令。

2. 显示器

显示器显示无人机系统监控的仪表、系统参数、状态、飞行航迹和地图态势等信息。还可以配备专用(航空)耳麦,使操作人员可以通过语音便捷操控无人机。

3. 监控单元

飞行监控单元、导航监控单元和任务监控单元设计可以采用相同的硬件,可以通过软件配置完成各自不同功能,从而实现三者互为备份。也可以采用差异化的硬件设备,通过不同软件实现功能备份。

飞行监控单元、导航监控单元和任务监控单元通常采用标准机柜,有足够的刚度、强度和承载能力;导轨能安装配套标准机箱和其他设备单元;设置走线槽,能容纳和固定机柜内线缆;设有机壳地、信号地接地条;车载式机柜通常设计安装减震器、起重吊环等,便于安全可靠起吊、搬运;具有"三防"(防腐、防潮、防霉)能力。

4. 情报处理单元

情报处理单元硬件设计不同于飞行监控和任务监控系统的设计,由于需要处理海量原始数据,涉及无人机系统以外其他领域,对计算资源要求较高,例如数据库服务器、高性能图站、专用处理板卡(专用图像解压板卡)、专用处理设备(测绘影像校正、图像拼接、实时立体成像,三维城市测绘处理等),因此情报处理单元往往和地面站独立设计。对于后期数据处理或情报生成,通常配置专用的情报处理方舱或者情报处理中心,这里不再赘述。

7.2.3　其他硬件设计

监控单元之间的接口一般选用高速以太网、同步422、异步422等标准接口,数据传输线可用电缆或光缆。

计算机和显示器除满足性能要求外,还要充分考虑环境适应性,须满足使用环境及运输条件要求。

方舱设计应考虑供电、照明、隐蔽防护、座席布局等因素。

地面站供电一般设计为市电220 V、50 Hz,配置一般为内场直接接市电、外场发电机、应急UPS电源,并能在三者之间自动切换。

方舱内照明应符合相关标准,可和舱门联动开关,提高隐蔽性。方舱内应有温度调节、通风能力,合理安排操作人员与其他工作人员的座席。

车辆选型需考虑载重、最小转弯半径、接近角和离去角等参数。

7.3　地面站软件设计

地面站软件包括飞行监控软件、导航监控软件、数据管理软件、任务监控软件等,地面站软件架构图如图7-6所示。

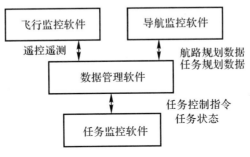

图7-6　地面站软件架构图

7.3.1　飞行监控软件

飞行监控软件可以划分为飞行控制模块、飞行状态参数显示模块,主要功能如下。

1.飞行控制模块

(1)飞行状态控制;

(2)动力装置状态控制;

(3)航空电子设备状态控制;

(4)无线电测控状态控制,包括链路码速率选择、链路频道选择、链路参数调整(如大小功率切换)、天线跟踪方式选择和角度控制。

(5)硬面板控制信息输入、解码解析。

2.飞行状态参数显示模块

(1)飞行状态信息:姿态、航向、高度、速度、位置等;

(2)动力装置状态信息:转速、缸温、油量、电量等;

(3)航空电子设备信息:机载传感器信息,例如惯导、北斗等参数信息;

(4)无线电测控状态信息,测向、测角、测距、通道和带宽等信息;

(5)安全告警显示,例如发动机转速告警范围标志,缸温告警,油量告警,飞行器姿态、速度、高度告警,数据链告警等;

(6)飞行器自检(Built In Test,BIT)状态显示。

7.3.2 导航监控软件

导航监控软件可以划分为导航控制模块、地理信息可视化显示模块,辅助决策、电子围栏、导航状态信息显示模块等,具体功能如下。

1.导航控制模块

(1)导航模式转换:卫星导航、无线电导航以及其他导航方式,且一种导航方式失效时能自动或手动切换至下级导航方式;

(2)航路及任务规划:通过地面站和数据链路将预先制定好的航线及航路点属性输入导航或飞行控制与管理计算机,使无人机按预定的程序飞行;航路点之间的连线构成无人机预期的飞行轨迹,航路点的属性包含此航路点或由这些航路点规定的航段的飞行及任务属性,包括位置、高度、航向、任务状态等。

2.地理信息可视化显示模块

数字地图显示、地图缩放、多方式地图漫游、点位置三维坐标显示,用户界面、视窗缩放功能、窗口自动漫游、多种显示方式的运用和比例尺控制显示、符号、注记、色彩控制等。标识禁飞区、威胁区和重要目标点,还需要在地图上叠加相应图形元素。

3.辅助决策功能

油量控制、边界控制、故障决策、定点回收控制;图形图标编辑与标注,点、线、面、编辑、撤销编辑、删除;辅助计算,距离、方位、坐标转换。

4.电子围栏

微小型无人机在飞行安全控制、地形规避以及重点区域空中交通管制等相关条例要求下,设计电子围栏强制管理进行禁飞区控制。

5.导航状态信息显示

(1)在地图背景下显示飞机位置信息;

(2)导航模式状态信息显示,例如惯性导航模式、卫星导航模式、组合导航模式、无线电导航模式、应急导航模式(航程推算)等;

(3)故障状态显示;

(4)实时航迹绘制(飞机位置图标显示、图标旋转、规划航线显示、飞行航迹显示、区域态势显示);

(5)安全边界告警显示以及禁飞区域标注等;

(6)侦察态势信息绘制显示,例如载荷传感器覆盖区域、载荷扫描的条带等。

7.3.3　数据管理软件

数据管理软件可以划分为遥控编码模块,遥测解码模块、数据记录与回放模块。

1.遥控编码

接收来自飞行控制操纵台和任务控制操纵台发出的飞行控制、任务控制、数据链控制指令等串行数据流,接收来自以太网的监控单元软面板发送的飞行控制及任务控制数据,对接收的各类控制信息及数据按规定格式进行编码(遥控及地面控制)后,通过测控串行口或网络端口发送控制编码至地面数据终端。

2.遥测解码

通过测控串行口接收遥测信息,通过伺服串行口接收地面数据终端(Ground Data Terminol,GDT)伺服状态信息,并对接收的遥测信息、GDT 伺服状态信息进行相应的解码,并通过以太网分发至不同监控单元。

3.数据记录与回放

存储记录地面站原始数据,可按照时间、位置等信息进行数据检索与选择,从而完成数据回放。

7.3.4　任务监控软件

数据管理软件可以划分为任务控制模块,任务状态显示模块、任务数据处理模块。

1.任务控制模块

(1)载荷开机、关机、设备自检、复位等控制;

(2)载荷工作模式控制(例如光电任务载荷包括对稳定转台、电视摄像机、红外仪控制模式指令:手动/自动扫描、自动跟踪、跟踪/搜索、锁定、红外/电视切换等)

(3)机载记录仪控制;

(4)侦察功能模式下可以根据载荷典型应用作业方式,设计测绘扫描/拍照、目标跟踪、定点凝视等功能,软件自动解算载荷模式、参数设置、航路点等参数,后台进行控制指令自动发送;

(5)任务控制硬面板按键、开关指令解析处理。

2.任务状态显示模块

(1)任务设备状态信息:相机焦距、视场、俯仰角、方位角等;

(2)任务区域态势显示:在地图上动态显示任务载荷态势。

3.任务数据处理

(1)接收来自数据链路的任务宽带数据并进行解析处理,一般采用以太网口、高速同步串行接口等形式进行数据通信;

(2)针对视频图像、数码照片类数据量较大的任务数据,应进行相应格式的压缩处理,再由机载数据终端进行下行传输;

(3)能实时可视化显示侦察视频、图片、目标点迹和目标航迹等数据。

参 考 文 献

[1]　祝小平.无人机设计手册[M].北京:国防工业出版社,2007.

第8章 数 据 链

本章主要介绍数据链系统功能与性能指标、设计流程以及部件的设计原理、关键参数与指标拟定、方案选择等,让读者熟悉并掌握数据链系统设计流程与设计方法。

8.1 概 述

8.1.1 数据链组成

无人机数据链主要完成地面站遥控指令与机载遥测、任务载荷、任务信息的上、下行传输功能,同时还可利用无线电信道测量无人机相对地面站的距离与方位等位置信息,实现无人机无线电自主定位跟踪功能。根据不同的需求,数据链组成和规模不同。按照传输方向,数据链主要由上行遥控链路和下行遥测链路组成。若考虑数据链冗余设计,可通过配备主、副链路以保证数据链的传输可靠性。主、副链路一般有主链路和副链路两套数据链设备,主链路能够完成数据链的全部功能,副链路作为备份链路,在主链路不能正常工作时,可完成主链路的部分功能,副链路主要是保障飞机安全飞行。

图 8-1 给出了数据链系统上行遥控和下行遥测的链路组成。上行遥控链路和下行遥测链路从设备构成上讲基本相同,主要包括低频调制/解调器,发射机与接收机(或称收/发信机),功放以及发射与接收天线。按照无人机系统机、站、链组成来分,数据链系统还可以分为地面终端和机载终端。

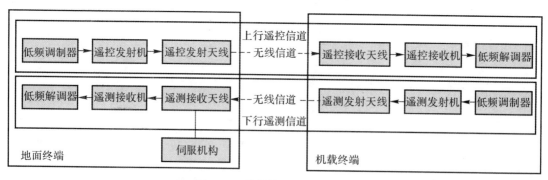

图 8-1 数据链系统组成框图

上行遥控功能主要把地面站操纵飞机的遥控指令经过低频调制后,由遥控发射机经功率放大后通过遥控天线发送给无人机,实现无人机的远距离操作。

下行遥测链路是把机载计算机获取的无人机执行动作或任务载荷作业后的所有状态信息,通过遥测链路传到地面站,实现对无人机的飞行状态与作业任务的实时监测。

无人机的无线电跟踪定位主要利用数据链地面定向设备(跟踪接收机等)获取数据链机载

发射的无线信号,通过收/发信号的幅度或相位变化推算出无人机的实时位置信息。

无线电磁波一般按直线传播,但这种传播会因大气密度变化引起的折射、传输路径上障碍物引起的绕射等效应而改变。受视距通信的限制,无人机数据链的测控信息传输距离被限定在一定的范围之内。也就是通常所说的视距通信,或者称为视距数据链。为了实现无人机在超视距范围遥控遥测功能,可采用通信中继技术。

无人机的数据中继一般包括地面中继数据链、空中中继数据链和卫星中继数据链等模式。三种模式分别以地面站、无人机和卫星作为中继平台,实现无人机超视距的遥控、遥测、跟踪定位与任务载荷数据的传输。

8.1.2 设计流程

数据链系统设计需根据无人机系统设计要求,经过方案制定、部件研制、系统集成和测试验证等过程才能完成。

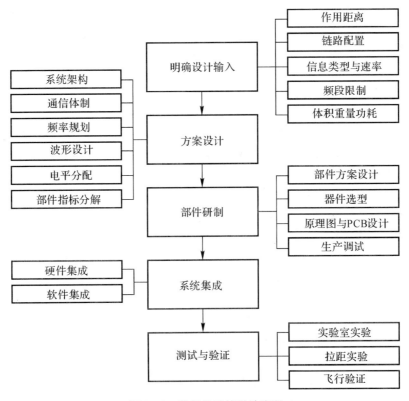

图 8-2 数据链系统设计流程

图 8-2 给出了数据链系统的设计流程。具体步骤如下:

第一步明确设计输入。

开始设计之前,首先要明确设计输入,只有完全了解并正确梳理出系统需求与限制,才能正确、有效地完成产品设计。

根据无人机系统总体要求,针对提出的作用距离、飞行高度、链路配置、信息类型与速率、频段限制以及体积功耗等指标要求,应确定以下内容:

（1）通过作用距离和飞行高度确定是视距还是超视距数据链；

（2）通过链路配置要求确定是否需要上、下行链路冗余或备份设计，即是否需要主、副测控链路配置；

（3）通过频段限制，按照无线电管理委员会规定，确定遥控、遥测信道频段范围；

（4）通过信息类型与速率确定数据链传输带宽与通信体制；

（5）根据机载、地面安装位置要求，确定数据链设备体积、功耗以及最大重量等。

第二步完成系统方案设计。

方案设计阶段需要明确系统架构，完成上行遥控链路和下行遥测链路功能单元分解，确定需要研制的部件数量。具体分为以下阶段：

（1）确定系统架构。根据无人机系统地面站配置要求，明确数据链地面测控设备采用便携式结构还是车载式结构，确定全向、定向或全/定向双制式天线形式，再依据天线形式确定是否需要天线转台及伺服机构等。因为这些都会对系统构成产生很大的影响。

（2）根据第一步确定的载波频率范围，选择上、下行链路通信体制；

（3）经过分析系统频率配置情况，完成载波频率规划，以保证系统频率兼容；

（4）明确部件之间信号特征要求，例如帧结构、帧率、编解码等波形设计；

（5）完成系统电平分配与部件指标分解，下达部件软、硬件研制任务书与接口控制文件。

第三步部件研制。

设计人员接到部件研制任务书和接口控制文件后，开始部件级方案设计。在确定收/发信机架构、中频分配等方案后，即可进行器件选型、原理图设计、PCB设计、软件设计和结构设计等详细设计，直至完成部件原理样机的设计与调试，甚或迭代进行。

第四步系统集成。

部件研制完成后，系统集成是非常关键的一步。检验各部件软硬件连接关系是否执行接口控制文件要求，是否存在失配现象。还需要检验系统功能与性能能否达到设计指标要求。

第五步测试与验证。

完成系统集成后，需要对数据链系统的功能和性能进行全面测试与验证。大部分功能、性能可以通过静态实验来进行，静态实验分为实验室试验和地面拉距试验。数据链系统的动态性能，需要通过飞行验证或跑车试验进一步验证。

8.1.3　指标体系

1.数据链分系统指标

（1）作用距离。作用距离是指能保证无人机数据链传输质量要求的地面站与无人机之间的距离。

数据链系统作用距离指标的实现受无线电视距的限制。两个天线之间保持无障碍通信的最大距离就称为无线电视距，它与地球曲率、大气折射、气候、地形等诸多因素有关。

无线电视距可通过下面的公式计算：

$$d_0 = 4.1\sqrt{h_1} + \sqrt{h_2} \qquad (8-1)$$

式中：h_1，h_2——天线高度，m；

d_0——视线距离，km。

（2）数据速率。数据速率反映了无人机数据链系统的数据传输能力，一般用比特率（b/s）

表示。

　　无人机数据链系统上行遥控数据量较小,遥控数据速率选择范围一般在 $3.2\sim12.8$ kb/s(3.2 kb/s$\times2^n$,n 为自然数)。遥测数据量相对较大,遥测数据速率选择范围一般在 $3.2\sim51.2$ kb/s(3.2 kb/s$\times2^n$,n 为自然数)。任务数据最大到 64 Mb/s 甚至更大。

　　(3)误码率。误码率反映了无人机数据链系统的数据传输质量及传输的可靠性。所谓误码率,是指错误接收的码元数在传送总码元数中所占的比例,也就是说误码率就是码元在传输系统中被传错的概率。如无特殊要求,无人机系统数据链误码率要求不大于 10^{-5}。

　　(4)跟踪精度。无人机数据链系统跟踪精度指地面数据终端天线轴对准无人机的准确度,它是反映无线电自主定位跟踪的系统性能指标,一般用稳定跟踪状态下天线指向角度(测量值)与无人机或目标实际位置角之差的统计值,通常用均方根误差表示。该指标是针对配备有伺服跟踪系统的链路提出的。如无特殊要求,俯仰/方位跟踪 RMS 精度要求小于 5mrad。

　　(5)测距精度。测距是通过测量数据链中无线电遥控、遥测电磁波在空中传播的时间,得到控制站与无人机之间的距离。测距精度则为测量距离的准确度,一般为测量值与实际值之间误差的统计值,通常用均方根误差表示。测距误差按照性质可分为系统误差和随机误差两类。系统误差是指在测距时,系统各部分对信号的固定延时所造成的误差,以多次测量值的平均值与被测距离真实值之差来表示。随机误差指因某种不稳定性造成的随机误差,又称为偶然误差。无人机数据链系统根据不同的应用要求,测距精度一般为 $\pm50\sim\pm100$ m。

　　(6)抗干扰能力。数据链的抗干扰性能虽然很少作为一个指标进行规定,但不管民用还是军用,现在都面临着非常复杂的电磁环境,所以数据链设计过程中需采取必要的抗干扰措施。一般来说,数据链抗干扰主要从时(时域)、空(空域)、频(频域)、码(码域)四个方面来采取措施。时域抗干扰措施主要有时频变换、数字处理中的滤波或限幅等措施;空域抗干扰措施主要有采用指向性天线或不同极化方式的天线等措施;频域抗干扰主要措施有调频、多频点、频谱感知＋自适应变频等措施;码域抗干扰措施主要有编码、扩频等措施。

　　2.无人机数据链子系统性能指标分解

　　无人机数据链子系统性能指标是通过系统部件实现的,由数据链系统部件或设备共同完成。因此需要把无人机数据链系统性能指标分解为各部件或设备指标。

　　(1)链路性能指标分解。无人机数据链系统的性能指标(如作用距离、数据速率、误码率等)都与链路的性能相关。综合考虑这些系统指标,通过论证、计算和仿真后得出所需要的链路性能指标要求,从而进行链路中低频调制解调器、收/发信机、功放与收/发天线等部件的设计。

　　表 8-1 给出了作用距离为 200 km 时,包含数据链冗余设计,具备数据链遥控、遥测、图传、测距、定位全部功能的上行链路性能指标分配实例。表 8-2 是典型数据链系统下行链路性能指标分配实例,其中还配备了不同的下行系统以根据实际情况选用。

表 8-1　典型数据链系统上行链路性能指标分配

序　号	参　数	上行主链路	备　注
1	作用距离	200 km	
2	频率范围	2 030～2 100 MHz	
3	数据速率	6.4 kb/s	

续表

序 号	参 数	上行主链路	备 注
4	信道编码	1/2RS	
5	扩频增益	0	对应解调带宽
6	调制方式	BPSK＋扩频	
7	发射机功率	20 W	
8	发端总损耗	1.9 dB	
9	收端总损耗	1.5 dB	
10	发射天线增益	27 dBI	
11	接收天线增益	2 dBI	
12	中频带宽	13 MHz	
13	接收机灵敏度	-107 dBm	
14	误码率	10^{-5}	

表 8－2　典型数据链系统下行链路性能指标分配

序 号	参 数	遥测＋图像数据	单遥测
1	作用距离	200 km	
2	频率范围	2 210～2 290 MHz	
3	数据速率	4.096 Mb/s	51.2 kb/s
4	信道编码	1/2RS	
5	调制方式	2CPFSK	
6	发射机功率	25 W	
7	发端总损耗	1.5 dB	
8	收端总损耗	1.9 dB	
9	发射天线增益	2 dBI	
10	接收天线增益	27 dBI	
11	中频带宽	8 MHz	500 kHz
12	接收机灵敏度	-91 dBm	-103 dBm
13	误码率	10^{-5}	10^{-5}

（2）跟踪系统指标分解。天线座（伺服转台）是跟踪系统的重要组成结构。天线座结构误差影响跟踪系统的方位角、俯仰角测量精度，为了提高伺服系统的测角精度，就必须根据系统指标，合理分配天线座的轴系精度和传动链的运动精度，并在加工、装配、调试时予以保证。

天线座的轴系精度包括方位轴与水平面不垂直度、方位轴与俯仰轴不垂直度、光轴与俯仰轴的不垂直度和光轴与电轴的不匹配误差这几个方面。

方位轴与水平面不垂直度 δ 和调平误差 δ_1、方位轴两端轴承的晃动误差 δ_2、方位轴倾斜误差 δ_3、方位轴的轴线不同、轴度误差 δ_4 这些因素有关,则有

$$\delta = \sqrt{\delta_1^2 + \delta_2^2 + \delta_3^2 + \delta_4^2} \tag{8-2}$$

方位轴与俯仰轴不垂直度 ξ 和方位轴法兰盘与方位轴不垂直引起的误差 ξ_1、天线俯仰两轴承孔不同心引起的误差 ξ_2、俯仰轴孔与箱体地面不平行引起的误差 ξ_3 以及俯仰轴左、右轴承游隙引起的误差 ξ_4、ξ_5 这几个因素有关,故方位轴与俯仰轴不垂直度为

$$\xi = \sqrt{\xi_1^2 + \xi_2^2 + \xi_3^2 + \xi_4^2 + \xi_5^2} \tag{8-3}$$

光轴与俯仰轴的不垂直度引起的误差,主要靠调整光指示信号(可用激光笔等指向性较好的光源来产生)来达到所要求的精度。光轴与电轴的不匹配误差主要利用信标信号(可用信号源等能够产生被跟踪信号的设备来产生)通过反复跟踪测试和调试予以消除。

传动链的运动精度对伺服系统的跟踪精度影响较大,当减速器选用星形齿轮减速器时,减速器间隙空程和传动精度可达到 $3'$ 以下。减速器输出齿轮与方位大轴之间的齿隙回差是在整个传动系统中影响最大的,应该着重减小末级传动的齿隙。一般情况下,根据无人机系统天线座的传动精度要求,传动齿轮采用 6 级即可满足技术要求。

天线接收的差信号零深、跟踪接收机输出的误差信号信噪比、轴角编码器的角度量化误差以及伺服控制精度对跟踪系统的测角精度同样构成影响,对它们的性能指标应该进行合理的分配,在设计、制造、调试时予以保证,以确保系统跟踪精度的实现。

(3)测距精度指标分解。如前所述,测距精度一般是由系统误差和随机误差引起的,随机误差因偶然性可以在获取测量数据后通过滤波消除,而系统误差则应在设计时尽量最小化。系统误差一般是由数据链信道时延和测距回波恢复导致的误差,信道时延属于固定误差,可以在启动测距前,通过清零一次性消除。测距回波的恢复过程误差,则会因信道传输质量的变化而变化。测距回波恢复一部分出现在上行链路,由机载遥控接收机与遥控解调器的同步跟踪精度确定;一部分出现在下行链路,由地面遥测接收机与遥测解调器的同步跟踪确定,因此测距精度的影响因素主要分布于上行遥控、下行遥测接收设备的同步跟踪单元中。

8.2 频 率 设 计

由于数据链是无人机系统中的强干扰源设备和易受干扰设备,因此在设计过程中必须对其载频及设备内部的频率进行合理的规划,才能保证全系统的电磁兼容性,保障无人机的有效控制和正常运行。

8.2.1 载频设计

国际电信联盟、工业和信息化部无线电管理局(国家无线电办公室)都对珍贵的频谱资源进行了详细的规划,不同频段规定了不同的用途,所以在进行频率规划时,除了规定的公用频段且功率不超过相关规定的设备,其他都须向国家相关单位报批后才能使用。

无人机系统中,除了数据链设备以外,还有多种设备需要采用无线电通信,而且这些设备的工作频率基本都是固定或频段固定的,因此在进行数据链载频规划时需要将这些频率综合

考虑。

无人机数据链载频分配基本原则如下：

(1)符合相关机构对无线电频谱的规划。载频规划必须在国家相关部门划定的无线电导航频段范围内，或在免申请的公用频段且发射功率符合国家的相关规定。

(2)合理选择频谱所在波段。频谱波段的选择应该兼顾路径损耗、设备功耗、设备尺寸等要求。在相同的控制距离，及其他设备性能(除发射功率外)相同的情况下，频率越高，路径损耗越大，所需发射功率越大。但频率越高，天线、滤波器等跟频率相关器件的尺寸越小。同时，副遥控作为主遥控的备份信道，在载频选择的时候应尽量拉开两者的频率，最好处于不同波段，以避免同时被干扰。

(3)高载频频率应避开低载频频率的谐波。因为在无线电系统中，每个信道都会占用一定的带宽，其谐波也会相应的占用一定的带宽，若低频率信号的谐波靠近或落入高频频率信号带内，可能会因为抑制不够而影响高频率信道的性能，所以在选择较高频率的时候应该尽量避免较低频率的谐波。

(4)同一波段的频率应保留足够的保护间隔。为了避免系统的邻道干扰或同一波段内不同通信系统的相互干扰，相互之间应保留足够的保护间隔。

(5)所选载频应避开参考晶振的多次谐波，特别是在集成度较高的单板收/发信机设计过程中。

8.2.2 中频设计

中频规划是指对数据链系统中的收/发信机内部中频频率的规划。对于发射机的中频规划而言，主要研究其中的组合频率与所规划的输出载频之间的电磁兼容(Electronagnetic Compatibility,EMC)问题。对于接收机的中频规划而言，主要研究其中的组合频率与所规划的输出中频之间的 EMC 问题。中频规划是数据链部件内部 EMC 的基础。

在收发信机中，根据其拓扑结构的不同，会存在不同的中频信号，而中频信号的选择必须联合射频信号进行计算，并参考市场上元器件的性能进行选择。中频规划过程必须遵循以下原则：

(1)中频规划在计算过程中，只考虑能在设备中找到频率源的频率，即有源频率。如接收机收到的射频是由发射机产生的，本振是由本振电路生成的，由多个频率组合而成的频率(组合频率)不需要引入计算中。

(2)有源频率在计算过程中，一般只考虑其 5 次及 5 次以下谐波。

(3)在进行中频规划过程中，计算所得的组合频率越详细越好，建议计算到 15 阶以上。

(4)对上变频器进行中频规划时，所得的组合频率，除所需的载频外，其余的组合频率应在发射机射频带宽外并具有足够的保护间隔。保护间隔根据发射机带外抑制的要求以及所选频率器件的性能决定。

(5)对下变频器进行中频规划时，所得的组合频率，除所需的中频外，其余的组合频率应在下变频器输出中频的带宽外并具有足够的保护间隔。保护间隔根据解调电路对中频带外抑制的要求以及所选频率器件的性能决定。

(6)中频频率应尽量选择常用中频频率。虽然滤波器等射频器件可以定制，但是选择常用频率，可选的器件多，性能可靠、成本低。

8.3 链路电平设计

8.3.1 空间衰减计算

无线电波在空间传播,就会产生无线电信道传输损耗。无线电信道传输损耗一般包括自由空间电波传播损耗、大气吸收损耗、天线极化损耗、天线指向损耗和收、发端的硬件损耗等。

自由空间传播损耗 LR(单位,dB)计算公式为

$$LR = 32.4 + 20\lg F + 20\lg D \qquad\qquad (8-4)$$

式中:F——工作频率,MHz;

D——作用距离,km。

大气吸收及降雨损耗较小计入衰落裕度中。

8.3.2 衰落裕度

衰落一般是指接收信号幅度随时间的不规则变化。引起衰落的原因最常见的有干涉型衰落(多径衰落)、吸收型衰落和极化衰落等。根据信号衰落周期的长短,有快衰落和慢衰落之分。在许多场合信号幅度不仅随时间起伏,也随频率和空间起伏,分别称为时间选择性衰落、频率选择性衰落。衰落会引起接收信号不稳定,使通信质量恶化。对于慢衰落,通常是在系统设计中增加适当的信号电平储备来补偿,也就是设计适当的衰落裕度。

系统电平的衰落裕度与通信的中断概率、地形、气候等因素有关。

根据 Barnett 信道模型,衰落裕度 FM(单位,dB)的计算公式为

$$FM = 30\lg D + 10\lg ABF - 10\lg(1-R) - 70 \qquad\qquad (8-5)$$

式中:D——作用距离,km;

A——地形因子;

B——气候因子;

R——可靠度;

F——工作频率,GHz。

可靠度为 87%～99% 时,衰落裕度取 12～18 dB。

8.3.3 电平分配

链路电平分配是对链路中各部件应具有的性能指标进行分配,其分配结果将作为部件的设计指标。在进行数据链路设计过程中,电平分配是非常重要的环节。电平分配不合理会导致部件设计难度大幅提高甚至无法实现。

如图 8-3 所示,链路电平分配是一个迭代过程。在进行链路电平分配之前,首先应进行链路参数梳理与部件性能预估。针对设计需求及设计输入,对各部件的理论指标进行估算,明确指标上限。再综合考虑技术实现能力、系统条件限制等因素,进行链路电平分配。电平分配完成后进行电平预算,对分配指标进行验证和修正,如此迭代,最终达到最优电平分配。

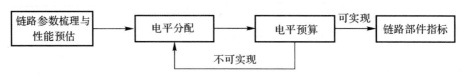

图 8-3　链路电平分配迭代过程

1. 链路参数梳理与性能预估

在某项需求下达后,首先要完成输入参数梳理,然后才能开始进行电平分配。以下以某型数据链为例进行链路电平分配。完成输入参数梳理后,根据输入对一些间接参数进行计算,为电平分配做准备,例如载频规划、空间损耗等,表 8-3 给出的实例是工作频率为载频规划所得。

表 8-3　设计输入

序　号	输入项目	参数与要求	单　位	备　注
1	作用距离	200	km	系统输入
2	上行遥控码速率	6.4	kb/s	系统输入
3	下行遥测码速率	6.4	kb/s	系统输入
4	复合数据码速率	4 096	kb/s	系统输入
5	上行主链路工作频率	S 波段	MHz	2 050 MHz
6	上行副链路工作频率	UHF 波段	MHz	420 MHz
7	下行链路工作频率	S 波段	MHz	2 220 MHz

2. 链路电平分配

第一次分配。在进行链路电平分配之前,首先建立链路模型,如图 8-4 所示。

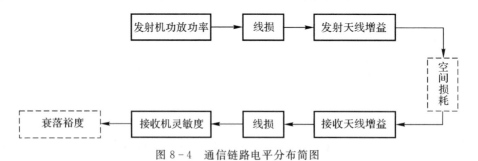

图 8-4　通信链路电平分布简图

无论是上行遥控或下行遥测链路,在电平分配过程中,在某些要求确定后(距离、频率、衰落裕度等),电平就确定了。整个电平分配过程以表格的形式来完成。下面以上行遥控链路电平分配的具体过程为例,完成上行遥控链路的电平分配,每一步的分配结果填入表 8-4。

表 8-4　上行遥控链路电平分配

项　目	电平分配	备　注
发射机功放功率(7)		机载功放要受所分配的功耗限定

续表

项 目	电平分配		备 注
发射部分硬件损失(4)			主要由天线与发射机之间的连线决定
发射天线增益(8)			
空间传播损耗(2)			在距离、频率设定后,该项目间接设定
接收天线增益(6)			根据要求选择全向天线,定向天线
接收部分硬件损失(5)			主要由接收机与天线之间的连线决定
接收机灵敏度(3)			受设计能力限制
衰落裕度(1)			由条件设定

注:括号内数为电平分配顺序。

3.上行主遥控电平分配

(1)根据设计要求填写衰落裕度为 $12\sim18$ dB。

(2)计算空间损耗并填写。

$$LR = (32.4+20\lg F+20\lg D) \text{ dB}=$$
$$(32.4+20\lg2\ 070+20\lg200) \text{ dB}=$$
$$144.74 \text{ dB} \tag{8-6}$$

(3)接收机灵敏度。在链路设计中,接收机灵敏度提升的成本最低。提高接收机灵敏度是增加链路电平裕量的一个有效方法。当然,接收机灵敏度并不能够无限制的提高,任何一种体制的接收机都会受到解调门限的限制。所以,在提出灵敏度要求的时候,必须结合实际的接收机设计水平。在此,设定接收机灵敏度为-107 dBm。

(4)发射部分硬件损耗。发射部分的硬件损耗主要由发射机与发射天线之间的射频电缆的损耗决定。所以电缆的选取、电缆的长短、接插件的选择都会产生影响。不过由于这些技术现在都是比较成熟,连线也较短,所以设定该部分损耗为 1.5 dB。

(5)接收部分硬件损耗。接收部分的硬件损耗主要由接收机与接收天线之间的射频电缆的损耗决定。同样,电缆的选取、电缆的长短、接插件的选择都会产生影响。设定该部分损耗为 0.5 dB。

(6)接收天线增益。对于上行链路来说,接收机是装在飞机上的,所以接收天线就是机载天线。机载天线所受的限制比较多,它受天线方向图要求、安装位置、气动要求和安装空间大小的限制。从天线方向形式来说,机载天线分为全向天线和定向天线。如果不使用中继方式的话,机载上一般选择全向天线。例如普通的偶极子天线,成本低,增益为 2 dBI。

(7)发射机功放功率。由于机载设备受限制较多,所以补足电平裕量的任务一般都落在地面设备上,即发射机功放和发射天线上。对于上行链路来说,发射机功放处于地面,其所受限制较小。发射机功率理论上可以选择无限制的大,但由于在电平计算过程中,功率需要换算到 dBm 形式,增加功放功率对电平裕量的贡献较小,而且成本较高,所以一般地面功放功率选择在几十瓦。在此,选择上行链路功放功率为 20 W,换算为电平增益为 43 dBm。将此值填入表 8-4 中。

而对于下行链路来说,发射机功放处于机载上,功放的选择就要受到机载供电系统功耗分配限制和机载安装位置的容积限制。

(8)发射天线增益。在以上各个部分的电平分配都确定后,剩余的电平裕量缺口就要由发射天线的增益来补足。

要达到系统设计指标要求,链路电平增益最少要大于链路电平损耗。根据表8-4中已经填写的数据列出等式:链路裕量=系统增益-链路损耗,则:

$$(12\sim18)=43-(-107)-1.5-0.5+GT-144.74 \qquad (8-7)$$

计算可得 $GT=[(12\sim18)-3.26]$ dB$=(8.74\sim14.74)$dB,其中,GT 是发射天线增益。

若裕量要求为 12 dB 时,天线增益应为 11 dBI;若裕量要求为 18 dB 时,天线增益应为 17 dBI。为了提高通信可靠度,选择满足裕量 18 dB,则天线增益分配为大于等于 17 dBI。

表8-5 即为上行主遥控电平分配的结果。在上述电平分配过程中,通过固定部分部件的指标(性能难以提高或提高的成本过高的部件),逐步对其余部件性能作出分配,计算出各部件最低指标。在最低指标的基础上根据性能提升难度、成本,结合系统可靠性要求,对必要部件指标进行适当提高,以弥补工程实现与理论计算之间的误差。

表8-5 上行遥控链路电平分配

项 目	电平分配		备 注
发射机功放功率(7)	≥43 dBm		机载功放要受所分配的功耗限定
发射部分硬件损失(4)	≤-1.5 dB		主要由天线与发射机之间的连线决定
发射机天线增益(8)	≥11 dBI	≥17 dBI	
空间传播损耗(2)	-144.74 dB		在距离、频率设定后,该项间接设定
接收天线增益(6)	≥2 dBI		根据要求选择全向天线,定向天线
接收部分硬件损失(5)	≤-0.5 dB		主要由接收机与天线之间的连线决定
接收机灵敏度(3)	≤-107 dBm		受设计能力限制
衰落裕度(1)	12 dB	18 dB	由条件设定

注:括号内数为电平分配顺序。

8.4 收/发链路设计

8.4.1 概述

无论是视距通信链路还是超视距的中继通信链路,其基本组成都是数据链遥控、遥测链路,都是由发射和接收两部分构成,从原理上讲是相同的。发射和接收两部分组成的具有不同需求的无线收/发链路,其一般组成如图8-5所示。从图中可以看出,收/发链路从功能上分,主要包括调制/解调单元、发射机、功放、接收机和收/发天线。

8.4.2 低频调制器/解调器设计

调制过程是将低频信号(调制信号)搬移到高频载波(载波信号)的过程。由被传送的低频信号调制高频振荡器,使高频振荡器输出的高频载波的参数(幅度、频率和相位)随着低频信号的变化而变化,从而将低频信号向高频载波搬移,这一过程叫调制。完成调制的信号就变成带有低频信号信息的已调基带信号。调制过程在通信链路的发射端完成,实现调制的设备叫调制器。

解调过程是调制的反过程,即把低频信号从高频载波上搬移下来的过程。解调过程在通信链路的接收端完成,实现解调的设备叫解调器。

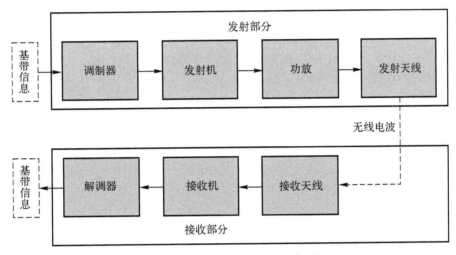

图 8-5　收/发链路一般组成框图

1. 数字调制/解调

(1)调制。无线通信系统中所采用的调制方式多种多样,从信号空间观点来看,调制实质上是从信道编码后的汉明空间到调制后的欧式空间的映射或变换。这种映射可以是一维的,也可以是多维的,既可以采用线性变换方式,也可以采用非线性变换方式。

数字式调制是将数字基带信号通过正弦型载波相乘调制成为带通型信号。其基本原理是用数字基带信号 0 与 1 去控制正弦载波中的一个参量。若控制载波的幅度,称为振幅键控 ASK;若控制载波的频率,称为频率键控 FSK;若控制载波的相位,称为相位键控 PSK;若联合控制载波的幅度与相位两个参量,称为幅度相位调制,又称为正交幅度调制 QAM。

若将上述由 0 与 1 组成的基带二进制调制进一步推广至多进制信号,将产生相应的MASK、MFSK、MPSK 和 MQAM 调制。

在实际的移相键控方式中,为了克服在接收端产生的相位模糊度,往往将绝对移相改为相对移相 DPSK 以及 DQPSK。另外,在实际移相键控调制方式中,为了降低已调信号的峰均比,又引入了偏移 QPSK(OQPSK)、π/4-DQPSK、正交复四相移键控 CQPSK,以及混合相移键控 HPSK 等等。

在二进制基带调制之中,为了彻底消除由于相位跃变带来的峰均比增加和频带扩展,又引入了有记忆的非线性连续相位调制 CPM、最小频移键控 MSK、GMSK(高斯型 MSK)以及平滑调频 TFM 等。

上述各类调制中仅有最后一类,即 CPM、MSK、GMSK 和 TFM 属于有记忆的非线性调制,其余各类调制均属于无记忆的线性调制。以上调制中最基本的调制为 2ASK、2FSK、

BPSK。在相同的信噪比下,2PSK 的抗干扰性能最佳,2FSK 次之,2ASK 性能最差。

上述调制方式应用在无线通信链路的低频调制中,其选取原则主要关注三个方面:首先是可靠性,即抗干扰性能,选择具有低误比特率的调制方式,其功率谱密度集中于主瓣内;其次是有效性,它主要体现在选取频谱有效的调制方式上,特别是多进制调制;再次是工程上易于实现,它主要体现在恒包络与峰均比的性能上。

(2)解调。解调是调制的逆过程,是把搬移到高频的低频信号恢复出来。其作用是从接收的已调信号中恢复原基带信号(即调制信号)。解调的方法可分为两类:相干解调和非相干解调。

相干解调又叫同步解调。解调与调制从实质上讲都是频谱搬移。调制是把基带信号搬移到高频载波频率(载频)的位置上,这一过程可以通过将调制信号与载波信号相乘来实现。解调则是把在载频位置上的已调信号频谱搬回到原始基带的位置,这一过程同样可以通过将已调信号与载波相乘来实现。相干解调的一般模型如图 8-6 所示。

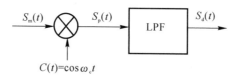

图 8-6 相干解调器的一般模型

在进行相干解调时,为了无失真的恢复基带信号,接收端必须具备一个与接收的已调信号载波严格同步(同频同相)的本地载波信号(相干载波),将相干载波与已调信号相乘,经低通滤波器提取低频分量,即可得到原始的基带调制信号。相干解调器使用于所有线性调制信号的解调。

所谓非相干解调是相对于相干解调而言的,不需要提取载波信息。非相干解调的优点在于需要较少的信道估计,处理复杂度降低,实现简单,但相比于相干解调性能下降约 3 dB。包络检波是最常见的一种非相干解调。

包络检波器通常由半波或全波整流器和低通滤波器组成。包络检波技术属于非相干解调,所以不需要相干载波。如图 8-7 所示是一个最简单的二极管峰值包络检波器。

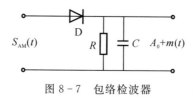

图 8-7 包络检波器

以一个调幅信号 $S_{AM}(t)$ 为例,设

$$S_{AM}(t)=[A_0+m(t)]\cos\omega_c t \tag{8-8}$$

经过包络检波器检波,输出信号变为

$$S_d(t)=A_0+m(t) \tag{8-9}$$

式中: A_0——直流分量;

$m(t)$——调制信号;

$S_d(t)$——经过隔直处理,即可提出调制信号 $m(t)$。

由此可见,包络检波就是直接从已调信号幅度中提取原来的调制信号。

常见的通信系统中,ASK、FSK 等调制一般应用于较近距离、低信息传输速率的场合,所以采用技术成熟、实现简单的非相干解调法较多。而对于传输距离较远、信息传输速率高的场合采用的 PSK 调制则多采用解调性能更好的相干解调法。

(3)同步跟踪。从对解调部分的叙述可知,同步是相干解调中的一个关键技术。在数字通信中,同步包括载波同步、码同步和帧同步。

载波同步又称为载波恢复,即在接收设备中产生一个和被接收信号载波同频同相的本地振荡频率,供给解调器进行相干解调。由于接收信号中包含的信息不同,载波同步的方法也不相同。对于有辅助导频的载波进行提取时,主要采用锁相环来提取并产生相干载波。对于无辅助导频的载波进行提取时,主要采用科斯塔斯环法(又称为同相正交环法或边环法)。

码同步又称为时钟同步或时钟恢复。在进行数字信号接收时,要对接收到的码元进行积分以求得码元的能量并对每个接收码元进行抽样判决,就需要准确知道每个接收码元的起止时刻。从信号处理角度来说,在接收端要生成一个与接收码元严格同步的时钟脉冲序列,用来确定每个码元的积分区间和抽样判决时刻。码元同步可以分为两大类。第一类称为外同步法,该方法需要在信号中另外加入包含码元定时信息的导频或数据序列,是一种利用辅助信息进行同步的方法;第二类称为自同步法,该方法不需要辅助信息,直接从信息码元中提取码元定时信息。

在数字通信中,通常用特定格式的若干个码元来传输特定的信息,这若干码元可称为一帧。在进行信息接收时,需要能够准确识别出每一帧信号的起始和结束位置,才能正确提取信息。确定每一帧起始和结束位置的过程就是帧同步。为此,必须在发送信号时插入辅助同步信息,即在发送的数字信号序列中插入周期性的标识,否则接收端无法识别。

2.信道编解码

(1)信道编码。信道编码是为了保证通信系统的传输可靠性,克服信道中的噪声和干扰,专门设计的一类抗干扰技术和方法。它根据一定的(监督)规律在待发送的信息码元中(人为地)加入一些必要的(监督)码元,在接收端利用这些监督码元与信息码元之间的监督规律,发现和纠正差错,以提高信息码元传输的可靠性。

信道编码从功能上看可以分为三类:仅具有发现差错功能的检错码,比如循环冗余校验 CRC 码、自动请求重传 ARQ 等;具有自动纠正差错功能的纠错码,比如循环码中 BCH 码、RS 码以及卷积码、级联码、Turbo 码等;既能检错又能纠错的信道编码,最典型的是混合 ARQ,又称为 HARQ。

从结构上可分为两大类:线性码和非线性码。

1)线性码:监督关系方程是线性方程的信道编码称为线性码。目前大部分实用化的信道编码均属于线性码,比如线性分组码,线性卷积码都是经常采用的信道编码。

2)非线性码:一切监督关系方程不满足线性规律的信道编码均称为非线性码。

下面简要介绍一些典型常用的信道编码类型。

在线性分组码中,最具有理论和实际价值的一个子类,称为循环码,它因为具有循环移位性而得名,它产生简单且具有很多可利用的代数结构和特性。目前一些主要的有应用价值的线性分组码均属于循环码。例如:在每个信息码元分组中,仅能纠正一个独立差错的汉明码(Hamming code),可以纠正多个独立差错的 BCH 码,可以纠正单个突发差错的 Fire 码,可纠正多个独立或突发差错的 RS 码,长码信道较好的低密度准循环奇偶校验(LDPC)码。

卷积码记为(n,k,m)码,其中 n 表示每次输出编码器的位数,k 表示每次输入编码器的位数,而 m 则表示编码器中寄存器的节(个)数,它的约束长度为 $m+1$ 位。正是因为每时刻编码器输出 n 位码元不仅与该时刻输入的 k 位码元有关,而且还与编码器中 m 级寄存器记忆的以前若干时刻输入的信息码元有关,所以称它为非分组的有记忆编码。

级联码是一种复合结构的编码,它不同于上述单一结构线性分组码和卷积码,它是由两个以上单一结构的短码复合级联成更长编码的一种有效方式。

级联码分为串行级联码和并行级联码两种类型。典型的串行级联码是由内码为卷积码,外码为 RS 码(Reed‐Solomon 码)串行级联构成一组长码,其性能优于单一结构长码,而复杂度又比单一结构长码简单;最典型的并行级联码是 Turbo 码,是由直接输出和有、无交织的同一类型的递归型简单卷积码三者并行的复合结构共同构成。

(2)信道解码。信道解码又称为译码,与信道编码对应出现。采用不同译码算法会得到不同的译码性能。译码算法分为三类,即硬判决译码、软判决译码和将硬判决与软判决结合起来的混合译码方式。混合译码方式较少使用,在此不作介绍。

1)"硬"判决译码,即对解调器的输出信号与判决门限作比较。高于门限值的认为是 1,低于门限值的认为是 0。对于最常见的二进制来说,解调器的输出供给硬判决使用的值仅限于 0、1 序列,若接收信号幅度小于 0,则解调器输出为 0。若接收信号幅度大于 0,则解调器输出为 1。最后再将硬判决序列送到硬判决译码器进行译码。

2)软解调方式不同于硬解调,解调器并不输出 0 或 1。而是输出码元对应的编码比特判为 0 或 1 的概率关系。它只是对各种符号进行暂时的估计,这样就能避免丢失一些对于译码器来说可能有用的信息。

3)Viterbi 译码算法是一种常用的卷积码的解码算法。Viterbi 译码是根据接收序列在码的格图上找出一条与接收序列距离(或其他量度)最小的一种算法。它和运筹学中求最短路径的算法相类似。若接收序列 R=(10100101100111),译码器从某个状态,例如从状态 a 出发,每次向右延伸一个分支 l(对于 $L>l$,从每个节点出发都有 2 种可能的延伸,其中 L 是信息序列段数,对 $L\leqslant l$,则只有一种可能),并与接收数字相应分支进行比较,计算它们之间的距离,然后将计算所得距离加到被延伸路径的累积距离值中。对到达每个状态的各条路径(有 2 条)的距离累积值进行比较,保留距离值最小的一条路径,称为幸存路径(当有两条以上取最小值时,可任取其中之一)。对给定 R 的估值序列为=(10111)。这种算法所保留的路径与接收序列之间的似然概率为最大,所以又称为最大似然译码。

(3)调制器/解调器设计。调制器/解调器作为发射和接收链路的重要部件,对于通信链路的性能、功能、信息安全等具有重要作用。在早期的模拟调制/解调系统中,调制器和解调器必须由非线性元器件(如二极管或工作在非线性区的三极管)构成;随着通信技术的发展,调制器/解调器也可以用乘法器实现。目前,基于数字信号处理(DSP)和现场可编程门阵列(FPGA)的数字调制器/解调器因其通用性强、功能强大、开发简单、可靠性高等特点成为主流架构。

图 8‐8 给出了低频调制器的完整功能组成原理框图。具体流程如下:

信源:地面或机载物理信息经过相应方式的信号变换,形成脉冲码组(PCM)信号。

信源编码:PCM 信号根据约定的协议,按位、字、帧等同步时钟进行编码组帧,形成同步/

异步串行数据流;为了减轻信道传输负担,降低传输带宽,节约信道资源,针对具有视频、图像等宽带数据,可在此环节进行相应的压缩处理。

加密:为防止数据被截获或被他人控制,可选择合适的秘钥,对编码后的数据流进行加密计算形成加密数据流,保障无人机系统飞行安全。

信道编码:这个环节主要是提高信道传输抗干扰能力。加密数据流与本地时钟产生的载波,按照不同调制方式进行相应类型的逻辑运算,形成调制基带信号,经过低通滤波后,供射频信道进行上变频、功率放大等处理。

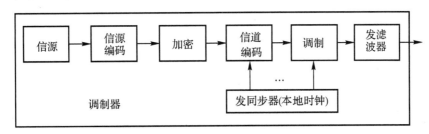

图 8-8　低频调制器原理框图

对应图 8-8 给出了图 8-9 的低频解调器的原理框图与处理流程。来自射频接收信道的基带信号,经过低通滤波滤除信道干扰后,由接收同步器从中恢复载波,与基带信号进行对应调制方式的逻辑解算,完成下变频处理,恢复出数据流,再由接收同步器从数据流中恢复数据的位、字与帧等同步时钟,然后依次进行相应的信道纠错与秘钥解算,最后由信源解码按照约定规律,还原出 PCM 数据流供信宿进行处理。

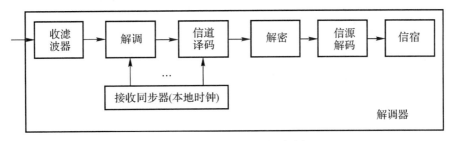

图 8-9　低频解调器原理框图

8.4.3　收/发信机设计

1.发射机设计

发射机主要用来将低频调制器产生的基带数据上变频到载波频率,并以一定的功率驱动功率放大器。严格来讲,功率放大器也属于发射机的一部分,但由于功率放大器相对较为独立,且处理信号电平较大,一般单独进行设计。对发射机的要求有多个方面,除系统性能指标分解给出的功率、频率指标外,还需关注发射机的频谱纯度、线性度等的设计,即在保证发射功率时不能产生信号失真和邻近信道干扰。

(1)发射机指标。

1)发射频率:指发射机所发射射频信号的载波频率。

2)发射功率:指发射机所发射的射频信号功率。

3)发射信号杂散抑制度以及谐波抑制度:杂散信号是指用标准信号调制时在除载频和由于正常调制和切换瞬态引起的边带以及邻道以外离散频率上的信号。杂散抑制度表征对杂散信号的抑制能力。谐波信号是指除基波信号以外的基波频率整数倍的频率信号。谐波抑制度表征对谐波的抑制能力。

4)发射频带宽度:指所发射射频信号所占用的带宽。

5)频带内功率波动:指在发射带宽内不同频点对相同功率信号的衰减波动范围。

6)三阶交调:是衡量发射机线性度或失真的重要指标,一般以三阶交调点(IP3,Third - order Intercept Point)进行衡量。

(2)无人机数据链常用发射机架构。

1)超外差发射机体系结构:如图 8 - 10 所示,该架构通过两次上变频完成基带信号到射频信号的上变频。数字信号首先转化为模拟信号,由一个固定的一本振信号进行混频,将模拟信号上变频到固定的一中频信号,然后经过滤波器滤除或消弱一本振的谐波以及所需的一中频信号之外的组合信号;再将一中频信号与一个可变二本振进行第二次混频,产生射频信号,同时实现信道选择;产生的射频信号驱动功率放大器(PA)完成发射所需的功率放大;射频滤波器主要用来滤除射频谐波以及杂散信号。

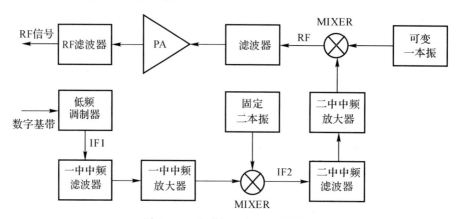

图 8 - 10　超外差发射机体系结构

2)正交上变频发射机体系结构:基于正交调制的直接正交上变频技术(Direct qurdarture upconversion)是把基带信号直接调制到射频载波上的一种最直接和简单的调制方式,在将基带信号搬移到射频载频的过程中消除无用边带信号,完成调制。

典型的直接正交上变频发射机的功能框图如图 8 - 11 所示。其中 $I(t)$ 和 $Q(t)$ 是正交基带调制信号,$f_0(t)$ 是射频本振信号;$f_{RF}(t)$ 是已调制射频信号。射频本振信号 $f_0(t)$ 经过 90° 移相器后产生两路相互正交的本振信号 $f_{0I}(t)$ 和 $f_{0Q}(t)$,分别与 $I(t)$ 和 $Q(t)$ 两路正交基带调制信号相乘,然后进行求和(求差)运算,消除不需要的边带信号,产生已调制的射频信号 $f_{RF}(t)$。再对射频信号 $f_{RF}(t)$ 进行滤波和功率放大,完成发射工作。

直接正交上变频发射机的优点在于不需要中频放大、滤波、变频等电路,大大减小了发射机的体积、重量、功耗和成本。因为这些优势,直接正交上变频发射机架构在民用通信技术应用中越来越广泛,特别是在软件无线电技术的应用中发挥了巨大的作用。

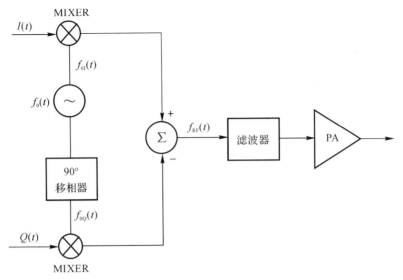

图 8-11　直接正交上变频发射机的功能框图

2.接收机设计

接收机主要是从存在干扰和噪声的复杂信号中有效地解调出有用信号。到达接收机接收端口的信号功率随着发射机发射功率、发射机与接收机之间的距离、无线信号传输所经过的路径和介质的不同,会产生很大的差异,所以一个好的接收机还需要具有较强的信号适应能力。

(1)接收机指标。接收机主要指标包括工作频率、噪声系数、灵敏度、选择性和动态范围等。

1)工作频率:是接收机预先设定好的每一个频道的载波频率。

2)噪声系数:是指接收机输入信噪比 $(S/N)_{in}$ 与输出信噪比 $(S/N)_{out}$ 的比值,表示为 F,即

$$F = \frac{(S/N)_{in}}{(S/N)_{out}} \tag{8-10}$$

3)灵敏度:是决定接收机性能的关键指标之一。当接收机输出端为解调提供了足够的信噪比,且解调结果满足一定误码率要求时,接收机可检测到的最低可用信号功率。灵敏度的另一个测量参数是最小可检测信号。对于数字调制系统,由最小误码率(Bit Error Rate,BER)确定有用信号有效恢复所需要的最小信噪比 $(E_b/N_o)_{min}$。考虑信道会引入噪声的情况,利用现有的射频仿真软件可以估算最小的 E_b/N_o。

对于灵敏度电平的信号检测,有

$$(S/N)_{out} = E_b/N_o, \quad (S/N)_{in} = S_{min}$$

并且 $N_{in} = kTB$(可用的热噪声功率基值)。若以 dB 表示,噪声系数的计算公式可变换为

$$NF = 10\lg(F) = S_{min} - 10\lg(kTB) - E_b/N_o \tag{8-11}$$

式中:k——波尔兹曼常数;

　　　T——温度;

　　　B——信道带宽;

　　　S_{min}——输入端最小可检测信号电平。

4)选择性:是接收机另一关键指标。在领近频率强干扰和信道阻塞的情况下,接收机提取

满足要求的信号的能力。在多数架构的接收机中,射频信道滤波器的性能和中频信道滤波器的性能决定了接收机的选择性。

接收机应该有足够的线性来处理一定程度的信号失真。如果接收机在频率选择和线性度上考虑不够,那么就会产生互调分量而降低所需信号的质量。一般来说,失真度决定了接收机输入信号的最大电平。三阶失真在很多接收机体系架构中都是一个非常重要的指标,这是因为三节交调信号可能会对有用信号产生干扰,从而影响解调。

5)动态范围:是表征接收机无失真处理噪声基值上的弱信号的最大能力。用接收机的输入端的最大信号和最小信号之比定义接收机的动态范围。输入端最大输入信号的定义不同,接收机动态范围也不相同,同一个接收机用不同的定义就会产生不同的动态范围。无寄生动态范围 SFDR 和阻塞动态范围 BDR 是两个比较常见的定义。

无寄生动态范围 SFDR 是以最大输入电平(三阶互调分量低于噪声基值所对应的接收机输入端信号电平)和最小可检测信号电平 $S_{\min}$ 之间的比为基础的。

阻塞动态范围 BDR 定义为避免接收机饱和的最大输入信号电平(一般用接收机低噪声放大器的 1 dB 压缩点 P_{-1} 来代替)与最小可检测信号电平 $S_{\min}$ 的差。

(2)无人机数据链常用接收机架构。由于信道的衰减特性,经远距离传输到达接收端的信号电平通常需要放大后才解调。同时,在信道中还会存在许多干扰信号,因而接收机还必须具有从众多干扰信号中选择有用信号和抑制干扰的能力。

接收机的设计要求是以最小成本及功率来接收和处理信号。随着通信集成电路的发展,近年来出现了各种各样的接收机拓扑结构。下面介绍两种主流的接收机拓扑结构。

一种是二次下变频超外差接收机体系结构。如图 8-12 所示,该体系架构的接收机是 Armstrong 在 1917 年发明的。射频段的滤波器主要用来衰减带外干扰和镜像干扰。采用可变的一本振将所有频谱下变频到一个固定的一中频后,就可以采用中频滤波器进行信道选择,并加入一定的动态调节措施;再使用固定的二本振将一中频下变频到一个较低的二中频上,再次选择合适的中频滤波器,进一步提高信道选择能力,增加接收机动态和增益。接收机的增益是在射频段、一中频段和二中频段分段实现的,避免了高增益接收机因为连续放大而产生的不稳定。因为超外差体系结构通过适当地选择中频和滤波器可以获得极佳的选择性和灵敏度,所以被认为是最可靠的接收机拓扑结构。

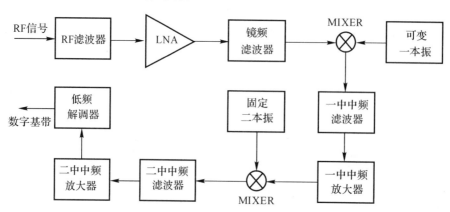

图 8-12　二次下变频超外差接收机体系结构

另一种是零中频接收机体系结构。在集成的射频接收机中,消除片外元件的设想促使零中频接收机体系结构(零中频架构 Zero - IF architecture)的出现。如图 8 - 13 所示,零中频接收机经过射频滤波器进行带外信号滤波后进行低噪声放大,然后与两路相互正交的本振信号进行混频得到 I/Q 两路基带信号。由于本振信号频率与射频信号频率相同,混频后会直接产生基带信号而不会产生中频信号,所以这种架构被称为零中频架构。这种架构最大优点在于消除了镜像干扰问题,减少了镜像抑制滤波器和中频滤波器,使接收机所需器件大幅度减少。其缺点在于容易造成本振泄露、直流偏差等问题。但相对于传统的超外差接收机而言,零中频接收机具有体积小、功耗低和成本低、易于集成的优点,所以零中频架构正在成为民用通信中的一个趋势。

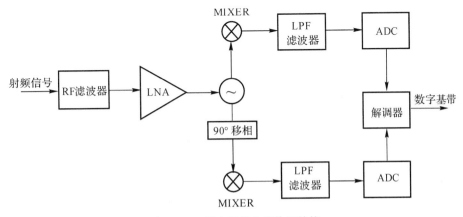

图 8 - 13　零中频接收机体系结构

3.基于软件无线电思想的零中频架构收/发信机设计

软件无线电的基本思想就是将宽带模数转换器(ADC)及数模转换器(DAC)尽可能地靠近射频线,建立一个具有"ADC - DSP - DAC"模型的通用的、开放的硬件平台,在这个硬件平台上尽量利用软件技术来实现收/发信机的各种功能模块。ADI 公司(Analog Devices. inc)在软件无线电思想的基础上采用了软硬件结合的实现方式,设计了零中频/直接正交上变频架构的射频捷变收发器(RF Agile Transceiver)系列芯片,大大降低了软件无线电开发的技术门槛。该系列芯片发射通道采用了直接正交上变频架构,接收支路采用了零中频架构,集成了独立的收发信道,每个信道都配备了增益可编程低噪声放大器、混频器、超宽带集成压控振荡器(VCO)的频综电路、可编程模拟低通滤波器、有限长单位冲击响应滤波器(Finite impulse Response,FIR 滤波器)、高速宽带 AD/DA 等射频信道需要的必要模块。通过软件编程,可以对收/发信道的工作频率、中频带宽、链路增益等进行实时更改。由于该系列芯片具有高度集成化、可编程化的特点,大大降低了收/发信机元器件数量,将通信系统的技术门槛、生产成本大大降低,开发周期明显缩短,在通信领域获得了广泛应用。

图 8 - 15 给出了一个基于 ADI 公司射频捷变收/发器系列芯片构建的收/发信机核心模块框图,原来复杂的收发信机核心功能被简化为两个芯片:数字信号处理芯片(FPGA)和 RF 收发捷变芯片。在这个架构中,RF 收发捷变芯片主要完成射频信道收发的功能,数字信号处理芯片(如 FPGA)完成低频数字调制/解调工作。

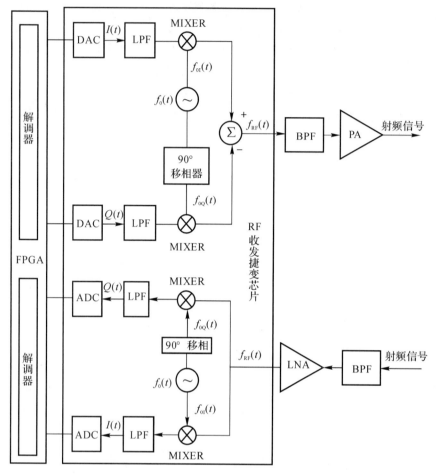

图 8-14 基于零中频架构芯片的的软件无线电收/发信机框图

RF 收发捷变芯片内部集成有功能强大的频综电路,可以覆盖几十 MHz 到几 GHz 的频率范围,通过软件配置即可完成频率切换。所以,若采用图 8-14 中的架构进行核心功能电路设计,就可以迅速完成系列产品的开发。只需要根据需求在发射通道配置满足需求的滤波器和功率放大器,在接收支路配置满足需求的低噪声放大器和滤波器即可实现一台全新的射频收/发信机设计。

8.4.4 功放设计

射频功率放大器(RF Power Amplifier),简称"功放",在数据链设计中主要完成遥控链路或遥测链路中遥控发射信号或遥测发射信号的功率放大,使其满足系统设计的发射功率。功放虽然只是发射机中的一个组成模块,但因为具有大功率的特性,一般作为一个专门的独立部件进行设计,在此通过介绍功放的主要指标、分类和区别,给读者提供合理选择功率放大器的参考依据。

1.功放主要指标与分类

数据链设计过程中,必须考虑射频功率放大器的工作频带、功率增益、输出功率、功放效率、谐波失真、交调失真、驻波比和寄生杂波等指标。

（1）工作频带：是指功率放大器应满足全部性能指标的连续频率范围。

（2）功率增益：当输入一定强度的信号时，功放输出功率相对于输入功率放大的倍数，即放大器的输出功率与驱动输入功率的比值。

（3）输出功率：可细分为饱和输出功率和 1 dB 压缩点功率 P_{1dB} 或 P_{-1}。功率放大器的输入功率加大到某一值后，再加大输入功率并不会改变输出功率的大小，则该输出功率称为饱和输出功率。功率放大器增益压缩 1 dB 所对应的输出功率称为 1 dB 压缩点输出功率，记作 P_{1dB} 或 P_1。

（4）功率效率：功率放大器的功率效率有两种不同的定义，功率效率和功率附加效率。

功率放大器的功率效率 η_P 定义为射频输出功率 P_{out} 与直流输入功率 P_{in} 之比，即

$$\eta_P = \frac{P_{out}}{P_{dc}}$$

功率放大器的功率附加效率 η_{add} 定义为功率放大器的射频输出功率 P_{out} 减去射频输入功率 P_{in} 的差值与供给功放的直流功率 P_{dc} 之比，即

$$\eta_{add} = \frac{P_{out} - P_{in}}{P_{dc}}$$

（5）谐波失真：信号增加到一定程度，功率放大器因工作在非线性区而产生一系列谐波称为谐波失真。一般用谐波分量功率与基波信号功率之比进行表征，谐波失真大小可由下式计算：

$$HD_n = 10 \lg \frac{P_n}{P_s}$$

式中，HD_n 为 n 次谐波失真；P_s 为基波信号输出功率；P_n 为 n 次谐波输出功率。

（6）交调失真：交调失真是具有不同频率的两个或更多的输入信号经过功率放大器而产生的混合分量，它是由功率放大器的非线性造成的。功率放大器的非线性越强，交调分量越大。通常用来反映交调失真的一个重要指标为三阶交调交截点。

（7）驻波比：驻波比反映的是功放输入、输出端的匹配情况。输入、输出驻波比变坏会使系统的增益起伏和群迟延变坏，因此功率放大器的输入、输出驻波比应该满足一定要求。在大容量数字通信系统中，功率放大器的输入、输出驻波比要求为 1.2:1，而在一般系统中，功率放大器的输入、输出驻波比可以放松到 2:1。

（8）寄生杂波：指系统中不需要的那些信号，是功率放大器放大过程中引起的一种信号失真，它与输入信号不是谐波关系。寄生杂波绝大部分是在高驱动电平或输入与输出严重失配时出现的。

根据晶体管工作在放大状态时的电压和电流大小（即晶体管的静态工作点的位置）的不同，功率放大器分为甲类（A 类）功放、乙类（B 类）功放、甲乙类功放（AB 类）、丙类（C 类）功放和丁类（D 类）功放等。

2. 功放设计与选取原则

作为数据链的重要部件之一，功放的功能和性能设计与选取应保证系统指标要求。在确定发射链路其他部件指标后，应遵循以下原则。

（1）确定其发射功率，以保证链路性能；

（2）明确发射机输出给功放的激励电平，以确定功放增益；

（3）确定工作频率，该频率由链路工作频率决定；

(4)确定其交调失真等线性要求；

(5)明确谐波失真、寄生杂波的要求；

(6)确定体积、功耗要求；

(7)明确安装位置和散热条件。当这些指标和要求明确后，即可交给专门的功放设计人员进行设计或选型。

8.4.5　天线设计

天线是一种能够辐射或接收无线电波的装置。作为有线信号和无线信号转换的关键设备，天线在任何无线通信系统中都必不可少。从通信系统能量转换过程来看，天线主要完成高频电流(导行波)与空间电磁波能量之间的转换，所以天线又可以称为能量转换器。

1.天线主要参数

(1)输入阻抗：天线和馈线的连接端，即馈电点两端感应的信号电压与信号电流之比，称为天线的输入阻抗。输入阻抗有电阻分量和电抗分量。输入阻抗的电抗分量会减少从天线进入馈线的有效信号功率。因此，必须使电抗分量尽可能为零，使天线的输入阻抗为纯电阻。输入阻抗与天线的结构和工作波长有关。

(2)方向性：是指天线向一定方向辐射电磁波的能力。对于接收天线而言，方向性表示天线对不同方向传来的电波所具有的接收能力。其特性曲线通常用方向图来表示，方向图可用来说明天线在空间各个方向上所具有的发射或接收电磁波的能力。

(3)工作频率范围(带宽)：无论是发射天线还是接收天线，它们总是在一定的频率范围内工作的。通常，工作在中心频率时天线所能输送的功率最大，偏离中心频率时它所输送的功率都将减小，据此可定义天线的频率带宽。两种常用定义：一种是指天线增益下降三分贝时的频带宽度；另一种是指在规定的驻波比下天线的工作频带宽度。

(4)前后比：方向图中，前后瓣最大电平之比称为前后比。

(5)波束宽度：天线方向图的主要特征之一是主瓣的波束宽度，即它的角宽度。比较常用的是半功率波束宽度(HPBW)，即 3 dB 波束宽度。

(6)增益：增益是指在输入功率相等的条件下，实际天线与理想的辐射单元在空间同一点处所产生的场强的平方之比，即功率之比。

2.常用天线形式

常用的天线形式有线天线、环形天线、面天线等。

(1)线天线：有偶极子和单极子两种形式。

偶极子天线(Dipole antenna)是使用最早、结构最简单、应用最广泛的一类天线。它由一对对称放置的导体构成，导体相互靠近的两端分别与馈电线相连。用作发射天线时，电信号从天线中心馈入导体；用作接收天线时，也在天线中心从导体中获取接收信号。常见的偶极子天线由两根共轴的直导线构成，这种天线在远处产生的辐射场是轴对称的，并且在理论上能够严格求解。偶极子天线是共振天线，理论分析表明，细长偶极子天线内的电流分布具有驻波的形式，驻波的波长正好是天线产生或接收的电磁波的波长。因而制作偶极子天线时，会通过工作波长来确定天线的长度。最常见的偶极子天线是半波天线，它的总长度近似为工作波长的一半。除了直导线构成的半波天线，有时也会使用其他种类的偶极子天线，如直导线构成全波天线、短天线，以及形状更为复杂的笼形天线、蝙蝠翼天线等。

标准单极子天线是竖直的具有四分之一波长的天线,需要安装在一个接地平面上。接地平面可以是实际地面,也可以是诸如车体、机体等人造接地面上。单极天线的馈电是在下端点使用同轴电缆进行的,馈线的接地导体与平台相连接。在自由空间中,四分之一波长单极天线在垂直平面上的辐射方向图与半波偶极天线在垂直平面中的方向图形状相似,但没有地下辐射。在水平面上,垂直单极天线是全向性的。

(2)环形天线。环形天线是将一根金属导线绕成一定形状,如圆形、方形、三角形等,以导体两端作为输出端的结构。绕制多圈(如螺旋状或重叠绕制)的称为多圈环天线。根据环形天线的周长 L 相对于波长 λ 的大小,环形天线可分为电大环($L \geqslant \lambda$)、中等环($\lambda/4 \leqslant L \leqslant \lambda$)和电小环($L < \lambda/4$)三类。

电小环天线是实际中应用最多的,如收音机中的天线、便携式电台接收天线、无线电导航定位天线、场强计的探头天线等。电大环天线主要用作定向阵列天线的单元。

(3)平面天线。平面天线是指具有初级馈源并由反射面形成次级辐射场的天线。前馈式抛物面天线,卡塞格伦式和格雷果里式双镜天线等均属面天线。平面天线主要应用于微波和毫米波波段。

3.数据链天线设计

在数据链系统中,天线分为遥控发射天线、遥控接收天线、遥测发射天线、遥测接收天线。其中遥控发射天线和遥测接收天线为地面天线;遥控接收天线、遥测发射天线为机载天线。

地面天线对形式、体积、重量等要求较低,所以其可以选择的天线类型也就较多,比如平板天线、螺旋天线、抛物面天线等面天线,也可以选择偶极子等线天线。

机载天线由于受到飞机平台的约束,体积、重量、形状的选择余地较小,所以一般以全向天线为主,比如对称偶极子天线、刀形天线等极子天线。当然在必要时,也可以选用小型定向天线,比如中继通信或需要进行远距离、高速率信息传输,链路裕量不够时,可以考虑在无人机上选装定向天线。但天线增益、尺寸、重量会受到严格限制,需要配备专门的伺服机构,大多数情况下还需要对无人机外形、气动等方面进行专门设计。

天线设计主要从电性能和物理性能两个方面进行考虑,电性能主要包括天线工作频率范围、天线辐射方向、天线波束范围、天线驻波和天线增益等,物理性能主要包括天线安装位置、尺寸、重量等。其中电性能主要保证通信链路性能,物理性能主要保证飞行平台性能,两者相互限制。

对于机载天线的物理性能要求如下:

(1)气动阻力要小。无人机天线一般都要安装在飞机的表面,应尽量采用共形或平装的天线形式。如果采用突出机体表面的天线形式,应尽量避免影响无人机平台的气动性能。因此,在满足电性能的情况下,天线的尺寸要尽量小。

(2)天线要有足够的机械强度。能经受起无人机各种起飞方式的冲击、震动以及过载等。

(3)天线介质的性能稳定性要好。在飞行过程中,外部环境(温度、湿度、气压等)的变化可能非常剧烈,不能因为外部环境的变化影响天线的电特性和物理特性。

机载天线的安装与布局也要考虑机体对天线的遮挡效应;考虑天线安装位置附近的设备对天线性能的影响,特别是金属设备;应考虑接收天线与发射天线之间的相互耦合作用和隔离特性,频率相近的收/发天线应尽量拉开距离,进行空间隔离。

8.5　伺服与跟踪

无线电自主定位是指利用无线电数据链自身的信号,对无人机相对地面站的方位角、俯仰角以及距离进行测量后,实现对无人机精确定位。其中方位角与俯仰角测量由伺服与跟踪系统完成,距离测量在低频调制/解调器中完成。

8.5.1　原理与组成

目前,无人机系统常用的跟踪方式是数字外引导跟踪和遥测自跟踪,主要实现无人机相对地面站的方位角和俯仰角跟踪。数字外引导方式通常是指伺服跟踪系统对无人机下传的遥测数据中飞机的坐标信息(GPS、BDS,等导航系统获取的位置信息)进行解析和变换,得到跟踪目标相对于地面站实时的相对方位角和相对俯仰角,从而引导定向天线指向跟踪目标,完成跟踪。自跟踪方式是指无线电数据链通过对遥测信号的跟踪完成对跟踪目标即无人机的跟踪。在实际应用中,为保证跟踪系统的稳定、可靠,一般采取多种跟踪方式相结合的方案。

1.跟踪体制

遥测跟踪系统中先后经历了干涉仪体制、多模两通道单脉冲体制、比相三通道单脉冲体制、单通道单脉冲体制等发展历程。

常用跟踪体制的跟踪环路结构基本相同,主要区别在于馈源网络和接收机的角误差检出设备。本节主要对单通道单脉冲体制进行介绍。

单通道单脉冲技术(Single Channel Monopulse,SCM)是在遥测系统中应用极为广泛的跟踪体制。采用这种跟踪体制的突出优点是节省信道,系统复杂程度明显降低,减少了技术交叉环节,使设备操作简化,有利于可靠性的提高。不需要考虑三通道、两通道单脉冲体制对接收信道、和差通道隔离度等跟踪性能影响因素。

SCM 技术是在传统的两通道单脉冲或三通道单脉冲的基础上,经过一个扫描变换器实现的。在馈源组合中,图 8-15 为波束形成网络输出方位误差信号 ΔA 和俯仰误差信号 ΔE,经过一低频信号调制后信号合并成一个单通道和(差)信号,这个和(差)信号可以是调相信号或调频信号,因此,用单通道信号的调角变化传输数据信息,幅度变化传输跟踪误差信息,共同由下行信道传输到接收机,在接收末级中频再分别解调出数据信息和角跟踪误差信息,这种变换一般在低噪声放大器之前完成,这样易于实现相位的控制。

采用正交方波 $0/\pi$ 调制解调的单通道单脉冲跟踪体制又称为单通道单脉冲正交方波 $0/\pi$ 调制解调跟踪体制。其中单通道是和双通道、三通道相对而言的,是指遥测数据和角误差数据共用一路遥测下行通道,也就是将和信号(传输遥测数据)与差信号(传输角误差数据)相加后通过一路遥测下行通道传送给遥测下变频单元。

正交方波是指作为角误差调制和解调的基准信号选用的是两路相互正交的低频方波。$0/\pi$ 调制解调是指基准信号对差信号的调制方式为 $0/\pi$ 调制,跟踪接收机采用相应的解调方式恢复出角误差信号。

2.伺服跟踪系统组成

如图 8-16 所示,单通道单脉冲体制的无人机数据链伺服跟踪系统主要由定向天线、高频盒、旋转关节、遥测下变频单元、中频跟踪接收机、伺服控制器和伺服电机组成。

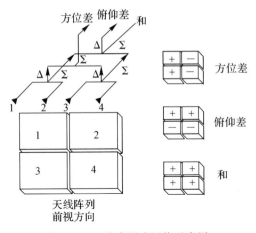

图 8 - 15　波束形成网络示意图

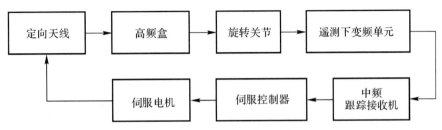

图 8 - 16　伺服跟踪系统组成框图

定向天线产生单脉冲信号,经高频盒中的和差器、0/π 调制器后形成一路含有角误差信号和遥测信号的合成信号,合成信号经过旋转关节传送给遥测下变频单元。遥测下变频单元将射频合成信号下变频成中频合成信号送给中频跟踪接收机,中频跟踪接收机完成角误差数据的解调,并将解调出的角误差数据送给伺服控制器。伺服控制器根据角误差电压驱动伺服电机,伺服电机驱动定向天线向角误差电压减少的方向转动,以确保定向天线始终指向无人机。

3. 一种单通道单脉冲伺服跟踪系统的设计

图 8 - 17 给出了一种采用正交方波 0/π 调制解调方法实现的单通道单脉冲伺服跟踪系统误差电压产生与提取设计方法。无人机发射的遥测信号被定向天线接收并传输到高频盒,经过和差器转换为和路信号(Σ)、方位误差信号 Δ_A,俯仰误差信号 Δ_E。将基准方波信号(一般为 1 kHz 方波)分为两路输出,一路对方位误差信号 Δ_A 进行 0/π 调制;另一路首先进行 90° 移相,形成基准方波信号的正交信号,再用新产生的正交方波信号对俯仰误差信号进行 0/π 调制,最终将两路经过 0/π 调制的信号通过合路器相加形成合成误差信号 Δ。将和路信号 Σ 与合成误差信号 Δ 通过定向耦合器进行耦合,形成含有角误差信息的调制信号,通过遥测下变频单元进行下变频、检波和滤波得到含方位和俯仰信息的误差信号 U。分别用方位基准信号和俯仰基准信号对误差信号 U 进行鉴相,得到方位误差电压信号 U'_a 和俯仰误差电压信号 U'_e;方位误差电压信号 U'_a 和俯仰误差电压信号 U'_e 经过放大、零位调整、低通滤波等整形处理,即可得到方位误差电压 V_a 和俯仰误差信号 V_e。方位误差电压 V_a 和俯仰误差信号 V_e 是两个与天线跟踪效果随动的极性电压。当天线在方位方向准确跟踪目标时,方位误差电压 V_a 为零,若方位跟踪

存在误差，V_a会随着跟踪偏差方向变成正压或负压，幅度也会随着跟踪偏差大小变大或变小。俯仰误差信号与方位误差信号变化相似。

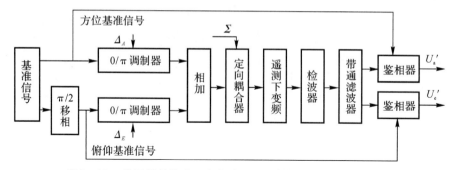

图 8-17　单通道单脉冲正交方波 0/π 调制解调自跟踪原理框图

伺服控制器根据产生的方位误差电压V_a和俯仰误差信号V_e驱动电机作动，使天线准确跟踪无人机。

8.5.2　测距

1. 测距原理

无线电波在均匀介质中以固定的速度沿直线传播(在自由空间的传播速度约为$c=3\times10^8$ m/s)。如图 8-18 所示，地面站位于 A 点，无人机位于 B 点，则地面站到无人机的距离(即斜距)R可以通过测量电波往返一次所需的时间t_R得到

$$\left.\begin{aligned} t_R &= \frac{2R}{c} \\ R &= \frac{1}{2}ct_R \end{aligned}\right\} \tag{8-12}$$

而时间t_R也就是回波相对于发射信号(基波)的延迟，因此，无人机距离测量就是要精确的测定延迟时间t_R。根据发射信号的不同，延迟时间测量方法一般有脉冲法、脉冲调频法和连续波调频法。

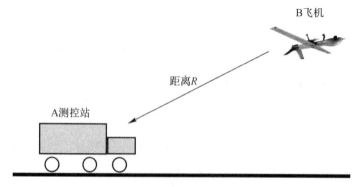

图 8-18　距离测量示意图

2. 数据链测距方法

无论哪种测距方法都是通过测量基波与回波的反射时间实现测距，无人机系统测距原理

与雷达测距原理相同。不同的是,为了节约信道能量、降低数据链设备成本、减轻数据链传输负担,不可能因为测量距离设置独立的无线信道,因此,只能利用现有的数据链信道,从载波、遥测、遥控等信息中获取与时间相关的电磁波往返信息来实现距离测量。

目前,成熟的无人机产品,具备无线电数据链自主定位功能的,一般采用的测距方法是伪码测距、帧同步码测距、字同步测距三种形式。

伪码测距是利用其自相关特性,以周期出现的特征码脉冲作为测距基波由遥控信道从地面站发往无人机,再由机载遥测转发至地面,通过同步解调出伪码特征字脉冲,由时间计数器测量时间,通过计算得到距离数据,伪码特征字脉冲是周期性连续的脉冲,所以距离测量也是连续的。

帧同步码测距与伪码测距原理相同,也是利用帧同步码的自相关特性进行测距的,只是测距脉冲由伪码特征字脉冲变成了帧同步脉冲。

字同步测距是帧同步码测距的推广,是以帧同步为基准,选择某个字同步时钟测距的。

3. 设计步骤

测距电路一般嵌入遥控遥测调制解调器,二者同时设计,具体步骤如下:

第一步确定距离测量范围。根据作用距离 D 确定测量范围,也就是最大无模糊距离 $R_{max} \geqslant D$。

第二步确定测距基波脉冲周期。由最大无模糊距离选取测距脉冲周期 T,即

$$T \geqslant \frac{R_{max}}{c} \tag{8-13}$$

第三步选择测距方法。根据脉冲周期和测距精度要求可以确定测距方法。一般地,若数据链信道是扩频体制,直接选择伪码测距方式;若非扩频体制,如精度要求高,则可选伪码作为低频调制载波进行测距;若精度要求不高,且帧同步脉冲周期或字同步周期满足测量范围,则选取帧同步码或字同步测距。

第四步确定测距回波恢复精度。根据测距精度($\pm \Delta r$)要求,明确接收链路同步跟踪精度,即同步电路时钟抖动量 $\Delta \tau$ 应满足式(8-14)要求,抖动量越小,测量精度越高。

$$-\frac{2 \times \Delta r}{c} < \Delta \tau < \frac{2 \times \Delta r}{c} \tag{8-14}$$

第五步选择合适的本地晶体振荡器。测量时间用的基准时钟应由基音晶体振荡器提供,且振荡频率尽量与光速 $c = 299\ 792.458$ km/s 数值相当,即约为 29.997 92 MHz 或按其倍数增加,确保时间计数器计数误差尽可能小。

第六步误差处理。获取连续的距离数据后,为了消除系统传输过程中的随机误差,一般采用防脉冲干扰平均值滤波法进行误差处理。下面以帧同步码测距方法为例,介绍测距误差分析与数据处理方法。

遥控信号通过编码调制后,由遥控发射机发出,经时间 t_1 后传到目标上的遥控接收机,再经解调、解码、提取帧同步信号。利用遥控同步信号去同步遥测编码器,使遥测遥控取得时间上相关,以同样的方法由遥测信道经时间 t_2 后传到基准站,在解调时取得遥测同步信号(回波),该信号在时间上比遥控同步信号滞后了时间 t,如图 8-19 所示。其时间关系为

$$t = t_1 + t_2 + t_{01} + t_{02} \tag{8-15}$$

式中,t_{01} 遥控设备的延时;t_{02} 遥测设备的延时。

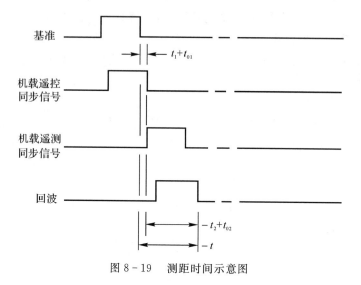

图 8-19　测距时间示意图

根据脉冲测距方程式(8-12)，只要测出往返时间 t 和设备延时 $t_0(t_{01}+t_{02})$ 即可得到目标的距离：

$$R = \frac{1}{2}c(t-t_0) \tag{8-16}$$

(1) 测距误差分析。对式(8-16)进行全微分得：

$$\mathrm{d}R = \frac{\partial R}{\partial c}\mathrm{d}c + \frac{\partial R}{\partial (t-t_0)}\mathrm{d}(t-t_0) \tag{8-17}$$

用有限增量代换，可得测距误差为

$$\Delta R = \frac{1}{2}c\Delta t + \frac{1}{2}\Delta c(t-t_0) \tag{8-18}$$

式中，$(t-t_0)$ 为时间间隔 t 的误差。

由(8-18)式知，测距误差包括电波传播速度误差和设备误差两部分。

1)电波传播误差。由于真空光速(299 792.458 km/s)与真实光速[(299 792.50±0.10) km/s]相当，加上大气的温度、压力、水蒸气等的昼夜变动，使电波传播速度的变化约为 10^{-4}，由此引起的误差甚小，因此可以忽略不计。

2)设备误差。设备误差包括电路延迟误差、电路不稳定与同步跟踪误差。其中，电路延迟误差是由于基波脉冲与回波脉冲经过的电路不同而产生的，可用实验方法测定，通常很小且较稳定，可通过电路补偿消除；电路不稳定集中于调制电路、测距电路以及收/发信道的延迟，可通过逻辑分析得到，但不可忽略，电路设计时应该将此时延控制到最小；同步跟踪误差是由于信号噪声及同步系统不稳定而产生的，设计时跟踪误差控制须遵循式(8-12)要求。

(2)减少误差的措施。

1)器件选取原则：在保证可靠性的前提下，分立元件应尽量选取温度系数较低且稳定的电阻、电容、电感等器件。

2)同步跟踪电路设计原则：尽量采用逻辑器件，如 CPLD 或 FPGA 等器件设计跟踪电路，尽量采用高精度数字锁相环，且环路中涉及延时电路的(如微分电路)，应避免使用电阻、电容分立器件，尽量采用数字微分。

（3）数据处理。根据获取距离测量数据，一般采用防脉冲干扰平均值滤波方法。

$$\bar{R} = \frac{1}{N-2}(\sum_{i=1}^{n} R_i - R_{\max} - R_{\min}) \quad (n=1,2,3\cdots) \tag{8-19}$$

式中： N—— 距离数据的个数；

R_i—— 第 i 次的距离数据；

$R_{\max}$——n 次测距值中的最大值；

$R_{\min}$——n 次测距值中的最小值。

总之，无论选择哪种测距方式，最关键的是测距基波发送端与测距回波接收端的时钟必须同步，只有时钟同步了，才能获取基波与回波之间连续时间间隔。换句话说，为避免不同步而造成的时间漂移，地面遥控载波/遥控数据时钟与机载遥测载波/遥测数据时钟必须同步，这样才能获取准确的时间，进而得到距离数据。

8.6 静 态 实 验

静态试验主要是在不具备飞行验证条件下，对数据链系统作用距离的模拟与估算进行的试验。静态试验主要分为实验室试验和场地拉距试验。

8.6.1 实验室试验

实验室试验是用射频电缆加衰减器模拟空间损耗进行的理想信道式试验，这种方法的主要缺点是由于接收机与发射机的相对距离较近，较难排除发射机泄露信号对测试结果的影响，且由于采用有线连接，与链路真实工作状态相比，缺少了收/发端的天线，且没有引入空间中存在的各种干扰信号和多径影响。因此，这种方法只能粗略估计链路作用距离。

（1）试验目的：用射频电缆加衰减器连接机载数据终端和地面数据终端，模拟距离变化，测试最大作用距离以及最大作用距离下数据链系统功能与性能是否满足设计要求。

（2）试验要求：地面数据终端和机载数据终端之间应拉开足够的距离或具有足够的隔离度，使发射机泄漏信号不会对测量结果产生影响；衰减器应加接在发射端以降低空间辐射；应具有对链路状态监测的技术手段或方法。

（3）试验方法：通过调节衰减器衰减值模拟空间损耗，根据衰减值和空间衰减公式估算数据链遥控、遥测信道的作用距离。被测通道发射机输出端加接固定或步进衰减器，调节衰减器衰减量使被测信道到达可接受的临界状态，计算引入的总插损（插入衰减器的总衰减量与射频电缆插损之和），然后经过无线电波自由空间损耗公式即可估算出该信道的最大作用距离。具体距离估算方法如下。

总插损计算如下：

$$A = A_a + A_w \tag{8-20}$$

式中：A—— 被测信道中所引入的总插损，dB；

A_a—— 测试过程中所接入的衰减器最大衰减量，dB；

A_w—— 测试过程中所接入射频电缆的插损值，dB。

因为在链路测试过程中没有计入天线增益，所以可以对总损耗公式进行修正，得到如下计算公式：

$$A = A_a + A_w + G_T + G_R \tag{8-21}$$

式中：G_T —— 发射天线增益，dB；

G_R —— 接收天线增益，dB。

将计算出的总插损 A 代入无线电波自由空间损耗公式，有

$$A = 32.4 + 20\lg D + 20\lg F \tag{8-22}$$

式中：D —— 作用距离，km；

F —— 当前信道工作频率，MHz。

8.6.2 拉距试验

拉距试验是在数据链完成实验室试验后，各部件指标满足设计要求，但不具备飞行验证条件而采用的一种等效检验方法。

试验目的：无飞行验证条件下进一步验证数据链作用距离是否满足设计要求。

试验条件：

(1) 试验场地应平坦开阔，无遮挡物和反射物，被测机载数据终端和地面数据终端之间应保持通视；

(2) 地面数据终端与机载数据终端之间应拉开一定的距离，同时地面数据终端和机载数据终端之间应能保持无线通信正常并满足天线远场工作条件；

(3) 衰减器应加接在发射端，并确保发射机泄露信号对检测结果不会产生影响。

(4) 应具有对链路状态监测的技术手段或方法。

试验方法：无线条件下对远距离飞行试验的模拟，需要将机载数据终端和地面数据终端分置两地，两者之间应保持一定的距离，且能保持无线通信。通过在遥控链路和遥测链路中插入衰减来模拟飞行路径衰减，进而估算数据链遥控、遥测信道作用距离。

在被测通道发射机输出端加接固定或步进衰减器，调节衰减器衰减量使被测信道到达可接受的临界状态，计算插入衰减器的总衰减量，然后经过式(8-23)即可估算出该信道的最大作用距离：

$$A = 20\lg R/r \tag{8-23}$$

式中：A —— 最大作用距离对应的衰减量，dB；

R —— 最大作用距离，km；

r —— 地面数据终端与机载设备间的距离，km。

参 考 文 献

[1] 工业和信息化部.中华人民共和国无线电频率划分规定[S].北京:人民邮电出版社,2013.

[2] 樊昌信,曹丽娜.通信原理[M].6版.北京:国防工业出版社,2009.

[3] 王希诚.无线发射与接收电路设计及信号接收处理高级技术[M].北京:北京电子科技出版社,2006.

[4] ANDREI G.射频与微波功率放大器的设计[M].张玉兴,赵宏飞,译.北京:电子工业出版社,2006.

［5］　马汉炎.天线技术［M］.3 版.哈尔滨:哈尔滨工业大学出版社,2008.

［6］　冯涛,冀有志,肖勇,等.星载环形天线结构及其应用综述［J］.空间电子技术,2015(2): 22 - 28.

［7］　丁鹭飞,陈建春.雷达原理［M］.4 版.西安:西安电子科技大学出版社,2009.

［8］　胡永红.帧同步码测距的误差分析和解决措施［J］.电子技术应用,1997(2):43 - 44.

第9章 任务载荷

9.1 概 述

任务载荷是为无人机系统执行任务而装备的一种或多种设备组合,由任务载荷机载设备及其辅助设备和地面设备组成。任务载荷的快速发展,扩展了无人机的应用领域。

本章介绍几种应用较广的载荷类型,重点给出无人机系统设计中涉及任务载荷的要点。

1.运输与作动类任务载荷

该类任务载荷主要装载人员或物资,或根据需要在飞行过程中被投放。例如快递货运包裹/货物、农药、化肥、消防灭火材料、诱饵等。在军事、农林植保、消防、气象干预等行业广泛应用。

2.信息获取与监视类任务载荷

该类任务载荷主要获取各种目标信息,并监视、跟踪、分析其特征,包括图像目标信息、无线电目标信息、磁场目标信息等。例如相机、摄像头、雷达导引头、地磁感应器、气象信息采集设备等,在侦察、战场评估,环境监测、灾害评估、电力巡检、林渔业保护等领域广泛应用。

3.通信类任务载荷

该类任务载荷主要实现通信功能,可作为通信中继站等,在军事、应急救援等领域广泛应用。

9.2 典型任务载荷

1.航空相机

航空相机是装载在飞机上拍摄地面目标的光学设备,在航空遥感、测量和侦察等领域具有广泛应用。航空相机早期为胶片式,随着数字技术的快速发展,胶片式相机在很多领域被数字式相机所取代。数码相机图像质量高,分辨率高、图像覆盖宽,接口简单,信息可实时传输,在无人机航空摄影领域应用广泛。

数码相机一般由 CCD(charge coupled device 电荷耦合器件)探测器、光学系统、机械结构、电控系统组成,主要技术指标包括焦距、像角、像元素、分辨率、相对孔径、调焦方式、调光方式、连续工作时间,速高比等。

任务载荷的有些技术指标与飞行参数密切相关,下面以数码相机焦距和像角为例,来说明这种相关性。

航空摄影像距与物距可分别对应相机的焦距与飞行高度,比例尺是像片上两点之间距离与实际地点两点之间水平距离之比,也就是像距与物距之比,由于相机焦距一般是固定的,所以,比例尺的计算实际上是确定飞行高度。当然,由比例尺计算的飞行高度是相对于拍摄平面的,作为飞行参数还需要换算成海拔高度。

像角也可叫视角,像角越大,拍照的范围也就越大。根据比例尺和像角可以计算出单幅像片的拍摄区域,确定了单幅拍摄区域后,根据需要的旁向重叠度,可以确定出两条平行航线的间隔。航拍时,航向重叠度根据成图的需要确定后,两张照片的中心距即可确定,飞行速度一定的情况下,拍摄的时间间隔就是中心距与飞行速度的比值。

2.机载合成孔径雷达

雷达波可以穿透云、雾、烟、尘等进行成像,因此雷达在使用过程中受天气干扰较小,而且作用距离远,搜索面积大,可探测运动目标,是一种全天候的探测设备。机载合成孔径雷达主要用于航空测量、航空遥感、侦察、图像匹配制导等。机载合成孔径雷达一般由天线及稳定平台、发射单元、射频单元、运动补偿单元,信号与信息处理单元等组成。机载合成孔径雷达的主要技术指标包括作用距离、分辨率、频段、极化方式、测绘带宽、成像面积、测量精度、搜索范围、连续工作时间等。

9.3 任务载荷的控制与设计

9.3.1 任务载荷控制

对任务载荷的控制,是无人机系统有效完成任务的前提。根据不同需求,任务载荷控制可以由独立控制模块实现,也可以集成在其他模块中。

对任务载荷的控制和管理可以采用地面遥控或机上程序控制实现。地面遥控方式须保持数据链畅通。在程控模式下,可根据预先设定的程序控制,也可根据无人机的位置、状态、环境等实时规划流程控制。

9.3.2 任务载荷控制管理策略设计

任务载荷控制管理的功能取决于任务载荷的功能及其提供的外部接口控制能力。下面以光电载荷为例说明任务载荷的控制管理策略,其他任务载荷可参考。

1.任务载荷工作单元的选择与转换

在光电平台中,通常集成多个工作单元,如电视摄像机、红外相机、激光测距仪等,因而需要根据具体使用情况,合理选择工作单元并进行切换,这种选择和切换可以根据需求进行遥控或自主程控进行。

2.任务开关控制和工作模式转换

一般来说,任务载荷在飞行过程中不是全程工作,而且由于无人机总体气动构型和性能的限制一般采用的方式是工作时装载平台放下,开机工作,因此必须有装载平台升降、开关控制。另外应合理设计目标识别、跟踪、焦距调节、视场调整、记录和回放数据等工作模式的转换和控制策略。

3.任务载荷遥控、程控以及控制方式的转换

遥控和程控模式应该能方便进行转换,一般来说,遥控模式在控制管理的策略上具有较高的优先级,当遥控出现中断时,自动转换为程控。

4.任务载荷的检测管理

对于有自检功能的任务载荷,应能根据指令或自动检测回报检测结果,并根据检测结果调整控制逻辑。

9.3.3 任务载荷选型

任务载荷选型应与无人机系统综合考虑,除任务载荷的基本功能和性能外,还需重点考虑如下几个方面的因素。

1.飞行平台

任务载荷要集成在无人机上,飞行平台的航程、续航时间、高度、速度和承载能力等指标需要与任务实现合理匹配。

2.尺寸与安装

任务载荷尺寸要满足无人机总体布局、安装要求,外挂的任务载荷,需要综合考虑气动因素。

3.通信接口

通信接口应按照无人机平台的要求,低速数据传输一般采用 RS-422 异步、CAN 总线、或 1553B 总线进行通信,高速数据传输一般可采用 RS-422 同步或以太网,通过电缆或光纤传输。

4.供电

任务载荷采用无人机供电系统提供的电源,也可协商,提出特殊要求。

5.重量

对于任务载荷,其重量应在无人机许可的范围内,对消耗型任务载荷还应考虑载荷消耗后对飞机重心的影响。

6.环境适应性

任务载荷应能够满足无人机应用环境的要求,按照有关标准,满足一定的温度、湿度、冲击、振动、低气压和淋雨等要求,在沿海地区还应考虑盐雾和霉菌的影响。

7.电磁兼容

任务载荷的电磁发射和敏感度要满足一定要求,应不干扰无人机其他电子设备的工作,与无人机系统能够兼容工作。

参 考 文 献

[1] 段连飞,章炜,黄瑞祥.无人机任务载荷[M].西安:西北工业大学出版社,2017.
[2] REGA.无人机系统设计、开发与应用[M].陈自力,董海瑞,江涛,译.北京:国防工业出版社,2013.

第 10 章　可靠性系统工程

10.1　综　　述

可靠性工程指为了达到产品可靠性要求进行的一系列技术和管理活动。无人机系统可靠性同样如此,它主要研究产品故障的发生、发展及其预防的规律,防止、控制故障的发生和发展,提高产品固有可靠性水平。可靠性工程主要通过设计解决产品在使用中不出问题或少出问题,包括可靠性要求确定、可靠性设计与分析、可靠性试验与评价、可靠性管理等,涉及产品从零件元器件到系统各层次的论证阶段、方案阶段、工程研制阶段、生产部署阶段和使用阶段等全生命周期。

可靠性系统工程指为了保证产品全生命周期有效、方便、安全工作进行的一系列技术和管理活动。它把产品设计与产品使用有机结合起来,研究产品故障的发生和发展机理、预防和维修技术、支持和保障方法等内容,即在可靠性工程基础上还要解决发现问题、解决问题、日常维护维修所需的方法、措施及设备,主要包含可靠性、维修性、测试性、保障性和安全性等。

开展可靠性系统工程工作是确保无人机产品质量特性达到规定要求的有效途径,以满足产品全寿命周期中安全完好率和任务成功率要求,减少对维修人员能力和数量要求,减少使用过程中工业部门保障要求,降低寿命周期费用,同时满足安全使用要求。

10.1.1　基本概念

可靠性:产品在规定条件下和规定时间内完成规定功能的能力。

维修性:产品在规定条件下和规定时间内按规定方法进行维修时保持或恢复到其规定状态的能力,即反映产品易于维修的能力。

测试性:产品能及时、准确确定其工作状态(正常,不正常)并隔离其内部故障的能力。

保障性:产品设计特性和计划的保障资源满足平时产品完好率要求的能力,包括维修保障能力和使用保障能力。

安全性:产品所具有的不导致人员伤亡、系统毁坏、重大财产损失或不危及人员健康和环境的能力。

10.1.2　故障与可靠性系统工程的关系

故障是产品不能完成规定功能、丧失规定功能的状态。可靠性系统工程是保证产品不丧失规定功能的能力,可靠性系统工程的所有活动是围绕故障展开进行的,包括故障发生、故障检测、故障隔离、故障修复等活动。

10.1.3 质量与可靠性系统工程的关系

质量是产品的一组固有特性满足规定要求的程度,这组特性中,不仅包括产品性能特性即可靠性系统工程内容,还包括产品使用过程中的经济性和对市场的适应性。

质量全方位反映产品的特性,可靠性系统工程只反映产品自身内部的特性。例如产品不能达到规定的性能要求,即不能用或性价比差等,都属于质量问题,而不属于可靠性系统工程问题。如果产品能达到规定性能要求,但不好用、不耐用,既属于质量问题,也属于可靠性系统工程问题。

10.2 可 靠 性

10.2.1 可靠性基本概念

(1)故障模式:故障的表现形式。

(2)故障机理:引起故障的原因和过程。

(3)故障分类:按不同要求的故障分类见表 10-1。

表 10-1 故障分类

故障分类		定 义	用 途
按故障性质	非关联故障	已经证实未按规定条件或方法使用而引起的故障,与产品本身无关	用于故障责任及处理的判定
	关联故障	非非关联故障	
按故障责任	责任故障	按合同规定属该研制单位提供的产品的关联故障	
	非责任故障	按合同规定不属于该研制单位提供的产品的非关联故障或关联故障	
按故障严重程度	灾难故障	引起人员死亡、系统毁坏、重大经济损失或重大环境污染	用于可靠性维修性安全性模型建立,关键件和重要件确定
	严重故障	引起人员严重伤害、系统严重损坏、任务失败、较大经济损失或严重环境污染	
	一般故障	引起人员轻度伤害、系统轻度损坏、任务中断或降级、一般经济损失	
	轻度故障	未引起人员伤害、未影响任务完成、但引起计划外维修	
按故障规律	早期故障	出现在产品寿命周期早期,一般由设计、零件、元器件、材料选取,工艺或生产不当引起	用于指导产品全寿命周期的各项工作,以提高用户使用周期的有效率
	偶发故障	出现在产品寿命周期中间即使用期,一般由个性化偶发原因引起,如零件、元器件失效、生产环节出现的不合格	
	耗损故障	出现在产品寿命周期后期,一般由疲劳、老化、磨损、松动和腐蚀等原因引起	

续表

故障分类		定　义	用　途
按故障原因		管理、设计(硬件、软件)、工艺、制造、元器件、材料、操作、其他	用于查找故障原因,采取措施,消除故障

(4)任务剖面:按时间顺序描述产品在某次作业或某次使用时间内经历的所有事件与当时环境。

(5)寿命剖面:按时间顺序描述产品从交付到寿命结束或停止使用这段时间内经历的所有事件与当时环境,包括产品运输、装卸、拆装、维护、检测、使用、存放、维修、保养过程及当时环境条件。对大多产品来讲,使用或作业时间远小于非使用或非作业时间,因此,可靠性系统工程不仅关注产品的使用状态或任务状态,而且要关注非使用状态或非任务状态。无论是任务剖面还是寿命剖面的描述,横坐标都是时间,根据时间变化的情况选取合适的时间间隔。纵坐标可以是事件中的任意状态。

(6)基本可靠性:产品在规定的时间和规定条件下无故障工作的能力,它强调无故障,反映维修人力费用和保障费用要求。无人机系统基本可靠性常用平均故障间隔时间 MTBF 来表示。

(7)任务可靠性:产品在规定时间和规定条件下完成规定工作的能力,它强调能够完成任务,反映任务成功性要求。无人机系统任务可靠性常用任务可靠度 R_M 来表示。

10.2.2　可靠性工作内容

可靠性工作贯穿于产品研制各阶段,产品可靠性工作主要涵盖可靠性要求确定、可靠性管理、可靠性设计与分析、可靠性试验与评价、使用可靠性评估与改进等。

1. 可靠性要求确定原则及流程

可靠性要求是根据产品使用要求中针对可靠性提出的一组要求,它包含了产品的可靠性特征,是设计者进行可靠性设计的依据,也是用户进行产品验收的依据,所以可靠性指标确定需要订购方在承制方的协助下进行,并在论证和方案阶段不断调整和完善,以保证可靠性要求的科学性、合理性、可实现性和经济性。进入工程研制阶段后若要改变,则需严格履行可靠性管理的相关审批手续。

(1)可靠性定性要求和定量要求。可靠性定性要求是一组不能或难以用参数、指标表述,而是用文字表述的要求,它是为保证实现产品可靠性及其定量要求而提出的一组要求,一般包括功能要求、管理要求、设计要求、试验要求、验证或评估要求等。

1)功能要求:指产品本身应具有的属于可靠性范畴的功能,例如无人机在异常情况下能安全返航,飞控系统具有余度,无人机和地面站具有上电自检功能,对使用人员保护功能,某些关键或危险部位的标识功能等。

2)管理要求:指产品研制过程中承制方为保证实现可靠性要求而制定和遵守的规则或流程。例如成立可靠性工作机构,制定可靠性工作计划,故障模式及影响分析要求等。

3)设计要求:指承制方为满足产品可靠性功能要求和可靠性指标要求,在产品设计过程中应采用的技术方法和措施,例如降额设计、容错设计、简化设计、环境适应性设计和人机工程设计等。

4)试验要求:指为满足产品可靠性要求进行的必要的试验,如老化试验要求、环境试验要求等。

5)验证或评估要求:指为证明产品可靠性是否达到要求需采用的方法、措施、计算、分析和试验等要求。

定量要求指反映可靠性的具体要求(参数)及其量值(指标)。可靠性参数根据其反映的状态特征有基本可靠性参数、任务可靠性参数和耐久性参数。

1)基本可靠性参数反映产品自身的可靠性程度,反映产品在使用过程中与维修和保障所需人力及费用有关的状态。无人机系统主要及常用的基本可靠性参数有平均故障间隔时间MTBF,平均维修间隔时间 MTBM 等。

2)任务可靠性参数反映产品能完成任务的能力,无人机系统主要及常用的任务可靠性参数有致命故障的任务时间 MTBCF,任务可靠度 R_M 等。

3)耐久性参数也反映产品在使用过程中与维修和保障人力及费用有关的状态,无人机系统主要及常用的耐久性参数有总寿命,发动机首次翻修时间 TTFO 等。

可靠性参数按使用场合可分为使用参数和合同参数。使用参数是用户对产品在使用中的可靠性要求,主要根据用户使用需求提出,其量值即可靠性使用指标可分为目标值和门限值。

目标值是期望产品在长期使用过程中达到的指标,是产品经过一定时间使用,设计、工艺、制造、保障和使用等缺陷得以充分暴露并得以改进后达到的量值,反映的是全生命周期各种因素对可靠性的影响。它既能满足产品使用要求,又能使产品达到最佳的效费比,是产品稳定工作期的使用要求,是确定规定值的依据。

门限值是产品在工程研制结束时必须达到的使用指标,它能满足产品的使用要求,低于该值产品就不具备使用条件,是确定最低可接受值的依据。

合同参数是产品订购方在订购合同和任务书中的可靠性要求,主要面向承制方对产品研制和验收提出。合同参数的量值即可靠性合同指标可分为规定值和最低可接受值。

规定值是依据目标值在研制合同或任务书规定的产品期望达到的指标,反映的是设计、制造等研制环节因素对可靠性的影响,它是产品可靠性设计的依据。

最低可接受值是依据门限值在研制合同或任务书规定的必须达到的指标,是订购方合格判定和接受或拒收的准绳,它是可靠性鉴定试验的依据。可靠性要求分类如图 10-1 所示。

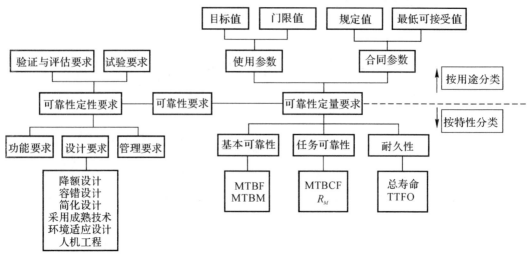

图 10-1　可靠性要求分类

(2)可靠性参数与指标确定方法。订购方关注的是产品完好性参数指标和任务成功参数指标,它们直接反映产品使用特性,是可靠性最原始的指标。产品完好性参数指标和任务成功参数指标确定方法主要通过对国内外同类产品充分调研,确定寿命剖面和任务剖面,明确剖面中任务成功及故障的确切含义,在同类产品基础上,采用打分、估算推断等方法得出产品完好性参数指标和任务成功性参数指标。

可靠性参数及指标的确定主要是对产品完好参数和任务成功参数分解,建立同该参数相对应的可靠性参数模型。将产品完好性参数分解为基本可靠性参数、维修性参数和保障性参数,将任务成功性参数分解为任务可靠性参数及维修性参数,并通过不断迭代、修改、完善,确定可靠性指标的目标值。

可靠性参数目标值反映的是产品成熟期通过统计得来的结果,可靠性参数目标值可通过公式分解法、相似产品类比法、指标分配法等方法获得。

门限值作为产品研制结束时验收的依据,需要在目标值基础上,综合考虑产品成熟期、产品可靠性增长因素等,由专家打分评估,给出门限值占目标值的百分比,得出门限值。

在系统论证完成后,就要把可靠性使用指标转换为合同指标,作为研制合同或研制任务书中可靠性要求,作为设计和验收依据,指导设计及验收。

无人机系统可靠性合同指标根据产品特点不同,可按经验将使用指标通过转换得到。表 10-2 中列出无人机系统合同指标(规定值)与使用指标(目标值)关系,为统计和经验数据,仅作参考。

表 10-2　常见无人机产品类型合同指标与使用指标关系

无人机产品类型	可回收无人机	不可回收无人机	无人机地面设备	机载电子设备
合同指标/使用指标	1.0~1.3	1.0~1.1	1.0~1.5	1.0~1.4

(3)可靠性要求确定原则。可靠性要求根据产品使命和功能要求、使用和维修要求以及初步技术方案等分析确定,且遵循以下原则。

1)可靠性参数的完整性:考虑产品任务需求,参数需覆盖寿命剖面和任务剖面的各阶段,考虑产品的组成,参数需覆盖系统、分系统、主要部件等各层次。

2)可靠性参数的必要性:考虑产品完好性、任务成功率要求,选用该类产品常用的参数,综合考虑全生命周期费用(设计费用、产品成本费用、维修人力费用、综合保障费用)、实现复杂度、技术难度。

3)可靠性指标的协调性:可靠性指标不仅与同类产品、系统及自身特点协调一致,还要与经济性、先进性、扩展性协调一致。

4)可靠性参数与指标的可行性:可靠性参数与指标可论证、可实现、可验证。

2.可靠性管理

可靠性管理是将系统工程的思想运用到可靠性工作中,通过科学系统地制定一系列相关计划、规定等,保证产品可靠性工作在全寿命周期有组织、有控制、有监督地进行。

可靠性管理工作包括订购方或用户需要制定可靠性计划、承制方需要制定可靠性工作计划、订购方和承制方需要对承制方和分承制方及供货方进行监督和控制、承制方在研制过程的各阶段进行从系统到部件的可靠性评审、建立故障报告、分析和纠正措施系统、建立故障审查组织、进行可靠性增长管理。例如目前军用无人机系统可靠性管理工作项目见表 10-3,民用无人机系统可做删减,或按订购方要求。

表 10 - 3　军用无人机系统可靠性管理工作项目

项目名称	论证阶段	方案阶段	工程研制与定型阶段	生产使用阶段	实施单位	主要工作内容
制定可靠性计划	√	√	√	√	订购方	明确订购方自己需做的可靠性工作项目及要求、进度、实施单位等
制定可靠性工作计划		√	√	√	承制方	制定可靠性工作实施计划,明确需完成的工作项目、进度、实施方法和要求
监督与控制		√	√	√	订购方承制方	分别对各自的承制方可靠性工作控制和监督,确保产品满足合同规定可靠性要求
可靠性评审	√	√	√	√	承制方	按计划在各阶段转段进行系统、分系统、部件可靠性评审
建立 FRACAS 系统			√	√	承制方	建立 FRACAS 流程,使设计缺陷得以确认并加以纠正,产品可靠性在研制过程中得到增长
建立故障审查组织			√	√	承制方	负责审查故障处理的全过程,以保证处理准确、有效
可靠性增长管理		√	√	√	承制方	拟定可靠性增长的目标、模型和计划

3.可靠性建模

(1)可靠性模型。可靠性模型是产品、系统及其组成单元之间对产品或系统可靠性影响的逻辑关系的描述。可靠性模型可用可靠性框图或可靠性数学模型表述。建立可靠性模型是开展可靠性定量设计的基础,是可靠性预计、分配及评估的依据。

可靠性框图的基础是系统原理框图,反映的是各部分的故障对系统可靠性影响的逻辑关系,而非功能框图、物理连接关系框图及电路原理框图。可靠性数学模型是根据产品的可靠性框图,把产品的可靠性特征值用数学公式表述。

常用可靠性模型有串联模型、并联模型、表决模型、旁联模型等。

1)串联模型:系统中任一单元故障都会导致整个系统故障,是常用的故障模型之一,一般用在基本可靠性建模,也可用在简单系统的任务可靠性建模。串联模型可靠性框图如图10 - 2所示。

图 10 - 2　串联模型可靠性框图

串联模型可靠性数学模型为

$$\lambda_\mathrm{s} = \sum_{i=1}^{n} \lambda_i \qquad (10-1)$$

式中:λ_s—— 系统故障率;

　λ_i—— 第 i 个单元的故障率;

　n—— 系统单元个数。

则平均故障间隔时间

$$\mathrm{MTBF} = \frac{1}{\lambda_\mathrm{s}} = \frac{1}{\displaystyle\sum_{i=1}^{n} \lambda_i} \qquad (10-2)$$

假设每个单元工作时间与系统工作时间相同,且寿命为指数分布,则第 i 单元可靠度为

$$R_i(t) = \mathrm{e}^{-\lambda_i t} \qquad (10-3)$$

系统可靠度为

$$R_\mathrm{s}(t) = \prod_{i=1}^{n} R_i(t) = \prod_{i=1}^{n} \mathrm{e}^{-\lambda_i t} \qquad (10-4)$$

式中:$R_\mathrm{s}(t)$—— 系统可靠度;

　$R_i(t)$—— 第 i 个单元的可靠度;

　λ_i—— 第 i 个单元的故障率;

　n—— 系统单元个数。

串联模型中组成单元数越少,可靠性越高。

2) 并联模型:系统中所有单元都故障才会导致系统故障,余度系统是最常见的并联模型,任务可靠性建模常用到并联模型。

并联模型可靠性框图如图 10-3 所示。

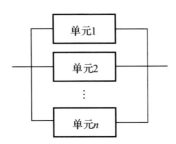

图 10-3　并联模型可靠性框图

假设 n 个单元都一样,并联模型系统可靠度函数为

$$R_\mathrm{s}(t) = 1 - \prod_{i=1}^{n} \left[1 - R_i(t) \right] = 1 - \left[1 - R_i(t) \right]^n$$

式中:$R_\mathrm{s}(t)$—— 系统可靠度;

　$R_i(t)$—— 第 i 个单元的可靠度;

　n—— 系统单元个数。

并联模型中随着并联单元数目增多,任务可靠性增加,基本可靠性降低,而且随着并联单元数目增加,任务可靠性增加幅度逐渐减小,即增加效果愈不明显,如图 10-4 所示,因此并联

单元数目设定要综合考虑基本可靠性和任务可靠性。

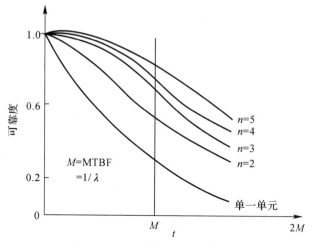

图 10 - 4   余度数目与可靠性关系

3) 表决模型:系统由 n 个单元和一个表决器组成,当表决器正常时,系统中有不少 k 个单元正常($1 \leqslant k \leqslant n$),系统才能正常。$n$ 和 k 可根据需求、经验等选择。如果 n 为奇数($n = 2k + 1$),且正常单元数不小于 $k + 1$ 时系统才正常,这种表决模型称为多数表决模型,例如常见的 3 取 2 和 5 取 3 都是多数表决系统。表决模型可靠性框图如图 10 - 5 所示。

假设 n 个单元故障率相同,寿命服从指数分布,表决模型可靠性数学模型为

$$R_{\mathrm{MS}}(t) = \sum_{i=k}^{n} C_n^i \mathrm{e}^{-i\lambda t} (1 - \mathrm{e}^{-\lambda t})^{n-i} \qquad (10 - 5)$$

产品平均寿命为

$$\theta = \sum_{i=k}^{n} \frac{1}{i\lambda} \qquad (10 - 6)$$

4) 旁联模型:系统由一个监测转换单元和 n 个单元组成,系统只有一个单元在工作,监测转换单元监测到该单元故障时,转换到另一单元工作,直至所有单元故障,系统才故障。一般用于机械或机电系统。旁联可靠性模型框图如图 10 - 6 所示。

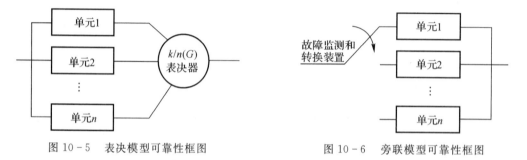

图 10 - 5   表决模型可靠性框图   图 10 - 6   旁联模型可靠性框图

假设 n 个单元故障率相同,寿命服从指数分布,旁联模型可靠性数学模型为

$$R_{\mathrm{S}}(t) = \mathrm{e}^{-\lambda t} \cdot \sum_{i=0}^{n-1} \frac{(\lambda t)^i}{i!} \qquad (10 - 7)$$

产品平均寿命

$$\theta = \sum_{i=1}^{n} \frac{1}{\lambda_i} \tag{10-8}$$

（2）可靠性建模流程。首先进行系统定义，即定义系统功能、寿命剖面、任务剖面、系统组成、系统故障。其次建立可靠性框图，即按组成建立可靠性框图，每个单元一个框，注明单元名称或编号，不同任务剖面建立不同的框图。接着建立可靠性数学模型，即根据已建立的可靠性框图，建立系统数学模型。最后确定单元运行比 d，并对数学模型修正。

单元运行比是指单元工作时间与系统工作时间之比，如果各组成单元与系统工作时间不一致，通常用 d 对任务可靠性数学模型进行修正，修正方法如下。

若单元运行比大于等于 1，即单元工作时间大于或和系统工作时间一致，或者单元不工作时的故障率忽略不计，则单元任务可靠度为

$$R(t) = e^{-\lambda d t} \tag{10-9}$$

式中：λ—— 单元故障率；

　　　d—— 单元运行比；

　　　t—— 系统工作时间。

如果单元运行比小于 1，即单元工作时间短于系统工作时间，而且需要考虑单元不工作时的故障率，则单元任务可靠度为

$$R(t) = e^{-[\lambda_1 d + \lambda_2 (1-d)] t} \tag{10-10}$$

式中：λ_1—— 单元工作故障率；

　　　λ_2—— 单元不工作故障率；

　　　d—— 单元运行比；

　　　t—— 系统工作时间。

（3）可靠性建模原则。

1）尽早开展：在明确系统要求前提下，可靠性设计要与功能设计同步进行，通过不断迭代、修正、完善，使模型更加准确。

2）尽量简化：在满足任务可靠性和安全性前提下，最好是串联模型，以使模型尽量简化。

3）并联层次尽量低：并联层次愈低，对任务可靠性提升愈大。

4）并联数目适中：并联模型中随着并联单元数目增多，任务可靠性增加，但增加幅度逐渐减小，即增加效果愈不明显，反而降低基本可靠性。

5）综合权衡：综合考虑基本可靠性、任务可靠性、重量、体积、功耗、成本，不能单纯追求某项指标。

6）尽量完善：考虑所有的任务剖面、尽量多的故障，这样建立的可靠性模型会更加准确。

7）用好运行比：时间是可靠性的重要因素，运行比的合理运用，可以使任务可靠性数学模型更接近实际。

4. 可靠性预计方法与原则

可靠性预计是在可靠性建模基础上，对系统基本可靠性和任务可靠性定量估算，预估设计方案是否满足规定的可靠性要求。可靠性预计工作在研制的方案阶段和工程研制的各阶段都要按照不同的方法进行，任务可靠性预计要涵盖所有任务剖面。

（1）可靠性预计方法。

1) 相似产品法：选取与该产品相似的成熟产品，利用成熟产品在实际使用中统计的或实验室数据作为基础数据估算可靠性的方法。这里的相似因素一般包括性能、实现原理与方法、使用、材料、工艺、制造等。该方法适用于所有产品的各阶段。

相似产品法预计一般按照以下步骤进行，即定义与分析新产品、根据相似因素选取与新产品最接近的成熟产品、确定两者之间的差异、由有经验的专家对差异部分给出新值或新旧之间的比值、计算新产品的可靠性。

2) 评分预计法：选取一个已知或容易获得可靠性数据的单元作为基准，由有经验的设计人员或专家给各单元的复杂程度、技术成熟度、工作时间、环境条件打分，通过计算各单元综合打分和该已知单元综合打分的比值，预计各单元可靠性。

以故障率作为基准，分值分配见表 10-4。

表 10-4   以故障率为基准分值分配

打分因素	程　　度	分　　数
复杂程度（组成数量、组装）r_1	复杂程度最高	10
	复杂程度最低	1
技术成熟度 r_2	成熟度最低	10
	成熟度最高	1
工作时间 r_3	工作时间最长	10
	工作时间最短	1
环境条件 r_4	环境条件最恶劣	10
	环境条件最好	1

各单元的综合打分值 w 为

$$w = r_1 \times r_2 \times r_3 \times r_4 \tag{10-11}$$

假设已知某基准单元综合打分为 w_y，故障率为 λ_y，那么各单元的故障率为

$$\lambda = \frac{w}{w_y} \times \lambda_y \tag{10-12}$$

依据各单元故障率计算系统故障率。

3) 元器件计数法：依据单元中元器件的数量、种类，通过查阅相关手册或标准，获得元器件的基本失效率，再用质量系数（质量等级因子）修正，即可得到单元故障率

$$\lambda = \sum_{i=1}^{n} N_i \times \lambda_{gi} \times \pi_{qi} \tag{10-13}$$

式中，N_i—— 第 i 种元器件数量；

λ_{gi}—— 第 i 种元器件基本失效率；

π_{qi}—— 第 i 种元器件质量系数；

λ—— 单元故障率。

元器件计数法适用于电子产品早期设计阶段，其工作环境及工作应力有待进一步明确。

4) 元器件应力分析法：在早期设计阶段用元器件计数法获得的故障率基础上，考虑环境、应用、电流、电压、结构等应力因素，这些应力的影响系数同样可在相关手册或标准中查到，即

$$\lambda = \sum_{i=1}^{n} N_i \times \lambda_{gi} \times \pi_{qi} \times \pi_{ei} \times \pi_{ri} \times \pi_{ai} \times \pi_{s2i} \times \pi_{ci} \qquad (10-14)$$

式中：N_i—— 第 i 种元器件数量；

λ_{gi}—— 第 i 种元器件基本失效率；

π_{qi}—— 第 i 种元器件质量系数；

π_{ei}—— 第 i 种元器件环境系数；

π_{ri}—— 第 i 种元器件额定电流系数；

π_{ai}—— 第 i 种元器件应用系数；

π_{s2i}—— 第 i 种元器件电压应力系数；

π_{ci}—— 第 i 种元器件结构系数；

λ—— 单元故障率。

元器件应力分析法适用于详细设计阶段。

各种预计方法的特点和适用范围见表 10-5。

表 10-5　各种预计方法的特点和适用范围

预计方法	适用阶段			适用范围		
	方案阶段	初样阶段	试样阶段	基本可靠性	任务可靠性	
相似产品法	√	√	√	√	√	所有产品
评分预计法		√	√	√	√	
元器件计数法		√		√	√	电子产品
元器件应力分析法			√	√	√	
在可靠性预计时，若无特殊说明，寿命分布一般为指数分布，故障之间相互独立						

（2）可靠性预计的原则。

1）尽早开展：可靠性预计要与功能设计同步进行，通过不断迭代、修正、完善，使预计结果更加准确。

2）尽量完善：可靠性预计既要包括基本可靠性，还要包括各种任务剖面的任务可靠性。

3）数据详实：可靠性预计中用到的数据必须详实有效，得到相关方认可，数据来源可以是手册、标准、定型或鉴定产品等。如果数据来源不是通过以上渠道获得，需要通过充分研究分析、论证，以证明其有效性和可信度，并得到相关方认可。

4）客观认识：由于预计采用的数据大都是统计结果，数据量有限，所以可靠性预计结果与最终可靠性统计结果会存在差异，特别是非电类产品，差异会大一些。但无论系统还是部件、单元都是在一个预计框架和体系中进行，所以并不影响它们之间的比较，因此可靠性预计对于发现设计中的薄弱环节并加以改进，不断完善，还是有益的。

5）目标明确：预计值必须大于任务书或合同书规定值，否则需改进完善设计，直至满足要求。

5. 可靠性分配方法与要点

可靠性分配是将任务书或合同书规定的可靠性指标按一定的程序和方法分配到每个分系统、部件或单元，作为分系统、部件或单元的研制依据。

可靠性分配工作一般在方案阶段和初样研制阶段进行，先分配基本可靠性指标，任务可靠性采用核算方式,以基本可靠性和任务可靠性都满足作为分配最终状态,否则需要重新分配。

(1)可靠性分配方法。

1)等分配法:在设计初期,产品定义不是很明确,假定各单元可靠性要求及其实现基本一样,将可靠性指标均分。

$$\lambda_i = \lambda/n \tag{10-15}$$

式中:λ_i—— 第 i 个单元失效率;

$\quad\lambda$—— 系统失效率;

$\quad n$—— 系统单元个数。

2)评分分配法:由有经验的设计员或专家对各单元从复杂程度、技术成熟度、重要程度、环境条件等方面打分,根据各单元综合打分与系统综合打分的比值,决定各单元可靠性指标。

以故障率作为可靠性指标,分值分配表见表 10-6。

表 10-6 可靠性分值分配打分

打分因素	程度	分数
复杂程度(组成数量、组装)r_1	复杂程度最高	10
	复杂程度最低	1
技术成熟度 r_2	成熟度最低	10
	成熟度最高	1
工作时间 $r3$	工作时间最长	10
	工作时间最短	1
环境条件 r_4	环境条件最恶劣	10
	环境条件最好	1

$$\lambda_i = \frac{w_i}{w} \times \lambda \tag{10-16}$$

式中:$w_i = r_{1i} \times r_{2i} \times r_{3i} \times r_{4i}$—— 第 i 个单元综合打分值;

$\quad w = \sum_{i=1}^{n} w_i$—— 系统综合打分;

$\quad\lambda_i$—— 第 i 个单元失效率;

$\quad\lambda$—— 系统失效率;

$\quad n$—— 系统单元个数。

3)比例组合法:如果新系统与某个老系统在功能、组成、结构、使用环境等方面相似,只是对其中一些部件或单元以新代旧,就可以将老系统中该单元可靠性指标与系统指标的比例关系沿用在新系统中。

$$\lambda_{xi} = \frac{\lambda_{li}}{\lambda_l} \times \lambda_x \tag{10-17}$$

式中:λ_{xi}—— 新系统第 i 个单元失效率;

$\quad\lambda_{li}$—— 老系统第 i 个单元失效率;

$\quad\lambda_x$—— 新系统失效率;

λ_l—— 老系统失效率。

各种分配方法的适用阶段和适用范围见表 10 - 7。

表 10 - 7　可靠性分配方法对比表

分配方法	适用阶段			适用范围		适用产品
	方案阶段	初样阶段	试样阶段	基本可靠性	任务可靠性	
等分配法	√			√	√	所有产品
评分分配法	√	√		√	√	
比例组合法		√	√	√	√	

（2）可靠性分配原则。

1）尽早开展：可靠性分配要与功能分配和功能设计同步进行，让设计人员尽早了解可靠性要求，通过不断迭代、修正、完善，使分配的可靠性指标更加切合实际。

2）综合协调：对于复杂度高、技术成熟度低、工作环境恶劣、工作时间长的单元可靠性指标可分配低一些，而对于重要度高、成熟度高的可以分配高一些。

3）留有余量：对系统指标分配应留有余量，分配给部件或单元的指标也应该留有余量，以减少后续重复工作。

4）目标明确：待分配的值必须是规定值，不能是最低可接受值。

6. 可靠性分析

在进行系统设计和建立可靠性模型时，需要清楚了解系统的薄弱环节、易出问题的部位及对系统可靠性的影响程度，因此可靠性分析不仅是系统设计的基础，贯穿于产品整个设计过程中，及时发现设计缺陷并采取改进措施，而且也是故障发生后分析纠正的重要手段。

（1）故障模式影响及危害性分析（FMECA）。FMECA 一般分为两个阶段，即 FMEA 及 CA。FMEA 主要分析系统中所有可能产生的故障模式及其可能对系统所产生的影响，并按影响的严酷程度进行分类。CA 不仅要从影响严酷程度，还要从发生的概率综合分析，是对 FMEA 的补充。一般 FMEA 做定性分析，FMECA 既要定性也要定量分析。FMECA 分析常用组成 FMECA 和功能 FMECA。

功能 FMECA：一般用在产品研制初期，组成单元还没有具体明确，只能从系统功能出发，分析不能实现预定功能的故障模式、产生的原因、严酷程度、发生概率等，它是一种自上而下的分析方法。

组成 FMECA：按组成列举出系统中所有单元的可能的故障模式、产生的原因、导致的结果、严酷程度、发生概率等，并按严酷程度和发生概率综合影响排序，它是一种自下而上的分析方法。

FMECA 分析流程如图 10 - 7 所示，结果是 FMECA 表和系统关键件和重要件名录。

（2）故障树（FTA）分析。故障树分析（FTA）指从某个故障开始，逐级分析导致该故障的所有原因及逻辑关系，直到最底层不能再分解的原因为止，产生的树形结构称为故障树。故障树要遍历各种故障的各种原因，一般适用于对关键件和重要件可靠性分析，也用于事故后的故障原因分析，是一种自上而下的分析方法。故障树分析流程如图 10 - 8 所示。

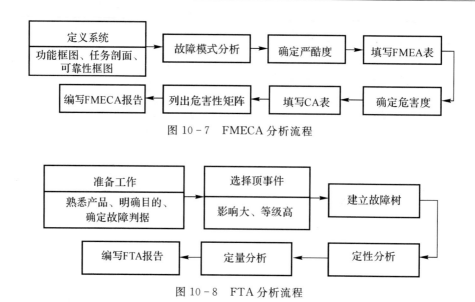

图 10-7　FMECA 分析流程

图 10-8　FTA 分析流程

（3）潜在电路分析。潜在电路是指在系统中出现的非设计意图的意外的回路、数据流或逻辑流，它虽不是由于某种故障引起的，但在某种偶发的激励作用下，造成的结果已不是设计者的意图，也不是系统期望的结果。它一般由硬件设计不完善、设计更改不彻底或操作失误导致。潜在电路分析就是找出潜在通路，并采取相应改进措施。

（4）电路容差分析。电路容差分析是指对电路及组成电路的元器件在规定温度下工作时参数的漂移、公差及退化对系统功能性能的影响进行分析，并采取相应改进措施。

几种分析方法的比较见表 10-8。

表 10-8　可靠性分析方法对比表

项目	功能FMECA	组成FMECA	定性 FTA	定量 FTA	潜在电路分析	电路容差分析
方案阶段	权衡方案					
初步设计	找出薄弱点改进设计		找出薄弱点改进设计			
详细设计		找出薄弱点改进设计		找出薄弱点改进设计	找出薄弱点改进设计	找出薄弱点改进设计
设计定型	分析试验中出现的问题，并改进完善					
特点	1.功能为自上而下,组成为自下而上; 2.分析全部故障模式,归纳法; 3.FMEA 定性,CA 定量; 4.列出底层全部故障,不能分析多重故障; 5.不考虑系统外的影响		1.自上而下; 2.分析顶事件至底事件,演绎法; 3.可定性,可定量; 4.反应事件及及其组合与顶事件的逻辑关系,可分析多重故障; 5.可以包含外界影响		1.仅对关键电路进行; 2.用在故障归零过程	

7.可靠性设计

无人机系统可靠性设计准则主要包括简化设计、降额设计、热设计、容错与余度设计、环境防护设计、电磁兼容设计及软件可靠性设计等方面,设计方法围绕设计准则进行。

(1)简化设计。在满足系统功能和性能前提下,尽量简化电路和结构设计,包括最大限度简化原理和逻辑,减少元器件、零件种类和数量,降低工艺复杂度和加工难度等。

优化系统中各分系统间、部件间、组件间的电气、机械连接与装配关系,最大限度减少信号传递数量,避免结构安装的互锁、干涉等。

尽量减少为保证必须的基本功能正常完成所设置的辅助性功能,例如辅助加热、散热等。

尽量减少独立于系统、部件之外的测试、检测设备和专用工具。

(2)降额设计。应按型号元器件大纲和优选目录选用元器件,并对电子、电气设备进行电/热应力分析,遵照相关手册和标准规定的降额准则进行降额使用。

根据重要性及可靠性、维修性、安全性要求及重量、体积、功耗和成本等,综合确定降额等级。

不能通过提高元器件质量等级代替降额设计,也不能通过过度降额而降低元器件质量等级。

结构设计应充分考虑材料强度及结构形式,并进行应力-强度优化,使强度降额程度度达到最优。

(3)热设计。综合考虑元器件各种性能及降额设计,合理选择发热最小的元器件或组件。

合理布局元器件和部件的安装位置,发热大的尽量靠近通风好的位置,或紧贴在能直接散热的机箱外壳上。对热敏感的元器件或部件应远离发热大的元器件或部件,也可采取热隔离或热屏蔽措施。

元器件、印制板需要加导热条、导热板等辅助散热体时,将辅助散热体以最短的路径和机箱外壳连接,充分利用机箱作为散热体。

采用强迫风冷散热时,需要形成高效的对流回路,提高对流散热效果。

(4)容错与余度设计。容错是指当系统中有故障时,系统能够屏蔽其造成的影响,且能正常工作或最大限度地降低对任务的影响。

余度设计是容错设计的主要措施之一。若采用简化、降额等措施,仍不能满足元器件、部件、分系统的可靠性要求,需要采用余度设计。

余度设计须依次考虑余度类型、余度等级或容错能力准则(指系统在故障状态下仍能正常工作或保证系统安全的能力,例如故障-工作、故障-安全、故障-工作/工作、故障-工作/安全等)、余度数目、表决/监控面设置(位置选取、表决信号传递方式、表决策略)、余度管理方式(故障检测、隔离、重构策略)等。

余度设计并联数目要适当,双余度或三余度对任务可靠度提升最为显著。

余度级别越低,任务可靠度提升愈显著,即并-串结构优于串-并结构。

若仅采用硬件容错措施,仍不能满足可靠性要求,可以采用信息冗余(加强对信息传输过程的检错纠错、设置多个信息源、对系统配置的其它非直接信息源解算)、时间容错(降低传输速率、重复执行程序、重复传递数据、设置合理的时序或相互约束机制)等。

电子产品可采用完全并联余度、表决余度、旁联余度,机械或机电产品一般采用旁联余度。对于表决余度和旁联余度,表决器和检测及切换机构需有足够的可靠性。

复杂系统故障,系统重建要求快速、平稳,对动态重构要求高,不宜采用旁联余度。耗电多、发热大等元器件、部件宜采用旁联余度。

(5)环境防护设计。

1)防高低温设计。防高温设计主要做好热设计。防低温设计,主要防止低温形变带来的应力影响,选择温度系数较小的材料,增大与线缆焊接在一起的焊盘,并保证线缆长度留有足够余量。对低温不能启动或工作的元器件或部件,必要时需增加加温措施。

2)防振动与冲击设计。对较大体积重量的元器件,需增加固定装置或用胶加固。对悬臂梁结构,需设计有支撑物。对装在机箱内的板卡,需加固和锁紧装置。端头有焊点的线缆尽量选用软线。

3)防潮湿防盐雾防霉菌设计。对有相关要求的产品,优先选用防水防霉防锈蚀的材料,或表面进行防水防霉防锈蚀处理、涂敷防水防霉防锈蚀材料、加装非金属保护套。对过孔、焊点和特殊空间,可用环氧树脂或硅橡胶灌注或灌封。机箱尽量密封。

(6)电磁兼容设计。对于电路和器件尽量不选用高频率。芯片电源和地之间的去耦电容尽量靠近芯片。芯片未使用的输入端不要悬空应接到适当的电平。

对于印制板,布局时要将高速器件、功率器件、噪声大的器件适当分开。走线时将模拟信号、数字信号分开,不要交叉。各种走线尽量短。大电流线、大噪声线、高速信号线尽量靠近印制板边缘。走线拐45°角,避免拐直角。对于多层板,电源和地尽量单独成层。对于单面板或双面板,电源线和地线尽量粗。

对于电源,尽量提高供电品质。必要时可采用分布式供电。

合理选用和使用滤波器,滤波器参数要合理,位置要尽量靠近即将进入的端口,滤波器输入输出线不能扎在一起或距离太近。

对于结构,要保证壳体材料充分连续导电,缝隙处需有导电密封措施。合理选用散热方式,尽量采用自然散热,若需采用辅助散热,应合理选择孔径、缝隙等尺寸和必要的屏蔽措施。连接器尽量选用满足标准要求的,且在连接器前后都作相应屏蔽或滤波处理。

对于接地,分别设置数字地、模拟地、功率地,各自有汇流条,最后三个汇流条再汇入母线主汇流条。

(7)软件可靠性设计。正确理解软件功能,形成正确、完善、规范的软件需求规格说明。

采用结构化、模块化软件工程设计方法,模块功能定义及输入/输出明确,模块间逻辑关系及数据交互清晰。

在满足系统要求的前提下,功能、接口、编程语言、变量定义、数据结构等尽量简单。

应设置看门狗或类似功能,以防程序死锁或弹飞。

关键输出应重复赋值,以防输出错误,例如舵控量、某些设备电源开关量等。

非恢复性输出应设置两重以上安全互锁逻辑,以防误执行,例如发动机停车、开伞、自毁等。

程序应能识别非法操作或指令,关键指令输入可设置为复合指令。

数据传输除了整包数据加校验外,关键数据再加局部校验。例如上行数据包中,除整包数据校验外,飞行控制指令和任务控制指令可再加校验。

设置完善、科学、精准的边界条件及越界后的处理措施。

用于飞行控制的实时采集的数据需适当处理,例如可采用各种滤波算法,但要综合考虑数据真实性、实时性、算法的工程化及对处理器资源占用的最小化。

关键功能应有容错措施,对于单机结构,可用恢复程序块的方法在关键点处嵌入功能相同但实现方法不同的模块。对于余度结构,可采用软件非相似余度。

加强软件设计过程的规范性,重视软件配置管理。

8. 可靠性试验和评价

(1)可靠性试验。可靠性试验是以了解、分析、提高、验证产品可靠性为目的所进行的所有试验。可靠性评价是通过对可靠性试验中获取的可靠性数据分析、计算,得到产品达到的可靠性量值或量值范围,由此判定产品可靠性是否达到要求。

可靠性试验有多种,军用无人机可靠性试验按相关标准规定,可分为工程试验和统计试验,具体试验说明见表 10 - 9。

表 10 - 9　可靠性试验说明

试验分类	种　类	项目或方法	试验目的	适用对象	试验阶段
工程试验	环境应力筛选	恒定高温	通过施加应力,加速暴露元器件、工艺、制造早期问题	元器件	研制阶段生产阶段
		温度冲击			
		慢速温度循环		组件、部件	
		快速温度循环			
		正弦振动			
		随机振动			
		温度循环随机振动组合			
统计试验	可靠性增长	按 GJB 899A《可靠性签定和验收试验》,选择试验方法、制定任务剖面和综合环境条件	通过模拟实际工作和环境应力,暴露设计中的问题,加以改进	部件、系统	研制阶段中期
	鉴定试验		验证产品可靠性是否达到规定要求		鉴定或定型阶段
	验收试验		验证批生产产品可靠性是否保持规定要求		生产验收

例如在 GJB 899A《可靠性签定和验收试验》中规定了序贯截尾、定时截尾、全数试验方案,分别适用于军用无人机鉴定试验和验收试验。三种方案在标准中均有详细规定。对于民用无人机,可参照或删减执行,也可和订购方或用户商定。

(2)可靠性评价。可靠性评价可通过试验得出,对于军用无人机,按照 GJB 899A《可靠性签定和验收试验》中规定的方法,评价可靠性指标是否达到规定要求及一定置信度下的指标范围。也可以通过评估得出,即采用实际数据、历史数据分析计算得出。对于民用无人机,可参照或删减执行,也可和订购方或用户商定。

10.3 维 修 性

10.3.1 维修性基本概念

(1)维修性:产品在规定条件下和规定时间内按规定方法进行维修时保持或恢复到其规定状态的能力,即反映产品易于维修的能力。

(2)维修等级:按产品维修所需要的资源、场地、时间、人员等因素所进行的级别划分。一般分为三个等级:基地级(三级)、中继级(二级)、基层级(三级)。

(3)可更换单元:可在规定的维修等级上整体拆卸和更换的单元,可以是设备、部件、组件或零件等。

(4)维修度:维修性的概率度量。

(5)平均修复时间:在规定条件下和规定期间内,产品在规定的维修等级上被修复性维修的总时间与该等级上被修复产品的故障总数之比。

(6)最大修复时间:产品达到规定维修度所需的修复时间。

(7)故障检测率:用规定方法正确检测到的故障数与故障总数之比,用百分比表示。

(8)故障隔离率:用规定方法将正确检测到的故障正确隔离到不大于规定模糊度的故障数与检测到的故障数之比,用百分比表示。

(9)虚警率:在规定时间内发生的虚警数与同一期间内的故障指标总数之比,用百分比表示。

10.3.2 维修性工作内容

维修性工作贯穿于无人机系统研制各阶段,例如目前军用无人机系统维修性工作项目,根据相关标准规定,涵盖维修性要求确定、维修性管理、维修性设计与分析、维修性试验与评价、使用维修性评估与改进等方面。民用无人机系统可做删减,或按订购方要求。

1.维修性要求确定及原则

维修性要求是根据产品使用要求针对维修性提出的一组要求,它既包含了产品的维修性特征,又是设计者进行维修性设计的依据,也是订购方验收产品的依据。

维修性要求包括定性要求和定量要求。

维修性定量要求:指反映维修性的具体要求及其量值,即参数及指标。维修性参数根据其反映的状态特征有维修时间参数(常用平均修复时间、最大修复时间)、维修工时参数(常用维修工时率)和测试诊断参数(故障诊断率、故障隔离率、虚警率)。维修性参数按使用场合有使用参数和合同参数,其含义和作用与可靠性参数相同。维修性要求分类如图 10-9 所示。

维修性定性要求一般包括功能要求、管理要求、设计要求、试验要求、验证或评估要求等。

(1)功能要求:指无人机系统本身应具有的属于维修性范畴的功能,如无人机系统维修等级、可更换单元、维修资源要求、维修安全要求、维修成本要求、人机工程要求等。

(2)管理要求:指在产品的研制过程中承制方为保证实现维修性要求而制订和遵守的规则或流程。如对维修性工作机构的要求、维修性工作内容及计划的要求、故障模式及影响分析要求等。

续表

项目名称	论证阶段	方案阶段	工程研制与定型阶段	生产使用阶段	实施单位	主要工作内容
监督与控制		√	√	√	订购方承制方	分别对各自的承制方维修性工作控制和监督,确保产品满足合同规定维修性要求
维修性评审	√	√	√	√	承制方	按计划在各阶段转段进行系统、分系统、部件维修性评审
建立维修性数据收集、分析和纠正系统			√	√	承制方	建立流程,使维修性设计缺陷得以确认并加以纠正,产品维修性在研制过程中得到增长
维修性增长管理		√	√	√	承制方	拟定维修性增长的目标、模型和计划

3. 维修性建模

(1)维修性模型:维修性模型是产品、系统及其组成单元之间对产品或系统维修性影响的逻辑关系的描述。建立维修性模型是开展维修性定量设计的基础,是维修性预计、分配及评估的依据。

按维修性常用定量指标,维修性模型有平均修复时间模型、最大维修时间模型、维修工时率模型等。

平均修复时间模型由系统所有可更换单元的平均修复时间和其发生概率决定,其关系如下:

$$\overline{M}_s = \frac{\sum\limits_{i}^{n}(\lambda_i \overline{M}_i)}{\sum\limits_{i=1}^{n}\lambda_i} \tag{10-18}$$

式中:$\overline{M}_s$—— 系统平均修复时间;

$\overline{M}_i$—— 第 i 个单元平均修复时间;

λ_i—— 第 i 个维修活动所对应的故障率;

n—— 系统可更换单元数目。

最大维修时间模型包含串联模型、并联模型、网络模型三种类型。

1)串联模型:系统中某一维修活动由若干个维修活动组成并逐次进行,维修时间是串行的。维修性串联模型框图如图 10 - 10 所示。

图 10 - 10　维修性串联模型框图

串联模型维修时间为所有维修时间之和,即

$$T = \sum_{i=1}^{n} t_i \qquad (10-19)$$

式中：T——完成某维修活动总时间；

　　t_i——第 i 个维修活动的时间；

　　n——活动总个数。

并联模型：系统中某一维修活动由若干个维修活动组成并同时进行，维修时间是并行的。维修性并联模型框图如图 10-11 所示。

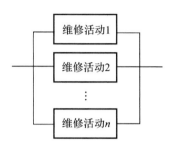

图 10-11　维修性并联模型框图

并联模型维修时间为 n 个维修活动中维修时间最长的时间，即

$$T = \max (t_1, t_2, t_3, \cdots, t_n) \qquad (10-20)$$

3）网络模型：系统中某一维修活动由若干个维修活动组成，各活动既有串行，又有并行，是一个混合模型，图 11-12 所示是一个维修性网络模型框图实例。

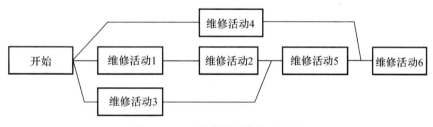

图 10-12　维修性网络模型框图

网络模型维修时间为从开始到结束的若干个维修活动组合中维修时间最长的时间。以图 10-13 为例，其从开始到结束共有 3 个维修活动组合，时间分别为 $t_1 + t_2 + t_5 + t_6, t_3 + t_5 + t_6, t_4 + t_6$，那么

$$T = \max (t_1 + t_2 + t_5 + t_6, t_3 + t_5 + t_6, t_4 + t_6) \qquad (10-21)$$

维修工时率模型指在规定条件下和规定时间内，产品直接维修工时总数与产品寿命单位总是之比，即

$$M_I = \frac{M_{MH}}{Q_h} \qquad (10-22)$$

式中：M_I——系统维修工时率；

　　M_{MH}——在规定使用期内的维修工时数；

　　Q_h——产品在规定使用期内的工作小时数或寿命单位数。

（2）维修性建模方法与流程。维修性建模方法有多种，无人机设计中常用故障树法，即在故障树基础上得出所有故障维修活动的组成、相互关系及相应时间。维修性建模流程如图 10 - 13 所示。

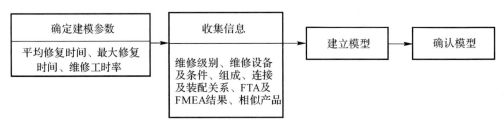

图 10 - 13 维修性建模流程

（3）维修性建模原则。

1）尽量完善：在明确系统要求前提下，尽可能考虑产品全寿命剖面尽量多的故障及可更换单元的维修活动，使模型更加全面反映系统真实情况。

2）尽量准确：全面、客观、准确收集和确定与维修性参数相关的数据，使模型更加准确。

3）尽量简化：先繁后简，不断优化，使用户易于实施维修活动。

4. 维修性预计

维修性预计是在维修性建模基础上，对系统维修性定量估算，预估是否满足规定要求，以便修改完善和评价。维修性预计工作在研制的方案阶段和工程研制的各阶段都要进行。

维修性预计方法有多种，无人机设计中常用时间累计预计法。该方法主要通过维修过程中各环节时间的累计，预计修复性维修时间。预计结果可用于评价和改进。

时间累计预计过程中各种数据可填入表格，通过计算即可，见表 10 - 11。

表 10 - 11 时间累计平均修复时间预计表格式

部件	故障率 λ	各项维修活动作业时间							M_{ct}	λM_{ct}
		定位	隔离	分解	更换	再装	校准	检验		
$\sum \lambda$										$\sum \lambda M_{ct}$

5. 维修性分配

将任务书或合同书规定的维修性指标按一定的程序和方法分配到每个分系统、部件或单元，作为分系统、部件或单元的研制依据。

维修性分配工作一般在初样研制阶段进行，在详细设计阶段再进行修正调整，直至都满足要求。

（1）维修性分配方法

1）等值分配法：在设计初期，产品定义不是很明确，或各单元维修性要求及实现难易度基本一样，如式（10 - 22）所示：

$$\overline{M}_{cti} = \frac{\overline{M}_{ct}}{n}$$

(10 - 23)

式中：　n——下一层次单元数；

　　　$\overline{M}_{cti}$——单元平均修复时间；

　　　$\overline{M}_{ct}$——系统平均修复时间。

2）相似产品分配法：如果有相似产品，将相似产品的单元平均修复时间和系统平均修复时间的比例关系应用到新系统中。

$$\overline{M}_{cti} = \frac{\overline{M}'_{cti}}{\overline{M}'_{ct}} \cdot \overline{M}_{ct} \qquad (10-24)$$

式中：$\overline{M}'_{cti}$——相似产品单元平均修复时间；

　　　$\overline{M}'_{ct}$——相似产品系统平均修复时间；

　　　$\overline{M}_{ct}$——新系统平均修复时间。

3）按故障率分配法：该方法遵循故障率愈高的单元平均修复时间应该愈短的原则进行分配。

$$\overline{M}_{cti} = \frac{\sum\limits_{i=1}^{n} \lambda_i}{\lambda_i} \cdot \overline{M}_{ct} \qquad (10-25)$$

式中：　λ_i——单元 i 的故障率；

　　　n——修复性故障单元总数；

　　　$\overline{M}_{ct}$——系统平均修复时间。

（2）维修性分配原则。

1）尽早开展：维修性分配要与其他设计同步进行，让设计人员尽早了解维修性要求，通过不断迭代、修正、完善，使分配的指标更加切合实际。

2）综合协调：对于复杂度高、工作环境恶劣的单元维修性时间可分配长一些，而对于故障率高的单元维修时间可以分配短一些。

3）留有余量：对系统指标分配应留有余量，分配给部件或单元的指标也应该留有余量，以减少后续重复工作。

6.维修性分析

在进行系统建立维修性模型和设计时，需要清楚了解系统维修性的各个环节及对系统维修性的影响程度，因此维修性分析不仅是系统设计的基础，贯穿于产品整个设计过程中，及时发现设计缺陷并采取改进措施，也是维修性评价的基础。

维修性分析包括定量分析和定性分析，定量分析包括建模、预计、分配，定性分析包括可达性分析、互换性分析、防差错分析、安全性分析、人机工程分析、维修设备分析和经济性分析等。

7.维修性设计准则与方法

维修性设计准则主要包括简化设计、可达性设计、安全性设计和测试设备设计等方面，设计方法也是围绕设计准则进行。

（1）简化设计。在满足系统功能和性能前提下，尽量简化系统组成及配置。优化系统中各分系统间、部件间、组件间的连接与装配关系，避免结构安装的互锁、干涉等特殊要求。

在满足系统维修性前提下，尽量减少独立于系统、部件之外的测试、检测设备和专用维修工具。尽量采用标准件、模块化单元，提高互换性。

（2）可达性设计。故障率高的单元尽量靠近易于接触到的位置，且留有足够的操作空间。

对需要安装对准的设备,尽量布置在能够目视到的位置,尽量避免叠装方式。经常使用的开关、插座、测试点、加油点等,须布局在开放位置,可采用一定的保护措施,但不能在机舱内。

(3)安全性设计。做好防差错设计,关键连接器、管路、口盖等尽量选用唯一型号,做好极性、开关方向、安装方向、流向等提醒、警示标记。设计时应考虑正常使用时操作人员位置远离发动机、螺旋桨、天线等位置。故障率高的单元要远离尖锐、锋利、高温等部件或区域。

(4)测试设备设计。同步考虑必要的测试检测设备及工具,精度与产品性能相匹配,充分考虑其质量特性,提高维修效率。尽量采用机内测试技术,并留有充分的检测点。

8.维修性试验和评价

维修性试验是以了解、分析、提高、验证产品维修性为目的所进行的所有试验。维修性评价是通过对维修性试验中获取的数据分析、计算,得到产品达到的维修性量值,由此判定产品维修性是否达到要求。

维修性试验和评价按阶段划分有核查、验证和评价,各种维修性试验说明见表 10 - 12。

表 10 - 12 各种维修性试验说明表

试验分类	项 目	方 法	试验目的	实施方	试验阶段
核查	定性 可达性 互换性 防差错 安全性 人机工程 维修设备	实际故障维修操作 模拟故障维修操作	检查维修性模型和设计是否正确,不断改进完善	承制方负责,订购方参与	工程研制阶段
	定量	按相关标准			
验证	定性 定量	同核查	验证产品维修性是否达到规定要求	承制方或订购方	鉴定或定型阶段
评价			在实际使用中产品维修性是否达到规定要求	订购方负责,承制方参与	

10.4 测 试 性

10.4.1 测试性基本概念

测试性:产品能及时、准确确定其工作状态(正常,不正常)并隔离其内部故障的能力。

10.4.2 测试性工作内容

测试性工作贯穿于无人机系统研制,例如,目前军用无人机系统测试性工作项目,根据相关标准规定,涵盖测试性要求确定、测试性管理、测试性设计与分析、测试性试验与评价、使用期间测试性评价与改进等方面。民用无人机系统可做删减,或按订购方要求。

1.测试性要求确定与原则

测试性要求是根据产品使用要求针对测试性提出的一组要求,它既包含了产品的测试性特征,又是设计者进行测试性设计的依据,也是订购方对产品验收的依据。

测试性要求包括定性要求和定量要求。

(1)测试性定性要求一般包括功能要求、管理要求、设计要求、试验要求、验证或评估要求等。

1)功能要求:指产品本身应具有的属于测试性范畴的功能,如产品结构和功能划分要求、故障指示要求、测试点要求、状态监控要求等。

2)管理要求:指在产品研制过程中承制方为保证实现测试性要求而制定和遵守的规则或流程,如测试性工作内容及计划的要求、测试性评审要求等。

3)设计要求:指承制方为满足产品测试性功能要求和测试性指标要求,在产品设计过程中应采用的技术方法和措施,如模块化设计要求、测试设备设计要求、BIT 设计要求等。

4)试验要求:指为满足产品测试性要求进行的必要的试验,如试验时机、试验类型和试验方法等。

5)验证或评估要求:指为证明产品测试性是否达到要求需采用的方法、措施、计算、分析、试验等要求。

(2)测试性定量要求根据其反映的状态特征有故障检测率、故障隔离率、虚警率等。测试性要求分类如图 10－14 所示。

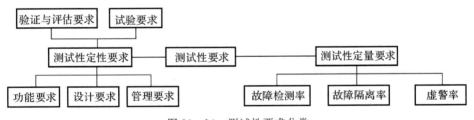

图 10－14　测试性要求分类

测试性要求确定主要依据产品作业要求和功能要求、使用和测试要求以及初步技术方案等分析确定,确定原则和可靠性要求确定原则相同。

2.产品测试性管理

目前军用无人机系统产品测试性管理工作项目见表 10－13,民用无人机系统可做删减,或按订购方要求。

表 10－13　军用无人机系统产品测试性管理工作项目表

项目名称	论证阶段	方案阶段	工程研制与定型阶段	生产使用阶段	实施单位	主要工作内容
制定测试性计划	√	√	√	√	订购方	明确订购方自己需做的测试性工作项目及要求、进度、实施单位等

续 表

项目名称	论证阶段	方案阶段	工程研制与定型阶段	生产使用阶段	实施单位	主要工作内容
制定测试性工作计划		√	√	√	承制方	制定实施测试性工作计划,明确需完成的工作项目、进度、实施方法和要求
监督与控制			√	√	订购方承制方	分别对各自的承制方测试性工作控制和监督,确保产品满足合同规定测试性要求
测试性评审	√	√	√		承制方	按计划在各阶段转段进行系统、分系统、部件测试性评审
建立测试性数据收集、分析和纠正系统			√	√	承制方	建立流程,使设计缺陷得以确认并加以纠正,产品测试性在研制过程中得到增长
测试性增长管理			√		承制方	拟定测试性增长的目标、模型和计划

3.测试性预计及分配

(1)测试性预计:对系统测试性进行定量估算,预估是否满足规定要求,以便修改完善和评价。测试性预计工作在研制的方案阶段和工程研制的各阶段都要进行。

测试性预计可将分析结果填入表 10-14 中,计算得出相应结果。

表 10-14　测试性预计表格式

单元名称	故障总数	可检测到的故障数	可隔离的故障数	故障检测率	故障隔离率
单元 1					
单元 2					
系统故障总数	系统可检测到的故障数	系统可隔离的故障数	系统故障检测率	系统故障隔离率	

(2)测试性分配:将任务书或合同书规定的测试性指标按一定的程序和方法分配到每个分系统、部件或单元,作为分系统、部件或单元的研制依据。测试性分配工作一般在方案和初样研制阶段进行,在详细设计阶段再进行修正调整,直至都满足要求。测试性分配常用以下方法。

1)按复杂性分配法:在设计初期,组成产品的各单元复杂程度基本明确,一般组成愈复杂,故障率就愈高,测试就愈困难,因此,相应的故障检测率和故障隔离率就要高。

2)按加权系数分配法:由专家经验以及各单元特性综合打分,计算出系统总分,得出各单元打分占总分的比例及加权系数,从而得出各单元的分配值。

4.测试性设计

测试性设计准则一般包括功能划分清晰、减少 BIT 测试虚警、测试点设计、测试设备设计,设计方法围绕设计准则进行。

(1)功能划分清晰。尽量把完成同一功能的电路及其他部分集中在同一单元上,减少单元间耦合。尽量把故障率高的部分集中在一个单元上。数字电路、射频电路、高压电路不能在一个单元上。尽量把需要脱机测试的单元独立。

(2)减少 BIT 测试虚警。应合理规定 BIT 测试容差,BIT 测试容差要比基层级维修、基地级维修及验收容差要宽。应合理设置 BIT 类型,特别要考虑 BIT 对系统正常工作的影响。应合理设置激励信号的幅度、频率、脉宽、相位等特性。

(3)测试点设计。测试点应在表面或在测试连接器上,必须设有保护装置。测试点与测试设备间必须有隔离。

(4)测试设备设计。同步考虑必要的测试检测设备及工具,精度与产品性能相匹配,充分考虑其质量特性,提高测试效率。尽量采用机内测试技术,并留有充分的检测点。充分考虑测试设备与配备级别的关系,要好用、耐用、用得起。

5.测试性试验和评价

测试性试验是以了解、分析、提高、验证产品测试性为目的所进行的所有试验。测试性评价是通过对测试性试验中获取的数据分析、计算,得到产品达到的测试性量值,由此判定产品测试性是否达到要求。测试性试验和评价按阶段划分有测试性演示和测试性评定,各种试验说明见表 10 - 15。

表 10 - 15　各种测试性试验说明表

试验分类	项目	方　　法	试验目的	实施方	试验阶段
测试性演示	定性	实际故障测试操作 模拟故障测试操作	检查故障检测率 和故障隔离率是否 达到要求	承制方负责,订购 方参与	工程研制阶段 鉴定或定型阶段
	定量				
测试性评定	定性	同测试性演示	评价产品测试性 特别是虚警率是否 达到规定要求	订购方	实际使用阶段
	定量				

10.5　保　障　性

10.5.1　保障性基本概念

(1)保障性:产品设计特性和计划的保障资源满足平时产品完好率要求的能力,包括维修保障能力和使用保障能力。

(2)保障性工作目标:应用工程化方法、技术和专业知识,策划和实施一系列管理、设计与分析、验证与评价等工作,并综合考虑技术、成本、进度等因素,以合理的寿命周期费用满足系统产品完好率要求。

10.5.2 保障性设计

保障性设计主要是通过设计手段满足产品作业保障(专业理论训练、实际操作训练、模拟操作训练)、产品勤务保障(环境保障、安全保障、维修保障、其他保障)、保障系统自身保障(通讯、伪装、运输)及新技术应用保障等需求。

10.5.3 保障性要求

保障性包括定性要求和定量要求。

定性要求一般包括功能要求、管理要求、设计要求、试验要求、验证或评估要求等。

(1)功能要求:指产品本身应具有的系列化、标准化、模块化的功能等。

(2)管理要求:指在产品的研制过程中承制方应制定和遵守的规则或流程,如保障性工作内容及计划的要求、保障性评审要求等。

(3)设计要求:指承制方为满足产品保障性功能要求和保障性指标要求,在产品设计过程中应采用的技术方法和措施,主要由可靠性、维修性、测试性设计实现。

(4)试验要求:指为满足产品保障性要求进行的必要的试验,如试验时机、试验类型和试验方法等。

(5)验证与评价要求:指为证明产品保障性是否达到要求需采用的方法、措施、计算、分析和试验等要求。

保障性定量要求一般都在可靠性、维修性、测试性指标中体现。

10.5.4 保障性验证和评价

保障性验证和评价是验证和评价产品保障性是否达到要求。可采用试验、演示、仿真、工程分析、类推、设计评审等方式进行。

10.6 安 全 性

10.6.1 安全性基本概念

(1)安全性:产品所具有的不导致人员伤亡、系统毁坏、重大财产损失或不危及人员健康和环境的能力。

(2)安全性关键项目:指对产品安全性有重大影响的项目,包括功能、硬件、软件、操作规程和信息等。

(3)安全性工作目标:应用工程化方法、技术和专业知识,策划和实施一系列管理、设计与分析、验证与评价等工作,并综合考虑技术、成本、进度等因素,识别、消除危险或将其发生风险降低到可接受水平。

(4)安全性工作贯穿于产品研制各阶段,例如目前军用无人机系统安全性工作项目根据相关标准规定,涵盖安全性要求确定、安全性管理、安全性设计与分析、安全性验证与评价、使用安全、软件安全性等方面。民用无人机系统可做删减,或按订购方要求。

10.6.2　安全性要求

安全性要求包括定性要求和定量要求。

定性要求一般包括功能要求、管理要求、设计要求、试验要求、验证或评估要求等。

(1)功能要求：指产品本身应具有的属于安全性范畴的功能,如产品自身安全要求(处于安全考虑的隔离、保护、密闭)、外界安全要求(结构要求、安全警示要求、运输要求、存储要求)等。

(2)管理要求：指在产品的研制过程中承制方为保证实现安全性要求而制定和遵守的规则或流程,如安全性工作内容及计划的要求、安全性评审要求等。

(3)设计要求：指承制方为满足产品安全性功能要求和安全性指标要求,在产品设计过程中应采用的技术方法和措施。

(4)试验要求：指为满足产品安全性要求进行的必要的试验,如试验时机、试验类型和试验方法等。

(5)验证与评价要求：指为证明产品安全性是否达到要求需采用的方法、措施、计算、分析和试验等要求。

安全性定量要求根据其反映的状态特征有人员伤亡数、灾难性故障率等。

10.6.3　安全性要求确定原则与方法

安全性要求确定主要依据无人机系统工作要求和功能要求、使用和测试要求以及初步技术方案等分析确定,确定原则和可靠性要求确定原则相同。

10.6.4　安全性管理

目前军用无人系统安全性管理工作项目见表 10-16,民用无人机系统可做删减,或按订购方要求。

表 10-16　军用无人机系统安全性管理工作项目表

项目名称	论证阶段	方案阶段	工程研制与定型阶段	生产使用阶段	实施单位	主要工作内容
制定安全性计划	√	√	√	√	订购方	明确订购方自己需做的安全性工作项目及要求、进度、实施单位等
制定安全性工作计划		√	√	√	承制方	制定实施安全性工作计划,明确需完成的工作项目、进度、实施方法和要求
建立安全性工作机构		√	√	√	订购方承制方	可和计划、质量等组织一起,对风险和危害严格控制
监督与控制			√	√	订购方承制方	分别对各自的承制方安全性工作控制和监督,确保产品满足合同规定安全性要求

续表

项目名称	论证阶段	方案阶段	工程研制与定型阶段	生产使用阶段	实施单位	主要工作内容
安全性评审	√	√	√		承制方	按计划在各阶段转段进行系统、分系统、部件安全性评审
危险跟踪与风险处理	√	√	√	√	承制方	制定危险跟踪与风险处置的方法和程序,记录、分析、处置每个风险
关键项目确定		√	√		承制方	确定产品安全性清单,做出标记,实施重点控制
试验安全		√	√		订购方承制方	制定试验计划,确保试验前或试验中安全
安全性工作进展报告		√	√		承制方	应定期向订购方提供报告,以使订购方及时了解安全性工作进展
安全性培训		√	√	√	承制方	对研制人员进行安全性原理、设计方法、分析技术培训

10.6.5　安全性设计

安全性设计包括电路安全设计、机械安全设计和其他设计。

1.电路安全设计

(1)设置必要的过流、过压、过热保护,防止危害导致全系统瘫痪。

(2)设置必要的隔离,防止单一危害蔓延。

(3)设置良好的接地,防止静电、漏电。

2.机械安全设计

(1)应避免有尖锐、锋利的部分裸露。

(2)应对某些关键的紧固点和机构设有锁紧装置。

(3)应充分考虑操作人员站位、座位周围安全。

3.其他设计

(1)在燃油、火工品、带压力的设备上(处)必须标明警示语,说明储存方法。

(2)在空速管、舵面等易损设备处必须放置警示物,并在飞行规程中规定由何人在何时何地撤除。

10.6.6　安全性验证和评价

安全性验证和评价是验证和评价产品安全性是否达到要求,可采用试验、演示、仿真、工程分析、类推、设计评审等方式进行。

参 考 文 献

[1]　龚庆祥.型号可靠性工程手册[M].北京:国防工业出版社,2007.

[2]　《飞机设计手册》总编委会.飞机设计手册:20 可靠性、维修性设计[M].北京:航空工业
出版社,1999.

[3]　中国人民解放军总装备部.电子设备可靠性预计手册:GJB/Z 299C—2006[S].北京:总
装备部军标出版发行部,2006.

[4]　中国人民解放军总装备部.装备维修性工作通用要求:GJB 368B—2009[S].北京:总装
备部军标出版发行部,2009.

[5]　中国人民解放军总装备部.装备可靠性工作通用要求:GJB 450A—2004[S].北京:总装
备部军标出版发行部,2004.

[6]　中国人民解放军总装备部.可靠性签定和验收试验:GJB 899A—2009[S].北京:总装备
部军标出版发行部,2009.

[7]　中国人民解放军总装备部.装备安全性工作通用要求:GJB 9000A—2012[S].北京:总装
备部军标出版发行部,2012.

[8]　中国人民解放军总装备部.装备测试性工作通用要求:GJB 2547A—2012[S].北京:总装
备部军标出版发行部,2012.

第 11 章 试验与验证

无人机系统在设计和生产各个阶段均需要进行试验,借助必要的测量方法获得试验数据,验证设计结果,发现设计问题并加以完善和改进,优化无人机整体性能,提高可靠性。本章主要介绍无人机系统试验验证分类和飞行试验程序。

11.1 试验与验证分类

无人机系统试验验证可以分为地面试验和飞行试验。

按照无人机系统研制程序,在方案阶段、工程研制阶段、定型阶段都要进行地面试验或飞行试验。

11.1.1 地面试验

1. 专项试验

专项试验一般在方案阶段进行,根据无人机的设计需要,对采用的新技术、新结构、新材料、新器件等进行相关可行性试验,例如无人机平台选用材料的机械和力学试验、机载关键重要设备新采用的架构、电路或器件的原理试验、新采用的工艺方法试验等。

2. 功能性能试验

对无人机平台,按照相关要求或规范,验证无人机平台的相关功能和性能,例如完成主要承力部件、挂架系统、起落架和全机的静力、振动、温度、振落和刚度试验及相应的结构疲劳试验。

对发动机,按照相关要求或规范,需要在测试台架测量发动机的相关性能,例如平均功率、振动扭矩、轴转速、各种油门条件下的耗油量、温度、压力、发动机噪声等。

对飞控、航空电子、数据链及任务载荷等,按照相关要求或规范,完成设备间的互联互通,包括供电、电气接口、信息接口,验证功能、性能及相互间的兼容等,例如机载设备桌面联试、飞控系统半实物仿真试验、遥控遥测功能试验等。

对地面站,完成站上各单元的互联互通,验证站上各单元的功能和性能。可通过有线和无线方式,完成地面站与机载设备的互联互通。

3. 环境试验

对无人机系统中的所有设备,都要按相关要求或规范进行环境试验。

4. 系统联试

系统联试指将无人机系统中所有设备按设计要求安装、连接并工作,验证全系统的适配性、兼容性。系统联试可进行一般加电工作联试、发动机开车试验、拉距离试验等,分别验证系统互联互通、发动机开车的振动、电磁环境对系统的影响、一定距离下数据链工作情况及对系统的影响。

11.1.2　飞行试验

飞行试验是无人机系统研制和生产过程中一个重要的环节,通过飞行试验、对全系统功能性能进行全面的测试验证。

1. 按照无人机研制阶段分类

按照无人机研制阶段,飞行试验可分为如下几种。

(1)原理验证飞行试验。通过飞行试验,对无人机或机载设备采用的新技术的可行性、新设备的功能、性能以及协调性进行试验,试验内容是局部性的。

(2)科研试飞阶段。科研飞行试验主要用于验证系统设计的各项功能和技术性能指标,发现并排除设计与制造上的缺陷,并对改进后的系统再进行各种性能试验,直到最终达到设计要求。科研飞行试验可根据样机研制阶段的不同,分为初样机飞行试验和正样机飞行试验。

(3)鉴定、定型飞行试验。鉴定、定型飞行试验是在规定的使用环境下,通过飞行试验对无人机系统的各种性能和功能进行全面试验和测试,检验无人机系统性能和功能满足技术指标的程度。

(4)生产、交付飞行试验。生产、交付飞行试验是对无人机系统生产过程中的质量一致性进行检验,在验证无人机系统各项技术指标达到要求后,交给用户使用。

2. 按照试验内容分类

按照试验内容飞行试验分类可分为以下几类。

(1)飞行性能试验。飞行性能试验主要包括飞机的飞行高度、飞行速度、续航时间、飞机的控制特性等。

(2)设备性能试验。设备性能试验主要包括机载航空电子设备、数据链测控设备、地面控制站以及机载任务设备试验。

(3)其他试验。其他试验主要包括雷达隐身飞行试验、红外隐身飞行试验、多机协同飞行试验和结构强度飞行试验等。

11.2　飞行试验流程

11.2.1　飞行试验准备

飞行试验需进行充分准备,以保证试验顺利实施,达到试验的效果。

1. 无人机系统状态

飞行前无人机系统须经过充分的地面试验,确保无人机系统状态正常稳定。特别是各阶段首飞或技术状态有重大变更后的首飞,技术状态须经相关方认可,并同意飞行。例如可通过设计师团队评估、科研管理部门组织的评审、用户或用户组织的评审等。

2. 文件资料

无人机系统飞行之前,需编写详细的飞行试验大纲,试飞大纲是飞行试验实施方案等技术文件和管理文件的指导性文件。试飞大纲要求说明试飞的目的和意义,试飞内容、方法、安排和保障条件,并细化飞行航线和飞行剖面要求,明确飞行时测量的数据和测量精度,评估飞行风险等。

此外,还需编写用于特殊情况处置的飞行应急保障预案等必要的保障性技术文件。

3.测试设备

飞行试验中使用的各种测量设备需经过标定,并在有效期内。

4.试验环境

试验场应保证试验中地面站与无人机之间无明显遮挡,卫星信号正常,无明显电磁干扰影响,气象及风速条件符合试验的要求。

5.人员培训

参与飞行试验的人员应具备一定的专业水平,飞行试验前应进行培训,掌握试验大纲的要求和程序。

11.2.2 飞行试验

飞行试验前应使每位参试人员掌握试验内容,按照飞行试验大纲的要求,完成规定试验项目。如遇突发特殊情况,执行飞行应急保障预案。

11.2.3 试验记录

飞行试验期间应有试验记录。按照设计规范和试验大纲要求确定试验记录的内容,包括文字记录、电子记录和图像记录等,并及时对其进行整理、建立档案、妥善保管,以备查用。

11.2.4 试验报告

试验结束后,应在规定时间内完成试验报告。试验报告的内容主要包括如下几项:

(1)试验情况概述;

(2)试验时间、地点、条件;

(3)试验项目、步骤和方法;

(4)试验中出现的主要技术问题及处理情况;

(5)试验数据分析;

(6)试验结果、结论;

(7)存在的主要问题与改进建议;

(8)无人机系统及主要试验过程的照片、影像记录等。

参 考 文 献

[1] 祝小平.无人机设计手册[M].北京:国防工业出版社,2007.